新时代大学计算机通识教育教材

喻 梅　高 洁　主　编
王 赞　冯 伟　副主编
徐天一　刘志强　编　著

数据库技术及应用

（SQL Server 2022版）

U0197730

清华大学出版社
北京

内 容 简 介

本书以 SQL Server 2022 数据库管理系统为基础，基于丰富的数据库系统知识，结合生动的"红色影视作品"数据库案例，为读者呈现一个全面、细致的数据库世界。

全书共 13 章，分别为数据库系统概论，关系数据库系统，数据库设计，SQL Server 2022 概述（包括性能、安装、配置以及常用的管理工具），数据库的创建与管理，数据表的创建与管理，数据查询与更新，索引与视图，数据完整性，Transact-SQL 程序设计，存储过程与触发器，数据库安全管理，备份与还原数据库。

本书可以作为高等院校相关专业数据库应用技术课程的教材，也可供从事数据库研究和使用 SQL Server 2022 进行数据库系统开发的计算机专业人员参考。

图书在版编目（CIP）数据

数据库技术及应用 ：SQL Server 2022 版 / 喻梅，
高洁主编. -- 北京 ：清华大学出版社，2024. 10.
（新时代大学计算机通识教育教材）. -- ISBN 978-7-302-
67337-8

Ⅰ. TP311.138

中国国家版本馆 CIP 数据核字第 2024YZ1650 号

责任编辑：张瑞庆
封面设计：常雪影
责任校对：韩天竹
责任印制：刘　菲

出版发行：清华大学出版社
　　　　网　　　址：https://www.tup.com.cn，https://www.wqxuetang.com
　　　　地　　　址：北京清华大学学研大厦 A 座　　　　　邮　　编：100084
　　　　社 总 机：010-83470000　　　　　　　　　　　　邮　　购：010-62786544
　　　　投稿与读者服务：010-62776969，c-service@tup.tsinghua.edu.cn
　　　　质量反馈：010-62772015，zhiliang@tup.tsinghua.edu.cn
　　　　课件下载：https://www.tup.com.cn，010-83470236
印 装 者：三河市龙大印装有限公司
经　　销：全国新华书店
开　　本：185mm×260mm　　　　　印　　张：23　　　　　字　　数：604 千字
版　　次：2024 年 10 月第 1 版　　　　　　　　　　　　印　　次：2024 年 10 月第 1 次印刷
定　　价：69.90 元

产品编号：107358-01

前　言

　　多年来,作者始终致力于数据库技术及应用教材的编写、更新与完善,以跟上技术发展的步伐,满足读者的需求。随着 SQL Server 数据库技术的发展和版本的不断迭代,作者再次对教材进行了修订。

　　首先,注重将思政元素融入教材内容,以体现新时代高等教育的育人理念。以"红色影视作品"数据库作为主要案例贯穿全书,旨在通过这一具有历史意义和文化内涵的实例引导读者在学习数据库技术的同时深刻领会红色文化的精神内涵,增强文化自信。同时,以高校思政教育实践活动和碳排放统计为辅助案例,使教材内容更加贴近实际,增强教材的实用性。

　　其次,为了与当前广泛应用的软件版本保持同步,将数据库实例使用的 SQL Server 软件版本更新为 SQL Server 2022。这一更新不仅使教材内容更加前沿,也为读者提供了更加广阔的实践平台,有助于读者更好地掌握和应用最新的数据库技术。

　　本书由喻梅、高洁任主编,王赞、冯伟任副主编。其中第 1～3 章由喻梅编写,第 4～6 章由徐天一编写,第 7 章由王赞编写,第 8、10 章由冯伟编写,第 9、11 章由刘志强编写,第 12、13 章由高洁编写。全书校对、书中实例验证及截图由刘超、刘玉生完成。在此感谢对本书做出贡献的编写者。全书的撰写得到了于瑞国、王建荣老师的指导,在此表示衷心感谢。

　　本书在编写过程中参考了一些教材和资料,具体见参考文献,在此对原作者表示诚挚的谢意。由于写作时间仓促,编者水平有限,书中难免有疏漏和不当之处,敬请读者批评指正。借此机会,向使用本教材的广大师生及关心我们的同行、学者表示感谢。

编　者
2024 年 6 月

目　　录

第 1 章　数据库系统概论···1

1.1　信息、数据与数据处理···1

1.1.1　信息与数据···1

1.1.2　数据处理···1

1.2　数据管理技术的发展···2

1.2.1　人工管理阶段···2

1.2.2　文件系统阶段···2

1.2.3　数据库系统阶段···3

1.3　数据模型··5

1.3.1　数据描述的三个领域···5

1.3.2　数据模型···6

1.3.3　概念数据模型···8

1.3.4　结构数据模型··11

1.4　数据库的体系结构··13

1.4.1　数据库系统的模式结构··13

1.4.2　三级模式结构··13

1.4.3　两级模式映像及数据独立性··15

1.5　数据库系统···15

1.5.1　数据库系统的组成··16

1.5.2　数据库管理系统··17

1.5.3　数据库管理员··18

1.6　习题··19

第 2 章　关系数据库系统···21

2.1　关系模型的基本概念··21

2.1.1　关系模型的基本术语··21

2.1.2　关系的定义和性质··23

2.1.3　关系模型的三要素··23

2.2　关系代数··25

2.2.1　传统的集合运算··25

2.2.2　专门的关系运算··26

2.2.3　关系代数表达式及其应用实例··29

2.3　关系规范化 ……………………………………………………………………………… 30

　　2.3.1　关系模式的设计问题 ……………………………………………………………… 30

　　2.3.2　函数依赖 …………………………………………………………………………… 32

　　2.3.3　关系模式的范式与规范化 ………………………………………………………… 32

2.4　习题 ……………………………………………………………………………………… 35

第 3 章　数据库设计 ……………………………………………………………………………… 37

3.1　数据库设计概述 ………………………………………………………………………… 37

　　3.1.1　数据库设计的内容 ………………………………………………………………… 37

　　3.1.2　数据库设计的方法 ………………………………………………………………… 38

　　3.1.3　数据库设计的步骤 ………………………………………………………………… 38

3.2　需求分析 ………………………………………………………………………………… 40

　　3.2.1　需求分析的任务 …………………………………………………………………… 40

　　3.2.2　需求分析的基本步骤 ……………………………………………………………… 40

3.3　概念设计 ………………………………………………………………………………… 41

　　3.3.1　概念设计的目标和策略 …………………………………………………………… 41

　　3.3.2　采用 E-R 方法的数据库概念设计 ………………………………………………… 42

3.4　逻辑设计 ………………………………………………………………………………… 45

　　3.4.1　逻辑设计的步骤 …………………………………………………………………… 45

　　3.4.2　E-R 模型向关系数据模型的转换 ………………………………………………… 45

　　3.4.3　关系数据库的逻辑设计 …………………………………………………………… 46

3.5　物理设计 ………………………………………………………………………………… 48

　　3.5.1　物理设计的内容 …………………………………………………………………… 48

　　3.5.2　物理设计的性能 …………………………………………………………………… 49

3.6　实现与维护 ……………………………………………………………………………… 49

　　3.6.1　数据库的实现 ……………………………………………………………………… 49

　　3.6.2　数据库的其他设计 ………………………………………………………………… 50

　　3.6.3　数据库的运行与维护 ……………………………………………………………… 51

3.7　习题 ……………………………………………………………………………………… 51

第 4 章　SQL Server 2022 概述 ………………………………………………………………… 53

4.1　SQL Server 简介 ………………………………………………………………………… 53

　　4.1.1　SQL Server 的发展 ………………………………………………………………… 53

　　4.1.2　SQL Server 的特点 ………………………………………………………………… 53

　　4.1.3　SQL Server 的组件和技术 ………………………………………………………… 54

　　4.1.4　SQL Server 2022 的特点 …………………………………………………………… 55

4.2　SQL Server 2022 的安装准备 …………………………………………………………… 55

　　4.2.1　SQL Server 2022 的版本 …………………………………………………………… 55

　　4.2.2　SQL Server 2022 的安装环境 ……………………………………………………… 56

4.3　SQL Server 2022 实用工具 ……………………………………………………………… 57

    4.3.1 安装 Microsoft SQL Server 2022 ……………………………………… 57
    4.3.2 配置 Microsoft SQL Server 2022 ……………………………………… 66
  4.4 SQL Server Management Studio 的使用 …………………………………… 71
    4.4.1 SQL Server 2022 服务的管理 ……………………………………… 71
    4.4.2 SQL Server 2022 的管理平台 ……………………………………… 71
  4.5 SQL 语言概述 …………………………………………………………………… 77
    4.5.1 SQL 语言的发展 ………………………………………………………… 77
    4.5.2 SQL 语言的特点 ………………………………………………………… 77
    4.5.3 SQL 语言的功能 ………………………………………………………… 78
    4.5.4 Transact-SQL ………………………………………………………… 78
  4.6 习题 ……………………………………………………………………………… 78

第 5 章 数据库的创建与管理 ……………………………………………………………… 80
  5.1 SQL Server 数据库概述 …………………………………………………………… 80
    5.1.1 数据库引擎 ……………………………………………………………… 80
    5.1.2 文件和文件组 …………………………………………………………… 80
    5.1.3 事务日志 ………………………………………………………………… 83
    5.1.4 数据库快照 ……………………………………………………………… 84
  5.2 系统数据库 ……………………………………………………………………… 84
  5.3 创建数据库 ……………………………………………………………………… 87
    5.3.1 使用图形工具创建数据库 ……………………………………………… 88
    5.3.2 用 Transact-SQL 命令创建数据库 …………………………………… 91
  5.4 管理数据库 ……………………………………………………………………… 94
    5.4.1 查看数据库信息 ………………………………………………………… 94
    5.4.2 打开数据库 ……………………………………………………………… 95
    5.4.3 修改数据库 ……………………………………………………………… 96
    5.4.4 删除数据库 ……………………………………………………………… 97
  5.5 习题 ……………………………………………………………………………… 98

第 6 章 数据表的创建与管理 ……………………………………………………………… 100
  6.1 数据表的建立 …………………………………………………………………… 100
    6.1.1 数据类型 ………………………………………………………………… 100
    6.1.2 数据表的创建 …………………………………………………………… 104
    6.1.3 特殊类型表 ……………………………………………………………… 111
  6.2 数据表的修改 …………………………………………………………………… 112
    6.2.1 查看数据表 ……………………………………………………………… 112
    6.2.2 修改数据表 ……………………………………………………………… 113
    6.2.3 删除数据表 ……………………………………………………………… 117
  6.3 习题 ……………………………………………………………………………… 119

第 7 章　数据查询与更新 ·· 121

　7.1　数据查询 ·· 121

　　7.1.1　Transact-SQL 查询语句 ·· 121

　　7.1.2　SELECT 子句 ·· 122

　　7.1.3　FROM 子句 ··· 131

　　7.1.4　WHERE 子句和 HAVING 子句 ································· 133

　　7.1.5　GROUP BY 子句 ·· 142

　　7.1.6　ORDER BY 子句 ·· 143

　　7.1.7　联接查询 ·· 146

　　7.1.8　子查询 ··· 152

　7.2　数据更新 ·· 160

　　7.2.1　插入数据 ·· 161

　　7.2.2　更新数据 ·· 165

　　7.2.3　删除数据 ·· 170

　7.3　习题 ··· 172

第 8 章　索引与视图 ·· 174

　8.1　使用索引 ·· 174

　　8.1.1　索引类型 ·· 174

　　8.1.2　索引设计准则 ··· 175

　　8.1.3　创建索引 ·· 176

　　8.1.4　修改索引 ·· 182

　　8.1.5　删除索引 ·· 185

　8.2　使用视图 ·· 188

　　8.2.1　视图的作用 ·· 188

　　8.2.2　创建视图 ·· 190

　　8.2.3　修改视图 ·· 194

　　8.2.4　删除视图 ·· 199

　8.3　习题 ··· 200

第 9 章　数据完整性 ·· 202

　9.1　数据完整性概述 ·· 202

　　9.1.1　关系数据完整性 ··· 202

　　9.1.2　SQL Server 中的数据完整性 ····································· 203

　9.2　约束 ··· 204

　　9.2.1　主键约束 ·· 204

　　9.2.2　外键约束 ·· 205

　　9.2.3　UNIQUE 约束 ··· 207

　　9.2.4　检查约束 ·· 208

9.2.5　默认约束 ……………………………………………………… 209

9.3　规则 ………………………………………………………………… 211

9.3.1　创建规则 …………………………………………………… 211

9.3.2　查看规则 …………………………………………………… 212

9.3.3　绑定与解除规则 ……………………………………………… 212

9.3.4　删除规则 …………………………………………………… 213

9.4　默认值 ……………………………………………………………… 213

9.4.1　创建默认值 ………………………………………………… 213

9.4.2　绑定与解除默认值 …………………………………………… 214

9.4.3　删除默认值 ………………………………………………… 215

9.5　习题 ………………………………………………………………… 215

第 10 章　Transact-SQL 程序设计 …………………………………………… 217

10.1　Transact-SQL 语言基础 …………………………………………… 217

10.1.1　Transact-SQL 语言的编程功能 ……………………………… 217

10.1.2　标识符 ……………………………………………………… 217

10.1.3　注释 ………………………………………………………… 218

10.1.4　语句块 ……………………………………………………… 218

10.2　表达式 ……………………………………………………………… 219

10.2.1　常量 ………………………………………………………… 219

10.2.2　变量 ………………………………………………………… 220

10.2.3　运算符 ……………………………………………………… 222

10.3　函数 ………………………………………………………………… 223

10.3.1　内置函数 …………………………………………………… 223

10.3.2　用户定义函数 ……………………………………………… 228

10.4　流程控制语句 ……………………………………………………… 233

10.4.1　批处理 ……………………………………………………… 233

10.4.2　选择语句 …………………………………………………… 234

10.4.3　循环语句 …………………………………………………… 238

10.5　游标 ………………………………………………………………… 239

10.5.1　游标概念 …………………………………………………… 239

10.5.2　操作游标 …………………………………………………… 240

10.6　习题 ………………………………………………………………… 246

第 11 章　存储过程与触发器 ………………………………………………… 248

11.1　存储过程 …………………………………………………………… 248

11.1.1　存储过程的功能及优势 ……………………………………… 248

11.1.2　存储过程的类型 …………………………………………… 248

11.1.3　常用的系统存储过程 ………………………………………… 249

11.1.4　设计存储过程 ……………………………………………… 260

11.1.5 实现存储过程 ·· 262

11.2 触发器 ·· 272

11.2.1 DML 触发器 ·· 272

11.2.2 DDL 触发器 ·· 285

11.3 习题 ·· 288

第 12 章 数据库安全管理 ·· 290

12.1 事务 ·· 290

12.1.1 事务特性 ·· 290

12.1.2 事务管理 ·· 291

12.2 SQL Server 的安全机制 ·· 293

12.2.1 安全机制级别 ··· 294

12.2.2 主体 ··· 294

12.2.3 SQL Server 中的身份验证 ································· 294

12.2.4 数据库用户 ··· 298

12.2.5 角色 ··· 300

12.3 SQL Server 的权限管理 ·· 306

12.3.1 权限类型 ·· 306

12.3.2 设置权限 ·· 307

12.4 习题 ·· 310

第 13 章 备份与还原数据库 ·· 312

13.1 备份数据库 ·· 312

13.1.1 备份与还原 ··· 312

13.1.2 备份概述 ·· 316

13.1.3 创建备份 ·· 317

13.2 还原数据库 ·· 325

13.2.1 还原数据库方案 ··· 325

13.2.2 实施还原方案 ··· 327

13.3 导入导出大容量数据 ··· 334

13.3.1 导入导出向导 ··· 334

13.3.2 复制数据库 ··· 341

13.4 分离和附加数据库 ··· 348

13.4.1 分离数据库 ··· 348

13.4.2 附加数据库 ··· 350

13.5 习题 ·· 353

参考文献 ··· 355

第1章　数据库系统概论

本章主要介绍数据库系统的基本概念,包括数据与信息,数据管理技术发展的三个阶段及其特点,数据模型的两个层次,数据库系统的三级模式、两级映像及两级独立性的体系结构,以及数据库系统的组成。

1.1　信息、数据与数据处理

在科学、技术、经济、文化和军事等各个领域都会遇到大量的数据,如何科学地管理数据是一个极为重要的课题。数据库技术是使用计算机来管理数据的科学技术,经过多年的研究和实践,数据库技术已经发展成为一门完整的学科,并且开发出多种数据库管理系统,使用数据库系统能够科学、有效地管理大量数据,为各领域的发展发挥重要的作用。

1.1.1　信息与数据

计算机的出现,开辟了数据处理的新纪元。数据处理的基本要素是数据的组织、存储、检索、维护和加工利用,这些正是数据库系统所要解决的问题。

数据是数据库系统研究和处理的对象。数据与信息是分不开的,它们既有联系又有区别。

1. 信息

随着社会的发展和科技的进步,人们对信息这个名词不再陌生。对于信息的定义,从不同角度有着不同的解释。一般认为,信息是人们进行各种活动所需要的知识,是现实世界各种状态的反映。合理利用信息可以增加人们的知识,提高人们对事物的认识能力。现代社会已进入信息化时代,不论是生产、科学研究和社会活动,还是个人生活,都离不开信息。

2. 数据

数据是描述信息的符号,是信息的载体,如数值、文本、图形、图像、声音等类型的数据,用来反映不同类型的信息。利用计算机进行信息处理,就需要把信息转换为计算机能够识别的符号,即用 0 和 1 两个编码符号来表示各种信息。

数据和信息既有联系又有一定的区别。如果把客观世界的某种现象或观念所反映的知识用一定的方法描述出来,那么前者是信息,后者是数据。因为信息和数据都是通过现象和概念反映知识的,这是它们的共同点。因此当不需要严格区分时,二者是一样的。

信息以数据的形式处理,而处理的结果又可能产生新的信息。

1.1.2　数据处理

数据处理是指对各种形式的数据进行收集、存储、加工和传播的一系列活动的总和。其目的是从大量的、原始的数据中抽取、推导出对人们有价值的信息,以作为行动和决策的依据;数据处理从根本上来说是为了借助计算机科学地保存和管理复杂的、大量的数据,以便人们能方便且充分地利用这些宝贵的信息资源。

在数据处理的一系列活动中,数据的收集、组织、存储、传播、检索、分类等活动是基本环节,这些基本环节统称为数据管理或信息管理。数据处理中,对数据的加工、计算、呈现等操作对不同的业务部门可以有不同的内容。数据库技术所研究的问题,就是如何科学地组织和存储数据,如何高效地获取和处理数据。数据库技术是数据管理的最新技术。数据库系统是当代计算机系统的重要组成部分。

1.2 数据管理技术的发展

数据管理技术的发展与硬件(主要是外存)、软件、计算机应用的范围有密切的联系。数据管理技术的发展经过了人工管理阶段、文件系统阶段和数据库系统阶段。

1.2.1 人工管理阶段

人工管理阶段是从 20 世纪 40 年代中期电子计算机问世到 20 世纪 50 年代中期,这一阶段计算机主要用于科学计算。在计算机系统中,既没有操作系统,也没有管理数据的软件。

在人工管理阶段,数据管理的特点是:

① 数据不保存在机器中。因为计算机主要用于科学计算,一般不需要将数据长期保存。在计算时将数据输入,计算完毕将数据输出。

② 没有软件系统对数据进行管理。程序员不仅要规定数据的逻辑结构,而且还要在程序中设计物理结构,包括存储结构、存取方法、输入输出方式等。因此,程序中存取数据的子程序随着存储结构的改变而改变,使得数据与程序不具有独立性,这样程序员不仅在数据的物理布置上必须花费许多精力,而且一旦数据在存储结构上有一些改变就必须修改程序。

③ 只有程序的概念,没有文件的概念。数据的组织方式必须由程序员自行设计。

④ 数据是面向应用的。一组数据对应一个程序,即使两个应用程序涉及某些相同的数据,也必须各自定义,所以程序与程序之间有着大量重复的数据,如图 1.1 所示。

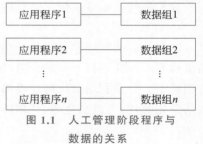

图 1.1 人工管理阶段程序与
数据的关系

1.2.2 文件系统阶段

从 20 世纪 50 年代中期到 20 世纪 60 年代中期是文件系统阶段。这一阶段计算机不仅用于科学计算,还大量用于管理。计算机硬件比过去有了较大的发展,外存储器有了磁盘、磁鼓等直接存取的存储设备。在软件方面,操作系统中已经有了专门的数据管理软件,一般称为文件系统。处理方式上不仅能够进行文件批处理,而且能够实现联机实时处理。

1. 文件系统阶段数据管理的特点

(1) 数据可以长期保存在外存储器上

由于计算机大量用于数据处理,数据需要长期保留在外存储器上进行反复处理,即进行查询、修改、插入和删除等操作。

(2) 数据的逻辑结构与物理结构有区别

由于有了数据管理软件,程序和数据之间由软件提供存取方法进行转换,有共同的用于数据查询、修改的管理模块，文件的逻辑结构与存储结构由系统进行转换，使程序与数据有了一定的独立性。这样程序员可以集中精力于算法，而不必过多地考虑物理细节。

（3）文件组织呈现多样化

由于已有了直接存取存储设备，也就有了索引文件、链接文件和直接存取文件等。

（4）数据不再属于某个特定的程序，可以重复使用

由于文件结构的设计仍然是基于特定的用途，程序基于特定的存储结构和存取方法，因此程序与数据结构之间的依赖关系并未根本改变。

在文件系统阶段，由于具有设备独立性，因此改变存储设备也不必改变应用程序。但这只是初级的数据管理，还未能彻底体现数据的逻辑结构独立于数据的物理存储结构的要求。在数据的物理结构需要修改时，仍需修改应用程序。

2. 文件系统结构的缺陷

随着数据管理规模的扩大，数据量急剧增加，文件系统结构显露出以下缺陷。

（1）数据冗余度大

相同的数据存在多份的现象，称为数据冗余。文件系统中的文件基本上是对应于某个应用程序的，即数据还是面向应用的。即使不同的应用程序所需要的数据有部分相同时，也必须建立各自的文件，而不能共享相同的数据，因此数据冗余度大，浪费存储空间，并且由于相同数据的重复存储、各自管理，给数据的修改和维护带来了困难，容易造成数据的不一致性。

（2）数据和程序缺乏独立性

文件系统中的文件是专属于某一特定应用服务的，一旦数据的逻辑结构改变，则必须修改应用程序和文件结构的定义。而应用程序的改变，也将影响文件数据结构，使得数据和程序缺乏独立性。文件系统阶段程序与数据的关系如图 1.2 所示。

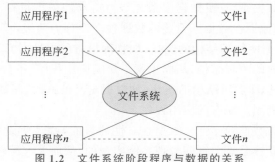

图 1.2　文件系统阶段程序与数据的关系

（3）数据间联系弱

文件与文件之间是独立的，文件之间的联系必须通过程序来完成。文件系统是一个无弹性的、无结构的数据集合，不能反映现实世界事物之间的联系。

随着人们对数据处理需求的增加，以及计算机科学的不断发展，如何能对数据进行有效、科学、准确、方便的管理就成为人们的迫切需求。针对文件系统的缺陷，人们逐步发展了以统一管理和共享数据为主要特征的数据库管理系统。

1.2.3　数据库系统阶段

20 世纪 60 年代后期，计算机的软硬件得到了进一步的发展，已配备了速度高、容量大的磁盘，各种软件系统进一步完善，需要管理的数据量急剧增加。人们在数据管理方面已积累了

丰富经验,数据管理技术研究取得了很大进展,为数据库系统的研究提供了良好的技术基础。

1968 年美国 IBM 公司成功开发了世界上第一个数据库管理系统——信息管理系统(Information Management System,IMS),这是一种层次模型的数据库管理系统;1969 年美国数据系统语言会议(Conference On Data System Language,CODASYL)委员会的数据库任务小组(DataBase Task Group,DBTG)公布了它的研究成果 DBTG 报告,确定并建立了数据库系统的许多概念、方法和技术,它是数据库网状模型的基础和典型代表;1970 年 IBM 公司的研究员 E. F. Codd 发表了题为"大型共享数据库数据的关系模型"等一系列关系数据库论文,提出了数据库的关系模型。这三大事件标志着数据处理进入了数据库技术的新时代。

20 世纪 70 年代以来,数据库技术得到迅速发展,开发了许多有效的产品并投入运行。数据库系统克服了文件系统的缺陷,提供了对数据更高级、更有效的管理。

数据库系统阶段的特点如下。

(1) 面向全组织的复杂的数据结构

这就要求在描述数据时不仅要描述数据本身,还要描述数据之间的联系。文件系统中尽管记录内部已经有了某些结构,但记录之间是无联系的、孤立的。因此数据的结构化是数据库的主要特征之一,也是数据库与文件系统的根本区别。

(2) 数据冗余度小,易扩充

由于数据库是从整体观点来看待和描述数据的,数据不再是面向某一应用,而是面向整个系统,这就大大减少了数据的冗余度,既节约存储空间、减少存取时间,又可避免数据之间的不相容性和不一致性。

(3) 具有较高的数据和程序的独立性

所谓数据的独立性,就是应用程序不必因为数据的存储结构的变化而修改,即应用程序与数据结构之间不存在依赖关系,这是数据库系统努力追求的一个目标。数据库系统结构之所以复杂,这是一个重要的原因。数据库系统的数据独立性分为两级:

① 物理独立性。数据库物理结构的变化(如物理设备的更换、物理位置的变化、存取方法的改变等),不影响数据库的逻辑结构,从而也就不影响应用程序,不会导致应用程序的修改。

② 逻辑独立性。数据库逻辑结构的变化(如数据定义的修改、新数据类型的增加、数据间联系的变更等),不会影响用户原有的应用程序。

这两种独立性统称为数据独立性。数据独立性的目的,就是使应用程序尽可能不受数据的影响。这两种数据独立性是靠数据库管理系统实现的,从而大大减轻了程序员的负担。

(4) 统一的数据控制功能

数据库是系统中各用户的共享资源。计算机的共享一般是并发的,即许多用户同时使用数据库。因此,系统必须提供以下三方面的数据控制功能。

① 数据的安全性控制。数据的安全性是指保护数据以防止不合法的使用造成数据的泄密和破解。这就要求采取一定的安全保密措施。例如,系统用口令或其他手段来检查用户身份,合法用户才能进入数据库系统。同时,要求提供用户访问级别和数据存取权限,当用户对数据库执行操作时,系统自动检查用户是否有权执行这些操作,检查通过后才执行允许的操作。

② 数据的完整性控制。数据的完整性是指数据的正确性、有效性与相容性。系统提供必要的功能,保证数据库中的数据在输入、修改过程中始终符合原来的定义和规定。例如,学生性别只能是男或女、学号是唯一的等。

此外,当计算机软硬件发生故障而破坏了数据或对数据库数据的操作发生错误时,系统能进行应急处理,将数据库恢复到正确状态。

③ 并发控制。当多个用户的并发进程同时存取、修改数据库时,可能会发生互相干扰而得到错误的结果,从而导致数据库的完整性遭到破坏,因此必须对多用户的并发操作加以控制和协调。

（5）数据的最小存取单位是数据项

数据库中数据的存取单位可以是一个数据项或一组数据项,也可以存取一条记录或一组记录。数据库系统阶段程序与数据的关系如图 1.3 所示。

图 1.3　数据库系统阶段程序与数据的关系

数据库是一个通用化的综合性数据集合,它可以供各种用户共享且具有最小的数据冗余度和较高的数据与程序的独立性。由于多种程序并发地使用数据库,为了能有效、及时地处理数据,并保证数据库的安全性和完整性,必须有一个软件系统——数据库管理系统(DataBase Management System,DBMS)在建立、运行和维护时对数据库进行统一控制。

1.3　数据模型

1.3.1　数据描述的三个领域

数据库中所存储的数据来源于现实世界的信息流,是用来描述现实世界中一些事物的某些方面的特征及其相互联系的。在处理这些信息之前,必须先分析它,选择一种方法描述这些待处理对象,并将这种描述转换成计算机能接收的数据形式。在数据处理中,数据描述涉及不同的范畴。从事物的特性到计算机中的数据表示,都涵盖了现实世界、信息世界和机器世界三个领域。

1. 现实世界

现实世界是指存在于人脑之外的客观世界,泛指客观存在的事物及其相互间的联系。客观事物可以是一个具体的事物,如一个学生、一台计算机、一本书等;也可以是一个抽象的事物,如一次比赛、一次借书等。

每个客观事物都有自己的特征,以区别于其他客观事物,如学生用姓名、性别、年龄、身高、体重等许多特征来标识自己,但是在研究客观事物时,往往只选择其中对研究有意义的特征。

把具有相同特征的客观事物称为同类客观事物,所有同类事物的集合称为总体。例如,所有的"学生"、所有的"课程"都是一个总体。

所有这些客观事物是信息的源泉,是设计数据库的出发点。这些事物是数据库技术接触到的最原始的数据,数据库设计是对这些原始数据进行综合处理,抽取出数据库技术所需要的数据。

2. 信息世界

现实世界中的事物反映到人们的头脑里,经过认识、选择、命名、分类等综合分析而形成印象和概念,产生认识,这就是信息,即进入了信息世界。在信息世界中,每个被认识的客观事物称为实体,是具体事物在人们头脑中产生的概念,是信息世界的基本单位。另外,客观事物的特征称为属性,属性是反映实体的某一特征的。一个实体是由它所有的属性表示的。例如,一本书是一个实体,可以由书号、书名、作者、出版社、单价 5 个属性表示。

在信息世界里,主要研究的不是个别的实体,而是它们的共性。把具有相同属性的实体称为同类实体,同类实体的集合为实体集。例如,所有的男学生组成了男学生实体集。能唯一标识每个实体的属性或属性集称为实体标识符,例如,书的书号可以作为书的实体标识符。

3. 机器世界

信息世界中,有些信息可以直接用数字表示,如学生的成绩、年龄等;有些是由符号、文字或其他形式表示的。在计算机中,所有信息只能用二进制数表示,一切信息进入计算机时,必须是数据化的。可以说,数据是信息的具体表现形式。在计算机世界中涉及以下术语。

① 数据项:是实体属性的数据表示,它是可以命名的最小信息单位,又称数据元素或字段,例如职工的职工号、姓名等。

记录:是实体的数据表示,由若干数据项组成。例如,一个职工就是一条记录,它由职工号、姓名、性别、职称等数据项组成。

② 文件:是实体集的数据表示,是同类记录的集合。例如,所有职工的登记表组成一个文件。

③ 关键字:能唯一标识文件中每条记录的数据项或数据项的集合,称为记录的关键字(或"键")。例如,职工的职工号可以作为职工记录的关键字。

现实世界、信息世界、机器世界是由客观到认识、由认识到使用管理的不同领域,而且后一领域是前一领域的抽象描述。

三个领域之间术语的对应关系如图 1.4 所示。

现实世界	信息世界	机器世界
特征	属性	数据项
客观事物	实体	记录
总体	实体集	文件
标识特征	实体标识符	关键字

图 1.4　三个领域之间术语的对应关系

1.3.2　数据模型

1. 数据模型的基本概念

模型是对现实世界特征的模拟和抽象。数据模型是对现实世界数据特征的抽象。在数据库中是用数据模型对现实世界进行抽象的,数据模型是数据库系统中用于提供信息表示和操作手段的形式构架。

在数据库系统中针对不同的使用对象和应用目的,采用不同的数据模型。不同的数据模型是提供不同的模型化数据和信息的工具。根据模型应用的不同目的,可以将模型分为概念数据模型和结构数据模型两类。

（1）概念数据模型

概念数据模型（也称信息模型）用于信息世界的建模，它是从数据的语义视角来抽取模型并按用户的观点对数据和信息建模。它是现实世界到信息世界的第一级抽象，是用户和数据库设计人员之间进行交流的语言。这类模型主要用于数据库的设计阶段，常用的概念数据模型是实体联系模型。

（2）结构数据模型

结构数据模型用于机器世界，它从数据的组织层次来描述数据并按计算机系统的观点对数据建模。结构数据模型可以用来定义、操纵数据库中的数据，是信息世界到机器世界的第二级抽象。这类模型主要用于数据库管理系统的实现，包括层次模型、网状模型、关系模型和面向对象模型等。

2. 数据描述

数据描述包括以下两方面。

（1）数据的静态描述

数据的静态描述包括数据的基本结构、数据间的联系和数据中的约束。例如，学生的基本信息包括学号、姓名、性别、年龄、专业，这些都是数据静态结构中的基本信息。学生进行选课时使用的学号必须是学生基本信息中的学号，这就是数据间的联系。学生的性别只能取"男"或"女"，这就是数据中的约束。

（2）数据的动态特征

数据的动态特征指定义在数据上的操作。例如，对学生基本信息进行修改、查询、增加和删除等操作。

3. 数据模型的三要素

数据模型是严格定义的概念集合。这些概念精确地描述系统的静态特性、动态特性和完整性约束条件。因此，数据模型通常由数据结构、数据操作和完整性约束三部分组成。

（1）数据结构

数据结构是对系统静态特性的描述，是所研究对象类型的集合，这些对象是数据库的组成成分。一般可分为两类：一类是与数据类型、内容、性质有关的对象，在关系模型中对应的是域、属性、关系等；另一类是与数据之间的联系有关的对象。

数据模型中的数据结构用以构造数据库的基本数据结构类型，并规定如何把基本数据项组成大的数据单位，以及如何表达数据项之间的联系。在数据库系统中通常按照数据结构的类型来命名数据模型，如层次结构、网状结构和关系结构的模型分别命名为层次模型、网状模型和关系模型。

（2）数据操作

数据操作是指对数据库中各种对象（型）的实例（值）允许执行的操作的集合，数据操作是对系统动态特性的描述，包括操作及相关的操作规则。数据库主要有检索和更新（包括插入、删除、修改）两大类操作。

数据模型必须定义这些操作的确切含义、操作符号、操作规则（如优先级别）以及实现操作的语言。

（3）数据的约束条件

数据的约束条件是一组完整性规则的集合。完整性规则是给定的数据模型中数据及其联系所具有的约束和依存规则，用以限定符合数据模型的数据库状态以及状态的变化，以保证数据的正确、有效和相容。

数据模型应该反映和规定符合这种数据模型所必须遵守的基本的、通用的完整性约束条件。例如,在关系模型中,任何关系必须满足实体完整性和参照完整性两个条件。

此外,数据模型还应该提供定义完整性约束条件的机制,以反映具体用户的应用所涉及的数据必须遵守的特定的语义约束条件。例如,在某学校的学生数据库中规定学生不得有两门以上课程不及格等。

一个基本数据模型用上述三方面的内容来模拟现实世界的信息结构及其变化,使其在计算机系统中得以实现。

1.3.3　概念数据模型

为了把现实世界中的具体事物抽象、组织为某一具体的 DBMS 支持的数据模型,首先把现实世界中的客观事物抽象为某一种信息结构,这种信息结构并不依赖于具体的计算机系统,而且也不与具体的 DBMS 相关,而是概念级的模型;然后再把概念级模型转换为计算机上的 DBMS 支持的数据模型,因此概念模型是现实世界到机器世界的一个中间层次,这个过程如图 1.5 所示。

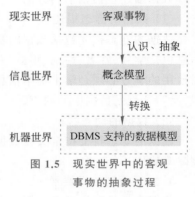

图 1.5　现实世界中的客观事物的抽象过程

1. 信息世界涉及的主要概念

(1) 实体

实体是客观存在且又能相互区别的事物。实体可以指实际对象,也可以指某些概念;可以是事物本身,也可以是事物与事物之间的联系。例如,一个职工、一个学生、一个部门、一门课是具体的实体,而学生的一次选课、部门的一次订货也是实体,它们是抽象的实体。

(2) 属性

属性指现实世界中事物所具有的特性。属性刻画了实体的特征。一个实体有若干属性,例如,学生的属性可以有姓名、性别、年龄、专业等。属性有名和值两部分,例如张三是姓名属性的值。

(3) 码

唯一标识实体的属性或属性集称为码。例如,学生实体的码是学号。

(4) 域

域指某个(些)属性的取值范围。例如,学号的域为 8 位整数,姓名的域为字符串集合,年龄的域为 0~35 的整数,性别的域为"男"和"女"。

(5) 实体型

具有相同属性的实体称为实体型。用实体名及其属性名的集合表示实体。例如,学生(学号、姓名、年龄、性别、所在系、专业)是一个实体型。

(6) 实体集

同类实体的集合称为实体集。例如,全体学生就是一个实体集。

(7) 联系

联系是指实体集间的关系。一般存在两类关系:一是实体内部的关系,如组成实体的属性之间的关系;二是实体之间的关系。

两个实体集之间的联系可分为以下三类。

① 一对一联系(1∶1)。若对于实体集 A 中的每一个实体,实体集 B 中至多有一个实体与之关联,反之亦然,则称实体集 A 与实体集 B 具有一对一的关系,记为 1∶1。例如,班级和班长(一个班级只有一个班长,一个班长只能领导一个班级)是一对一关系,如图 1.6(a)所示。

② 一对多联系(1∶N)。若对于实体集 A 中的每一个实体,实体集 B 中有 n 个实体(n≥0)与之关联;反之,对于实体集 B 中的每一个实体,实体集 A 中只有一个实体与之关联,则称实体集 A 与实体集 B 具有一对多的关系,记为 1∶N。例如,班级和学生(一个班级有多个学生,一个学生只能属于一个班级)是一对多关系,如图 1.6(b)所示。

③ 多对多联系(M∶N)。若对于实体集 A 中的每一个实体,实体集 B 中有 n 个实体(n≥0)与之关联;反之,对于实体集 B 中的每一个实体,实体集 A 中也有 m 个实体(m≥0)与之关联,则称实体集 A 与实体集 B 具有多对多的关系,记为 M∶N。例如,学生和课程(每个学生可以选修多门课程,每门课程可以被多个学生选修)是多对多关系,如图 1.6(c)所示。

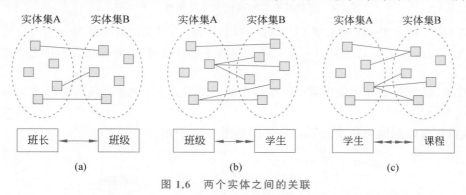

图 1.6　两个实体之间的关联

实际上,一对一联系是一对多联系的特例,而一对多联系又是多对多联系的特例。

多个实体集间的联系是指包括三个或三个以上实体集间的关系。如图 1.7 所示,一所高校可以与多个思政教育实践基地合作,为其提供教育资源和师资力量;一个思政教育实践基地可以与多所高校和多个企业合作,共同推进思政实践教育;一个企业可以为多个基地提供实践机会和资源支持。因此高校、思政教育实践基地和企业三者之间是多对多的关系。

同一实体集内的各实体之间可以有某种关系。例如,职工实体集内具有领导和被领导的关系,即某一个职工领导若干职工,而一个职工仅被另一个职工所领导,因此这是一对多的关系,如图 1.8 所示。

图 1.7　三个实体之间的关系　　　　图 1.8　同一实体集内的关系

2. 实体关联模型

概念数据模型是现实世界到机器世界的第一级抽象,反映现实世界中有应用价值的信息结构,不依赖于数据的组织结构。概念模型的表示方法最常用的是实体关联模型,它是 P. P.

S. Chen 于 1976 年提出的,通常称为 E-R(Entity-Relationship)方法,是目前描述信息结构最常用的方法。E-R 方法使用的工具称作 E-R 图,用它来描述从现实世界中抽象出的实体类型及实体间的联系。

E-R 图中有 4 个基本成分:

① 矩形框,表示实体类型,在框内写上实体名。

② 椭圆形框,表示实体类型和联系类型的属性,并用无向边把实体与其属性连接起来。带有下画线的属性是实体的码(或关键字)。例如,思政教育实践基地实体具有基地 ID、基地名称、基地地址、联系电话、负责人和开设课程 6 个属性,该基地实体及属性的 E-R 图如图 1.9 所示。

图 1.9　思政教育实践基地实体及属性的 E-R 图

③ 菱形框,表示实体间的联系,菱形框内写上关系名,用无向边将菱形分别与有关实体相连接,在无向边旁标上关系的类型。若实体之间联系也具有属性,则也用无向边把属性和菱形连接起来。

④ 直线,联系类型与其涉及的实体类型之间以直线连接,并在直线端部标上关系的种类($1:1,1:N,M:N$)。

思政教育实践基地与高校关系的 E-R 图如图 1.10 所示。

图 1.10　思政教育实践基地与高校关系的 E-R 图

高校、思政教育实践基地和企业的多个实体类型之间关系的 E-R 图如图 1.11 所示(图中未画出属性)。

职工和领导之间的同一实体类型的实体间内部关系 E-R 图如图 1.12 所示(图中未画出属性)。

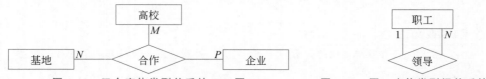

图 1.11　三个实体类型关系的 E-R 图　　　图 1.12　同一实体类型间关系的 E-R 图

E-R 模型有两个明显的优点:①接近于人的思维,容易理解;②与计算机无关,用户容易接受。因此,E-R 模型已成为软件工程的一个重要设计方法。用 E-R 图表示的概念模型与具体的 DBMS 所支持的结构数据模型相独立,是各种数据模型的共同基础。

但是 E-R 模型只能说明实体间语义的关系,而不能进一步说明详细的数据结构。一般遇到实际问题,总是先设计一个 E-R 模型,然后再把 E-R 模型转换成计算机能实现的数据模型。

1.3.4　结构数据模型

结构数据模型是现实世界到机器世界的第二级抽象,数据库管理系统大都是基于某种结构数据模型的。结构数据模型从数据的组织结构角度来描述信息。目前,在数据库领域中最常用的结构数据模型有层次模型、网状模型、关系模型和面向对象模型。其中,层次模型和网状模型统称为非关系模型。非关系模型的数据库系统在 20 世纪 70 年代非常流行。到了 20 世纪 80 年代,逐渐被关系模型的数据库系统取代。20 世纪 80 年代以来,面向对象的方法和技术在计算机各个领域,包括程序设计语言、软件工程、信息系统设计、计算机硬件设计等各方面都产生了深远的影响,也促进了数据库中面向对象数据模型的研究和发展。

1. 层次模型

层次模型是数据库系统中最早出现的数据模型,层次数据库系统采用层次模型作为数据的组织方式。用树状(层次)结构表示实体类型以及实体间的联系是层次模型的主要特征,如图 1.13 所示。

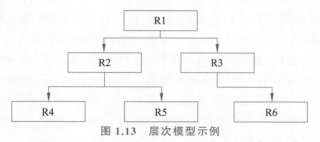

图 1.13　层次模型示例

层次结构是一棵有向树,树的结点是记录类型,根结点只有一个,根结点以外的结点有且只有一个双亲结点。即从一个结点到其双亲结点的映像是唯一的,所以对于每个记录(除根结点外)只需要指出它的双亲记录,就可以表示出层次模型的整体结构。上一层记录类型和下一层记录类型间的联系是 $1:M$ 关系(包括 $1:1$ 关系)。

层次模型另一个基本特点是,任何一个给定的记录值,只有按其路径查看时才能显示出它的全部意义,没有一条子记录值能够脱离双亲记录值而独立存在。

目前许多流行的大型数据库系统都采用层次模型,其中最著名的是 IBM 公司研制的 IMS (Information Management Systems)系统。该系统之所以应用较广,除了它问世较早外,还在于 IBM 公司具有强大的竞争能力。除 IMS 系统之外,还有许多采用层次模型的系统,如 SYSTEM 2000 系统就是其中的一个。

2. 网状模型

在现实世界中事物之间的联系更多的是非层次关系的,用层次模型表示非树状结构是很不直接的,网状模型则可以克服这一弊端。

用网状结构表示实体类型及实体间联系的数据模型称为网状模型。在网状模型中,一个子结点可以有多个双亲结点,在两个结点之间可以有一种或多种关联,如图 1.14 所示。网状模型实现实体间 $M:N$ 关系比较容易,记录之间的联系是通过指针实现的,因此数据的关联十分密切。网状模型的数据结构在物理上也易于实现,效率较高,但是编写应用程序较复杂,程序员必须熟悉数据库的逻辑结构。

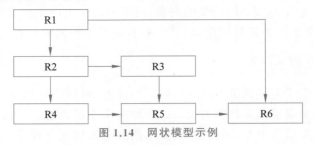

图 1.14 网状模型示例

网状数据库系统采用网状模型作为数据的组织方式。网状数据模型的典型代表是 DBTG 系统,也称 CODASYL 系统,它是 20 世纪 70 年代由数据系统语言研究会(CODASYL)下属的数据库任务组(Data Base Task Group,DBTG)提出的一个系统方案。DBTG 系统虽然不是实际的软件系统,但是它提出的基本概念、方法和技术具有普遍意义,它对于网状数据库系统的研制和发展起了重大的作用。

3. 关系模型

关系模型是目前最常用的一种数据模型。关系数据库系统采用关系模型作为数据的组织方式。1970 年美国 IBM 公司 San Jose 研究室的研究员 E. F. Codd 首次提出了数据库系统的关系模型,开创了数据库关系方法和关系数据理论的研究,为数据库技术奠定了理论基础。

20 世纪 80 年代以来,计算机厂商推出的数据库管理系统几乎都支持关系模型,非关系系统的产品都加上了关系接口,数据库领域的研究工作也以关系方法为基础。

用表格形式的结构表示实体类型以及实体间关联的模型称为关系模型。关系模型比较简单,容易被初学者接受。关系就是一个表格,记录是表中的行,属性是表中的列。关系模型是由若干关系模式组成的集合。关系模式就是记录类型,它的实例就是关系。前例中思政教育实践基地和高校的关系模型如表 1.1 所示。

表 1.1 思政教育实践基地和高校的关系模型

基地/高校	关 系 模 型
基地	基地(基地 ID,基地名称,基地地址,联系电话,负责人,开设课程)
高校	高校(高校 ID,高校名称,负责人)
合作	合作(合作 ID,合作内容,合作时长)

表 1.2~表 1.4 是一个具体的思政教育实践基地与高校关系模型实例。

表 1.2 基地表

基地 ID	基地名称	基地地址	联系电话	负责人	开设课程
B001	红色教育基地	天津市某区某街道	2354 5678	张老师	党史学习、革命传统教育
B002	法治教育基地	天津市某区某路	8765 4321	李老师	法治教育、宪法宣传
B003	创新创业基地	天津市某区某路	2261 5555	王老师	创业指导、创新实践

表 1.3 高校表

高校 ID	高 校 名 称	负 责 人
U001	A 大学	赵老师
U002	B 大学	钱老师
U003	C 大学	孙老师

表 1.4 合作表

合作 ID	合 作 内 容	合作时长	基地 ID	高校 ID
C001	红色教育合作	2 年	B001	U001
C002	法治教育推广	1 年	B002	U002
C003	创新创业实践	3 年	B003	U003
C004	党史学习合作	1 年	B001	U003

关系模型的数据结构简单,只需用简单的查询语句就可对数据库进行操作,且容易被用户理解。关系模型是数学化的模型,可把表格看成记录的集合,因此集合论知识可引入关系模型中。关系模型已是一个成熟的模型,得到了广泛应用。

4. 面向对象模型

目前,关系数据库的使用已相当普遍。但是,现实世界中仍然存在着许多含有更复杂数据结构的应用领域,例如 CAD 数据、图形数据等,而关系模型在这方面就显得力不从心。因此,人们需要更高级的数据库技术来表达这类信息。面向对象的概念最早出现在程序设计语言中,随后迅速渗透到计算机领域的每一个分支。面向对象数据库是面向对象概念与数据库技术相结合的产物。

面向对象模型能完整地描述现实世界的数据结构,具有丰富的表达能力,但模型相对比较复杂,涉及的知识面也广,实现起来较困难。因此,面向对象数据库尚未达到关系数据库那种普及程度。

1.4 数据库的体系结构

数据库系统的体系结构是数据库系统的一个总体框架,尽管实际的数据库系统软件产品多种多样,支持不同的数据模型,使用不同的数据库语言,建立在不同的操作系统之上,数据的存储结构也各不相同,但是绝大多数的数据库系统在体系结构上都具有三级模式的结构特征。

1.4.1 数据库系统的模式结构

在数据模型中有"型"和"值"的概念。"型"是指对某一类数据的结构和属性的说明,"值"是型的一个具体赋值。例如,思政教育实践基地记录定义为基地 ID、基地名称、基地地址、联系电话、负责人、开设课程这样的记录型,而"B001""红色教育基地""天津市某区某街道""2354 5678""张老师""党史学习、革命传统教育"则是该记录型的记录值。

模式是数据库中全体数据的逻辑结构和特征的描述,它仅仅涉及型的描述,不涉及具体的值。模式的一个具体值称为模式的一个实例。一个模式可以有很多实例。模式是相对稳定的,而实例是相对变动的,因为数据库中的数据是在不断更新的。模式反映的是数据结构及其关系,而实例反映的是数据库某一时刻的状态。

数据库系统的三级模式结构是指数据库系统由外模式、模式和内模式三级抽象模式组成,如图 1.15 所示。

1.4.2 三级模式结构

数据库系统的三级模式是数据的三个抽象级别,它把数据的具体组织留给 DBMS 管理,使用户能逻辑地、抽象地处理数据,而不必关心数据在计算机中的表示和存储方式。为了实现

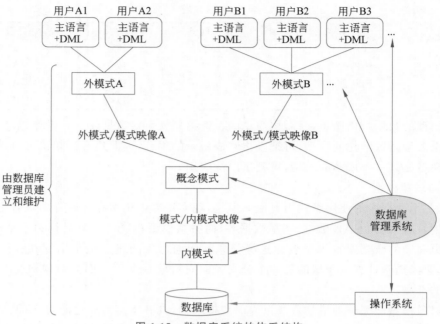

图 1.15 数据库系统的体系结构

这三个抽象层次的联系和转换,数据库系统在这三级模式中提供了两层映像:①外模式/模式映像;②模式/内模式映像。

1. 模式

模式也称逻辑模式或概念模式,模式描述的是数据的全局逻辑结构,是数据库中全部数据的逻辑表示或描述。它是数据库体系结构中的中间层。所谓逻辑表示是指独立于存储的关于数据类型以及它们之间联系的形式表示或描述。模式不涉及数据的物理存储细节和硬件环境,不涉及具体的应用程序和程序语言等。

一个数据库只有一个模式。模式除了定义数据的逻辑结构外,还定义与数据有关的安全性、完整性等,既要定义数据记录内部的结构,又要定义数据项之间的关系,以及记录之间的关系。

数据库管理系统提供模式数据语言(模式 DDL),用模式 DDL 写出的一个数据库逻辑定义的全部语句,称为某一个数据库的模式。模式是对数据库结构的一种描述,是数据库的一个框架,而不是数据库本身。

2. 外模式

外模式也称子模式或用户模式,它是数据库用户(包括应用程序员和最终用户)能够看到和使用的局部的逻辑结构和特征的描述,是与其应用有关的数据的逻辑表示。

一个数据库可以有多个外模式。不同用户的外模式可以互相覆盖,同一外模式可以为某一用户的任意多个应用程序所使用,一个应用程序只能使用一个外模式。

外模式通常是模式的子集,它是各个用户的数据视图,因用户需求不同,看待数据的方式可以不同,对数据保密的要求可以不同,使用的程序设计语言也可以不同。因此,不同用户外模式的描述是不同的。

外模式是保证数据安全性的一个有力措施。每个用户只能看到和访问所对应的外模式中的数据,数据库中的其余数据是不可见的。

数据库管理系统提供外模式数据描述语言(外模式 DDL)用来描述用户数据视图,用外模式 DDL 写出的一个用户数据视图的逻辑定义的全部语句称为此用户的外模式。

3. 内模式

内模式也称物理模式或存储模式,它是全体数据库数据的内部表示或者底层描述,用来定义数据的存储方式和物理结构。例如,记录是顺序结构存储还是按照链式结构存储,或是按散列方法存储;索引的组织方式是什么;数据是否压缩存储,是否加密;数据存储记录结构的规定等。

一个数据库只有一个内模式。内模式通常用内模式数据描述语言(内模式 DDL,又称存储模式 DDL)来描述和定义。

1.4.3　两级模式映像及数据独立性

数据库系统的三级模式之间有二级映像将模式映像至内模式以及将外模式映像至模式。正是这两级映像保证了数据库系统中的数据具有较高的数据独立性。

1. 两级模式映像

(1) 外模式/模式映像

模式描述的是数据库数据的全局逻辑结构,外模式描述的是数据的局部逻辑结构。对应于同一个模式,可以有任意多个外模式。对于每个外模式,数据库管理系统都有一个外模式/模式的映像,它定义该外模式和模式之间的对应关系,这些映像定义通常包含在各自的外模式中。

(2) 模式/内模式映像

数据库中只有一个模式,也只有一个内模式,所以模式/内模式映像只有一个,它定义数据的全局逻辑结构与存储结构之间的对应关系,例如说明逻辑记录和字段在内部是如何表示的。该映像定义通常包含在模式描述部分。

2. 两级数据独立性

在数据库技术中,数据独立性是指应用程序和数据之间相互独立、不受影响。即当数据的结构改变时,应用程序可以不变。数据独立性分成物理独立性和逻辑独立性两级。

(1) 物理独立性

如果数据库的内模式要进行改变,即数据库的存储设备和存储方法有所变化,那么模式/内模式的映像也必须作相应的修改(这是 DBA 的责任),使模式尽可能保持不变,通过外模式/模式的映像可以使外模式不变,因而应用程序可以保持不变,称数据库达到了物理数据独立性。

(2) 逻辑独立性

如果数据库的模式要进行改变,例如增加记录类型或增加数据项,那么外模式/模式的映像也必须做相应的修改(这也是 DBA 的责任),使得外模式尽可能保持不变,因而应用程序可以保持不变,称数据库达到了逻辑数据独立性。

1.5　数据库系统

数据库系统(DBS),不仅仅是一组对数据进行管理的软件(通常称为数据库管理系统),也不仅仅是一个数据库。一个数据库系统是一个实际可运行的、按照数据库方式存储、维护和为应用系统提供数据或信息支持的系统。它是存储介质、处理对象和管理系统的集合体。

1.5.1　数据库系统的组成

数据库系统是指将计算机系统中引入数据库后组成的综合系统,如图 1.16 所示。

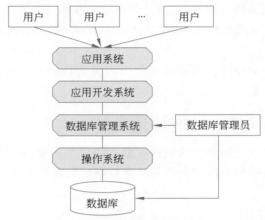

图 1.16　数据库系统的体系结构

1. 数据库

数据库(DataBase,DB)是存放数据的仓库,是长期存储在计算机内、有组织的、可共享的数据集合。数据库中的数据按一定的数据模型组织、描述和存储,具有较小的冗余度,较高的数据独立性和易扩展性,并可为一定范围内的各种用户共享。

数据库通常由两大部分组成:一部分是应用数据的集合,称为物理数据库,它是数据库的主体;另一部分是关于各级数据结构的描述,称为描述数据库。

2. 计算机硬件

数据库系统的硬件包括中央处理器、内存、外存、输入输出设备、数据通道等。由于数据库系统数据量很大,加之数据库管理系统丰富的功能,使得数据库系统自身的规模也很大,因此整个数据库系统对硬件资源提出了较高的要求,特别要关注内存、外存、I/O 存取速度、可支持终端数和性能稳定性等指标。在许多应用中,还要考虑系统支持联网的能力和配备必要的后备存储器等因素。此外,还要求系统有较高的通道能力,以提高数据的传输速度。

3. 计算机软件

数据库系统的软件包括数据库管理系统、操作系统、各种宿主语言和应用开发支撑软件等程序。

① 数据库管理系统:是管理数据库的软件系统,要在操作系统支持下才能工作。

② 宿主语言:为了开发应用系统,需要各种宿主语言,并且要与数据库系统有良好的接口。

③ 应用开发支撑软件:是为应用开发人员提供的高效率、多功能的交互式程序设计系统,它们为数据库系统的开发和应用提供了良好的环境。

4. 数据库用户

数据库系统的基本目标是提供给用户使用数据库的环境,给不同的用户设计不同的数据抽象级别,具有不同的数据视图,如图 1.17 所示。根据与数据库系统接触方式的不同,数据库系统的用户可以分为 4 类。

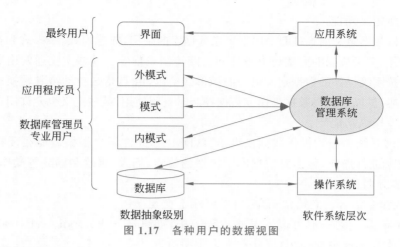

图 1.17　各种用户的数据视图

（1）数据库管理员

数据库管理员（DataBase Administrator，DBA）是控制数据整体结构的人，负责数据库系统的正常运行。DBA 可以是一个人，在大型系统中也可以是由几个人组成的小组。DBA 负责数据库物理结构与逻辑结构的定义、修改，承担创建、监控和维护整个数据库结构的责任。

（2）专业用户

专业用户是指系统分析员和数据库设计人员。系统分析员负责应用系统的需求分析和规范说明，他们要和用户及数据库管理员相结合，确定系统的硬软件配置并参与数据库系统的概要设计。数据库设计人员负责数据库中数据的确定、数据库各级模式的设计。数据库设计人员必须参加用户需求调查和系统分析，然后进行数据库设计。

（3）应用程序员

应用程序员是使用宿主语言和数据操作语言编写应用程序的计算机工作者。应用程序员负责设计和编写应用系统的程序模块，并进行调试和安装。

（4）最终用户

最终用户是使用应用程序的非专业人员，例如银行的出纳员、商店的销售员等。他们通过应用系统的用户界面使用数据库。常用的用户界面有浏览器、菜单驱动、表格操作、图形显示和报表书写等。

1.5.2　数据库管理系统

数据库管理系统（DBMS）是指数据库系统中对数据进行管理的软件系统，它是数据库系统的核心组成部分，数据库系统的一切操作，包括查询、更新以及各种控制都是通过 DBMS 进行的。DBMS 是基于某种数据模型的。根据所采用的数据模型的不同，DBMS 可以分为层次型、网状型、关系型等若干类型，但在不同的计算机系统中，由于缺乏统一的标准，即使是同种类型的 DBMS，它们在用户接口、系统功能等方面也常常不同。

数据库管理系统是为数据库的建立、使用和维护而配置的软件，建立在操作系统的基础上，对数据库进行统一的管理和控制。用户使用的各种数据库命令以及应用程序的执行，都要通过数据库管理系统。数据库管理系统还承担着数据库的维护工作，按照数据库管理员所规定的要求，保证数据库的安全性和完整性。

数据库管理系统的基本功能如下。

（1）数据库定义功能

DBMS 提供数据定义语言(DDL)用于定义数据库的结构,描述模式、子模式和存储模式及其模式之间的映像,定义数据的完整约束条件和访问控制条件等。这些定义通常由数据库管理员或数据所有者按系统提供的数据定义语言的源形式给出,由 DBMS 自动将其转换成内部目标形式存入数据字典,供以后进行数据操作或数据控制时查阅使用,某些定义也允许用户查阅。

（2）数据库操纵功能

数据库管理系统一般均提供数据操纵语言(DML),允许用户根据需要在授权的范围内对数据库中的数据进行操作,包括对数据库中数据的检索、插入、修改和删除等操作。

DML 一般分两种:

① 交互式命令语言。它语法简单,可在终端上交互操作。

② 宿主型语言。它一般可嵌入某些主语言中,如可嵌入 Fortran、C、Pascal 等高级语言中。这种语言本身不能独立使用,因此称为宿主型语言。

（3）数据控制功能

DBMS 对数据库的控制功能主要包括以下 4 方面。

① 数据安全性控制。它是对数据库的一种保护,作用是防止数据库中的数据被未经授权的用户访问,并防止在有意或无意中对数据库造成的破坏性改变。

② 数据完整性控制。它是 DBMS 对数据库提供保护的另一个重要方面。完整性控制的目的主要是保证进入数据库中存储数据的语义的正确性和有效性,防止任何操作对数据造成违反其语义的改变。

③ 数据库的恢复。它是 DBMS 在数据库被破坏或数据不正确时,系统有能力把数据库恢复到正确的状态。

④ 数据库的并发控制。DBMS 的并发控制系统能够防止多个用户同时对同一个数据的操作可能造成数据库中数据的被破坏或发生错误,能正确处理好多用户、多任务环境下的并发操作。

（4）数据的服务功能

DBMS 有许多实用程序提供给数据库管理员运行数据库系统时使用,这些程序起着维护数据库的作用,包括数据库中初始数据的录入,数据库的转储、重组、性能监测、分析以及系统恢复等功能。

1.5.3　数据库管理员

要想成功地运转数据库,就要在数据处理部门配备管理人员,即数据库管理员(DBA)。DBA 必须具有下列素质:熟悉企业全部数据的性质和用途、对用户的需求有充分的了解、对系统的性能非常熟悉。

DBA 的主要职责如下。

（1）决定数据库的信息内容和结构

在数据库中存放哪些信息最终由 DBA 决定,为此 DBA 必须参与数据库设计的全过程,包括设计概念模式,决定与应用有关的实体、实体之间的关系和实体的属性,设计数据库模式,决定各用户的外模式。

（2）决定数据库的存储结构和存取策略

DBA 要综合各用户的应用要求,与数据库设计人员共同决定数据库的存储结构和存取策略。

（3）定义数据库的安全性要求和完整性约束条件

DBA 负责确定不同用户对数据库的存取权限、数据的保密级别和完整性约束条件等。

（4）监督和控制数据库的使用和运行

DBA 负责监视数据库系统的运行情况，及时处理运行过程中出现的问题，尤其是遇到硬件、软件或人为故障时，DBA 必须能够在最短时间内把数据库恢复到某一正确的状态，并且尽可能不影响或少影响计算机系统其他部分的正常运行。为此，DBA 要定义和实施适当的备份和恢复策略。例如，周期性地转储数据，维护日志文件等。

（5）数据库系统的性能改进

DBA 负责监视、分析系统的性能。系统的性能包括空间利用率和处理效率两方面。DBA 要负责对运行状况进行记录、统计分析。依靠工作实践，并根据实际应用环境，不断改进数据库设计。

（6）数据库系统的重组

在数据库运行过程中，许多数据不断插入、删除、修改，时间一长会影响系统的性能。DBA 要定期地按一定的策略对数据库进行重新组织。当用户的需求增加或改变时，DBA 还要对数据库进行较大的改造，包括内模式和模式的修改，即数据库的重构造。

1.6　习题

一、选择题

1. 数据模型有三个要素，其中用于描述系统静态特性的是（　　）。

　A. 数据结构　　　　　　　　　　　B. 数据操作

　C. 数据完整性约束　　　　　　　　D. 数据模型

2. 用树状结构来表示实体之间关系的结构数据模型称为（　　）。

　A. 关系模型　　　　　　　　　　　B. 层次模型

　C. 网状模型　　　　　　　　　　　D. 面向对象模型

3. 下列实体类型的关联中，一对多关系的是（　　）。

　A. 学生与课程的选课关系　　　　　B. 部门与职工的关系

　C. 省与省会的关系　　　　　　　　D. 顾客与商品的购买关系

4. 数据库管理系统（DBMS）是一种（　　）软件。

　A. 应用　　　　　　B. 编辑　　　　　　C. 会话　　　　　　D. 系统

5. 数据库管理系统（DBMS）提供数据（　　）语言，实现对数据库的基本操作，如查询、插入、删除和修改。

　A. 处理　　　　　　B. 定义　　　　　　C. 编辑　　　　　　D. 操纵

6. 在数据库技术中，独立于计算机系统的模型是（　　）。

　A. E-R 模型　　　　B. 层次模型　　　　C. 关系模型　　　　D. 面向对象的模型

7. 模式的逻辑子集通常称为（　　）。

　A. 存储模式　　　　B. 内模式　　　　　C. 外模式　　　　　D. 模式

8. 在数据库三级模式间引入二级映像的主要作用是（　　）。

　A. 提高数据与程序的独立性　　　　B. 提高数据与程序的安全性

C. 保持数据与程序的一致性   D. 提高数据与程序的可移植性

9. DB、DBMS 和 DBS 三者之间的关系是(　　)。

     A. DB 包括 DBMS 和 DBS   B. DBS 包括 DB 和 DBMS

     C. DBMS 包括 DB 和 DBS   D. 不能相互包括

10. 用二维表来表示实体及实体之间联系的数据模型称为(　　)。

     A. 实体-联系模型   B. 层次模型

     C. 网状模型   D. 关系模型

11. 不属于数据库特点的是(　　)。

     A. 数据共享   B. 数据完整性

     C. 数据冗余很高   D. 数据独立性高

12. 对全局数据逻辑结构和特征的描述称为(　　)。

     A. 外模式   B. 内模式   C. 模式   D. 存储模式

13. 信息世界中的术语"实体"对应于机器世界的术语是(　　)。

     A. 记录   B. 字段   C. 文件   D. 关键字

14. 在数据库系统中,保证数据及语义正确和有效的功能是(　　)。

     A. 并发控制   B. 存取控制   C. 安全控制   D. 完整性控制

15. 在数据库技术中,常用的概念数据模型是(　　)。

     A. E-R 模型   B. 层次模型

     C. 关系模型   D. 面向对象的模型

16. 不属于数据库控制功能的是(　　)。

     A. 数据库恢复   B. 数据库定义   C. 并发控制   D. 完整性控制

二、填空题

1. 一台机器可以加工多种零件,一种零件可以在多台机器上加工,机器和零件之间为_____的关系。

2. 在层次模型和网状模型中,数据之间的关系是通过_____来实现的。

3. 关系模型用_____数据来表示和实现实体间的关系。

4. 数据独立性分为_____和_____两级。

5. 关系模型中通过_____实现关系之间的联系。

6. 结构数据模型包含_____、数据操作和数据完整性约束三部分。

7. 在数据库体系结构中对数据库中数据的物理存储结构进行描述的是_____。

8. 在数据库用户中权限最高的是_____。

9. 在数据库体系结构中对数据库中用户用到的部分数据进行描述的是_____。

10. 关系模型是用_____来表达实体集。

三、简答题

1. 试述数据库系统各发展阶段的主要特征。

2. 试述数据模型的两个层次。

3. 试分别举出实体间一对一、一对多、多对多关系的例子。

4. 试述数据库三级模式结构,这种结构的优点是什么?

5. 试述数据库系统的主要组成部分。

6. 试述数据库管理系统的主要功能。

第 2 章 关系数据库系统

本章主要介绍关系模型的基本概念,包括关系的概念和性质、关系模型的体系结构、关系的完整性规则、关系代数的基本操作以及关系数据库的规范化理论及方法。

2.1 关系模型的基本概念

关系数据库是以关系模型为基础的数据库,它是运用数学理论处理数据的一种方法。关系数据库与层次数据库、网状数据库相比,具有简单灵活的数据模型和较高的数据独立性,能提供具有良好性能的语言接口,并且具有比较坚实的理论基础等优点,是目前最为流行的数据库系统。例如,ORACLE 就是其中比较有名的关系数据库系统,它可在 IBM 大型机、DEC 等厂家的小型机,以及 IBM 个人计算机上运行,受到了用户的欢迎。另外,由于微型机的日益普及,SQL Server、MySQL 等关系数据库系统也被广泛地用于各个领域。

2.1.1 关系模型的基本术语

在关系模型中,用二维表结构来表示实体及实体间的关系,如图 2.1 所示。

1. 关系

一个关系对应一个二维表,二维表名就是关系名。在图 2.1 中包含两个二维表,即两个关系:用户观看记录关系和作品信息关系。

2. 属性及值域

二维表中的列(字段)称为关系的属性。属性的个数称为关系的元数,又称为度。度为 1 的关系称为一元关系,度为 2 的关系称为二元关系,度为 n 的关系称为 n 元关系。关系的属性包括属性名和属性值两部分,其列名即为属性名,列值即为属性值。属性值的取值范围称为值域。每一个属性对应一个值域,不同属性的值域可以相同。

在图 2.1 中,用户观看记录关系中有记录编号、用户编号、作品编号、观看日期和观看进度 5 个属性,是 5 元关系。其中,观看进度属性的值域是 0～5。作品信息关系中有作品编号、作品名称、发布年份、类型、导演和片长 6 个属性,是 6 元关系。"M01"就是作品编号属性的一个值。

3. 关系模式

二维表中的行定义(表头)、记录的类型,即对关系的描述称为关系模式,关系模式的一般形式为:

关系名(属性 1,属性 2,…,属性 n)

在图 2.1 中的两个关系模式表示为:

关系名→ 用户观看记录表 　属性(字段、数据项)

记录编号	用户编号	作品编号	观看日期	观看进度
R01	U01	M01	2024/1/1	1
R02	U01	M02	2024/1/2	0.5
R03	U02	M03	2024/1/3	1
R04	U02	M04	2024/1/4	0.2

←关系模式(记录类型)

←元组(记录)

主键　外键　属性值(字段值)

参照表　作品信息表

作品编号	作品名称	发布年份	类型	导演	片长
M01	地道战	1965	战争	任旭东	136
M02	铁道游击队	1956	战争	赵明	99
M03	烈火金刚	1958	革命历史	何威	104
M04	洪湖赤卫队	1959	革命历史	谢添、陈方千	143
M05	红色娘子军	1960	革命历史	谢晋	116
M06	狼牙山五壮士	1958	英雄传记	史文炽	87
M07	平原游击队	1955	战争	苏里、武兆堤	101
M08	渡江侦察记	1954	战争	汤晓丹	103

主键

图 2.1　关系模型的基本术语

```
用户观看记录关系(记录编号,用户编号,作品编号,观看日期,观看进度)
作品信息关系(作品编号,作品名称,发布年份,类型,导演,片长)
```

4. 元组

二维表中的一行,即每一条记录的值称为关系的一个元组。其中每一个属性的值称为元组的分量。关系由关系模式和元组的集合组成。

图 2.1 中用户观看记录关系有以下元组:

```
(R01, U01, M01, 2024/1/1, 1),
(R02, U01, M02, 2024/1/2, 0.5),
(R03, U02, M03, 2024/1/3, 1),
(R04, U02, M04, 2024/1/4, 0.2)
```

作品信息关系有以下元组:

```
(M01, 地道战, 1965, 战争, 任旭东, 136),
(M02, 铁道游击队, 1956, 战争, 赵明, 99),
(M03, 烈火金刚, 1958, 革命历史, 何威, 104),
(M04, 洪湖赤卫队, 1959, 革命历史, 谢添、陈方千, 143),
(M05, 红色娘子军, 1960, 革命历史, 谢晋, 116),
(M06, 狼牙山五壮士, 1958, 英雄传记, 史文炽, 87),
(M07, 平原游击队, 1955, 战争, 苏里、武兆堤, 101),
(M08, 渡江侦察记, 1954, 战争, 汤晓丹, 103)
```

5. 键

键由一个或几个属性组成,在实际使用中,有下列几种键。

① 超键:在关系中能唯一标识元组的属性或属性的组合称为该关系的超键。

② 候选键:不含有多余属性的超键称为候选键。即在候选键中,若要再删除属性,就不是键了。

③ 主键:用户选作元组标识的一个候选键称为主键。

在图 2.1 中的作品信息关系中,属性组合(作品编号,作品名称)是超键,但不是候选键,因为作品编号可以唯一标识一个作品,作品名称是多余属性,而"作品编号"是候选键;若作品名称没有重名时,则"作品名称"也是候选键。实际使用中,一般选择"作品编号"作为主键。

6. 主属性与非主属性

关系中包含在任何一个候选键中的属性称为主属性,不包含在任何一个候选键中的属性称为非主属性。在图 2.1 中的作品信息关系中"作品编号"和"作品名称"是候选键,所以作品编号和作品名称是主属性,其他属性是非主属性。

7. 外键、参照关系与依赖关系

当关系中的某个属性或属性的组合虽然不是该关系的主键或只是主键的一部分,但却是另一个关系的主键,且其值来源于另一关系的主键值时,称该属性或属性的组合为这个关系的外键。以外键作为主键的关系称为参照关系或主关系,外键所在的关系称为依赖关系或从关系。在关系模型中通过外键实现两个关系之间的关联。

在图 2.1 中的用户观看记录关系中的"作品编号"属性,是作品信息关系中的主键,且其值来源于作品信息关系中的主键值,因此用户观看记录关系中的"作品编号"属性是外键,其中用户观看记录关系是依赖关系,作品信息关系是参照关系。这两个关系是通过外键"作品编号"相关联的。

2.1.2 关系的定义和性质

尽管关系模型的数据结构表示为二维表,但不是任意的一个二维表都能表示一个关系。严格地说,关系是一种规范化了的二维表格。在关系模型中,对关系做了下列规范性限制。

① 关系中的每一个属性值是不可分解的。也就是说,要求关系的每一个分量必须是一个不可分的数据项,即表中不能含有表。这是关系数据库对关系的最基本的限制。

② 每一个关系模式中属性的数据类型以及属性的个数是固定的,并且每个属性必须命名,在同一个关系模式中,属性名必须是不同的。

③ 每一个关系仅有一种关系模式。

④ 在关系中元组的顺序是无关紧要的,即没有行序。

⑤ 在关系中属性的顺序可任意交换,交换是应连同属性名一起交换,即没有列序。

⑥ 在同一个关系中不允许出现完全相同的元组。

2.1.3 关系模型的三要素

关系模型是由数据结构、关系操作及关系的完整性规则组成。

1. 数据结构

关系模型中所选用的数据结构为二维表结构,一个二维表就是一个关系。即用关系来描述实体集,同时也用关系来描述实体之间的关系。关系模型已经成为数据库系统普遍选用的模型。

2. 关系操作

关系模型中的数据操作是高度非过程化的,用户只须指出做什么,不必指出怎么做。关系操作的表达有两种方法。

① 代数方法:也称关系代数,是以集合(关系是元组的集合)操作为基础,应用对关系的专门运算来表达查询的要求。

② 逻辑方法:也称关系演算,是以谓词演算为基础,通过元组必须满足的谓词公式来表达查询要求。

对于关系数据库,这两种方法在表达能力上是等价的。需要说明的是,对关系数据库的操作包括对数据的查询和更新,查询用于各种检索操作,更新用于插入、删除和修改等操作。其中,数据查询的表达是关系操作中最重要的部分。

3. 关系模型的三类完整性规则

数据完整性由完整性规则定义,关系模型的完整性规则是对关系的某种约束条件。在关系模型中,数据的约束条件通过三类完整性约束条件描述,它们是实体完整性、参照完整性和用户定义的完整性。为了维护数据库中的数据完整性,在对关系数据库执行插入、删除和修改等操作时,必须遵守这三类完整性规则。

(1) 实体完整性

在关系中用主键来唯一地标识一个实体(元组),若一个实体(元组)的主键值为空值(所谓空值是"不知道"或"无意义"的值),说明存在某个不可标识的实体,这与实体的概念是矛盾的,即不存在不可标识的实体,因此限定关系中的主键值不能为空。关系的这种约束,称为实体完整性。

实体完整性规则是对关系中的主属性值的约束,即设属性 A 是关系 R 的主属性,则属性 A 不能取空值。

在关系数据库系统中,用户在建立关系模式时,应定义该模式的某些属性为主键,然后由系统负责维护该模式下的任何一个关系中的元组在这些属性上不能取空值,以保证关系数据库系统中的任何一个关系都满足实体完整性约束条件。

在图 2.1 中的用户观看记录关系的主键是"记录编号",则"记录编号"不能重复,根据实体完整性,则"记录编号"不能取空值。

(2) 参照完整性

参照完整性规则是用于约束外键的,即若 F 是关系 R 中参照关系 S 的外键,则对于 R 中每个元组在 F 上的值必须为以下值。

① 或者取空值(F 的每个属性值均为空)。

② 或者等于 S 中某个元组的主键值。

关系 R 和 S 不一定是不同的关系。

在图 2.1 中的用户观看记录关系的主键为"记录编号",作品信息关系的主键是"作品编号",用户观看记录关系中的"作品编号"是对应作品信息关系的外键。"作品编号"的值必须是作品信息关系中某个元组中的"作品编号"值,表示此观看记录不可能是作品信息表中不存在的作品。

实体完整性和参照完整性由关系数据库管理系统自动维护。

(3) 用户定义完整性

关系数据库管理系统还允许用户定义某一具体数据库所涉及的数据必须满足的约束条

件。这种约束条件是对数据在语义范畴的描述,由具体应用环境决定,这就是用户定义的完整性。

在图 2.1 中的职工信息关系中的年龄属性被限制为 18～65。

用户定义的完整性应由用户利用 DBMS 提供定义这类完整性的方法,定义用户数据应满足的约束条件,然后由 DBMS 负责检验用户数据库是否满足用户定义的完整性。

2.2 关系代数

在关系模型下对数据库的操作都是以关系作为运算对象对一个或多个关系进行的集合运算,其运算结果仍是关系,这就是关系运算。

关系代数是以关系为运算对象的一组高级运算的集合。关系定义为元数相同的元组的集合,集合中的元素为元组。

关系代数的运算可分为两类:

① 传统的集合运算,如并、交、差、广义笛卡儿积。这类运算将关系看成元组的集合,其运算是从关系的"水平"方向,即行的角度来进行的。

② 专门的关系运算,如选择、投影、连接、除。这类运算不仅涉及行而且涉及列。

2.2.1 传统的集合运算

传统的集合运算是一个二目运算,是在两个关系中进行的。但并不是任意的两个关系都能进行这种集合运算,而是要在两个满足一定条件的关系中进行运算的。

设给定两个关系 R 和 S,若满足:具有相同的度 n;且 R 中的第 i 个属性和 S 中的第 i 个属性必须来自同一个域,则称关系 R 和 S 是相容的。如果两个关系是相容的,则可以在这两个关系之间进行并、差、交三种传统的关系运算。如果两个关系不相容,则只能进行广义笛卡儿积运算。

1. 并(Union)

设关系 R 和关系 S 为相容关系,则 R 和 S 的并记为 $R \cup S$,结果关系与 R(或 S)具有相同的度,且由属于 R 或属于 S 的元组组成。定义如下:

$R \cup S \equiv \{t | t \in R \vee t \in S\}$,$t$ 是元组变量,结果关系要消除重复元组。

2. 差(Difference)

设关系 R 和关系 S 为相容关系,则 R 和 S 的差记为 $R - S$,结果关系与 R(或 S)具有相同的度,且由属于 R 但不属于 S 的元组组成。定义如下:

$R - S \equiv \{t | t \in R \wedge t \notin S\}$,$t$ 是元组变量,R 和 S 的差即在关系 R 中减去 R 和 S 的相同元组。

3. 交(Intersection)

设关系 R 和关系 S 为相容关系,则 R 和 S 的交记为 $R \cap S$,结果关系与 R(或 S)具有相同的度,且由属于 R 并属于 S 的元组组成。定义如下:

$R \cap S \equiv \{t | t \in R \wedge t \in S\}$,$t$ 是元组变量,R 和 S 的交包含关系 R 和关系 S 的相同元组。

4. 广义笛卡儿积(Cartesian Product)

设关系 R 和关系 S 的度分别为 r 和 s,元组数分别为 m 和 n,则 R 和 S 的笛卡儿积记为 $R \times S$,结果关系的度为 $r + s$,元组数为 $m \times n$,且结果关系的每一个元组的前 r 个分量(属性

值)来源于 R 的一个元组,后 s 个分量来源于 S 的一个元组。定义如下:

$R \times S \equiv \{t \mid t = \langle t^r, t^s \rangle \wedge t^r \in R \wedge t^s \in S\}$,$t$ 是元组变量,t^r 是关系 R 的元组变量,t^s 是关系 S 的元组变量。

【例 2.1】 图 2.2(a) 和图 2.2(b) 是两个关系 R 和 S。图 2.2(c) 表示 $R \cup S$,图 2.2(d) 表示 $R - S$,图 2.2(e) 表示 $R \cap S$,图 2.2(f) 表示 $R \times S$。

R		
A	B	C
a_1	b_1	c_1
a_1	b_2	c_2
a_2	b_2	c_1

(a)

S		
A	B	C
a_1	b_2	c_2
a_1	b_3	c_2
a_2	b_2	c_1

(b)

$R \cap S$		
A	B	C
a_1	b_2	c_2
a_2	b_2	c_1

(e)

$R \cup S$		
A	B	C
a_1	b_1	c_1
a_1	b_2	c_2
a_2	b_2	c_1
a_1	b_3	c_2

(c)

$R - S$		
A	B	C
a_1	b_1	c_1

(d)

$R \times S$					
$R.A$	$R.B$	$R.C$	$S.A$	$S.B$	$S.C$
a_1	b_1	c_1	a_1	b_2	c_2
a_1	b_1	c_1	a_1	b_2	c_2
a_2	b_1	c_1	a_2	b_2	c_1
a_1	b_2	c_2	a_1	b_2	c_2
a_1	b_2	c_2	a_1	b_3	c_2
a_1	b_2	c_2	a_2	b_2	c_1
a_2	b_2	c_1	a_1	b_2	c_2
a_2	b_2	c_1	a_1	b_3	c_2
a_2	b_2	c_1	a_2	b_2	c_1

(f)

图 2.2　集合关系运算举例

2.2.2　专门的关系运算

专门的关系运算主要包括:对单个关系进行水平分割(选择操作)或垂直分割(投影操作),对多个关系的结合(连接操作),以及除运算。

1. 选择(Selection)

选择操作是根据某些条件对关系作水平分割,即选择符合条件的元组。定义如下:

$\sigma_F(R) \equiv \{t \mid t \in R \wedge F(t) = \text{true}\}$,$t$ 是元组变量,F 是元组需满足的公式。

F 中有以下两种成分。

① 运算对象:常量(用引号括起来),元组分量(属性名或列的序号)。

② 运算符:算术比较运算符($<, \leqslant, >, \geqslant, =, \neq$,也称 θ 运算符),逻辑运算符($\wedge, \vee, \neg$)。

例如,$\sigma_{C>3}(R)$ 表示从关系 R 中挑选 C 分量值大于 3 的元组所构成的关系。常量用引号引起来,属性序号或属性名不要用引号引起来。

选择运算实际上是从关系 R 中选取使逻辑表达式 F 为真的元组,这是从行的角度进行的运算。选择运算一般减少元组数,但不减少属性数。

2. 投影(Projection)

投影操作是对关系作垂直分割,消去某些列,并重新安排列的顺序。

设关系 R 是 k 元关系,R 在其分量 $A_{i_1}, \cdots, A_{i_m}$($m \leqslant k, \cdots, i_1, \cdots, i_m$ 为 $1 \sim k$ 的整数)上的投影用 $\pi_{i_1, \cdots, i_m}(R)$ 表示,它是一个 m 元元组的集合,定义如下:

$\pi_{i_1,\cdots,i_m}(R) \equiv \{t \mid t = \langle t_{i_1}, \cdots, t_{i_m} \rangle \land \langle t_1, \cdots, t_k \rangle \in R\}$，$t$ 是元组变量。

例如，$\pi_{C,A}(R)$ 表示关系 R 中取其中的 C 列、A 列，组成新关系，新关系中第 1 列为 R 的第 C 列，新关系中第 2 列为 R 的第 A 列。投影运算中的属性名也可以用列的序号表示，如上例也可以用 $\pi_{3,1}(R)$ 实现。

投影运算实际上是从关系 R 中选取某些属性列，即从列的角度进行的运算。投影运算后可能会出现相同的元组，应去掉重复的元组，因此投影运算一般会减少属性数，也有可能减少元组数。

【例 2.2】 图 2.3(a)是关系 R，图 2.3(b)表示 $\sigma_{C>3}(R)$，图 2.3(c)表示 $\pi_{C,A}(R)$。

	R			$\sigma_{C>3}(R)$			$\pi_{C,A}(R)$	
A	B	C	A	B	C	C	A	
5	2	8	5	2	8	8	5	
1	7	4	1	7	4	4	1	
6	9	3				3	6	
(a)			(b)			(c)		

图 2.3 选择和投影关系运算举例

3. 连接(Join)

连接操作是从两个关系的笛卡儿积中选取它们的属性间满足一定条件的元组，因此连接运算的结果是笛卡儿积的子集。

(1) θ 连接

θ 连接操作是从关系 R 和 S 的笛卡儿积中选取属性值满足某一 θ 操作的元组，记为 $R \underset{i\theta j}{\bowtie} S$，这里 i 和 j 分别是关系 R 和 S 中第 i、第 j 个属性的序号。形式定义如下：

$$R \underset{i\theta j}{\bowtie} S \equiv \{t \mid t = \langle t^r, t^s \rangle \land t^r \in R \land t^s \in S \land t_i^r \theta t_j^s\}$$

此处，t_i^r、t_j^s 分别表示元组 t^r 的第 i 个分量、元组 t^s 的第 j 个分量，$t_i^r \theta t_j^s$ 表示这两个分量的值满足 θ 操作。

显然，θ 连接是由笛卡儿积和选择操作组合而成。设关系 R 的元数为 r，那么 θ 连接操作的定义等价于下式：

$$R \underset{i\theta j}{\bowtie} S \equiv \sigma_{i\theta(r+j)}(R \times S)$$

该式表示 θ 连接是在关系 R 和 S 的笛卡儿积中挑选第 i 个分量和第 $(r+j)$ 个分量满足 θ 运算的元组。

如果 θ 是等号"="，则称该连接操作为"等值连接"。

(2) F 连接

F 连接操作是从关系 R 和 S 的笛卡儿积中选取属性值满足某一公式 F 的元组，记为 $R \underset{F}{\bowtie} S$。这里 F 是形为 $F_1 \land F_2 \land \cdots \land F_n$ 的公式，每个 F_p 是形为 $i\theta j$ 的式子，而 i 和 j 应分别是 R 和 S 的第 i、第 j 个分量的序号。

(3) 自然连接

两个关系 R 和 S 的自然连接操作用 $R \bowtie S$ 表示，具体计算过程如下：

① 计算 $R \times S$。

② 设 R 和 S 的公共属性是 $A_1, A_2, \cdots, A_k$，挑选 $R \times S$ 中满足 $R.A_1 = S.A_1, \cdots, R.A_k = S.A_k$ 的那些元组。

③ 去掉 $S.A_1,\cdots,S.A_k$ 这些列。

因而 $R \bowtie S$ 可以用下式来定义：

$$R \bowtie S \equiv \pi_{i_1,\cdots,i_m}(\sigma_{R.A_1=S.A_1 \wedge \cdots \wedge R.A_k=S.A_k}(R \times S))$$

【例 2.3】 图 2.4 中(a)和(b)是两个关系 R 和 S。图 2.4(c)表示 θ 连接，图 2.4(d)表示 F 连接，图 2.4(e)表示自然连接。

R		
A	B	C
4	3	6
4	3	7
2	9	1

(a)

S	
A	B
4	3
8	1
2	3

(b)

$R \bowtie_{2>2} S$

$R.A$	$R.B$	$R.C$	$S.A$	$S.B$
4	3	6	8	1
4	3	7	8	1
2	9	1	4	3
2	9	1	8	1
2	9	1	2	3

(c)

$R \bowtie_{2>2 \wedge 1 \leqslant 2} S$

$R.A$	$R.B$	$R.C$	$S.A$	$S.B$
2	9	1	4	3
2	9	1	2	3

(d)

$R \bowtie S$

A	B	C
4	3	6
4	3	7

(e)

图 2.4　连接关系运算举例

4. 除法（Division）

设关系 R 和 S 的元数分别为 r 和 s（设 $r>s>0$），那么 $R \div S$ 是一个 $(r-s)$ 元的元组集合。$(R \div S)$ 是满足下列条件的最大关系：其中每个元组 t 与 S 中每个元组 u 组成的新元组 $<t,u>$ 必在关系 R 中。为方便起见，假设 S 的属性为 R 中后 S 个属性。

$R \div S$ 的具体计算过程如下：

① $T=\pi_{1,2,\cdots,r-s}(R)$。

② $W=(T \times S)-R$（计算 $T \times S$ 中不在 R 中的元组）。

③ $V=\pi_{1,2,\cdots,r-s}(W)$。

④ $R \div S=T-V$。即 $R \div S \equiv \pi_{1,2,\cdots,r-s}(R)-\pi_{1,2,\cdots,r-s}((\pi_{1,2,\cdots,r-s}(R) \times S)-R)$。

【例 2.4】 图 2.5 中(a)和(b)是两个关系 R 和 S，(c)表示除法运算。

R			
A	B	C	D
5	7	2	8
5	7	7	4
5	1	5	7
3	6	4	1
9	8	2	8
9	8	7	4

(a)

S	
C	D
2	8
7	4

(b)

$R \div S$	
A	B
5	7
9	8

(c)

图 2.5　除法运算举例

在关系代数运算中，并、差、笛卡儿积、投影和选择 5 种运算为基本运算，其他 3 种运算即交、连接和除均可用 5 种基本运算来表达。

2.2.3　关系代数表达式及其应用实例

在关系代数运算中,把由 5 个基本操作经过有限次复合得到的式子称为关系代数表达式。这种表达式的运算结果仍然是一个关系。可以用关系代数表达式表示各种数据查询操作。

【例 2.5】　设高校思政教育数据库中有三个关系:

学生关系(学号,姓名,性别,年龄,专业)

思政教育基地活动关系(活动 ID,活动名称,活动日期)

学生参与活动记录关系(学号,活动 ID,评分)

下面用关系代数表达式表达每个查询语句。

① 检索活动 ID 为 A201 的学生的学号与评分。

$\pi_{学号,评分}(\sigma_{活动ID='A201'}(学生参与活动记录))$

该式表示先对关系学生参与活动记录执行选择操作,然后执行投影操作。表达式中可以不写属性名,而写上属性的序号:

$\pi_{1,3}(\sigma_{2='A201'}(学生参与活动记录))$

② 检索参与活动 ID 为 A142 的学生的学号与姓名

$\pi_{学号,姓名}(\sigma_{活动ID='A142'}(学生\infty学生参与活动记录))$

由于这个查询涉及关系"学生"和"学生参与活动记录",因此先要对这两个关系执行自然连接操作,然后再执行选择和投影操作。

③ 检索参与活动名称为青春志·中国梦演讲赛的学生的学号与姓名。

$\pi_{学号,姓名}(\sigma_{活动名称='青春志·中国梦演讲赛'}(学生\infty学生参与活动记录\infty思政教育基地活动))$

④ 检索参与活动 ID 为 A142 或 A305 的学生的学号。

$\pi_{学号}(\sigma_{活动ID='A142'\vee活动ID='A305'}(学生参与活动记录))$

⑤ 检索至少参与活动号为 A142 和 A305 的学生的学号。

$\pi_1(\sigma_{1=4\wedge2='A142'\wedge5='A305'}(学生参与活动记录\times学生参与活动记录))$

这里(学生参与活动记录×学生参与活动记录)表示学生参与活动记录关系自身相乘的笛卡儿积操作。

⑥ 检索不参与活动 ID 为 A345 的学生的姓名与年龄。

$\pi_{姓名,年龄}(学生)-\pi_{姓名,年龄}(\sigma_{活动ID='A345'}(学生\infty学生参与活动记录))$

这里要用到集合差操作。先求出全体学生的姓名和年龄,再求出参与了 A345 活动的学生的姓名和年龄,最后执行两个集合的差操作。

⑦ 检索参与全部活动的学生姓名。

编写这个查询语句的关系代数表达式过程如下:

学生参与活动记录情况可用操作 $\pi_{学号,活动ID}$(学生参与活动记录)表示;

全部活动可用操作 $\pi_{活动ID}$(思政教育基地活动)表示;

参与了全部活动的学生学号可用除法操作表示,操作结果是学号集;

$\pi_{学号,活动ID}$(学生参与活动记录)$\div\pi_{活动ID}$(思政教育基地活动)

从学号求学生姓名,可用自然连接和投影操作组合而成:

$\pi_{姓名}$(学生∞($\pi_{学号,活动ID}$(学生参与活动记录)$\div\pi_{活动ID}$(思政教育基地活动)))

⑧ 检索所参与活动包含学生 S040209 所参与活动的学生学号。

学生参与活动记录情况可用操作 $\pi_{学号,活动ID}$(学生参与活动记录)表示;

学生 S040209 所参与活动可用操作 $\pi_{活动ID}(\pi_{学号='S040209'}$（学生参与活动记录））表示；

所参与活动包含学生 S040209 所参与活动的学生学号，可以用除法操作求得：

$\pi_{学号,活动ID}$（学生参与活动记录）$\div\pi_{活动ID}(\pi_{学号='S040209'}$（学生参与活动记录））

查询语句的关系代数表达式的一般形式是：

$\pi\cdots(\sigma\cdots(R\times S))$ 或者 $\pi\cdots(\sigma\cdots(R\infty S))$

首先把查询涉及的关系取来，执行笛卡儿积或自然连接操作得到一张大的表格，然后对大表格执行水平分割（选择操作）或垂直分割（投影操作）。

但是当涉及否定或全部值时，上述形式就不能表达了，就要用到差操作或除法操作，在例 2.5 中的⑥、⑦、⑧说明了这点。

2.3　关系规范化

如何把现实世界表示成数据库模式，一直是数据库研究人员和信息系统开发人员所关心的问题。关系模式的设计理论是设计关系数据库的指南，也是关系数据库的理论基础。

关系数据库规范化理论就是数据库设计的一种理论指南。规范化理论研究的是关系模式中各属性之间的依赖关系及其对数据模式性能的影响，探讨"好"的关系模式应该具备的性质，以及达到"好"的关系模式的设计算法。规范化理论是设计人员的有力工具，并使数据库设计工作有了严格的理论基础。

2.3.1　关系模式的设计问题

关系数据库设计主要是关系模式的设计。关系模式设计的好坏将直接影响数据库的质量。什么是"好"的关系模式？为了回答这个问题，先分析下面的例子。

【例 2.6】　有参与思政教育基地活动关系模式 PARTICIPATION＝｛SNO，SNAME，SMAJOR，CODE，ANO，ANAME，DURATION，SCORE｝。

其中各属性的含义：SNO 是学号，SNAME 是学生姓名，SMAJOR 是学生专业，CODE 是学生专业的专业代码，ANO 是活动编号，ANAME 是活动名称，DURATION 是活动时长，SCORE 是评分。

表 2.1 是一个具体实例。

表 2.1　学生参与思政教育基地活动关系模式 PARTICIPATION 的实例

SNO	SNAME	SMAJOR	CODE	ANO	ANAME	DURATION	SCORE
S1	张三	计算机技术	084	A102	参观	4	90
S2	李四	经济学	022	A432	演讲比赛	12	86
S2	李四	经济学	022	A761	讲座	2	88
S3	王五	汉语言文学	061	A432	演讲比赛	12	92
S4	赵六	汉语言文学	061	A761	讲座	2	98

由现实世界中的事实可知：

一个学生只有一个姓名，一个专业（注意，假设无辅修专业）；一个专业只有一个专业代码；一个活动只有一个活动编号，一个活动名称，一个活动时长；一个学生参与某一个活动有一个确定的评分值，因此关系模式 PARTICIPATION 的主键是（SNO，ANO）。该模式在使用过程中明显存在下列问题。

① 数据冗余。如果某个学生参与多个活动时,则每参与一个活动必须存储一次学生的名称、专业及其专业代码信息。例如,学生 S2 参与两个活动,该学生信息需存储两次。同样,当一个活动由多个学生参与时,也必须重复存储该活动的活动名称、活动时长信息。

② 修改异常。由于数据冗余,在数据更新时会出现问题。当修改某些数据项时,可能有一部分有关元组被修改,而另一部分有关元组却没有被修改。例如,学生 S2 参与两个活动,在关系中就会有两个元组。如果该学生专业改变了,这两个元组中的专业、专业代码都要改变。若有一个元组中的信息没有被修改,就造成该学生专业不唯一,产生错误的信息。

③ 插入异常。在关系理论中,每个关系必须用键值区分关系中的不同元组。当需要开展一种新的活动,而这个活动还没有被任何一个学生参与时,该活动的信息将无法进入数据库中。例如,若需要新活动 A052,但还未找到学生,则该活动信息不能存入数据库中。这是因为在关系模式 PARTICIPATION 中,(SNO,ANO)是主键,此时 SNO 为空值,实体完整性约束不允许主键为空或部分为空的元组在关系中出现,因此该活动的信息不能被数据库存储。

④ 删除异常。与插入问题相反,删除操作会引起一些信息的丢失。如果某种原来开展的活动现在不开展了,那么要把这个活动的所有元组都删除,同时,只参与这个活动的学生的信息也一起被删除了,显然这是人们不希望的。例如,活动 A102 不再开展,须将该元组删除,则学生 S1 的信息也会被删除。

基于上述模式中存在的问题,可将参与思政教育基地活动关系模式 PARTICIPATION 分解以下为以下 4 个模式:

```
STUDENT(SNO,SNAME,SMAJOR)
MAJOR(SMAJOR,CODE)
ACTIVITY(ANO,ANAME,DURATION)
S_A(SNO,ANO,SCORE)
```

其关系实例如表 2.2 所示。

表 2.2 关系模式 PARTICIPATION 的分解实例

(a)关系模式 STUDENT 的实例

SNO	SNAME	SMAJOR
S1	张三	计算机技术
S2	李四	经济学
S3	王五	汉语言文学
S4	赵六	汉语言文学

(b)关系模式 MAJOR 的实例

SMAJOR	CODE
计算机技术	084
经济学	022
汉语言文学	061

(c)关系模式 ACTIVITY 的实例

ANO	ANAME	DURATION
A102	参观	4
A432	演讲比赛	12
A761	讲座	2

(d)关系模式 S_A 的实例

SNO	ANO	SCORE
S1	A102	90
S2	A432	86
S2	A761	88
S3	A432	92
S4	A761	98

关系模式 STUDENT 存放学生信息;关系模式 MAJOR 存放专业信息;关系模式 ACTIVITY 存放活动信息;关系模式 S_A 存放每个学生参与每个活动的情况。这样分解后,前面提到的 4 个问题基本解决了。

　　将关系模式 PARTICIPATION 分解的方法有多种，可将参与思政教育基地活动关系模式 PARTICIPATION 分解以下为三个模式：

```
STUDENT(SNO, SNAME, SMAJOR, CODE)
ACTIVITY(ANO, ANAME, DURATION)
S_A(SNO, ANO, SCORE)
```

　　解决关系模式存储异常的方法是模式分解，使分解后的模式达到一定的规范化级别即范式，而模式分解的依据是函数依赖。函数依赖是关系数据库设计理论的重要部分。

2.3.2　函数依赖

　　设 $R(U)$ 是属性集 U 上的关系模式，X、Y 是 U 的子集，若对于 $R(U)$ 的任意一个可能的关系 r，r 中不可能存在两个元组在 X 上的属性值相等，而在 Y 上的属性值不等，则称“X 函数决定 Y”或“Y 函数依赖于 X”，记作 $X \rightarrow Y$。称 X 为决定因素，Y 为依赖因素。

　　也就是说，在关系模式 $R(U)$ 的当前值 r 的两个不同元组中，如果 X 值相同，就一定要求 Y 值也相同。或者说，对于 X 的每一个具体值，都有 Y 唯一的具体值与之对应，即 Y 值由 X 值决定，这就是函数依赖。

　　注意：函数依赖不是指关系模式 R 的某个或某些关系满足的约束条件，而是指 R 的一切关系均要满足的约束条件。因此不能仅考查关系模式 R 在某一时刻的关系 r，就判定某函数依赖是否成立。

　　函数依赖是语义范畴的概念，只能根据语义来确定一个函数依赖是否成立。例如，姓名→年龄这个函数依赖只在没有人同名的条件下成立，如果允许有相同名字，则年龄就不再函数依赖于姓名了。

　　若 $X \rightarrow Y$，但 $Y \not\subset X$，则称 $X \rightarrow Y$ 为非平凡的函数依赖；否则，为平凡的函数依赖。

　　若 $X \rightarrow Y$，$Y \rightarrow X$，则记作 $X \leftrightarrow Y$。

　　若 Y 不函数依赖于 X，则记作 $X \nrightarrow Y$。

　　如表 2.1 所示的关系模式 PARTICIPATION 例子中，存在以下函数依赖：

```
SNO→SNAME, SMAJOR(每个学生只能有一个姓名)
SMAJOR→CODE(每个专业只能有一个专业代码)
ANO→ANAME, DURATION(每个活动只能有一个活动名称)
(SNO, ANO)→SCORE(每个学生参与一个活动只能有一个评分值)
```

2.3.3　关系模式的范式与规范化

　　关系数据库的关系模式是要满足一定要求的，满足不同程度要求的关系模式称为范式（Normal Form）。满足最低要求的关系模式称为第一范式，简称 1NF。第一范式中进一步满足一些要求的称为第二范式，其余以此类推。

　　范式的研究者主要是 E. F. Codd，他提出了规范化的问题，并给出了范式的概念。1971—1972 年，他系统地提出了 1NF、2NF 和 3NF 的概念。后来，人们又进一步讨论了规范化的问题。1974 年，Codd 和 Boyce 共同提出一个新的范式概念，即 BCNF。1976 年 Fagin 又提出了 4NF。

　　所谓“第几范式”是表示关系模式的某一种级别，所以经常称某一关系模式 R 为第几范式。当 R 为第 x 范式时就可以写为 $R \in x\text{NF}$。

对于各种范式之间的关系,有 4NF⊆BCNF⊆3NF⊆2NF⊆1NF 成立,如图 2.6 所示。

一个低一级范式的关系模式,通过模式分解可以转换为由若干高一级范式的关系模式所组成的集合,这种过程称为规范化。下面主要介绍 1NF、2NF 和 3NF。

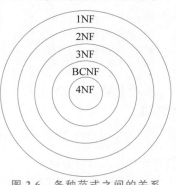

图 2.6　各种范式之间的关系

1. 第一范式

设 R 是一个关系模式,如果 R 中每一个属性的值域中的每一个值都是不可分解的,则称 R 属于第一范式,简称 1NF。这是对关系模式的最低条件的要求。不满足上述条件的关系称为非规范化关系。在数据库系统中,凡是非规范化关系都需要转换成规范化的关系。

如前例的关系模式 PARTICIPATION,它的每一个属性都是不可细分的,因此 PARTICIPATION 属于 1NF。

例 2.7 是一个非规范化的例子。

【例 2.7】　关系 Participations (学号,思政教育基地活动)给出了学生参与活动的记录,如表 2.3 所示。

表 2.3　Participations 关系实例

学　号	活　　动
S040101	(红色教育基地参观,青春志·中国梦演讲赛)
S040102	(红色电影展映及观后感分享,社会主义核心价值观知识竞赛)

很明显,这是非规范化的关系模式,这种非 1NF 的关系模式的缺点是更新操作困难。如果学号 S040101 的学生想把自己参与的活动改为(红色电影展映及观后感分享,社会主义核心价值观知识竞赛),则系统在处理上将面临二义性:是修改第一个元组中的活动属性值呢,还是把第二个元组中的学号属性值扩充为(S040101,S040102)? 另外,如果想在关系 Participations 中加入一个属性评分,随之而来的是约束条件(学号,活动)→评分,在这种非规范化的关系中也难以表示。

关系 Participations 对应的 1NF 形式如表 2.4 所示。

表 2.4　满足 1NF 的 Participations 关系实例

学　号	活　　动	学　号	活　　动
S040101	红色教育基地参观	S040102	红色电影展映及观后感分享
S040101	青春志·中国梦演讲赛	S040102	社会主义核心价值观知识竞赛

可以看出,在 1NF 下,上述问题都可以得到妥善的解决。

2. 第二范式

设 $X→Y$ 是一个函数依赖,且对于任何 $X'⊂X$,$X'→Y$ 都不成立,则称 $X→Y$ 是一个完全函数依赖。反之,如果 $X'→Y$ 成立,则称 $X→Y$ 是部分函数依赖。

设 R 是一个关系模式,如果 R 属于第一范式,并且 R 中任何一个非主属性都完全函数依赖于 R 的任意一个候选键,则称 R 是第二范式的,简称 2NF。

2NF 就是不允许关系模式的属性之间有 $X'→Y$ 这样的函数依赖,其中 X' 是候选键 X 的真子集,Y 是非主属性,即不允许有非主属性对候选键的部分函数依赖。

显然,2NF 消除了在 1NF 中的部分函数依赖。

【例 2.8】　参与思政教育基地活动关系模式 PARTICIPATION,满足函数依赖的集

F 为：

```
SNO→SNAME,SMAJOR
SMAJOR→CODE
ANO→ANAME,DURATION
(SNO,ANO)→SCORE
```

模式 PARTICIPATION 是第一范式，但是否为第二范式，可利用 Armstrong 推理规则由 F 推出：

```
(SNO,ANO)→(SNO,SNAME,SMAJOR,CODE,ANO,ANAME,DURATION,SCORE)
```

所以（SNO，ANO）为键。

在关系模式 PARTICIPATION 中，SNO 和 ANO 为主属性，其余属性为非主属性。其中 SCORE 满足函数依赖（SNO，ANO）→SCORE。

其余的非主属性对键的函数依赖为部分依赖，所以 PARTICIPATION 关系模式不是第二范式。这样的范式在执行数据库操作时，会出现插入异常、删除异常以及数据冗余等问题。这是由于非主属性对键的不完全函数依赖所引起的，用分解的方法将模式中不完全函数依赖的属性去掉，将部分依赖的属性单独组成新的模式，这样可将关系模式化成第二范式。

如果将 PARTICIPATION 模式分解成下列三个关系：

```
S_A(SNO,ANO,SCORE)
STUDENT1(SNO,SNAME,SMAJOR,CODE)
ACTIVITY(ANO,ANAME,DURATION)
```

那么可以看出三个关系的键分别为（SNO，ANO）、SNO、ANO，所有的非主属性对键完全函数依赖。所以分解后的三个关系模式均为第二范式。

3. 第三范式

设有关系模式 $R(U)$，$X,Y,Z\subseteq U$，如果 $X \to Y$，$Y \nrightarrow X$，$Y \to Z$，且 $Z \nsubseteq Y$，则有 $X \to Z$，称 Z 传递函数依赖于 X。

设 R 是一个关系模式，如果 R 属于 2NF，且它的任何一个非主属性都不传递依赖于 R 的任一候选键，则称 R 是第三范式，简称 3NF。

3NF 就是不允许关系模式的属性之间有这样的非平凡函数依赖 $X \to Y$，其中 X 不包含候选键，Y 是非主属性。X 不包含候选键有两种情况：一种情况是 X 是候选键的真子集，这是 2NF 不允许的；另一种情况是 X 不是候选键的真子集，这是 3NF 不允许的。

显然，3NF 消除了在 2NF 中的传递函数依赖。

【例 2.9】 例 2.8 中 S_A 和 ACTIVITY 的非主属性间不存在任何的函数依赖，满足第三范式定义。而模式 STUDENT1 中的属性 SMAJOR 与属性 CODE 之间存在着函数依赖：

```
SMAJOR→CODE
```

而且还存在：

```
SNO→SMAJOR
SMAJOR↛SNO
```

所以 CODE 传递依赖于 SNO。因此，STUDENT 不是第三范式。

由于非主属性对键具有函数依赖，因此，不是第三范式的关系模式在操作时都存在着诸如插入异常、删除异常和数据冗余等问题，可通过消除关系模式中非主属性间的函数依赖来解决这些问题。

因此,可将关系模式 STUDENT1 分解成 STUDENT 和 MAJOR,即

STUDENT(SNO,SNAME,SMAJOR)
MAJOR(SMAJOR,CODE)

从第一范式规范化到第三范式的过程如图 2.7 所示。

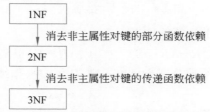

图 2.7 从第一范式规范化到第三范式的过程

2.4 习题

一、选择题

1. 关系数据模型通常由三部分组成,它们是( )。

　A. 数据结构、数据通信、关系操作

　B. 数据结构、关系操作、完整性约束

　C. 数据通信、关系操作、完整性约束

　D. 数据结构、数据通信、完整性约束

2. 由数据库系统自动支持的完整性规则有( )。

　A. 用户自定义完整性

　B. 参照完整性和实体完整性

　C. 参照完整性

　D. 实体完整性、参照完整性和用户定义完整性

3. 关系代数的运算对象和结果均为( )。

　A. 关系　　　　　B. 数据库　　　　　C. 表　　　　　D. 记录

4. 在设计不好的关系模式中,存在的存储异常情况指( )。

　A. 删除异常

　B. 插入异常

　C. 插入异常、数据冗余、删除异常、更新异常

　D. 查询异常

5. 设 R 是一个关系模式,如果 R 中的每一个属性值都是不可分解的,则( )。

　A. $R \in 1NF$　　　B. $R \in 2NF$　　　C. $R \in 3NF$　　　D. $R \in 4NF$

6. 在关系模型中,关系的元数是指( )。

　A. 行数　　　　　B. 元组个数　　　　　C. 关系个数　　　　　D. 列数

7. 已知关系 R 和 S 如图 2.8 所示,属性 A 为 R 的主码、S 的外码,属性 C 为 S 的主码,S 中违反参照完整性约束的元组是( )。

　A. {c1, d1, a1}　　B. {c2, d4, null}　　C. {c3, d1, a3}　　D. {c4, d3, a2}

	R	
	A	B
	a1	b1
	a2	b5

S		
C	D	A
b1	d1	a1
b2	d4	null
c3	d1	a3
c4	d3	a2

图 2.8　习题 7 的关系 R 和 S

8. 有关系 R 和 S,$R \cap S$ 的运算等价于(　　　)。

A. $S-(R-S)$　　　B. $R-(R-S)$　　　C. $(R-S) \cup S$　　　D. $R \cup (R-S)$

9. 设关系 R 和 S 的属性个数分别为 r 和 s,则 $(R \times S)$ 操作结果的属性个数为(　　　)。

A. $r+s$　　　　　B. $r-s$　　　　　C. $r \times s$　　　　　D. $\max(r,s)$

10. 关系数据模型上的关系运算分为(　　　)。

A. 关系代数和集合运算　　　　　B. 关系代数和关系演算

C. 关系演算和谓词演算　　　　　D. 关系代数和谓词演算

二、填空题

1. 在关系模型中现实世界的实体以及实体间的各种关联均用_____表示,关系模型中数据的逻辑结构是一张_____。

2. 在对关系数据库执行_____、_____和_____操作时,要检查是否满足完整性规则。

3. 在关系代数运算中,连接运算是笛卡儿积的_____。

4. 包含在任何一个候选码中的属性称为_____,不包含在任何一个候选码中的属性称为_____。

5. 若关系模式 $R \in 2NF$,且每一个非主属性都不传递依赖于 R 的任一候选键,则称为_____。

6. 在关系代数运算中,从关系中取出满足条件的元组的运算称为_____。

7. 3NF 消除了在 2NF 中的_____。

8. 函数依赖是指关系模式 R 的_____均要满足的约束条件。

9. 限定关系中的主键值不能为空,称为_____。

10. 在同一个关系中不允许出现_____的元组。

三、简答题

1. 试述什么是关系模型的外键,它有什么作用?

2. 试述关系模型的完整性规则,并举例说明。

3. 试述笛卡儿积、等值连接、自然连接之间的关系。

4. 什么是关系模式的规范化?

5. 对本章例 2.5 所述的高校思政教育数据库中的学生、思政教育基地活动、学生参与活动记录三个关系,使用关系代数表达式表示下列查询语句:

(1) 检索年龄大于 21 岁的女学生的学号与姓名。

(2) 检索学号为 S040515 的学生所参加活动的活动名称与活动日期。

(3) 检索学号为 S040515 的学生未参加活动的活动 ID。

第 3 章　数据库设计

本章主要介绍数据库设计的基本概念,包括数据库设计的内容及方法,并详细介绍数据库设计的各个步骤。

3.1　数据库设计概述

数据库是现代各种计算机应用系统的核心。数据库所存储的信息能否正确地反映现实世界,能否在运行中及时、准确地为各个应用程序提供所需的数据,关系到以此数据库为基础的应用系统的性能。换句话说,设计一个能够满足应用系统中各个应用要求的数据库,是数据库应用系统设计中的关键问题。

3.1.1　数据库设计的内容

数据库的设计是从用户的数据需求、处理要求和建立数据库的环境条件,如硬件特性、操作系统和 DBMS 特性及其他限制等出发,把给定的应用环境(现实世界)内存在着的数据合理地组织起来,逐步抽象成已经选定的某个 DBMS 能够定义和描述的具体数据结构的过程。

数据库设计的主要内容如下。

① 静态特性设计:又称结构特性设计,即根据给定的应用环境、用户的数据需求,设计数据库的数据模型(即数据结构)或数据库模式。静态特性设计包括数据库的概念结构设计和逻辑结构设计两方面。

② 动态特性设计:即根据应用处理要求,设计数据库的查询、事务处理和报表处理等应用程序。动态特性设计反映了数据库在处理上的要求,即动态要求,所以又称数据库的行为特性设计。

③ 物理设计:根据动态特性(应用处理要求),在选定的 DBMS 环境下,把静态特性设计中得到的数据库模式加以物理实现,即设计数据库的存储模式和存取方法。

数据库设计的主要特点是,首先从数据模型即数据结构开始设计,并以数据模型为核心展开。数据库的一个重要优点是减少数据冗余,实现数据共享。因此,设计出包含各个用户视图的统一数据模型就成为数据库设计中的核心问题。同时,数据库设计应该和应用系统设计相结合,整个设计过程把结构设计和行为设计密切结合起来,这是建立一个数据库应用系统行之有效的方法。

从上述可知,数据库设计的成果是数据库模式和以数据为基础的应用程序。它们分别反映了对数据库的静态要求和动态要求。但应用程序是随着应用的发展而不断变化的。在有些以实时访问为主的数据库中,事先很难编出所需的应用程序或事务,因此数据库设计的最基本成果是数据库模式。数据库模式的设计必须反映数据处理的要求,保证常用的或大多数的数据处理使用方便,性能满意。

3.1.2　数据库设计的方法

数据库设计的方法目前可分为 4 类：直观设计法、规范设计法、计算机辅助设计法和自动化设计法。直观设计法又称单步设计法，它依赖于设计者的经验和技巧，因此越来越不适应信息管理系统发展的需要。为了改变这种情况，1978 年 10 月来自 30 多个欧美国家的主要数据库专家在美国新奥尔良市专门讨论了数据库设计问题，提出了数据库设计规范，把数据库设计分成公司需求分析(分析用户需求)、信息分析和定义(建立公司的组织模式)、设计实现(逻辑设计)和物理数据库设计(物理设计)4 个阶段。目前，常用的规范设计方法大多起源于新奥尔良方法。

1. 基于 3NF 的数据库设计方法

基于 3NF 的数据库设计方法是由 S.Atre 提出的数据库设计的结构化方法，其基本思想是在需求分析的基础上，识别并确认数据库模式中的全部属性和属性间的依赖，将它们组织成单一的关系模式，然后再分析模式中不符合 3NF 的约束条件，用投影和连接的办法将其分解，使其达到 3NF 条件。

具体设计步骤分为 5 个阶段：

① 企业模式设计。利用上述得到的 3NF 关系模式画出企业模式。

② 数据库概念模式设计。把企业模式转换成 DBMS 所能接受的概念模式，并根据概念模式导出各个应用的外模式。

③ 数据库存储模式(物理模式)设计。

④ 对物理模式进行评价。

⑤ 数据库实现。

2. 基于实体联系的数据库设计方法

基于实体联系(E-R)的数据库设计方法是由 P. P. S. Chen 在 1976 年提出的，其基本思想是在需求分析的基础上，用 E-R 图构造一个纯粹反映现实世界实体之间内在关系的企业模式，然后再将此企业模式转换成选定的 DBMS 上的概念模式。

3. 基于视图概念的数据库设计方法

基于视图概念的数据库设计方法先从分析各应用的数据着手，为每个应用建立各自的视图，然后再把这些视图汇总起来合并成整个数据库的概念模式。合并时必须注意解决下列问题。

① 消除命名冲突。

② 消除冗余的实体和联系。

③ 进行模式重构。

在消除了命名冲突和冗余后，需要对整个汇总模式进行调整使其满足全部完整性约束条件。

除了以上介绍的方法外，还有属性分析法、实体分析法以及基于抽象语义规范的设计法等，这里不再介绍。

在实际的设计过程中，各种方法可以结合起来使用，例如，在基于视图概念的设计方法中可用 E-R 图的方法来表示各个视图。

3.1.3　数据库设计的步骤

目前，分步设计法已在数据库设计中得到广泛的应用并获得较好的效果，此方法遵循自顶向下、逐步求精的原则,将数据库的设计过程分解为若干相互独立又相互依存的阶段,每一阶段采用不同的技术与工具,解决不同的问题,从而将问题局部化,减少局部问题对整体设计的影响。

在分步设计法中,通常将数据库的设计分为 4 个阶段:需求分析、概念设计、逻辑设计和物理设计,如图 3.1 所示。

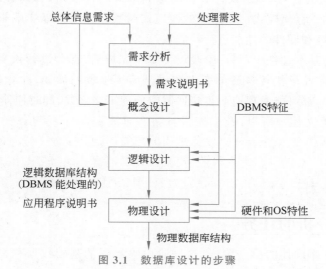

图 3.1 数据库设计的步骤

1. 需求分析

需求分析的目标是通过调查研究,了解用户的数据要求和处理要求,并按一定的格式整理形成需求说明书。需求说明书是需求分析阶段的成果,也是今后设计的依据,包括数据库所涉及的数据、数据的特征、数据量和使用频率的估计,如数据名、属性及其类型、主关键字属性、保密要求、完整性约束条件、使用频率、更改要求、数据量估计等。这些关于数据的定义描述称为元数据(Meta Data)。在设计大型数据库时,这些数据通常由称为数据字典(Data Dictionary,DD)的计算机软件(专用软件包或 DBMS)管理。用数据字典管理元数据有利于避免数据的重复或重名,以保持数据的一致性及提供各种统计数据,因而有利于提高数据库设计的质量,同时可以减轻设计者的负担。

2. 概念设计

概念设计是数据库设计的第二阶段,其目标是对需求说明书提供的所有数据和处理要求进行抽象与综合处理,按一定的方法构造反映用户环境的数据及其相互联系的概念模型,即用户的数据模型或企业数据模型。这种概念数据模型与 DBMS 无关,是面向现实世界的数据模型,极易为用户所理解。为保证所设计的概念数据模型能正确、完全地反映用户(一个单位)的数据及其相互关系,便于进行所要求的各种处理,在本阶段设计中可吸收用户参与和评议设计。在进行概念设计时,可设计各个应用的视图(View),即各个应用所看到的数据及其结构,然后再进行视图集成(View Integration),以形成一个单位的概念数据模型。这样形成的初步数据模型还要经过数据库设计者和用户的审查和修改,最后形成所需的概念数据模型。

3. 逻辑设计

逻辑设计阶段的设计目标是把上一阶段得到的与 DBMS 无关的概念数据模型转换成等价的并为某个特定的 DBMS 所接受的逻辑模型表示的概念模式,同时将概念设计阶段得到的应用视图转换成外部模式,即特定 DBMS 下的应用视图。在转换过程中要进一步落实需求说明,并满足 DBMS 的各种限制。逻辑设计阶段的结果是 DBMS 提供的数据定义语言(DDL)写成的数据模式。逻辑设计的具体方法与 DBMS 的逻辑数据模型有关。

4. 物理设计

物理设计阶段的任务是把逻辑设计阶段得到的逻辑数据库在物理上加以实现,其主要内容是根据 DBMS 提供的各种手段,设计数据的存储形式和存取路径,如文件结构、索引等,即设计数据库的内模式或存储模式。数据库的内模式对数据库的性能影响很大,应根据处理需求及 DBMS、操作系统和硬件的性能进行精心设计。

在数据库设计的基本过程中,每一阶段设计基本完成后,都要进行认真检查,看是否满足应用需求,是否符合前面已执行步骤的要求和满足后续步骤的需要,并分析设计结果的合理性。在每一步设计中,都可能发现前面步骤遗漏或处理不当之处,此时往往需要返回去重新处理并修改设计和有关文档。所以,数据库设计过程通常是一个反复修改、反复设计的迭代过程。

3.2 需求分析

3.2.1 需求分析的任务

需求分析是数据库设计的第一阶段,这一阶段收集到的基础数据和一组数据流图(Data Flow Diagram,DFD)是下一步设计概念结构的基础。

从数据库设计的角度考虑,需求分析阶段的目标是:对现实世界要处理的对象(组织、部门、企业等)进行详细调查,在了解原系统的概况和确定新系统功能的过程中,收集支持系统目标的基础数据并进行相应处理。

调查的重点是"数据"和"处理",通过调查要从中获得每个用户对数据库的下列要求。

① 信息要求。用户将从数据库中获得信息的内容、性质。由信息要求导出数据要求,即在数据库中需存储哪些数据,如何处理这些数据等。描述数据间本质上和概念上的联系,描述信息的内容、结构以及信息之间的联系等。

② 处理要求。处理要求定义未来系统处理数据的操作功能,描述操作的优先次序,包括操作执行的频率和场合以及操作与数据之间的联系。处理要求还包括弄清楚用户要完成什么样的处理功能,对某种处理功能的响应时间,处理的方式是批处理还是联机处理。

③ 安全性和完整性的要求。在众多分析和表达用户需求的方法中,结构化分析(Structured Analysis,SA)方法是一个简单实用的方法。SA 方法用自顶向下、逐层分解的方式分析系统,用数据流图、数据字典描述系统。

3.2.2 需求分析的基本步骤

需求分析大致分为需求信息的收集、分析整理和评审三步。

1. 需求信息的收集

需求信息的收集又称系统调查。为了充分了解用户可能提出的要求,在调查研究之前,要做好充分的准备工作,明确调查的目的、内容和方式。

首先,要了解组织的机构设置,主要业务活动和职能;其次,要确定组织的目标,大致的工作流程和任务范围划分。调查的内容包括外部要求、业务现状、组织机构和规划中的应用范围及要求。外部要求一般包括信息的性质,响应的时间、频度和发生的规则,以及经济效益的考虑和要求,安全性及完整性要求。业务现状包括信息的种类、信息的流程、信息的处理方式、各种业务工作过程和各种票据。调查方式可采用开座谈会、跟班作业、请调查对象填写调查表、查看业务记录和票据以及个别交谈等形式。

2. 需求信息的分析整理

要想把收集到的信息(如文件、图表、票据、笔记)转换为下一阶段设计工作可用的信息形式,必须对需求信息做分析整理的工作。

① 业务流程分析。业务流程分析的目的是获得业务流程及业务与数据联系的形式描述。一般采用数据流分析法,分析结果用数据流图表示。

② 分析结构的描述。除了数据流图以外,还要用一些规范的表格进行补充性描述。一般有数据清单(数据元素表)、业务活动清单(事务处理表)、完整性及一致性要求、响应时间要求、预期变化的影响等。可使用数据字典和需求分析语言来描述。

3. 需求信息的评审

评审的目的在于确认某一阶段的任务是否全部完成,以避免重大的疏漏或错误。评审要有项目组以外的专家和主管部门负责人参加,以保证评审工作的客观性和质量。

需求分析阶段的成果是产生系统需求说明书。系统需求说明书主要包括数据流图、数据字典的表格、各类数据的统计表格、系统功能结构图,并加以必要的编辑说明。系统需求说明书将作为数据库设计全过程的重要依据。

3.3 概念设计

概念模型设计的任务是,在需求分析产生的需求说明书的基础上,按照一定的方法抽象出满足应用需求的用户(单位)的信息结构,即通常所称的概念模型。

概念模型的设计过程也就是正确地选择设计策略、设计方法和概念数据模型并加以实施的过程。

3.3.1 概念设计的目标和策略

概念模型设计的目标是产生一个用户易于理解的、反映系统信息需求的整体数据库概念模型。概念模型是系统中各个用户共同关心的信息结构。它独立于计算机的数据模型,独立于特定的数据库管理系统,独立于计算机的软硬件系统。

概念结构独立于数据库的逻辑结构,独立于支持数据库的 DBMS,其作用如下。

① 提供能够识别和理解系统要求的框架。因此,必须弄清每个应用的重要方面及各个应用的细微差别,否则就设计不出适用的概念模型。

② 概念模型为数据库提供一个说明性结构,作为设计数据库逻辑结构即逻辑模型的基础。对概念模型的要求是:

- 能充分地反映现实世界(包括实体和实体之间的联系);能满足用户对数据处理的要求,是现实世界的一个真实模型。
- 易于理解,从而可以和不熟悉计算机的用户交换意见。用户能否积极参与是数据库设计成功与否的关键。
- 易于变动,当现实世界改变时容易修改和扩充。

● 易于向关系、网状或层次等各种数据模型转换。

概念结构是各种数据模型的共同基础,它比数据模型更独立于机器、更抽象,从而更加稳定。

设计概念结构的策略有以下 4 种。

① 自顶向下。首先定义全局概念结构的框架,然后逐步细化。

② 自底向上。首先定义各局部应用的概念结构,然后将它们集成,得到全局概念结构。

③ 由里向外。首先定义最重要的核心概念结构,然后向外扩充,生成其他的概念结构。

④ 混合策略。采用自顶向下和自底向上相结合的方法。

使用自顶向下策略设计一个全局概念结构的框架,以它为骨架集成由自底向上策略中设计的各局部概念结构。最常用的概念结构设计策略是自底向上的设计策略。

3.3.2 采用 E-R 方法的数据库概念设计

概念模型设计的常用方法是实体联系方法(E-R 方法)。用实体联系方法对具体数据进行抽象加工,将实体集合抽象成实体类型,用实体间的联系反映现实世界事物间的内在联系。利用 E-R 方法进行数据库的概念模型设计,可以分三步进行:首先设计局部 E-R 模型,然后把各局部 E-R 模型综合成一个全局 E-R 模型,最后对全局 E-R 模型进行优化,得到最终的 E-R 模型,即概念模型。

1. 设计局部 E-R 模型

每个数据库系统都是为多个不同用户服务的。各个用户对数据的观点可能不一样,信息处理需求也可能不同。在设计数据库概念结构时,为了更好地模拟现实世界,一般先分别考虑各个用户的信息需求,形成局部概念结构,然后再综合成全局结构。在 E-R 方法中,局部概念结构又称局部 E-R 模型,其图形表示称为局部 E-R 图。局部 E-R 模型的设计过程如下。

（1）确定局部结构范围

设计各个局部 E-R 模型的第一步就是确定局部结构的范围划分,划分的方式一般有两种。一种是依据系统的当前用户进行自然划分。如一个企业的用户有不同部门,各部门对信息的内容和处理的要求明显不同,应分别为它们设计各自的局部 E-R 模型。另一种是按用户要求将数据库提供的服务归纳成几类,使每一类应用访问的数据显著地不同于其他类,并且为每一类应用设计一个局部 E-R 模型。

（2）定义实体

每一个局部结构都包括一些实体类型。实体定义的任务就是从信息需求和局部范围定义出发,确定每一个实体类型的属性和键。

实体类型确定后,其属性也随之确定。实体类型的命名应反映实体的语义性质,在一个局部结构中应是唯一的。键可以是单个属性,也可以是属性的组合。

（3）定义联系

定义联系的一种方式是依据需求分析的结果,考查局部结构中任意两个实体类型之间是否存在联系。若存在联系,进一步确定是一对一、一对多还是多对多的联系。还要考查一个实体类型内部是否存在联系,两个实体类型之间是否存在联系,多个实体类型之间是否存在联系等。

在确定联系类型时,应注意防止出现冗余的联系,即可以从其他联系导出的联系,如果存在,要尽可能识别并消除这些冗余联系,以免影响全局 E-R 模型。

（4）属性的分配

确定了实体与联系后，可用属性描述局部结构中的其他语义信息。首先确定属性，然后把属性分配到有关的实体和联系中去。

确定属性的原则是：属性应该是不可再分解的语义单位；实体与属性之间的关系只能是一对多的关系；不同实体类型的属性之间应没有直接的关联关系。

当多个实体类型用到同一属性时，将导致数据冗余，从而可能影响存储效率和完整性约束，因而需要确定把它分配给哪个实体类型。一般把属性分配给那些使用频率最高的实体类型，或分配给实体值少的实体类型。

2. 设计全局 E-R 模型

所有局部 E-R 模型设计好之后，就需要把它们综合成单一的全局概念结构。全局概念结构不仅要支持所有的局部 E-R 模型，还必须合理地表示一个完整、一致的数据库概念结构。全局 E-R 模型的设计过程如下。

（1）确定公共实体类型

当系统较大时，可能有很多局部模型，且这些局部 E-R 模型是由不同的设计人员确定的，因而对同一现实世界的对象可能给予不同的描述。有的作为实体类型，有的作为关系类型或属性。即使都表示成实体类型，实体类型名和键也可能不同。一般把同名实体类型或具有相同键的实体类型作为可能的公共实体类型。

（2）局部 E-R 模型的合并

局部 E-R 模型合并的原则是：首先进行两两合并，然后再合并那些现实世界中有关系的局部结构；合并从公共实体类型开始，最后再加入独立的局部结构。

（3）消除冲突

将局部 E-R 模型合并成全局 E-R 模型时，应消除以下三种冲突。

① 属性冲突：首先包括属性域的冲突，即属性值的类型、取值范围或取值集合不同，如对于零件号，不同的部门常采用不同的编码方式；其次是属性取值单位的冲突，如质量单位有的用千克，有的用克。

② 结构冲突：包括同一对象在不同应用中的不同抽象，如职工在某个应用中为实体，在另一应用中为属性；其次是同一实体在不同局部 E-R 模型中属性组成不同，如属性个数、次序等。再者实体之间的联系在不同的局部 E-R 模型中可能会呈现不同的类型。

③ 命名冲突：包括属性名、实体名、联系名之间的冲突。同名异义，即不同意义的对象具有相同的名字；异名同义，即同一意义的对象具有不同的名字。

属性冲突和命名冲突通常采用讨论、协商等行政手段解决，结构冲突则需要认真分析后才能解决。例如，把实体变换为属性或把属性变换为实体，使同一对象具有相同的抽象。又如，取同一实体在各局部 E-R 模型中属性的并作为集成后该实体的属性集，对属性的取值类型进行统一协调。

3. 全局 E-R 模型的优化

一个好的全局 E-R 模型，除能准确、全面地反映用户功能的需求外，还应满足下列条件：实体类型的个数尽可能少；实体类型所含属性个数尽可能少；实体类型间的联系无冗余。但是这些条件不是绝对的，要视具体的信息需求与处理需求而定，优化原则如下。

（1）实体类型的合并

一般把具有相同键的实体类型以及具有 1∶1 联系的两个实体类型合并。

（2）冗余属性的消除

通常在各个局部结构中是不允许冗余属性存在的。但在综合成全局 E-R 模型后,可能产生全局范围内的冗余属性。一般当同一非键的属性出现在几个实体类型中,或者一个属性值可从其他属性值导出时,应把冗余属性从全局模式中去掉。

（3）冗余联系的消除

在全局模式中可能存在冗余的联系,通常利用规范化理论中函数依赖的概念消除冗余联系。

图 3.2 是由两个局部 E-R 模型集成为全局 E-R 模型的例子,该例为各区碳排放统计。

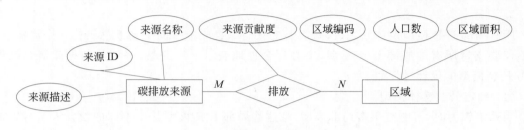

(a) 局部E-R模型1

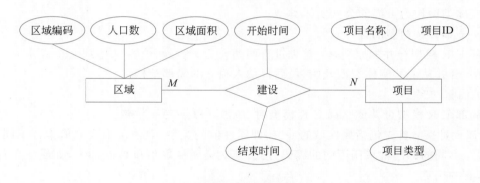

(b) 局部E-R模型2

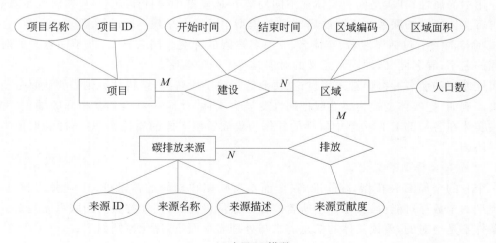

(c) 全局E-R模型

图 3.2   局部 E-R 模型集成为全局 E-R 模型

3.4　逻辑设计

数据库概念设计阶段得到的数据模式是用户需求的形式化,它独立于具体的计算机系统和 DBMS。为了建立用户所要求的数据库,必须把上述数据模式转换成某个具体的 DBMS 所支持的概念模式,并以此为基础建立相应的外模式,这是数据库逻辑设计的任务,是数据库结构设计的重要阶段。

逻辑模型设计的主要目标是产生一个 DBMS 可处理的数据模型和数据库模式。该模型必须满足数据库的存取、一致性及运行等各方面的用户需求。

3.4.1　逻辑设计的步骤

逻辑设计的主要任务是:将概念数据模型转换成目标 DBMS 所支持的数据模型;开发目标 DBMS 下的数据库模式和子模式,即使用选定的 DBMS 的数据定义语言来描述数据模型;同时与应用程序设计活动相结合,给出应用程序的设计指南。此外,完成这些任务的一个先决条件就是根据应用环境的特征、数据特点来确定所需要的 DBMS 功能与特征,并选择目标DBMS。

数据库的逻辑设计可分为以下步骤。

① 模型转换。按不同的转换规则将 E-R 图转换为某一种结构数据模型,现有的 DBMS支持层次模型、网状模型和关系模型。

② 模型评价。检查转换后的模型是否满足用户对数据的处理要求,主要包括功能要求和性能要求。

③ 模型修正。根据模型评价的结果调整和修正数据模型,以提高系统性能。修改后的模型要重新进行评价,直到满意为止。

3.4.2　E-R 模型向关系数据模型的转换

E-R 模型可以向现有的各种数据库模型转换,对不同的数据库模型有不同的转换规则,以下介绍向关系模型转换的规则。

E-R 模型中的主要成分是实体类型和联系类型,因此转换过程分为以下两步。

① 对于实体类型,可以将每个实体类型转换成一个关系模式,实体的属性即为关系模式的属性,实体标识符即为关系模式的键。

② 对于联系类型,要视 $1:1$、$1:N$ 和 $M:N$ 三种不同的情况进行不同的处理。

若实体间的联系是 $1:1$,可以在两个实体类型转换成的两个关系模式中的任意一个关系模式的属性中加入另一个关系模式的键和联系类型的属性。

例如,要求项目的负责人与项目间存在着 $1:1$ 的关系,其 E-R 图如图 3.3 所示。在将其转换为关系模式时,项目与负责人各为一个模式。如果用户在查询项目信息时查询其负责人信息,那么可在项目模式中加入负责人 ID 和职责,负责人 ID 为外键,其关系模式设计如下:

负责人模式(<u>负责人 ID</u>,姓名,联系方式)

项目模式(<u>项目 ID</u>,项目名称,<u>负责人 ID</u>,项目职责)

若实体间的联系是 $1:N$。可以在 N 端实体类型转换成的关系模式中加入 1 端实体类型转换成的关系模式的键和联系类型的属性。

图 3.3　负责人与项目的实体联系

例如,部门与项目间存在 $1：N$ 联系,其 E-R 图如图 3.4 所示,转换成的关系模式为:

项目模式(项目 ID,项目名称,部门 ID,开始日期,结束日期)

部门模式(部门 ID,部门名称)

项目模式中的部门 ID 为外键。

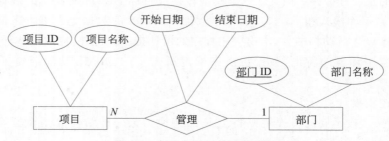

图 3.4　部门与项目的实体联系

若实体间的联系是 $M：N$,可以将联系类型转换成一个新关系模式,其属性为两端实体类型的键加上联系类型的属性,而键为两端实体键的组合。

在第 1 章介绍过的思政实践教育基地与高校的合作关系就是这种情况,即思政实践教育基地与高校之间的 $M：N$ 联系可用下面三个关系模式表示:

基地模式(基地 ID,基地名称,基地地址,联系电话,负责人,开设课程)

高校模式(高校 ID,高校名称,高校负责人)

合作模式(合作 ID,合作内容,合作时长,基地 ID,高校 ID)

合作模式中的基地 ID 和高校 ID 是两个外键。

3.4.3　关系数据库的逻辑设计

逻辑设计可以运用关系数据库模式设计理论,使设计过程形式化地进行,并且结果可以验证。关系数据库逻辑设计的过程如图 3.5 所示。

从图 3.5 中可以看出,概念设计的结果直接影响逻辑设计过程的复杂性和效率。在概念设计阶段已经把关系规范化的某些思想用作构造实体类型和联系类型的标准,在逻辑设计阶段仍然要使用关系规范化理论来设计模式和评价模式。关系数据库逻辑设计的结果是一组关系模式的定义。

关系数据库的逻辑设计过程如下。

(1) 模式转换

将概念设计的结果(即全局 E-R 模型)按转换规则转换成初始关系模式。

(2) 规范化处理

规范化的目的是减少乃至消除关系模式中存在的各种异常,改善完整性、一致性和存储效率。规范化的过程分为两个步骤：

① 确定规范级别。规范级别取决于两个因素，一是归结出来的数据依赖的种类；二是实际应用的需要。在仅有函数依赖时，一般达到 3NF 或 BCNF 即可。

② 实施规范化处理。确定规范级别之后，逐一考查关系模式，判断它们是否满足规范要求。若不符合上一步所确定的规范级别，则利用相应的规范算法将关系模式规范化。

（3）模式评价

模式评价的目的是检查已给出的数据库模式是否满足用户的功能要求，是否具有较高的效率，并确定需要加以修正的部分。模式评价主要包括功能评价和性能评价两方面。

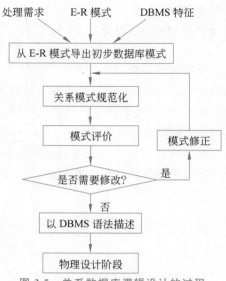

图 3.5　关系数据库逻辑设计的过程

① 功能评价：对照需求分析的结果，检查规范化后的关系模式集合是否支持用户所有的应用需求。关系模式必须包括用户可能访问的所有属性。

② 性能评价：对于目前得到的数据库模式进行性能评价是比较困难的，因为缺乏有关的物理设计因素和相应的评价手段。但可以利用逻辑记录访问计算法进行估算，以给出改进建议。

（4）模式修正

根据模式评价的结果，对已生成的模式集进行修正。修正的方式依赖于导致修正的原因，如果因为需求分析、概念设计的疏漏导致某些应用得不到支持，则应相应地增加新的关系模式或属性；如果因为性能上的考虑而要求修正，则可采用合并、分解或选用另外结构的方式进行。

① 合并：如果有若干关系模式具有相同的键，并且对这些模式的处理主要为查询操作，当同时涉及多个关系的查询占有相当比例时，可对这些模式按组合使用的频率进行合并。这样，可减少联接操作，提高查询效率。在有些特殊情况下，对即使不具有相同键的模式，也可以采用合并方式提高查询速度，但这样可能会影响规范化的等级。

② 分解：已经达到规范化要求的关系模式，仍然可能由于某些属性值的重复而占用过多的存储空间。如有的属性值有较少的不同值，且每一个值的长度较长，此时可对属性值实现代码化，构造一个代码转换的关系模式，以便使占用的空间达到极小化。

在经过模式评价及修正的多次反复后，最终的数据模式得以确定，全局逻辑结构设计即告结束。

在逻辑设计阶段，还要设计出全部子模式。子模式是面向各个最终用户或用户集团的局部逻辑结构设计的。子模式体现了各个用户对数据库的不同观点，它并不决定物理存放的内容，而仅是用户的一个视图（View）。

关系子模式除了指出某一类型的用户所用到的数据类型外，还要指出这些数据与模式中相应数据的关系和对应性。

逻辑设计的结果是逻辑结构设计说明书。逻辑结构设计说明书包括应用设计指南、物理设计指南、模式及子模式的集合。

3.5 物理设计

数据库物理设计的任务就是为上一阶段得到的逻辑数据库选择一个最适合应用环境的物理结构,也就是确定在物理设备上能有效地实现一个逻辑数据模型所必须采取的存储结构和存取方法,然后对该存储模式进行性能评价和修改设计。经过多次反复,最后得到一个性能较好的存储模式。

数据库物理设计的主要目标是提高数据库的性能,节省存储量。在这两个目标中,提高数据库性能更为重要。因为在目前的大多数数据库系统中,性能仍然是主要的薄弱环节,也是用户最关切的问题。

3.5.1 物理设计的内容

一般说来,物理设计就是根据一个满足用户信息需求的已确定的逻辑数据库结构研制出一个有效的、可实现的物理数据库结构的过程。物理设计通常包括满足某些操作约束,如存储空间的限制和响应时间的要求。

数据库的物理设计与具体 DBMS 有关,主要包括物理数据库结构设计的三个内容和涉及约束及程序设计的两个内容。

1. 确定记录存储格式

数据库中每条记录数据项的类型和长度要根据用户要求及数据值的特点来确定。一般 DBMS 提供多种数据类型可以进行选择。如字符型的数据可用字符或二进制位串来表示,如果数据项的位在一个不大的有限集内,用二进制位串来表示可以节约存储空间。

为加快存取速度,可把记录数据按不同应用进行水平或垂直分割,把它们分别存储在不同的设备或同一设备的不同位置上,尽可能地使应用程序访问数据库的代价最小。

2. 选择文件的存储结构

文件存储结构的选择与对文件进行的处理有关。对需要成批处理的数据文件,可选用顺序存储结构,而经常需要随机查询某一记录时,则选用散列方式的存储结构比较合适。对一些 DBMS,有多种存储结构可供选择。如 IMS 中有 4 种存储结构:层次顺序存取法、层次索引顺序存取法、层次直接存取法和层次索引直接存取法。

在有些 DBMS 中还支持聚集索引,采用聚集索引可使记录的物理存储顺序与主关键字值顺序相同,从而可以提供按主关键字查询的最高效率。

3. 决定存取路径

一个文件的记录之间以及不同文件的记录之间都存在着一定的联系。因此,对于一个记录的存取可根据应用的不同而选择不同的存取路径,以提高处理效率。物理设计的任务之一就是要确定和建立这些存取路径。

在关系数据库系统中,可通过建立索引来提供不同的存取路径。需要在哪些属性上建立索引,哪些是主索引,哪些是次索引,索引的键是单属性还是属性的组合,这些都是设计中需要解决的问题。

当然,索引的建立会增加系统开销,数据更新时要同时更新索引,降低了数据更新操作的效率。

4. 完整性和安全性

数据库在物理设计时,同样必须在系统的完整性、安全性等方面进行分析,并产生多种方案。在实施数据库前,对这些方案进行细致的评价以选择一个较优的方案是十分必要的。

5. 程序设计

逻辑数据库结构确定以后,就可以开始应用程序的设计了。从理论上说,数据库的物理数据独立性的目的,是消除由于物理结构设计决策的变化而引起的对应用程序的修改。但是,当物理数据独立性未得到保证时,可能会发生对程序的修改。

3.5.2　物理设计的性能

假设数据库性能用"开销"(Cost)来描述,在数据库应用系统生存期中,总的开销包括规划开销、设计开销、实施和测试开销、操作开销、运行维护开销。

对物理设计者来说主要考虑操作开销,即为用户获得及时、准确的数据所需的开销和计算机资源的开销。开销可分为如下几类。

1. 查询和响应时间

响应时间定义为从查询开始到查询结果开始显示之间所经历的时间,包括 CPU 服务时间、CPU 队列等待时间、I/O 服务时间、I/O 队列等待时间、封锁延迟时间和通信延迟时间。

一个好的应用程序设计可以减少 CPU 服务时间和 I/O 服务时间。例如,有效地使用数据压缩技术、选择好的访问路径和合理安排记录的存储等。

2. 更新事务的开销

应用程序的执行划分为若干比较小的独立程序段,这些程序段称为事务。事务的开销是用从事务的开始到完成的时间来度量的。更新事务的开销主要指修改索引、重写物理块或文件、写校验等方面的开销。

3. 报告生成的开销

报告生成是一种特殊形式的查询检索,它花费的时间和查询、更新是相同的,都是从数据输入的结束到数据显示的开始这段时间,主要包括检索、重组、排序和结果显示。

4. 主存储空间开销

主存储空间开销包括程序和数据所占有的空间,一般地,对数据库设计者来说,可以对缓冲区分别进行适当的控制,包括控制缓冲区的个数和大小。

5. 辅助存储空间

辅助存储空间分为数据块和检索块两种,块中的开销包括标志、计数、指针和自由空间等。设计者可以控制的是索引块的大小、装载因子、指针选择项和数据冗余等。

实际上,数据库设计者能有效控制的是 I/O 服务和辅助空间,有限控制的是封锁延迟、CPU 时间和主存空间,完全不能控制的是 CPU 和 I/O 队列等待时间、数据通信延迟时间。

物理设计的结果是物理设计说明书,包括存储记录格式、存储记录位置分布以及存取方法,并给出对硬件和软件系统的约束。

3.6　实现与维护

3.6.1　数据库的实现

对数据库的物理设计步骤初步评价完成后,就可以建立数据库了。在这一阶段,设计人员运用 DBMS 提供的数据定义语言,将逻辑设计和物理设计的结果严格地描述出来,成为 DBMS 可接受的源代码,经过调试产生目标模式,然后组织数据入库。

根据逻辑设计结果和物理设计结果,在计算机上建立实际的数据库结构,装入数据,并调试和运行的过程称为数据库的实现。该阶段的主要工作如下。

（1）建立实际数据库结构

用 DBMS 提供的数据定义语言编写描述逻辑设计和物理设计结果的程序,经计算机编译处理和执行后,即建立了实际的数据库结构。

（2）试运行

数据库结构建立好后,应装入实验数据,进入数据库的试运行阶段。该阶段的主要工作是实际运行应用程序,执行对数据库的各种操作,测试应用程序的功能;测量系统的各项性能指标,检查对空间的占用情况,分析是否符合设计目标。

（3）装入实际数据并建立实际的数据库

向数据库中装入数据又称数据库加载。在加载之前要对数据作严格的检验和整理,并建立严格的数据登录和校验规范,设计出完善的数据检验和校正程序,尽可能在加载之前把不合格的数据排除掉。然后通过系统提供的工具程序或自编的专门装入程序,将数据装入数据库。在数据库加载过程中,还必须做好数据库的转储和恢复工作。

3.6.2　数据库的其他设计

数据库的其他设计工作包括加强数据库的安全性、完整性控制,保证一致性、可恢复性等,这些设计总是以牺牲效率为代价的。设计人员的任务就是要在提高效率和实现尽可能多的功能之间进行合理平衡。其他设计如下。

（1）数据库的再组织设计

对数据库的概念、逻辑和物理结构的改变称为再组织（Reorganization）,其中改变概念或逻辑结构又称再构造（Restructuring）,改变物理结构称为再格式化（Reformatting）。再组织通常是由于环境需求的变化或性能变化等原因而引起的。一般 DBMS 特别是 RDBMS 都提供数据库的再组织实用程序。

（2）故障恢复方案设计

在数据库设计中考虑的故障恢复方案,一般是基于 DBMS 提供的故障恢复手段,如果 DBMS 已提供了完善的软硬件故障恢复和存储介质故障恢复手段,那么设计阶段的任务就简化为确定系统登录的物理方案参数,如缓冲区的个数、大小、逻辑块的长度、物理设备等,否则就要制定人工备份方案。

（3）安全性考虑

许多 DBMS 都有描述各种对象（记录、数据项）的存取权限的功能。在设计时根据用户需求分析,规定相应的存取权限。子模式是实现安全性要求的一个重要手段。也可在应用程序中设置密码,对不同的使用者给予一定的密码,用密码控制使用级别。

（4）事务控制

大多数 DBMS 都支持事务的概念,以保证多用户环境下的数据完整性和一致性。事务控制有人工控制和系统控制两种控制方法,系统控制以数据操作语句为单位,人工控制则以事务的开始和结束语句来实现。大多数 DBMS 也提供封锁粒度的选择,封锁粒度一般有库级、记录级和数据项级。粒度越大控制越简单,但并发性能差,这些在设计中都要统筹考虑。

3.6.3　数据库的运行与维护

数据库正式投入运行标志着数据库运行与维护工作的开始,但并不标志着数据库设计工作的结束。数据库维护工作不仅是维持其正常运行,而且是设计工作的继续和提高。

数据库运行维护阶段的主要工作如下。

① 维护数据库的安全性与完整性及系统的转储和恢复。按照系统提供的安全规范和故障恢复规范,经常核查系统安全性是否受到侵犯,及时调整授权和密码,实施系统转储与备份,发生故障后应及时恢复。

② 性能的监督、分析与改进。利用系统提供的性能分析工具对数据库的存储空间及响应时间进行分析、评价,并结合用户意见确定改进措施,实施重新构造或重新格式化。

③ 增加新功能。根据用户的意见,在不损害原系统功能和性能的情况下,对原有功能进行扩充。

④ 发现错误,修改错误。及时发现系统运行中出现的错误,并修改错误,保证系统正常运行。

由于数据库应用环境发生变化,需要增加新的应用或新的实体,实体与实体的关系也会发生相应的变化,原设计不能很好地满足新的需求,不得不适当调整数据库的外模式和内模式。当然,数据库重新构造的程序功能是有限的,只能进行部分的修改和调整,若应用变化太大,重新构造也无能为力了,则表明原数据库应用系统生存期的结束,应该重新设计数据库,开始一个新的数据库应用系统的生存期。

3.7　习题

一、选择题

1. 关于 E-R 模型向关系数据模型转化的说法,错误的是(　　)。
   A. 一个实体类型转换成一个关系模式
   B. 一个 1∶1 关系只能转换为一个独立的关系模式,不能与其他联系的关系模式合并
   C. 一个 1∶N 关系可以转换为一个独立的关系模式,也可以与联系的任意 N 端实体所对应的关系模式合并
   D. 三个或三个以上的实体间的多元关系转换为一个关系模式

2. 将 E-R 模型按转换成关系模式后进行的规范化处理,一般达到(　　)即可。
   A. 1NF　　　　　　B. 2NF　　　　　　C. 3NF　　　　　　D. BCNF

3. 对物理设计主要考虑数据库性能的(　　)。
   A. 操作开销　　　B. 运行维护开销　　C. 规划开销　　　D. 设计开销

4. 数据库实现阶段不包括(　　)工作。
   A. 建立实际的数据库结构　　　　　B. 装入实验数据对应用程序进行测试
   C. 装入实际数据,建立起实际的数据库　　D. 增加新的功能

5. 由局部 E-R 模型生成初步 E-R 模型的主要任务是(　　)。
   A. 消除不必要的冗余　　　　　　B. 消除属性冲突
   C. 消除结构冲突和命名冲突　　　D. B 和 C

6. 不属于数据库设计内容的是(　　)。

A. 静态特性设计　　B. 物理设计　　　　C. 动态特性设计　　D. 数据库测试

7. 将 E-R 模型转换为关系模式的数据库设计阶段是(　　　)。

A. 需求分析　　　　B. 概念设计　　　　C. 逻辑设计　　　　D. 物理设计

8. 同一实体在不同局部 E-R 模型中属性组成不同,属于(　　　)。

A. 结构冲突　　　　B. 属性冲突　　　　C. 命名冲突　　　　D. 实体冲突

9. 改变数据库概念或逻辑结构称为(　　　)。

A. 再组织　　　　　B. 再构造　　　　　C. 再格式化　　　　D. 再重用

10. 数据的最小单位是(　　　)。

A. 数据项　　　　　B. 数据结构　　　　C. 数据存储　　　　D. 数据流

二、填空题

1. _____是从"数据"和"处理"两方面表达数据处理过程的一种图形化的表示方法。

2. 最常用的概念设计策略是_____的设计策略。

3. E-R 模型是描述概念世界、建立_____的使用工具。

4. 用户获得及时、准确的数据所需的开销和计算机资源的开销称为_____。

5. 在需求分析阶段,通过调查要从用户获得数据库的_____需求、_____需求和_____需求。

6. 数据库设计步骤包括规划、_____、概念设计、逻辑设计、物理设计、实现与维护。

7. 需求分析阶段需形成的文档是_____。

8. 将局部 E-R 模型合并成全局 E-R 模型时,应消除_____冲突、_____冲突和_____冲突。

9. 对数据库的概念、逻辑和物理结构的改变称为_____。

10. 生成 E-R 模型的数据库设计阶段是_____。

三、简答题

1. 试述数据库设计的主要内容。

2. 试述数据库设计的基本步骤。

3. 试述需求分析的步骤。

4. 试述概念模型的创建过程。

5. 举例说明由 E-R 模型向关系数据模型的转换规则。

第 4 章　SQL Server 2022 概述

本章主要介绍 SQL Server 的发展、特点、组件和技术，SQL Server 2022 的特点、版本，SQL Server 2022 的软硬件安装环境、安装过程及主要实用工具的用途，SQL Server 2022 注册服务器及 Management Studio 的使用，以及 SQL、Transact-SQL 语言概述。

4.1　SQL Server 简介

SQL Server 是 Microsoft 公司的一个关系数据库管理系统（RDBMS），是基于客户机/服务器（Client/Server，C/S）应用模式的系统，能直接处理 XML 数据，可以与 Internet 紧密结合。用户可以通过图形和命令两种方式使用 SQL Server 进行检索和更新数据库中的数据等操作。

4.1.1　SQL Server 的发展

SQL Server 是当今使用广泛的关系数据库系统之一。它最初是由 Microsoft、Sybase 和 Ashton-Tate 三家公司共同开发的，于 1988 年推出了第一个 OS/2 版本。在 Windows NT 推出后，Microsoft 与 Sybase 公司在 SQL Server 的开发上选择了不同的平台。Microsoft 公司将 SQL Server 移植到 Windows NT 系统上，并专注于开发推广 Windows 操作系统上的 SQL Server 版本，而 Sybase 公司则专注于 SQL Server 在 UNIX 操作系统上的开发与应用。

1996 年 Microsoft 公司推出了 SQL Server 6.5 版本，1998 年推出了 SQL Server 7.0 版本。随后，经过不断的修改完善，2000 年 Microsoft 公司推出了 SQL Server 2000 版本，引入了 XML 支持、存储过程、触发器等新特性；SQL Server 2005 则增加了数据分区、数据库镜像、T-SQL 查询增强等功能。随着云计算和大数据技术的快速发展，SQL Server 也在不断演进，以适应新的技术趋势和业务需求。例如，SQL Server 2012 引入了 AlwaysOn 高可用性解决方案、列存储索引等新技术，以提高数据库的性能和可靠性；SQL Server 2016 则进一步增强了与云计算的集成能力，提供了对 Linux 的支持，并引入了内存中 OLTP 等新技术。2022 年 11 月 16 日，微软正式发布了 Microsoft SQL Server 2022，旨在为企业和组织提供高效、可靠和智能的数据存储和管理解决方案，帮助用户更好地处理和分析数据，从而推动业务发展和创新。

4.1.2　SQL Server 的特点

1. 支持客户机/服务器结构

SQL Server 是支持客户机/服务器结构的数据库管理系统。客户机/服务器结构把整个数据处理的任务划分为在客户机上完成的任务和在数据库服务器上完成的任务。客户机用于运行数据库应用程序，服务器用于执行 DBMS 功能。在客户机上的数据库应用程序也称为前端系统，它负责系统与用户的交互和数据显示，在服务器上的后端系统负责数据的存储和管理。客户机/服务器结构的优点是,数据库服务器仅返回用户所需要的数据,在网络上的数据流量将大大减少,可以加速数据的传输;数据存储在服务器上,而不是分散在各个客户机上,这样所有用户都可以访问到相同的数据,而且数据的备份和恢复也很容易。

2. 分布式数据库功能

SQL Server 支持分布式数据库结构,可以将在逻辑上的一个整体数据库的数据分别存放在各个不同的 SQL Server 服务器上,客户机可以分别或同时向多个 SQL Server 服务器存取数据,这样可以降低单个服务器的处理负担,提高系统执行效率。

分布式查询可以引用来自不同数据源的数据,而且这些对用户来说是完全透明的。分布式数据库将保证任何分布式数据更新的完整性。通过复制可以使用户能够维护多个数据副本,这些用户能够自主地进行工作,然后再将所做的修改合并到发布数据库中。

3. 与 Internet 集成

SQL Server 数据库引擎提供完整的 XML 支持。它还具有构成最大的 Web 站点的数据存储组件所需的可伸缩性、可用性和安全功能,使用户很容易将数据库中的数据发布到 Web 页面上。

4. 可伸缩性和可用性

同一个数据库引擎可以在 Windows 不同版本及大型多处理器计算平台上使用。SQL Server 企业版支持联合服务器、索引视图和大型内存支持等功能,使其得以升级到最大 Web 站点所需的性能级别。

5. 数据仓库功能

SQL Server 提供用于析取和分析汇总数据功能,以与联机分析处理的工具连接。SQL Server 中还包括一些工具,可用来直观地设计数据库并通过 English Query 来分析数据。

4.1.3　SQL Server 的组件和技术

1. SQL Server 数据库引擎

数据库引擎是用于存储、处理和保护数据的核心服务。数据库引擎提供了受控访问和事务处理,以满足企业内最苛刻的数据消费应用程序的要求。数据库引擎还通过业务连续性和数据库恢复,为保持业务连续性提供全面的支持。

2. 机器学习服务

SQL Server 机器学习服务(数据库内)将 R 语言和 Python 语言与 SQL Server 集成,方便用户通过调用存储过程,轻松生成、重新定型模型,并对模型评分。

3. SQL Server Integration Services

SQL Server Integration Services(SSIS)是一个可用于构建高性能数据集成解决方案的平台,其中包括为数据仓库提供提取、转换和加载(ETL)处理的包。

4. SQL Server Analysis Services

SQL Server Analysis Services(SSAS)是一个针对个人、团队和公司商业智能的分析数据平台和工具集。服务器和客户端设计器通过使用 PowerPivot、Excel 和 SharePoint Server 环境,支持传统的 OLAP 解决方案、新的表格建模解决方案以及自助式分析和协作。Analysis Services 还包括数据挖掘,以便用户可以发现隐藏在大量数据中的模式和关系。

5. SQL Server 复制

复制是在数据库之间对数据和数据库对象进行复制和分发,然后在数据库之间进行同步以保持一致性的一组技术。使用复制可以将数据通过局域网、广域网、拨号连接、无线连接和 Internet 分发到不同位置，以及分发给远程用户或移动用户。

6. Master Data Services

Master Data Services 是用于主数据管理的 SQL Server 解决方案。基于 Master Data Services 生成的解决方案可帮助用户确保报表和分析均基于适当的信息。使用 Master Data Services，用户可以为主数据创建中央存储库，并随着主数据随时间变化而维护一个可审核的安全对象记录。

7. SQL Server Reporting Services

SQL Server Reporting Services 提供支持 Web 的企业级报表功能。从而使用户可以创建从多个数据源提取内容的报表，发布各种格式的报表，以及集中管理安全性和订阅。

8. Data Quality Services

Data Quality Services（简称 DQS）提供知识驱动型数据清理解决方案。DQS 使用户可以生成知识库，然后使用此知识库，同时采用计算机辅助方法和交互方法，执行数据更正和数据消除重复的操作。用户可以使用基于云的引用数据服务，并可以生成一个数据管理解决方案将 DQS 与 SQL Server Integration Services 和 Master Data Services 相互集成。

4.1.4　SQL Server 2022 的特点

SQL Server 2022（16.x）在早期版本的基础上构建，旨在将 SQL Server 发展成一个平台，以提供开发语言、数据类型、本地或云环境以及操作系统选项。

1. 通过 Azure 实现业务连续性

通过 Azure SQL 托管实例中的链接功能，在云中实现完全托管的灾难恢复，确保正常运行时间，实现连续将数据复制到云和从云中复制数据。

2. 对本地操作数据进行无缝分析

打破操作与分析存储之间的壁垒，实现近实时的洞察。通过 Azure Synapse Link 在云中使用 Spark 和 SQL 运行时来分析所有数据。

3. 直观了解用户整个数据资产

使用 Microsoft Purview 管理和治理整个数据资产，以克服数据孤岛。

4. 安全可靠性提高

SQL Server 被评为过去 10 年间最不易受攻击的数据库，实现安全性和合规性目标。使用不可变账本来帮助保护数据不被篡改。

5. 行业领先的性能和可用性

SQL Server 利用性能和可用性方面的改进来提高查询速度，并确保业务连续性。无须更改代码即可提高查询性能和加速优化调整。当用户位于多个位置时，保持多写入环境平稳运行。

4.2　SQL Server 2022 的安装准备

4.2.1　SQL Server 2022 的版本

根据应用程序的需要，安装要求可能有很大不同。SQL Server 2022 的不同版本能够满足企业和个人独特的性能、运行时的需求以及价格要求。需要安装哪些 SQL Server 2022 组件也要根据企业或个人的需求而定。SQL Server 版本介绍如表 4.1 所示。

表 4.1　SQL Server 版本介绍

版本	定　义
Evaluation Edition	Evaluation Edition(试用版)包含最大的 SQL Server 功能集。仅供测试使用,不能用于正式的商业环境中,试用期 180 天,试用期过后需付费激活
Enterprise Edition	作为高级产品/服务,Enterprise Edition(企业版)提供了全面的高端数据中心功能,具有极高的性能和无限虚拟化,还具有端到端商业智能,可为任务关键工作负载和最终用户访问数据间接提供高级别服务。企业版可用于评估,评估部署的有效期为 180 天
Standard Edition	Standard Edition(标准版)提供了基本数据管理和商业智能数据库,使部门和小型组织能够顺利运行其应用程序并支持将常用开发工具部署于内部或云,有助于以最少的 IT 资源获得高效的数据库管理
Web Edition	对于 Web 主机托管服务提供商和 Web VAP 而言,Web Edition 版本是一项总拥有成本较低的选择,可针对从小规模到大规模 Web 资产等内容提供可伸缩性、经济性和可管理性能力
Developer Edition	Developer Edition(开发人员版)支持开发人员基于 SQL Server 构建任意类型的应用程序。它包括 Enterprise 版的所有功能,但有许可限制,只能用作开发和测试系统,而不能用作生产服务器
Express Edition	Express Edition(简化版)是入门级的免费数据库,是学习和构建桌面及小型服务器上数据驱动应用程序的理想选择

4.2.2　SQL Server 2022 的安装环境

安装环境是 SQL Server 2022 对硬件、软件环境的要求,这些要求也是 SQL Server 2022 运行时必需的条件。在以下的环境中可以安装、使用 SQL Server 2022 数据库系统。本书主要介绍 64 位 SQL Server 2022 的安装环境。

1. 硬件环境

硬件配置的高低会直接影响软件的运行速度,用 SQL Server 存储和管理数据的特点是数据量大,且对数据进行的查询、修改和删除等操作频繁,更主要的是要保证多人同时高效地访问数据库,这对硬件性能要求较高。

（1）存储

SQL Server 2022 要求最少 6GB 的可用硬盘驱动器空间。磁盘空间要求随所安装的 SQL Server 组件不同而有所不同。

（2）显示器

SQL Server 2022 要求有 Super-VGA（800 像素×600 像素)或更高分辨率的显示器。

（3）Internet

使用 Internet 功能需要连接 Internet。

（4）内存

最低要求：Express Edition 为 512MB,所有其他版本为 1GB;推荐：Express Edition 为 1GB,所有其他版本至少为 4GB,并且应随着数据库大小的增加而增加以确保最佳性能。

（5）处理器

① 处理器速度：其最低要求是,x64 处理器,主频 1.4GHz,推荐：处理器速度为 2.0GHz 或更快;

② 处理器类型：采用 x64 处理器,AMD Opteron、AMD Athlon 64、支持 Intel EM64T 的

Intel Xeon,以及支持 EM64T 的 Intel Pentium Ⅳ。

　　注意:仅 x64 处理器支持 SQL Server 的安装。x86 处理器不再支持此安装。

　　(6) 磁盘空间

　　SQL Server 2022 要求最少 6GB 的可用磁盘空间用来存储这些文件。表 4.2 显示了 SQL Server 2022 各组件对磁盘空间的要求。

表 4.2 SQL Server 2022 各组件对磁盘空间的要求

功　　能	磁盘空间要求
数据库引擎和数据文件、复制、全文搜索以及 Data Quality Services	1480MB
数据库引擎(如上所示)带有 R Services(数据库内)	2744MB
数据库引擎(如上所示)带有针对外部数据的 PolyBase 查询服务	4194MB
Analysis Services 和数据文件	698MB
Reporting Services	967MB
Microsoft R Server(独立)	280MB
Reporting Services-SharePoint	1203MB
用于 SharePoint 产品的 Reporting Services 外接程序	325MB
数据质量客户端	121MB
客户端工具连接	328MB
Integration Services	306MB
客户端组件(除 SQL Server 联机丛书组件和 Integration Services 工具外)	445MB
Master Data Services	280MB
用于查看和管理帮助内容的 SQL Server 联机丛书组件	27MB
所有功能	8030MB

　　2. 软件环境

　　(1) 操作系统

　　Windows 10、Windows Server 2016 或更高版本。受支持的 Linux 系统,包括 Red Hat Enterprise Linux 8.x 或 9.x 服务器、SUSE Linux Enterprise Server v15 (SP1～SP4)、Ubuntu 20.04 或 22.04、Linux 上的 Docker 引擎 1.8＋。

　　(2) 网络软件

　　SQL Server 支持的操作系统具有内置网络软件。独立安装项的命名实例和默认实例支持以下网络协议:共享内存、命名管道和 TCP/IP。

　　(3) .NET Framework

　　最低版本操作系统包括最低版本的.NET 框架。

4.3　SQL Server 2022 实用工具

4.3.1　安装 Microsoft SQL Server 2022

　　Microsoft SQL Server 2022 安装向导基于 Windows 安装程序,并提供以下功能树用于安装所有 SQL Server 2022 组件。功能树包括数据库引擎、Analysis Services、Reporting Services、Integration Services、Master Data Services、Data Quality Services、管理工具、连接组件。

　　注意:对于本地安装,必须以管理员身份运行安装程序。如果从远程共享安装 SQL Server,

则必须使用对远程共享具有读取和执行权限的域账户。

安装 SQL Server 2022 步骤如下。

① 插入 SQL Server 2022 安装介质，双击根文件夹中的 setup.exe。若要从网络共享进行安装，请先在共享中找到根文件夹，再双击 setup.exe。安装向导将运行 SQL Server 安装中心，出现图 4.1 所示的安装界面。在此安装界面中可以选择左侧导航区域中的"计划"项，再在右侧栏中选择"硬件和软件要求"项目，查看硬件和软件要求。

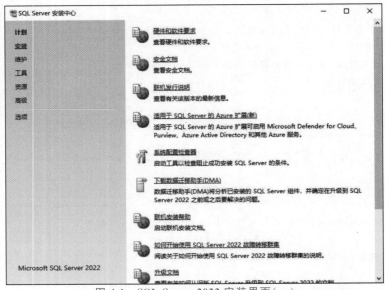

图 4.1　SQL Server 2022 安装界面（一）

② 若要新建 SQL Server 安装，如图 4.2 所示，请依次选择左侧导航区域中的"安装"和"全新 SQL Server 独立安装或向现有安装添加功能"选项，出现如图 4.3 所示的版本页。

图 4.2　SQL Server 2022 安装界面（二）

③ 在图 4.3 所示"版本"页上选择要安装的版本。可通过"指定可用版本"安装免费版本。或选择"通过 Microsoft Azure 使用即用即付计费"和"输入产品密钥"安装生产版本。这里选择 Developer 版本进行介绍，单击【下一步】按钮，出现如图 4.4 所示的"许可条款"页。

④ 在图 4.4 中查看许可同意，勾选"我接受许可条款和隐私声明"复选框以接受许可条款。单击【下一步】按钮，进入"全局规则"页，如果没有规则错误，安装过程将自动前进到"产品更新"窗口。如果未在"控制面板"中的"所有控制面板项"下的"Windows Update"中的"更改

图 4.3　"版本"页

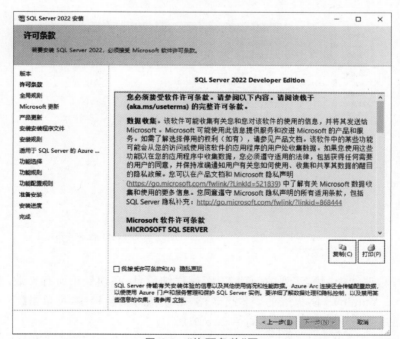

图 4.4　"许可条款"页

设置"中选中"Microsoft Update"复选框,则接下来显示"Microsoft 更新"页,如图 4.5 所示。

在图 4.5 中选中"使用 Microsoft Update 检查更新(推荐)"复选框,以允许系统进行自动更新,然后单击【下一步】按钮,出现图 4.6 所示的"安装规则"页。

⑤ 在"安装规则"页中,安装程序会检查是否存在运行安装程序时可能发生的潜在问题。

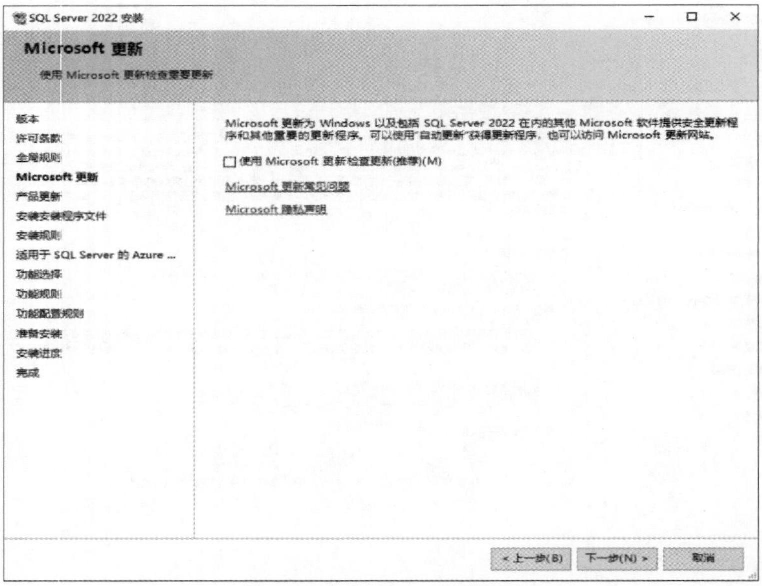

图 4.5 "Microsoft 更新"页

图 4.6 "安装规则"页

如果检查到故障,请选择"状态"列中的项,以了解详细信息,必须更正所有失败,安装程序才能继续。此处有关 Windows 防火墙的警告可忽略,继续执行安装程序,可单击【下一步】按钮,出现图 4.7 所示的"适用于 SQL Server 的 Azure 扩展"页。

⑥ 在图 4.7 中,可以配置 SQL Server 以连接到 Azure。SQL Server 2022 (16.x)引入了此扩展,以支持使用 Azure 服务,默认选择此功能。如果希望在不连接到 Azure 的情况下继续操作,可以取消选择"适用于 SQL Server 的 Azure"。然后单击【下一步】按钮,出现图 4.8 所示的"功能选择"页。

⑦ 在图 4.8 中可以选择要安装的组件。选择功能名称后,"功能说明"窗格中会显示每个组件组的说明。默认安装路径为 C:\Program Files\Microsoft SQL Server。若要将组件安装

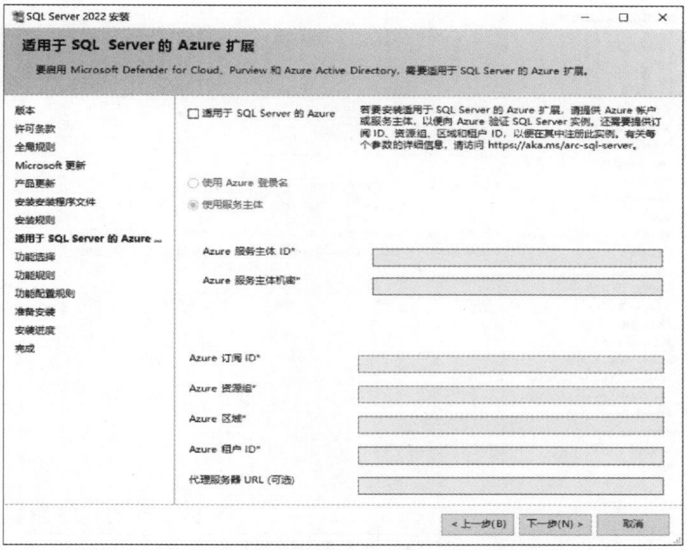

图 4.7　"适用于 SQL Server 的 Azure 扩展"页

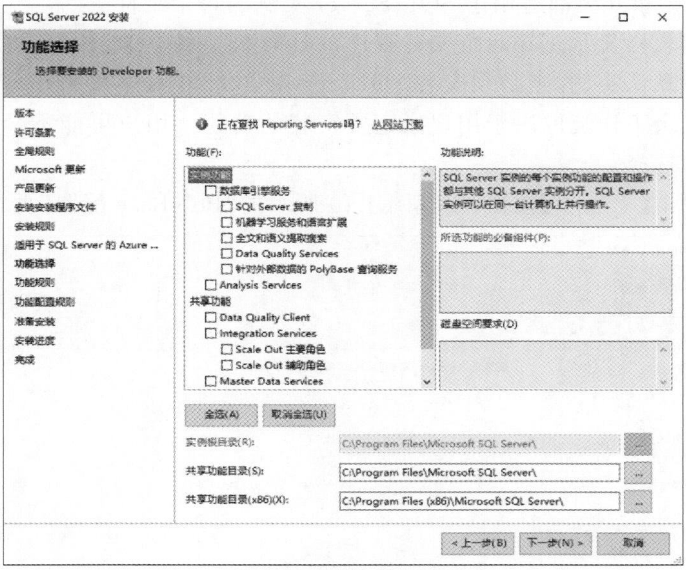

图 4.8　"功能选择"页

到自定义的目录下,可单击"实例根目录"右侧的【...】按钮。完成功能选择后继续安装,单击【下一步】按钮,出现图 4.9 所示的"实例配置"页。

⑧ 在图 4.9 中为安装的软件选择默认实例或已命名的实例。如果已经安装了默认实例或已命名实例,并且为安装的软件选择了现有实例,安装程序将升级所选的实例并提供安装其他组件的选项。计算机上必须没有默认实例,才可以安装新的默认实例。若要安装新的命名实例,请选中"命名实例(A)"单选项,然后在下方的文本框中输入唯一的实例名。典型的 SQL Server 2022 独立实例(无论是默认实例还是命名实例)不会对"实例 ID"使用非默认值。

在"实例 ID"框中,默认情况下,实例名称用作实例 ID,用于标识实例的安装目录和注册表项。默认实例和命名实例的行为是相同的。对于默认实例,实例名称和实例 ID 为 MSSQLSERVER。若要使用非默认实例 ID,请在"实例 ID"文本框中指定其他值。所有 SQL

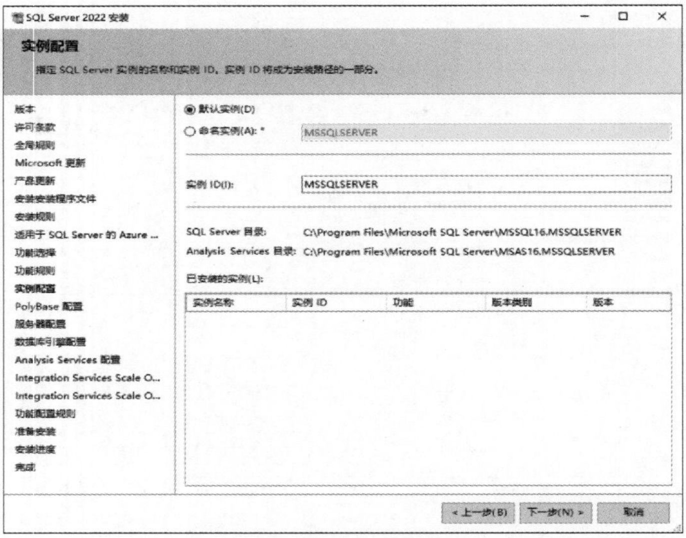

图 4.9　"实例配置"页

Server Service Pack 和升级都适用于 SQL Server 实例的每个组件。

"已安装实例"表格显示正在运行安装程序的计算机上的 SQL Server 实例。如果计算机上已经安装了一个默认实例，则必须安装 SQL Server 2022 的命名实例。

安装程序的其余工作流取决于用户指定要安装的功能。用户可能不会看到所有页，具体取决于用户所做的选择。

设置实例后单击【下一步】按钮，出现图 4.10 所示的"PolyBase 配置"页。

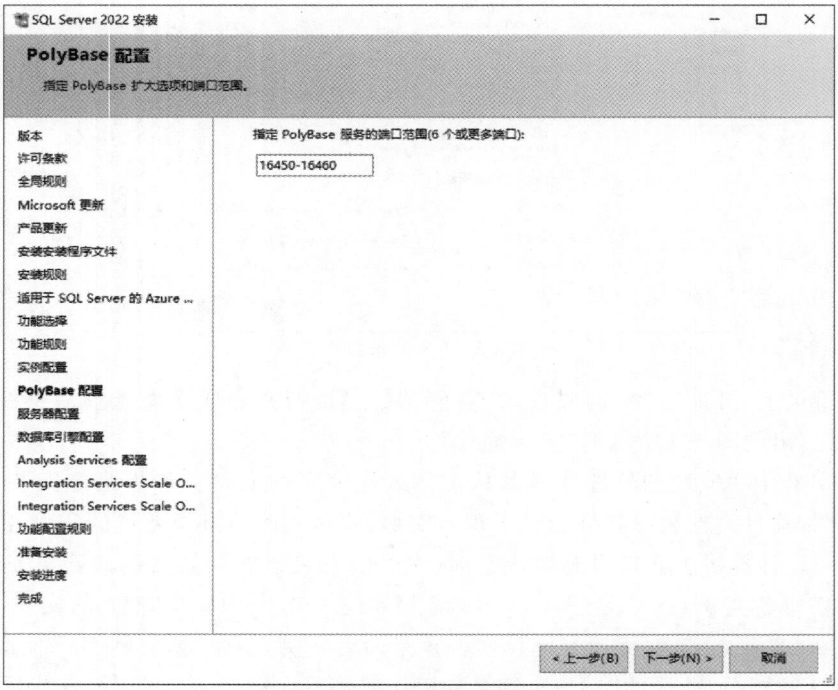

图 4.10　"PolyBase 配置"页

⑨ 自 SQL Server 2019（15.x）起，PolyBase 不再要求在安装此功能前预先在计算机上安

装 Oracle JRE 7 Update 51(最低版本)。选择安装 PolyBase 功能会将"Java 安装位置"页添加
到 SQL Server 安装程序,并显示在"实例配置"页之后。在"PolyBase 配置"页中用户可以不
用做任何更改,单击【下一步】按钮,出现图 4.11 所示的"服务器配置"页。

图 4.11　"服务器配置"页

⑩ 在图 4.11 中可以为 SQL Server 服务账户指定账户名、密码,为所有的 SQL Server 服
务分配相同的登录账户,也可以单独配置各个服务账户。还可以指定是自动启动、手动启动还
是禁用服务。使用"排序规则"选项卡为数据库引擎和 Analysis Services 指定非默认排序规
则。单击【下一步】按钮,出现图 4.12 所示的"数据库引擎配置"页。

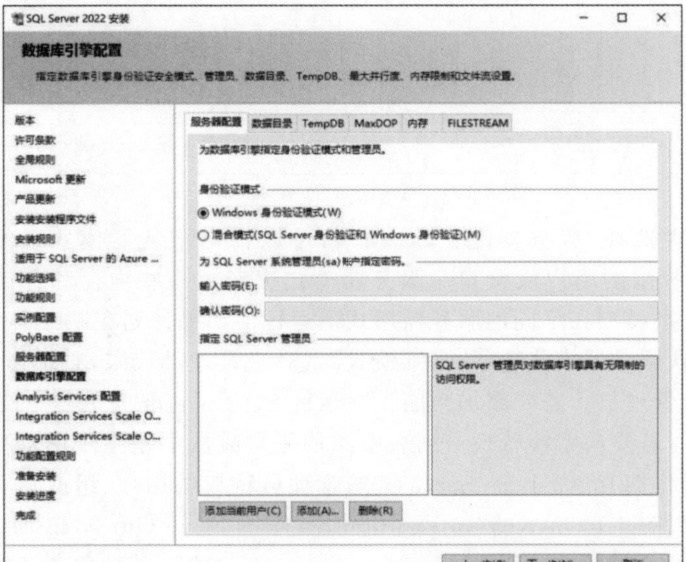

图 4.12　"数据库引擎配置"页

⑪ 在图 4.12 中选择要用于 SQL Server 安装的身份验证模式。可以选择"Windows 身份
验证模式"或"混合模式(SQL Server 身份验证和 Windows 身份验证)"身份验证。如果选择

"混合模式(SQL Server 身份验证和 Windows 身份验证)",则必须为内置 SQL Server 系统管理员账户提供一个强密码。在设备与 SQL Server 成功建立连接之后,用于 Windows 身份验证和混合模式身份验证的安全机制是相同的。

图 4.12 中的"指定 SQL Server 管理员"框中显示了所指定的管理员。必须为 SQL Server 实例至少指定一个系统管理员。若要添加用以运行 SQL Server 安装程序的账户,可以单击【添加当前用户】按钮。若要向 SQL Server 管理员列表中添加账户或从中删除账户,请单击【添加】或【删除】按钮,然后编辑将拥有 SQL Server 实例的管理员特权的用户、组或计算机的列表。设置身份验证模式后,单击【下一步】按钮,出现图 4.13 所示的"Analysis Services 配置"页。

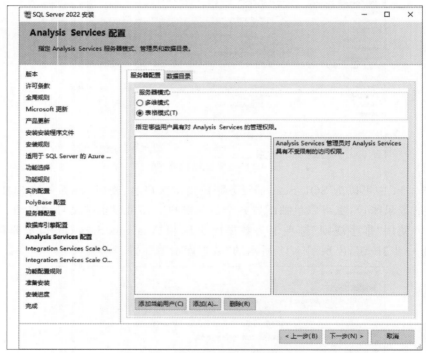

图 4.13　"Analysis Services 配置"页

⑫ 在图 4.13 中选择"服务器配置"选项卡,可以指定服务器模式以及将拥有 Analysis Services 的管理员权限的用户或账户。服务器模式决定了哪些内存和存储子系统用于服务器。不同的解决方案类型在不同的服务器模式下运行。如果计划在服务器上运行多维数据集数据库,请选择默认服务器模式选项"多维模式"。对于管理员权限,必须为 Analysis Services 指定至少一个系统管理员。若要添加当前正在运行 SQL Server 安装程序的账户,请单击【添加当前用户】按钮。若要向系统管理员列表中添加账户或从中删除账户,请单击【添加】或【删除】按钮,然后编辑将拥有 Analysis Services 的管理员特权的用户、组或计算机的列表。单击【下一步】按钮,出现图 4.14 所示的"Integration Services Scale Out 配置-辅助角色节点"页。

⑬ 在图 4.14 所示的"Integration Services Scale Out 配置-辅助角色节点"页中,直接单击【下一步】按钮,出现"准备安装"页,如图 4.15 所示。

⑭ 在图 4.15 所示的"准备安装"页中将显示安装期间指定的安装选项的树状视图,可以查看要安装的 SQL Server 功能和组件的摘要。在此页上,安装程序指示是启用还是禁用产品

图 4.14　"Integration Services Scale Out 配置-辅助角色节点"页

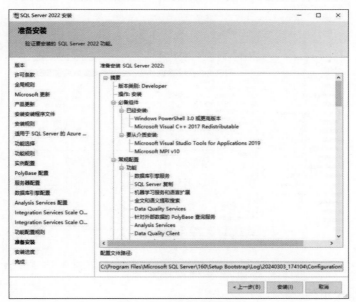

图 4.15　"准备安装"页

更新功能以及最终的更新版本。

　　若要继续安装,则单击【安装】按钮,出现图 4.16 所示的"安装进度"页。在安装过程中,"安装进度"页会提供相应的状态,因此可以在安装过程中监视安装进度。

　　⑮ 当全部组件安装完成后,出现图 4.17 所示的"完成"页。安装完成后,"完成"页会提供指向安装摘要日志文件以及其他重要说明的链接。若完成 SQL Server 安装,则单击【关闭】按钮。如果安装程序指示重新启动计算机,那么请立即重新启动。安装完成后,请务必阅读来自安装向导的消息。

　　⑯ 新版本默认都是没有可视化界面的,需要单独安装 SQL Server Management Studio (SSMS)。双击 SSMS-Setup-CHS.exe,出现图 4.18 所示的 SSMS 安装页,单击【安装】按钮即

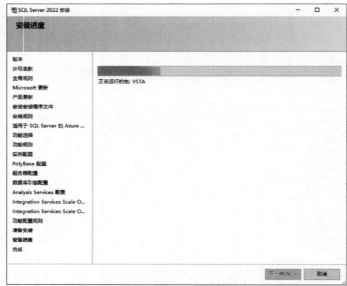

图 4.16 "安装进度"页

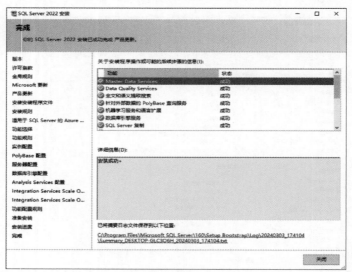

图 4.17 "完成"页

可成功安装所有指定组件。

4.3.2 配置 Microsoft SQL Server 2022

安装程序完成 Microsoft SQL Server 2022 的安装后,可以使用图形化工具和命令提示实用工具进一步配置 SQL Server。下面介绍用来管理 SQL Server 2022 实例的工具。

1. Microsoft SQL Server Management Studio

Microsoft SQL Server Management Studio 是 Microsoft SQL Server 提供的集成环境,用于访问、配置、控制、管理和开发 SQL Server 的所有组件。Microsoft SQL Server Management Studio 将一组多样化的图形工具与多种功能齐全的脚本编辑器组合在一起,可为各种技术级别的开发人员和管理员提供对 SQL Server 的访问。

图 4.18　SSMS 安装页

在新安装的 SQL Server 的默认配置中，许多功能并未启用。SQL Server 只是有选择地安装和启动关键服务及功能，以最大限度地减少可能受到恶意攻击的功能数。系统管理员可以在安装时更改这些设置，也可以有选择地启用或禁用运行中的 SQL Server 实例的功能。此外，如果从其他计算机进行连接，则在配置协议之前某些组件可能不可用。

Microsoft SQL Server Management Studio 将以前版本的 SQL Server 中所包括的企业管理器、查询分析器和 Analysis Manager 功能整合到单一环境中。此外，Microsoft SQL Server Management Studio 还可以和 SQL Server 的所有组件，例如 Reporting Services、Integration Services、SQL Server Mobile 和 Notification Services 协同工作。开发人员可以获得熟悉的体验，而数据库管理员可以获得功能齐全的单一实用工具，其中包含易于使用的图形工具和丰富的脚本撰写功能。

单击"开始"菜单，选择"所有程序"中的"Microsoft SQL Server 2022"程序组，选择"SQL Server 2022 Management Studio"选项，出现图 4.19 所示的"连接到服务器"对话框。

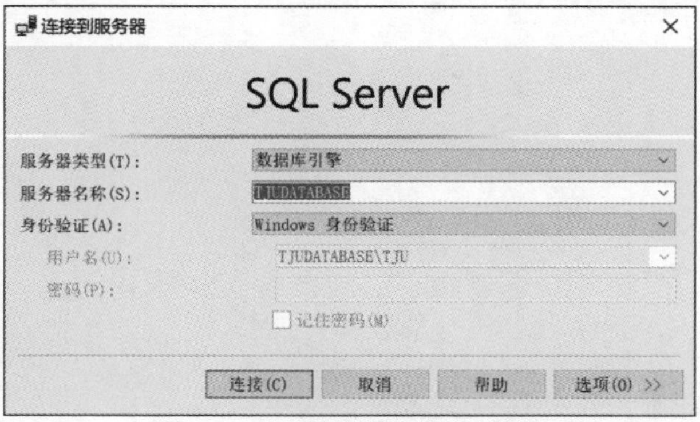

图 4.19　"连接到服务器"对话框

在图 4.19 所示的界面中可以选择服务器类型、服务器名称及身份验证模式，然后单击【连接】按钮，出现图 4.20 所示的 Microsoft SQL Server Management Studio 窗口。

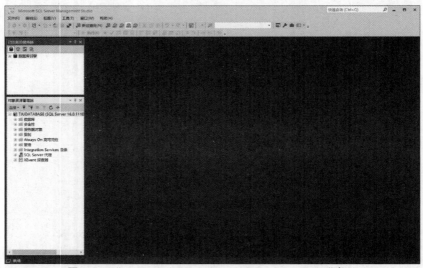

图 4.20　"Microsoft SQL Server Management Studio"窗口

2. SQL Server Profiler

Microsoft SQL Server Profiler 是 SQL 跟踪的图形用户界面，用于监视 SQL Server Database Engine 或 SQL Server Analysis Services 的实例。用户可以捕获每个事件的有关数据，并将其保存到文件或表中供以后分析。例如，可以对生产环境进行监视，了解哪些存储过程由于执行速度太慢影响了性能。

单击"开始"菜单，选择"所有程序"中的"Microsoft SQL Server 2022"程序组，选择"SQL Server 2022 Profiler"选项，出现图 4.21 所示的"SQL Server Profiler"窗口。

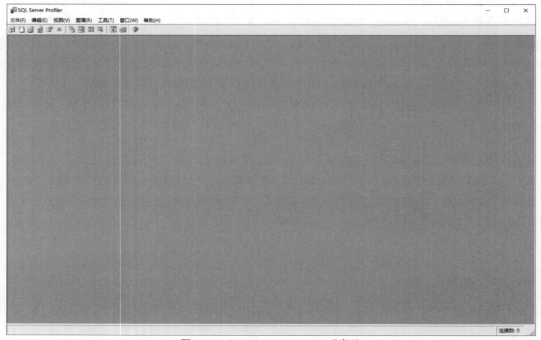

图 4.21　"SQL Server Profiler"窗口

SQL Server Profiler 可显示 SQL Server 如何在内部解析查询。这就使管理员能够准确地查看提交到服务器的 Transact-SQL 语句或多维表达式，以及服务器是如何访问数据库或多维数据集以返回结果集的。

3. 数据库引擎优化顾问

数据库引擎优化顾问可以协助创建索引、索引视图和分区的最佳组合。

单击"开始"菜单，选择"所有程序"中的"Microsoft SQL Server Tools"程序组，选择"数据库引擎优化顾问"选项，出现图 4.19 所示的"连接到服务器"对话框。在该对话框中可以选择服务器类型、服务器名称及身份验证模式，然后单击【连接】按钮，出现图 4.22 所示的"数据库引擎优化顾问"（Database Engine Tuning Advisor）窗口。

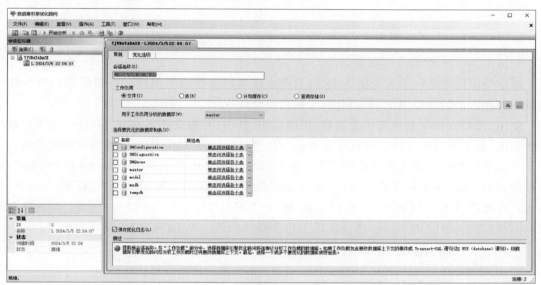

图 4.22　"数据库引擎优化顾问"窗口

可以使用 dta.exe 文件在命令提示符下访问数据库引擎优化顾问，或通过应用程序的图形用户界面（GUI）访问该顾问。命令行实用工具能够将数据库引擎优化顾问的功能整合到脚本和软件程序中。dta 实用工具还支持 XML 输入。使用数据库引擎优化顾问 GUI 可轻松查看现有的优化会话的优化建议。

4. SQL Server 2022 配置管理器

SQL Server 配置管理器用来管理服务器和客户端网络配置。使用 SQL Server 配置管理器可以启动、暂停、恢复或停止服务，还可以查看或更改服务属性。

单击"开始"菜单，选择"所有程序"中的"Microsoft SQL Server 2022"程序组，选择 "SQL Server 2022 Configuration Manager"（SQL Server 2022 配置管理器）选项，出现图 4.23 所示的"SQL Server Configuration Manager"窗口。

SQL Server 配置管理器是一种工具，可用于管理与 SQL Server 相关联的服务，配置 SQL Server 使用的网络协议，以及从 SQL Server 客户端计算机管理网络连接配置。SQL Server 配置管理器是一个 Microsoft 管理控制台管理单元，可以从"开始"菜单进行访问，也可以将其添加到其他任何 Microsoft 管理控制台中显示。Microsoft 管理控制台（mmc.exe）使用 Windows System32 文件夹中的 SQLServerManager12.msc 文件打开 SQL Server 配置管理器。SQL Server 配置管理器集成了以下 SQL Server 2022 工具的功能：服务器网络实用工具、客户端网络实用工具和服务管理器。

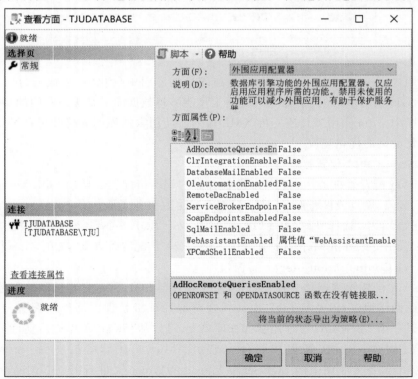

图 4.23 "SQL Server Configuration Manager"窗口

5. SQL Server 外围应用配置器

减少外围应用是一项安全措施，它涉及停止或禁用未使用的组件。外围应用的减少使得对系统潜在攻击的途径更少，从而有助于提高安全性。

使用 SQL Server 外围应用配置器，可以启用、禁用、开始或停止 SQL Server 2022 安装的一些功能、服务和远程连接。可在本地和远程服务器中使用 SQL Server 外围应用配置器。

可以使用"方面"功能配置外围应用。在"Microsoft SQL Server Management Studio"中，连接到 SQL Server 的服务器。在"对象资源管理器"中，右击服务器，然后选择 Facets(A)菜单项。在出现的图 4.24 所示的"查看方面"窗口中，选择"方面(F)"下拉列表中的"外围应用配置器"，在"方面属性(P)"区域，选择要用于每个属性的值。单击【确定】按钮完成配置。

图 4.24 "查看方面"窗口

4.4　SQL Server Management Studio 的使用

4.4.1　SQL Server 2022 服务的管理

SQL Server 2022 是运行于网络环境下的数据库管理系统,它支持网络中不同计算机上的多个用户同时访问和管理数据库资源。服务器是 SQL Server 2022 数据库管理系统的核心,它为客户端提供网络服务,使用户能够远程访问和管理 SQL Server 数据库。非本机上的 SQL Server 2022 服务器称为远程服务器,对于这类服务器必须先注册才能进行相关的管理工作。对于本机服务器,一般在安装时自动完成注册工作。

使用 SQL Server 2022 管理数据库之前,需要启动相应的服务。可以通过 SQL Server 配置管理器组件启动所需服务。如若使用 SQL Server 数据库引擎服务,需启动"SQL Server (MSSQLSERVER)"服务。在"开始"菜单上,依次指向"所有程序"、"Microsoft SQL Server 2022",单击"SQL Server 2022 Configuration Manager"(SQL Server 2022 配置管理器),出现图 4.25 所示的"SQL Server Configuration Manager"窗口。在左侧目录树中选择"SQL Server 服务",在右侧显示了图 4.25 所示的服务内容列表,右击所需要的服务,如"SQL Server(MSSQLSERVER)",在快捷菜单中选择"启动"。当不需要相应服务时可以选择"暂停"或"关闭"。

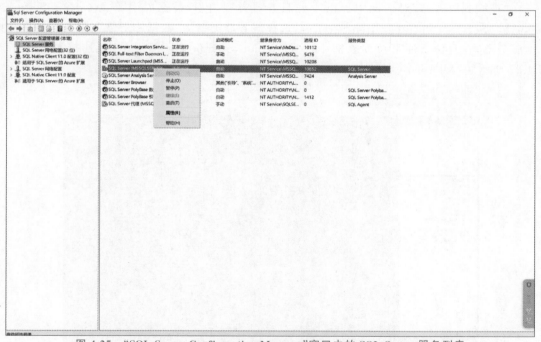

图 4.25　"SQL Server Configuration Manager"窗口中的 SQL Server 服务列表

4.4.2　SQL Server 2022 的管理平台

Microsoft SQL Server Management Studio 是为 SQL Server 数据库管理员和开发人员提供的新工具。此工具由 Microsoft Visual Studio 支持,提供了用于数据库管理的图形工具和功能丰富的开发环境。Microsoft SQL Server Management Studio 将企业管理器、Analysis Manager 和 SQL 查询分析器的功能集于一身,还可用于编写 MDX、XMLA 和 XML 语句。

Microsoft SQL Server Management Studio 是一套管理工具，用于管理从属于 SQL Server 的组件。此集成环境使用户可以在一个界面内执行各种任务，例如备份数据、编辑查询和自动执行常见函数。

1. 启动 Microsoft SQL Server Management Studio

在"开始"菜单上，依次指向"所有程序"、"Microsoft SQL Server 2022"，再单击"SQL Server 2022 Management Studio"，出现图 4.26 所示的"连接到服务器"对话框。

图 4.26　"连接到服务器"对话框——服务器类型列表

在"连接到服务器"对话框中提供 4 种服务器类型，包括数据库引擎、Analysis Services、Reporting Services 和 Integration Services，选择服务器类型为"数据库引擎"，服务器名称选择本地服务器，在身份认证下拉列表框中选择"Windows 身份验证"，再单击【连接】按钮，出现图 4.27 所示的"Microsoft SQL Server Management Studio"窗口。

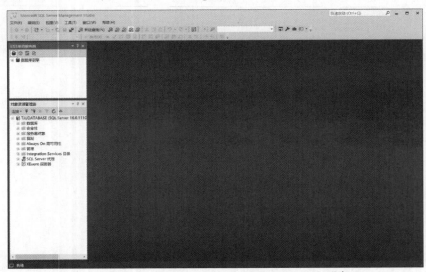

图 4.27　"Microsoft SQL Server Management Studio"窗口

服务器注册主要是注册本地或者远程 SQL Server 服务器，以便访问该服务器上的资源。如未出现"已注册的服务器"窗口，可以在"视图"菜单中选择"已注册的服务器"菜单项，如图 4.28 所示，即可出现该窗口。

在"已注册的服务器"窗口中，在"数据库引擎"下的"本地服务器组"下可以看到已经注册的服务器，如图 4.29 所示。

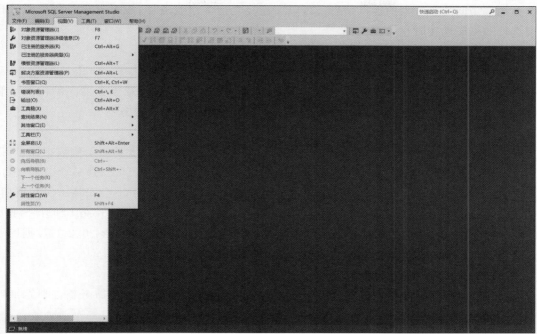

图 4.28 "已注册的服务器"菜单项

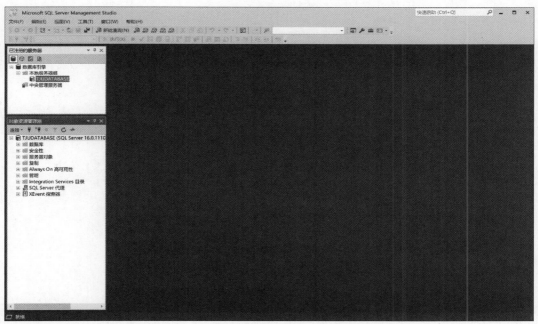

图 4.29 "数据库引擎"下的"已注册的服务器"

2. 注册服务器与数据库连接

使用 SQL Server 时可以注册自己的服务器,一个服务器可以有多个数据库一起用。SQL Server 上可以运行多个服务器,每个服务器上可以有多个数据库。使用 SQL Server 时建议注册专门为你服务的服务器和数据库,所以要注册服务器,然后创建数据库。

在"Microsoft SQL Server Management Studio"中的已注册服务器组件中注册服务器,可

以保存经常访问的服务器的连接信息。可以在连接之前注册服务器，也可以在对象资源管理器中进行数据库连接时注册服务器。

（1）在"已注册的服务器"中注册数据库引擎服务器

在"已注册的服务器"窗口的工具栏中包含了用于数据库引擎、Analysis Services、Reporting Services 和 Integration Services 的按钮。可以注册上述任意服务器类型以便于管理。若要使用 SQL Server 的数据库管理功能，需要注册数据库引擎服务器。

【例 4.1】 注册 AdventureWorks2022 数据库引擎服务器。

AdventureWorks2022 数据库是 Microsoft SQL Server 的一个更大的新示例数据库，可以演示 Microsoft SQL Server 中更复杂的功能。AdventureWorksDW2022 是一个支持 SQL Server Analysis Services 的关系数据库。为了增强安全性，默认情况下不会安装示例数据库。若要安装示例数据库，可以从 Microsoft 官方网站进行下载，并使用 Microsoft SQL Server Management Studio 还原数据库备份。此例注册一个名为 AdventureWorks2022 的数据库引擎服务器，以便后续使用 AdventureWorks2022 示例数据库。

① 在"已注册的服务器"窗口中，单击"数据库引擎"左侧加号"＋"。

② 在展开项中右击"本地服务器组"，在弹出的快捷菜单中选择"新建服务器注册"，此时将打开"新建服务器注册"对话框，如图 4.30 所示。

图 4.30 "新建服务器注册"对话框

③ 在"服务器名称"下拉列表框中选择 SQL Server 实例的名称。在"已注册的服务器名称"文本框中输入注册服务器名称，如 AdventureWorks2022。

④ 选择身份验证模式，然后单击【保存】按钮完成服务器注册，也可以单击【测试】按钮测试该服务器是否能够连接。

⑤ 在"连接属性"选项卡的"连接到数据库"列表中选择 AdventureWorks2022，再单击【保存】按钮。

在"已注册的服务器"窗口中，可以看到已注册新的数据库引擎服务器 AdventureWorks2022，如图 4.31 所示。右击已注册的服务器名,在弹出的快捷菜单中选择"属性",即可查看该服务器的属性。

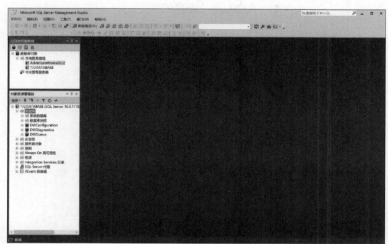

图 4.31　"已注册服务器"窗口

（2）在"对象资源管理器"中连接数据库

与"已注册的服务器"类似,"对象资源管理器"也可以连接到数据库引擎、Analysis Services、Integration Services 和 Reporting Services。

【例 4.2】　连接 AdventureWorks2022 数据库。

① 在"对象资源管理器"的工具栏上,单击【连接】按钮,在显示可用"服务器类型"下拉列表中选择"数据库引擎"。系统将打开图 4.32 所示"连接到服务器"对话框。

图 4.32　"连接到服务器"对话框

② 在"服务器名称"文本框中,输入 SQL Server 实例的名称。单击【选项】按钮,出现图 4.33 所示对话框,然后设置连接属性及其他连接参数。

③ 单击【连接】按钮,连接到服务器。如果已经连接,则将直接返回到对象资源管理器,并将该服务器设置为焦点。

3. 更改环境布局

（1）关闭和隐藏组件窗口

在 Microsoft SQL Server Management Studio 中,可以显示或隐藏、关闭其中的组件。

① 单击"已注册的服务器"窗口右上角的关闭按钮,可以将其隐藏,已注册的服务器随即关闭。

② 在"对象资源管理器"窗口中,单击带有"自动隐藏"工具提示的图钉按钮,"对象资源管理器"将被最小化到屏幕的左侧。在"对象资源管理器"标题栏上移动鼠标,对象资源管理器将

图 4.33 "连接到服务器"对话框的选项

重新打开。再次单击图钉按钮，使"对象资源管理器"驻留在打开的位置。

③ 在"视图"菜单中，可以选择各组件使其显示或隐藏。

④ 激活某组件窗口，在图 4.34 所示"窗口"菜单中，可以选择该组件的显示方式，包括浮动、停靠、选项卡式文档停靠、自动隐藏、隐藏。

（2）显示对象资源管理器信息

可以通过图 4.35 所示"视图"菜单的"对象资源管理器详细信息"菜单项调出，也可以直接按 F7 快捷键调出。

图 4.34 "窗口"菜单

图 4.35 "视图"菜单下的"对象资源管理器详细信息"菜单项

"对象资源管理器详细信息"页会在"对象资源管理器"的每一层提供最需要的对象信息。如果对象列表很大,则"摘要"页处理信息的时间可能会很长。

4.5　SQL 语言概述

SQL 语言是结构化语言(Structure Query Language,SQL)的缩写,是一种用于数据库查询和编程的语言,已经成为关系数据库普遍使用的标准,使用这种标准数据库语言对程序设计和数据库的维护都极为方便,因此 SQL 语言被广泛地应用于各种数据查询。

4.5.1　SQL 语言的发展

SQL 语言是 1974 年在 IBM 公司的关系数据库 SYSTEM R 上实现的语言。它提供给用户一种表示方法说明要查询的结果特性,至于如何查询以及查询结果的形式都由 DBMS 来完成。由于功能丰富、使用方式灵活、语言简洁易学等突出优点,SQL 语言在计算机工业界和计算机用户中备受欢迎。1986 年 10 月,美国国家标准局(ANSI)的数据库委员会批准了 SQL 作为关系数据库语言的美国标准。1987 年 6 月国际标准化组织(ISO)将其采纳为国际标准。这个标准也称 SQL-86。随着 SQL 标准化工作的不断进行,相继出现了 SQL-89、SQL-2(1992)、SQL-3(1993)、SQL-99、SQL-2003 等多个版本。SQL 成为国际标准后,对数据库以外的领域也产生了很大影响,不少软件产品将 SQL 语言的数据查询功能与图形功能、软件工程工具、软件开发工具、人工智能程序结合起来。

SQL 语言作为关系数据库的标准语言,其语句可以用来执行各种各样的操作。目前所有的关系数据库管理系统,如 Oracle、Sybase、SQL Server、Visual FoxPro、Access 都支持 SQL 语言,只是不同系统支持的 SQL 语言功能有所区别。

4.5.2　SQL 语言的特点

SQL 语言之所以能为用户和业界接受,并成为国际标准,原因是它是一门综合的、功能极强同时又简捷易学的语言。SQL 语言集数据查询、数据操纵、数据定义和数据控制功能于一体,主要特点如下。

(1)非过程化语言

非关系数据模型的数据操纵语言是面向过程的语言,用其完成某项请求,必须指定路径。而用 SQL 语言进行数据操作,只要提出"做什么",而无须指明"怎么做",无须了解存取路径,存取路径的选择以及 SQL 语句的操作过程由系统自动完成。这大大减轻了用户负担,提高了数据独立性。

(2)综合统一

SQL 语言集数据定义、数据操作、数据控制等功能于一体。

(3)关系数据库的公共语言

用户可将使用 SQL 的系统从一个 RDBMS 很容易地转到另一个系统,所有用 SQL 语言写的程序都具有可移植性。

(4)以同一种语法结构提供两种使用方法

SQL 有两种使用方法:一种是以与用户交互的方式联机使用,称为自含式语言,用户可在终端键盘上直接输入 SQL 命令对数据库进行操作;另一种是宿主型 SQL,即将 SQL 语句嵌入高级语言(如 C、FORTRAN、COBOL)程序中。

(5) 语言简捷、易学易用

SQL 语言功能极强,设计巧妙,语言简捷,且 SQL 语言接近英语,易于学习。

4.5.3　SQL 语言的功能

设计 SQL 语言的最初目的是为了查询,但 SQL 语言不仅仅是一个查询工具,它可以完成数据库的全部操作。按照其实现的功能可以将 SQL 划分为如下几类。

(1) 数据查询语言(Data Query Language,DQL):按一定的查询条件从数据库对象中检索符合条件的数据。

(2) 数据定义语言(Data Definition Language,DDL):用于定义数据的逻辑结构以及数据项之间的关系。

(3) 数据操纵语言(Data Manipulation Language,DML):用于更改数据库,包括增加新数据、删除旧数据、修改已有数据等。

(4) 数据控制语言(Data Control Language,DCL):用于控制对数据库中数据的操作,包括基本表和视图等对象的授权、完整性规则的描述、事务开始和结束控制等。

4.5.4　Transact-SQL

Transact-SQL(又称 T-SQL),是 Microsoft 公司在关系数据库管理系统 SQL Server 中对 SQL-3 标准的实现,是对 SQL 的扩展,具有 SQL 的主要特点,同时增加了变量、运算符、函数、流程控制和注释等语言元素,使其功能更加强大。T-SQL 对 SQL Server 十分重要,SQL Server 中使用图形界面能够完成的所有功能都可以利用 T-SQL 来实现。使用 T-SQL 操作时,与 SQL Server 通信的所有应用程序都通过向服务器发送 T-SQL 语句来进行,而与应用程序的界面无关。

4.6　习题

一、选择题

1. Microsoft SQL Server 中(　　　)是生成高性能数据集成解决方案(包括数据仓库的提取、转换和加载包)的平台。

  A. Integration Services(SSIS)　　　　B. Analysis Services(SSAS)

  C. Reporting Services(SSRS)　　　　D. Notification Services(SSNS)

2. Microsoft SQL Server 2022 中(　　)包含最大的 SQL Server 功能集。仅供测试用,不能用于正式的商业环境中,试用期 180 天,试用期过后需付费激活。

  A. Express Edition　　　　　　　　　B. Developer Edition

  C. Workgroup Edition　　　　　　　　D. Standard Edition

3. (　　　)是指定一个不需要密码的本地系统账户,以连接到同一台计算机上的 SQL Server。

  A. 网络服务账户　　　　　　　　　　B. 本地服务账户

  C. 本地系统　　　　　　　　　　　　D. 域用户账户

4. 以下不是 SQL Server 2022 特点的是(　　　)。

  A. 安全可靠性降低　　　　　　　　　B. 通过 Azure 实现业务连续性

C. 对本地操作数据进行无缝分析　　　D. 直观了解用户整个数据资产

5.（　　）列出的是经常管理的服务器。

A. 已注册的服务器窗口　　　　　　　B. 对象资源管理器窗口

C. 文档窗口　　　　　　　　　　　　D. "摘要"页窗口

6. 用于定义数据的逻辑结构以及数据项之间关系的是（　　）。

A. 数据查询语言　　　　　　　　　　B. 数据定义语言

C. 数据操纵语言　　　　　　　　　　D. 数据控制语言

7. 以下不属于 SQL 语言特点的是（　　）。

A. 过程化语言　　　　　　　　　　　B. 关系数据库的公共语言

C. 易学易用　　　　　　　　　　　　D. 嵌入式及自主式使用方式

8. Microsoft SQL Server 2022 默认的实例名是（　　）。

A. MSSQLSERVER　　　　　　　　　B. SQLSERVER

C. SQLSERVER2022　　　　　　　　　D. SQL Server

二、填空题

1. Microsoft SQL Server 中 _____ 是用于存储、处理和保护数据的核心服务。

2. 一台计算机可同时运行 _____ 个 SQL Server 实例。

3. _____ 验证允许用户使用 Windows 身份验证或 SQL Server 身份验证进行连接。

4. Microsoft SQL Server _____ 是 Microsoft SQL Server 提供的一种集成环境,用于访问、配置、控制、管理和开发 SQL Server 的所有组件。

5. _____ 窗口是服务器中所有数据库对象的树状视图。

6. SQL Server Management Studio 的工具 _____ 用于编写和编辑脚本,是一种功能丰富的脚本编辑器。

7. SQL 语言的中文全称是 _____。

三、简答题

1. SQL Server 2022 的特点是什么?

2. SQL Server 2022 安装的软硬件环境是什么?

3. SQL Server 2022 有哪些版本? 有哪些主要组件?

4. SQL Server Management Studio 工具包括哪些组件? 如何启动?

5. SQL 语言有哪些特点? 有哪些功能?

第 5 章 数据库的创建与管理

本章主要介绍 SQL Server 中数据库的概念、数据库文件的类型、系统数据库，以及创建、打开、修改和删除数据库的方法。

5.1 SQL Server 数据库概述

5.1.1 数据库引擎

Microsoft SQL Server Database Engine（数据库引擎）是用于存储、处理和保护数据的核心服务。利用数据库引擎可控制访问权限并快速处理事务，从而满足企业内要求极高且需要处理大量数据的应用需要。

使用数据库引擎创建用于联机事务处理或联机分析处理数据的关系数据库，包括创建用于存储数据的表以及用于查看、管理和保护数据安全的数据库对象（如索引、视图和存储过程）。

数据库引擎的主要任务如下。

① 设计并创建数据库，以保存系统所需的关系表或 XML 文档。

② 实现系统访问和更改数据库中存储的数据，包括实现网站或使用数据的应用程序，以及生成利用 SQL Server 工具和实用工具使用数据的过程。

③ 为单位或客户部署将要实现的系统。

④ 提供日常管理支持，以优化数据库的性能。

SQL Server 中的数据库由表集合组成。这些表包含数据以及为支持数据操作而定义的其他对象，如视图、索引、存储过程、用户定义函数和触发器。存储在数据库中的数据通常与特定的主题或过程相关，如生产仓库的库存信息。表上有几种类型的控制（如约束、触发器、默认值和自定义用户数据类型），用于保证数据的有效性。可以向表上添加完整性约束，以确保不同表中的相关数据保持一致。表上可以有索引，利用索引能够快速找到行。

数据库还可以包含使用 Transact-SQL 或.NET Framework 编程代码的过程对数据库中数据执行操作。这些操作包括创建用于提供对表数据的自定义访问的视图，或创建用于对部分行执行复杂计算的用户定义函数。

一个 SQL Server 实例可以支持多个数据库。每个数据库可以存储来自其他数据库的相关数据或不相关数据。例如，SQL Server 实例可以有一个数据库用于存储职员数据，另一个数据库用于存储与产品相关的数据。或者一个数据库可以存储当前客户订单数据，而另一个相关数据库可以存储用于年度报告的历史客户订单。

5.1.2 文件和文件组

SQL Server 将数据库映射为一组操作系统文件。数据和日志信息保存在不同的文件中，而且每个文件仅在一个数据库中使用。为了便于分配和管理,可以将数据文件集合起来放到文件组中,用于帮助完成数据布局和管理任务,例如备份和还原操作。

每个 SQL Server 数据库至少具有两个操作系统文件:一个数据文件和一个日志文件。数据文件包含数据和对象,例如表、索引、存储过程和视图;日志文件包含恢复数据库中的所有事务所需的信息。

1. 数据库文件

SQL Server 数据库具有如下三种类型的文件。

(1) 主数据文件

主数据文件包含数据库的启动信息,并指向数据库中的其他文件。用户数据和对象可存储在此文件中,也可以存储在次要数据文件中。每个数据库都有一个主数据文件。主数据文件的建议文件扩展名是.mdf。

(2) 辅助数据文件

除主数据文件以外的所有其他数据文件都是辅助数据文件,又称次要数据文件。辅助数据文件是可选的,由用户定义并用来存储用户数据。通过将每个文件放在不同的磁盘驱动器上,辅助数据文件可用于将数据分散到多个磁盘上。辅助数据文件可以有 0 到多个。如果数据库超过了单个 Windows 文件的最大容量,可以使用辅助数据文件,这样数据库就能继续增长。辅助数据文件的建议文件扩展名是.ndf。

(3) 事务日志文件

事务日志文件保存用于恢复数据库的日志信息。每个数据库必须至少有一个日志文件,也可以有多个日志文件。事务日志文件的建议扩展名是.ldf。

在 SQL Server 中,数据库中所有文件的位置都记录在数据库的主文件和 master 数据库中。

默认情况下,数据和事务日志被放在同一个驱动器上的同一个路径下。这是为处理单磁盘系统而采用的方法。但是,在生产环境中,这可能不是最佳的方法。建议将数据和日志文件放在不同的磁盘上。

2. 数据库逻辑和物理文件名称

SQL Server 数据库文件有两个名称。

(1) 逻辑文件名

逻辑文件名(logical_file_name)是在所有 Transact-SQL 语句中引用物理文件时所使用的名称。逻辑文件名必须符合 SQL Server 标识符规则,而且在数据库中的逻辑文件名中必须是唯一的。它是由 ALTER DATABASE 的 NAME 参数设置的。

(2) 物理文件名

物理文件名(os_file_name)是包括目录路径的物理文件名。它必须符合操作系统文件命名规则。它是由 ALTER DATABASE 的 FILENAME 参数设置的。

在默认 SQL Server 实例上创建的数据库的逻辑文件名和物理文件名示例如图 5.1 所示,该数据库有一个主数据库文件、两个辅助数据库文件和两个日志文件。

SQL Server 数据库文件的逻辑文件名与物理文件名的主文件名可以一致,也可以不一致,在图 5.1 中上面列出的是数据库的逻辑文件名,下面列出的是物理文件名。

3. 数据文件页

SQL Server 中数据存储的基本单位是页。为数据库中的数据文件(.mdf 或.ndf)分配的

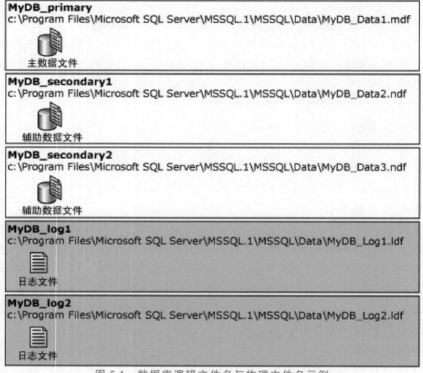

图 5.1　数据库逻辑文件名与物理文件名示例

磁盘空间可以从逻辑上划分成页（从 0 到 n 连续编号）。磁盘 I/O 操作在页级执行。也就是说，SQL Server 是以页为单位读写数据的。

区是 8 个物理上连续的页的集合，用来有效地管理页。所有页都存储在区中。

（1）页

在 SQL Server 中，页的大小为 8KB。这意味着 SQL Server 数据库中每 MB 有 128 页。每页的开头是 96B 的标头，用于存储有关页的系统信息。此信息包括页码、页类型、页的可用空间以及拥有该页的对象的分配单元 ID。

注意：日志文件不包含页，而是包含一系列日志记录。

（2）区

区是管理空间的基本单位。一个区是 8 个物理上连续的页（即 64KB）。这意味着 SQL Server 数据库中每 MB 有 16 个区。

为了使空间分配更有效，SQL Server 不会将所有区分配给包含少量数据的表。SQL Server 有两种类型的区：

① 统一区。由单个对象所有。区中的所有 8 页只能由所属对象使用。

② 混合区。最多可由 8 个对象共享。区中 8 页的每页可由不同的对象所有。

（3）文件页

SQL Server 数据文件中的页按顺序编号，文件的首页以 0 开始。数据库中的每个文件都有唯一的文件 ID 号。若要唯一标识数据库中的页，需要同时使用文件 ID 和页码。图 5.2 显示了包含 4MB 主数据文件和 1MB 辅助数据文件的数据库中的页码。

4. 文件大小

SQL Server 文件可以从最初指定的大小开始自动增长。在定义文件时，可以指定一个特定的增量。每次填充文件时,其大小均按此增量来增长。如果文件组中有多个文件,则它们在所有文件被填满之前不会自动增长。填满后,这些文件会循环增长。

每个文件还可以指定一个最大容量。如果没有指定最大容量,文件可以一直增长到用完磁盘上的所有可用空间。

5. 数据库文件组

为便于分配和管理,可以将数据库对象和文件一起分成文件组。有以下两种类型的文件组。

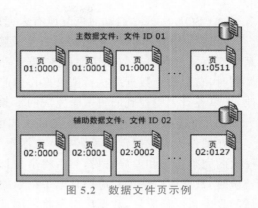

图 5.2　数据文件页示例

(1) 主要文件组

每个数据库有一个主要文件组(PRIMARY 文件组)。此文件组包含主数据文件和未放入其他文件组的所有次要文件。所有系统表都被分配到主要文件组中。

(2) 用户定义文件组

用户定义文件组是用户首次创建数据库或以后修改数据库时明确创建的任何文件组,用于将数据文件集合起来,以便于管理、分配和放置数据。用户定义文件组是通过在 CREATE DATABASE 或 ALTER DATABAS E 语句中使用 FILEGROUP 关键字指定的任何文件组。

日志文件不包括在文件组内。日志空间与数据空间分开管理。例如,分别在三个磁盘驱动器上创建三个文件 Data1.ndf、Data2.ndf 和 Data3.ndf,将它们分配给文件组 fgroup1。然后在文件组 fgroup1 上创建一个表。对表中数据的查询将分散到三个磁盘上,从而提高了性能。

一个文件不可以是多个文件组的成员。表、索引和大型对象数据可以与指定的文件组相关联。在这种情况下,它们的所有页将被分配到该文件组,或者对表和索引进行分区。已分区表和索引的数据被分割为单元,每个单元可以放置在数据库中的单独文件组中。

每个数据库中均有一个文件组被指定为默认文件组。如果创建表或索引时未指定文件组,则将假定所有页都从默认文件组分配。不管何时,只能将一个文件组指定为默认文件组。默认文件组中的文件必须足够大,能够容纳未分配给其他文件组的所有新对象。db_owner 固定数据库角色成员可以将默认文件组从一个文件组切换到另一个。如果没有指定默认文件组,则将 PRIMARY 文件组作为默认文件组。

PRIMARY 文件组是默认文件组,除非使用 ALTER DATABASE 语句进行了更改。但系统对象和表仍然分配给 PRIMARY 文件组,而不是新的默认文件组。

5.1.3　事务日志

每个 SQL Server 数据库都有一个事务日志,用于记录所有事务,以及每个事务对数据库所做的修改。事务日志是任何数据库的关键组成部分。如果系统出现故障,它将成为最新数据的唯一源,因此慎做删除或移动事务日志操作。

1. 事务日志支持的操作

事务日志支持以下操作。

(1) 恢复个别的事务

如果应用程序发出 ROLLBACK(事务回滚)语句,或者数据库引擎检测到错误,系统使用日志记录回滚未完成事务所做的修改。

（2）SQL Server 启动时恢复所有未完成的事务

当运行 SQL Server 的服务器发生故障时，数据库可能处于以下不正确的状态：还没有将某些修改从缓存写入数据文件，在数据文件内有未完成事务所做的修改。当启动 SQL Server 实例时，它对每个数据库执行恢复操作。前滚日志中记录的、可能尚未写入数据文件的每个修改，在事务日志中找到的每个未完成的事务都将回滚，以确保数据库的完整性。

（3）将还原的数据库、文件、文件组或页前滚到故障点

在硬件丢失或磁盘故障影响到数据库文件后，可以将数据库还原到故障点。首先还原上一次的完整备份和差异备份，然后将事务日志备份后续序列还原到故障点。当还原每个日志备份时，数据库引擎重新应用日志中记录的所有修改，以前滚（Roll Forward）所有事务。当最后的日志备份还原后，数据库引擎将使用日志信息回滚到该点未完成的所有事务。

（4）支持事务复制

日志读取器代理程序监视已为事务复制配置的每个数据库的事务日志，并将已设复制标记的事务从事务日志复制到分发数据库中。

（5）支持备用服务器解决方案

备用服务器解决方案、数据库镜像和日志传送高度依赖于事务日志。在日志传送方案中，主服务器将主数据库的活动事务日志发送到一个或多个目标服务器。每个辅助服务器将该日志还原为其本地的辅助数据库。

在数据库镜像方案中，数据库（主体数据库）的每次更新都在独立的、完整的数据库（镜像数据库）副本中立即重新生成。主体服务器实例立即将每条日志记录发送到镜像服务器实例，镜像服务器实例将传入的日志记录应用于镜像数据库，从而将其继续前滚。

2. 事务日志的特征

① 事务日志是作为数据库中的单独的文件或一组文件实现的。日志缓存与数据页缓存分开管理，从而使数据库引擎内的编码更简单、更快速和更可靠。

② 日志记录和页的格式不必遵守数据页的格式。

③ 事务日志可以在几个文件上实现。通过设置日志的 FILEGROWTH 值，可以将这些文件定义为自动扩展。这样可减少事务日志内空间不足的可能性，同时减少管理开销。

④ 重用日志文件中空间机制，速度快且对事务吞吐量影响最小。

5.1.4　数据库快照

数据库快照是 SQL Server 数据库（源数据库）的只读静态视图。创建快照时，每个数据库快照在事务上与源数据库一致。多个快照可以位于一个源数据库中，并且可作为数据库始终驻留在同一服务器实例上。当源数据库更新时，数据库快照也将更新。因此数据库快照存在的时间越长，就越有可能用完其可用磁盘空间。在被数据库所有者显式删除前，快照始终存在。

快照可用于报表。另外，如果源数据库出现用户错误，还可将源数据库恢复到创建快照时的状态。丢失的数据仅限于创建快照后数据库更新的数据。

5.2　系统数据库

SQL Server 2022 安装成功后，系统自动安装了 4 个系统数据库和 2 个示例数据库，下面分别介绍。

1. master 数据库

master 数据库记录 SQL Server 系统的所有系统级信息,包括实例范围的元数据(如登录账户)、端点、链接服务器和系统配置设置。master 数据库还记录所有其他数据库是否存在,以及这些数据库文件的位置。另外,master 也记录 SQL Server 的初始化信息。因此,如果master 数据库不可用,则 SQL Server 无法启动。在 SQL Server 中,系统对象不再存储在master 数据库中,而是存储在 Resource 数据库中。

表 5.1 列出了 master 数据库的数据和日志文件的初始配置值。对于 SQL Server 的不同版本,这些文件的大小可能略有不同。

表 5.1 master 数据库的初始配置

文 件	逻辑名称	物理名称	文 件 增 长
主数据文件	master	master.mdf	按 10% 自动增长,直到磁盘已满
日志文件	mastlog	mastlog.ldf	按 10% 自动增长,直到达到最大值 2TB

不能在 master 数据库中执行下列操作:

① 添加文件或文件组。
② 更改排序规则。默认排序规则为服务器排序规则。
③ 更改数据库所有者。master 的所有者是 sa。
④ 创建全文目录或全文索引。
⑤ 在数据库的系统表上创建触发器。
⑥ 删除数据库。
⑦ 从数据库中删除 guest 用户。
⑧ 启用变更数据捕获。
⑨ 参与数据库镜像。
⑩ 删除主文件组、主数据文件或日志文件。
⑪ 重命名数据库或主文件组。
⑫ 将数据库设置为 OFFLINE。
⑬ 将数据库或主文件组设置为 READ_ONLY。

使用 master 数据库时的建议:

① 始终有一个 master 数据库的当前备份可用。
② 执行下列操作后,尽快备份 master 数据库:创建、修改或删除数据库;更改服务器或数据库的配置值;修改或添加登录账户。
③ 不要在 master 中创建用户对象。否则,必须更频繁地备份 master。
④ 不要针对 master 数据库将 TRUSTWORTHY 选项设置为 ON。

2. model 数据库

model 数据库是在 SQL Server 实例上创建的所有数据库的模板。因为每次启动 SQL Server 时都会创建 tempdb 数据库,所以 model 数据库必须始终存在于 SQL Server 系统中。

当发出 CREATE DATABASE 语句时,将通过复制 model 数据库中的内容来创建数据库的第一部分,然后用空页填充新数据库的剩余部分。

如果修改 model 数据库,之后创建的所有数据库都将继承这些修改。

表 5.2 列出了 model 数据库的数据和日志文件的初始配置值。对于 SQL Server 的不同版本,这些文件的大小可能略有不同。

表 5.2　model 数据库的初始配置

文　件	逻辑名称	物理名称	文　件　增　长
主数据文件	modeldev	model.mdf	按 10% 自动增长,直到磁盘充满为止
日志文件	modellog	modellog.ldf	按 10% 自动增长,直到达到最大值 2TB

不能在 model 数据库中执行下列操作:

① 添加文件或文件组。

② 更改排序规则。默认排序规则为服务器排序规则。

③ 更改数据库所有者。model 的所有者是 sa。

④ 删除数据库。

⑤ 从数据库中删除 guest 用户。

⑥ 启用变更数据捕获。

⑦ 参与数据库镜像。

⑧ 删除主文件组、主数据文件或日志文件。

⑨ 重命名数据库或主文件组。

⑩ 将数据库设置为 OFFLINE。

⑪ 将数据库或主文件组设置为 READ_ONLY。

⑫ 使用 WITH ENCRYPTION 选项创建过程、视图或触发器。加密密钥与在其中创建对象的数据库绑定在一起。在 model 数据库中创建的加密对象只能用于 model 中。

3. msdb 数据库

msdb 数据库由 SQL Server 代理用来计划警报和作业。

表 5.3 列出了 msdb 数据库的数据和日志文件的初始配置值。对于 SQL Server 的不同版本,这些文件的大小可能略有不同。

表 5.3　msdb 数据库的初始配置

msdb 文件	逻辑名称	物理名称	文　件　增　长
主数据	MSDBData	MSDBData.mdf	按 256KB 自动增长,直到磁盘已满
Log	MSDBLog	MSDBLog.ldf	按 256KB 自动增长,直到达到最大值 2TB

不能在 msdb 数据库中执行下列操作。

① 更改排序规则。默认排序规则为服务器排序规则。

② 删除数据库。

③ 从数据库中删除 guest 用户。

④ 启用变更数据捕获。

⑤ 参与数据库镜像。

⑥ 删除主文件组、主数据文件或日志文件。

⑦ 重命名数据库或主文件组。

⑧ 将数据库设置为 OFFLINE。

⑨ 将主文件组设置为 READ_ONLY。

4. tempdb 数据库

tempdb 系统数据库是连接到 SQL Server 实例的所有用户都可用的全局资源,它保存所有临时表和临时存储过程。另外,它还用来满足所有其他临时存储要求,例如存储 SQL Server 生成的工作表。

每次启动 SQL Server 时,都要重新创建 tempdb,以便在系统启动时,该数据库总是空的。在断开连接时会自动删除临时表和存储过程,并且在系统关闭后没有活动连接。

Tempdb 用于保存以下内容。

① 显式创建的临时对象,例如表、存储过程、表变量或游标。

② 所有版本的更新记录(如果启用了快照隔离)。

③ SQL Server Database Engine 创建的内部工作表。

④ 创建或重新生成索引时,临时排序的结果(如果指定了 SORT_IN_TEMPDB)。

tempdb 中的操作是最小日志记录操作,这样可以回滚事务,但 tempdb 不能备份或还原。

表 5.4 列出了 tempdb 数据库的数据和日志文件的初始配置值。对于 SQL Server 的不同版本,这些文件的大小可能略有不同。

表 5.4　tempdb 数据库的初始配置

文件	逻辑名称	物理名称	文件增长
主数据文件	tempdev	tempdb.mdf	按 10% 自动增长,直到磁盘已满
日志文件	templog	templog.ldf	按 10% 自动增长,直到达到最大值 2TB

tempdb 的大小可以影响系统性能。如果 tempdb 的尺寸太小,则每次启动 SQL Server 时,系统可能忙于处理数据库的自动增长,而不能满足工作负荷要求。可以通过增加 tempdb 的尺寸来避免此开销。

不能对 tempdb 数据库执行以下操作。

① 添加文件组。

② 备份或还原数据库。

③ 更改排序规则。默认排序规则为服务器排序规则。

④ 更改数据库所有者。tempdb 的所有者是 sa。

⑤ 删除数据库。

⑥ 从数据库中删除 guest 用户。

⑦ 启用变更数据捕获。

⑧ 参与数据库镜像。

⑨ 删除主文件组、主数据文件或日志文件。

⑩ 重命名数据库或主文件组。

⑪ 运行 DBCC CHECKALLOC。

⑫ 运行 DBCC CHECKCATALOG。

⑬ 将数据库设置为 OFFLINE。

⑭ 将数据库或主文件组设置为 READ_ONLY。

5.3　创建数据库

若要创建数据库,必须确定数据库的名称、所有者、大小以及存储该数据库的文件和文件组。其中,所有者是创建数据库的用户。

在创建数据库之前,用户必须至少拥有 CREATE DATABASE 、CREATE ANY DATABASE 或 ALTER ANY DATABASE 权限(第 12 章介绍)。

一个 SQL Server 实例最多可以创建 32 767 个数据库。数据库名称必须遵循为标识符指定的规则。

model 数据库中的所有用户定义对象都将复制到所有新创建的数据库中。可以向 model 数据库中添加任何对象（如表、视图、存储过程和数据类型），以将这些对象包含到所有新创建的数据库中。

在 SQL Server 中，可以通过 SQL Server Management Studio 的图形工具或 Transact-SQL 语句创建数据库，下面将分别介绍。

数据库案例背景：

　　大学生作为思想活跃的群体，如何有效地加强其思想政治教育，是广大教育工作者面临的重要课题。红色影视作品作为思想政治教育的天然"教科书"，其蕴含的爱国主义精神、民族精神和革命精神，为高校思政教育提供了丰富的素材和案例。通过深入挖掘红色影视资源的理论内涵和时代价值，可以激励大学生立大志、明大德、成大才、担大任，努力成为堪当民族复兴重任的时代新人。

5.3.1 使用图形工具创建数据库

【例 5.1】 创建一个红色影视作品数据库，名称为 RedMovie，该数据库贯穿本书的后续章节。

在 SQL Server Management Studio 中创建红色影视作品数据库过程如下。

① 启动 Microsoft SQL Server Management Studio。

② 在"对象资源管理器"的树状结构中右击"数据库"，在出现的快捷菜单中选择"新建数据库"菜单项，如图 5.3 所示。

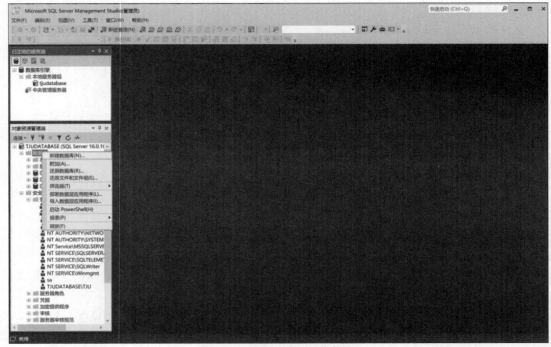

图 5.3 "新建数据库"菜单项

③ 出现"新建数据库"窗口,如图 5.4 所示。

图 5.4　"新建数据库"窗口

在图 5.4 所示的"常规"选项页中"数据库名称"处输入"RedMovie",在"逻辑名称"下输入主数据库文件的逻辑名称为"RedMovie _data",在"初始大小"下可以设置主数据库文件的大小,单击"自动增长"后的【…】按钮,出现图 5.5 所示的"更改自动增长"对话框。

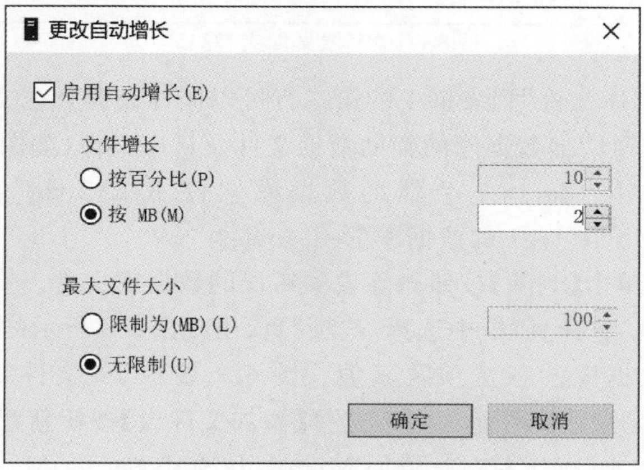

图 5.5　"更改自动增长"对话框

　　在该对话框中可以设置自动增长的方式是按百分比增长还是按 MB 字节增长,还可以设置文件增长是否有上界,本例设置每次增长 2MB,不限制文件增长,设置好后单击【确定】按钮返回图 5.4 界面。

　　单击在图 5.4 中的"路径"下的【…】按钮,出现图 5.6 所示的"定位文件夹"窗口。在该对话框中可以改变文件存放路径,本例选择默认路径,设置好后单击【确定】按钮,返回图 5.4 所示界面中。

图 5.6　"定位文件夹"窗口

　　在图 5.4 中的"数据库文件"列表框中的第二行可以同样设置日志文件。

　　可以单击【添加】按钮增加数据库的辅助数据文件及日志文件,如图 5.7 所示,建立了一个主数据库文件 RedMovie_data,一个辅助数据库文件 RedMovie_data1,两个日志文件 RedMovie_log 和 RedMovie_log1 的数据库 RedMovie。

　　在图 5.7 中也可以单击【删除】按钮删除设置错误的数据库文件。

　　④ 在图 5.7 中左侧"选择页"框中选择"选项"页,出现图 5.8 所示的"选项"页窗口。

　　在图 5.8 中显示数据库的各选项及其值。图 5.9 显示了"文件组"页窗口。默认只有 PRIMARY 文件组,且是默认文件组。可以选择【添加文件组】按钮新建用户定义文件组。

　　⑤ 设置好各项后单击【确定】按钮,返回 Microsoft SQL Server Management Studio 界面,数据库创建完成,如图 5.10 所示。

图 5.7　添加数据库文件界面

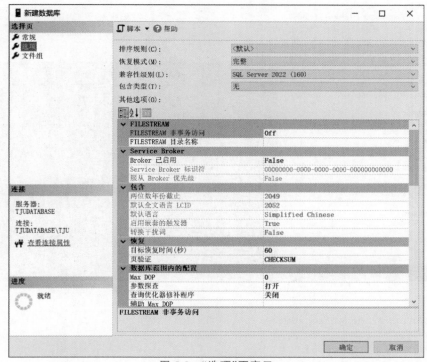

图 5.8　"选项"页窗口

5.3.2　用 Transact-SQL 命令创建数据库

CREATE DATABASE 命令用于创建一个新数据库和存储该数据库文件,命令语法格式如下。

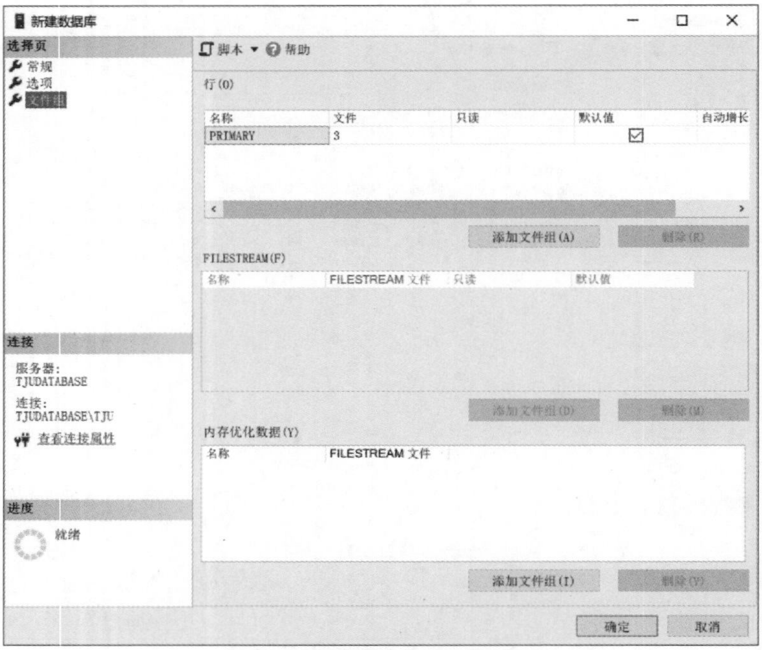

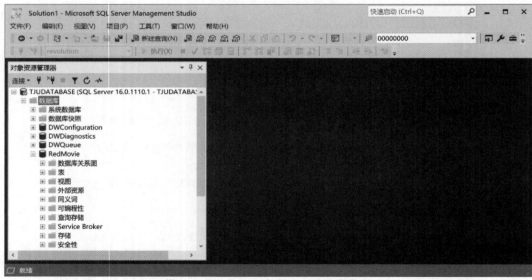

图 5.9 "文件组"页窗口

图 5.10 RedMovie 数据库创建完成界面

```
CREATE DATABASE database_name
[ ON
    [ PRIMARY ] [ <filespec> [ ,…,n ]
    [ , <filegroup> [ ,…n ] ]
    [ LOG ON { <filespec> [ ,…,n ] } ] ]
]
[;]
```

注意：在 Transact-SQL 命令的语法格式中，"[]"表示该项可以省略，省略时该参数取默认值。"{}"表示该项是必选项。"|"用于分隔括号或大括号内的项，这些项只能选择一个。

"[,…,n]"表示前面的项可重复 n 次,每一项用逗号分隔。"<标签>：：="是语法块的名称,此规则用于对可在语句中的多个位置使用的过长语法单元部分进行标记,适合使用语法块的位置由带尖括号的标签表示：<标签>。本书所有语句的语法格式都遵守此约定。另外,Transact-SQL 命令语句在书写时不区分大小写字母,一般习惯用大写字母表示关键字,用小写字母表示用户自定义的名称,且一条语句可以写在多行上。

各选项含义如下。

① database_name：新创建的数据库名称。数据库名称在 SQL Server 的实例中必须唯一,并且必须符合标识符规则,最多可以包含 128 个字符。

② ON：指定用来存储数据库数据文件的磁盘文件(数据文件),其后面是以逗号分隔的,用以定义主文件组的数据文件的<filespec>项列表,或用以定义用户文件组及其文件的<filegroup>项列表(可选)。

③ PRIMARY：定义主文件。在主文件组的<filespec>项列表中的第一个文件成为主文件。一个数据库只能有一个主文件。如果没有指定 PRIMARY,那么 CREATE DATABASE 语句中列出的第一个文件将成为主文件。

④ LOG ON：指定显式定义用来存储数据库日志的磁盘文件(日志文件)。LOG ON 后跟以逗号分隔的用以定义日志文件的<filespec>项列表。如果没有指定 LOG ON,将自动创建一个日志文件,其大小为该数据库的所有数据文件大小总和的 25% 或 512KB,取二者之中的较大者。

```
<filespec> ::=
{
  (  NAME = logical_file_name,
    FILENAME = 'os_file_name'
    [ , SIZE = size [ KB | MB | GB | TB ] ]
    [ , MAXSIZE = { max_size [ KB | MB | GB | TB ] | UNLIMITED } ]
    [ , FILEGROWTH = growth_increment [ KB | MB | GB | TB | % ] ]
  ) [ ,…,n ]
}
```

各选项含义如下。

① NAME=logical_file_name：指定文件的逻辑名称。logical_file_name 必须在数据库中唯一,必须符合标识符规则。名称可以是字符或 Unicode 常量,也可以是常规标识符或分隔标识符。

② FILENAME='os_file_name'：指定操作系统(物理)文件名称。'os_file_name'是创建文件时由操作系统使用的路径和文件名。

③ SIZE=size：指定文件的大小。如果没有为主数据文件提供 size,则默认为 model 数据库中的主文件的大小。如果未指定辅助数据文件或日志文件的 size,则数据库引擎将以 1MB 作为该文件的大小。可以使用千字节(KB)、兆字节(MB)、千兆字节(GB)或兆兆字节(TB)后缀,默认为 MB。size 必须是一个整数。

④ MAXSIZE=max_size：指定文件可增大到的最大大小。可以使用 KB、MB、GB 和 TB 后缀,默认为 MB。指定一个整数,不包含小数位。如果未指定 max_size,则文件将一直增大,直至磁盘已满。

⑤ UNLIMITED：指定文件将增长到磁盘已满。在 SQL Server 中,指定为不限制增长的日志文件的最大大小为 2TB,而数据文件的最大大小为 16TB。

⑥ FILEGROWTH=growth_increment：指定文件的自动增量。文件的 FILEGROWTH 设置不能超过 MAXSIZE 设置。该值可以 MB、KB、GB、TB 或百分比(％)为单位指定。如果未在数字后面指定 MB、KB 或％，则默认值为 MB。如果指定％，则增量大小为发生增长时文件大小的指定百分比。指定的大小舍入为最接近的 64KB 的倍数。值为 0 时表明自动增长被设置为关闭，不允许增加空间。如果未指定 FILEGROWTH，则数据文件的默认值为 1MB，日志文件的默认增长比例为 10％，并且最小值为 64KB。

```
<filegroup> ::=
{
  FILEGROUP filegroup_name [ DEFAULT ] <filespec> [ ,…,n ]
}
```

各选项含义如下。

⑦ filegroup_name：文件组的逻辑名称。filegroup_name 必须在数据库中唯一，不能是系统提供的名称 PRIMARY 和 PRIMARY_LOG。名称可以是字符或 Unicode 常量，也可以是常规标识符或分隔标识符。名称必须符合标识符规则。

⑧ DEFAULT：指定命名文件组为数据库中的默认文件组。

【例 5.2】 使用 Transact-SQL 命令创建红色影视作品数据库。

单击工具栏中的【新建查询】按钮，进入 SQL 命令状态，输入以下 Transact-SQL 命令。

```
CREATE DATABASE RedMovie
ON PRIMARY
(NAME= RedMovie_data,FILENAME='d:\sql_data\RedMovie_data.mdf',
 SIZE=5MB, FILEGROWTH=2MB),
(NAME= RedMovie_data1,FILENAME='d:\sql_data\ RedMovie_data1.ndf',
 SIZE=2MB, FILEGROWTH=1MB)
LOG ON
(NAME= RedMovie_log,FILENAME='d:\sql_data\ RedMovie_log.ldf',
 SIZE=1MB, FILEGROWTH=10%),
(NAME= RedMovie_log1,FILENAME='d:\sql_data\ RedMovie_log1.ldf',
 SIZE=2MB, FILEGROWTH=1MB)
```

单击工具栏中的【执行】按钮，可以执行以上 Transact-SQL 命令，可以在左侧窗口看到建立的新数据库 RedMovie，与使用图形方式创建数据库 RedMovie 结果相同。

5.4　管理数据库

5.4.1　查看数据库信息

在 SQL Server 中，可以通过 Microsoft SQL Server Management Studio 的图形工具或 Transact-SQL 语句查看已建立的数据库信息。

1. 使用图形工具查看

在"对象资源管理器"窗口中右击要查看的数据库名称，在级联菜单中选择"属性"，会出现如图 5.11 所示的"数据库属性—RedMovie"窗口。

通过选择左侧的不同选择页，可以查看数据库的相应信息和修改相应参数。

2. 使用 Transact-SQL 命令查看

可以通过系统存储过程 sp_helpdb 查看数据库信息。

图 5.11　"数据库属性—RedMovie"窗口

语法格式：

```
EXEC sp_helpdb [database_name]
```

若省略数据库名，则显示所有数据库信息。

【例 5.3】　查看红色影视作品数据库的信息。

```
EXEC sp_helpdb RedMovie
```

查看结果如图 5.12 所示。

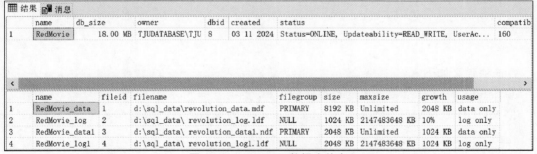

	name	db_size	owner	dbid	created	status		compatib
1	RedMovie	18.00 MB	TJUDATABASE\TJU	8	03 11 2024	Status=ONLINE, Updateability=READ_WRITE, UserAc...		160

	name	fileid	filename	filegroup	size	maxsize	growth	usage
1	RedMovie_data	1	d:\sql_data\revolution_data.mdf	PRIMARY	8192 KB	Unlimited	2048 KB	data only
2	RedMovie_log	2	d:\sql_data\ revolution_log.ldf	NULL	1024 KB	2147483648 KB	10%	log only
3	RedMovie_data1	3	d:\sql_data\ revolution_data1.ndf	PRIMARY	2048 KB	Unlimited	1024 KB	data only
4	RedMovie_log1	4	d:\sql_data\ revolution_log1.ldf	NULL	2048 KB	2147483648 KB	1024 KB	log only

图 5.12　RedMovie 数据库信息

```
EXEC sp_helpdb
```

查看结果如图 5.13 所示。

5.4.2　打开数据库

使用命令对数据库进行操作之前，必须先打开数据库。可以使用 Transact-SQL 命令
USE 打开数据库。

语法格式：

	name	db_size	owner	dbid	created		status	comp
1	DWConfiguration	16.00 MB	TJUDATABASE\TJU	6	03	6 2024	Status=ONLINE, Updateability=READ_WRITE, UserAc...	160
2	DWDiagnostics	1072.00 MB	TJUDATABASE\TJU	5	03	6 2024	Status=ONLINE, Updateability=READ_WRITE, UserAc...	160
3	DWQueue	16.00 MB	TJUDATABASE\TJU	7	03	6 2024	Status=ONLINE, Updateability=READ_WRITE, UserAc...	160
4	master	8.19 MB	sa	1	04	8 2003	Status=ONLINE, Updateability=READ_WRITE, UserAc...	160
5	model	16.00 MB	sa	3	04	8 2003	Status=ONLINE, Updateability=READ_WRITE, UserAc...	160
6	msdb	40.19 MB	sa	4	10	8 2022	Status=ONLINE, Updateability=READ_WRITE, UserAc...	160
7	RedMovie	18.00 MB	TJUDATABASE\TJU	8	03	11 2024	Status=ONLINE, Updateability=READ_WRITE, UserAc...	160
8	tempdb	72.00 MB	sa	2	03	11 2024	Status=ONLINE, Updateability=READ_WRITE, UserAc...	160

图 5.13　所有数据库信息

```
USE database_name
```

【例 5.4】　打开红色影视作品数据库。

```
USE RedMovie
```

5.4.3　修改数据库

可以使用图形工具或 Transact-SQL 语句修改已创建的数据库。

1. 使用图形工具修改

在"对象资源管理器"窗口中右击要修改的数据库名称，在级联菜单中选择"属性"，会出现如图 5.11 所示的"数据库属性"窗口，可以在窗口左侧选择需修改的选择页，如"常规""文件""文件组"等，在窗口右侧中对相应的项目进行修改，操作类似于创建数据库。

2. 使用 Transact-SQL 命令修改

可以使用 Transact-SQL 命令 ALTER DATABASE 修改数据库。其命令语法格式：

```
ALTER DATABASE database_name
{   <add_or_modify_files>
  | <add_or_modify_filegroups>
  | MODIFY NAME = new_database_name
}
[;]
```

各选项含义如下。

① database_name：要修改的数据库的名称。

② MODIFY NAME = new_database_name：为重命名后的数据库名称。

```
<add_or_modify_files>::=
{
    ADD FILE <filespec> [ ,…n ] [ TO FILEGROUP { filegroup_name | DEFAULT } ]
    | ADD LOG FILE <filespec> [ ,…,n ]
    | REMOVE FILE logical_file_name
    | MODIFY FILE <filespec>
}
```

各选项含义如下。

① ADD FILE <filespec>：将指定的文件添加到数据库中。

② TO FILEGROUP { filegroup_name | DEFAULT }：指定要添加数据文件的文件组。如果指定了 DEFAULT，则将文件添加到当前的默认文件组中。

③ ADD LOG FILE <filespec>：将指定的日志文件添加到数据库中。

④ REMOVE FILE logical_file_name：从数据库中删除指定的文件,且物理文件一并删除。除非文件为空,否则无法删除文件。logical_file_name 是在 SQL Server 中引用文件时所用的逻辑名称。

⑤ MODIFY FILE＜filespec＞：指定应修改的文件。一次只能更改文件的一个属性。必须在＜filespec＞中指定 NAME,以标识要修改的文件。如果指定了 SIZE,那么文件修改后的大小必须比文件修改前的大小要大。若要修改数据文件或日志文件的逻辑名称,需在 NAME 子句中指定要重命名的逻辑文件名称,并在 NEWNAME 子句中指定文件的新逻辑名称。

```
<add_or_modify_filegroups>::=
{  | ADD FILEGROUP filegroup_name
   | REMOVE FILEGROUP filegroup_name
}
```

各选项含义如下。

① ADD FILEGROUP filegroup_name：将文件组添加到数据库中。

② REMOVE FILEGROUP filegroup_name：从数据库中删除文件组。除非文件组为空,否则无法将其删除。首先通过将所有文件移至另一个文件组来删除文件组中的文件,如果文件为空,则可通过删除文件实现此目的。

【例 5.5】　向 RedMovie 数据库添加另一个辅助数据库文件。

```
ALTER DATABASE RedMovie
ADD FILE
( NAME=RedMovie_data2,FILENAME='d:\sql_data\RedMovie_data2.ndf',
  SIZE=5MB, MAXSIZE=50MB, FILEGROWTH=2MB )
```

5.4.4　删除数据库

在 SQL Server 中,可以通过 Microsoft SQL Server Management Studio 的图形工具或 Transact-SQL 命令删除数据库。

1. 使用图形工具删除

在“对象资源管理器”窗口中右击要删除的数据库名称,在级联菜单中选择“删除”,会出现如图 5.14 所示的“删除对象”窗口。

在图 5.14 中单击【确定】按钮,即可删除数据库。

2. 使用 Transact-SQL 命令删除

可以使用 Transact-SQL 命令 DROP DATABASE 删除数据库。

语法格式:

```
DROP DATABASE database_name[,…,n]
```

【例 5.6】　删除红色影视作品数据库。

```
DROP DATABASE RedMovie
```

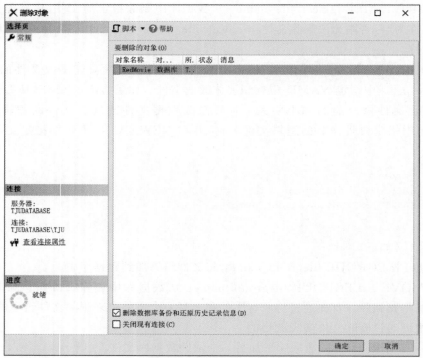

图 5.14 "删除对象"窗口

5.5 习题

一、选择题

1. 主数据文件的扩展名是(　　)。

　　A. .mdf　　　　　　　B. .ndf　　　　　　　C. .ldf　　　　　　　D. .dbf

2. SQL Server 中数据存储的基本单位是(　　)。

　　A. 区　　　　　　　　B. 页　　　　　　　　C. 文件页　　　　　　D. 块

3. (　　)数据库记录 SQL Server 系统的所有系统级信息。

　　A. msdb　　　　　　B. model　　　　　　C. tempdb　　　　　　D. master

4. 创建数据库命令是(　　)。

　　A. DROP DATABASE　　　　　　　　B. ALTER DATABASE

　　C. CREATE DATABASE　　　　　　　D. CHANGE DATABASE

5. (　　)数据库保存所有临时表和临时存储过程。

　　A. msdb　　　　　　B. model　　　　　　C. tempdb　　　　　　D. master

6. 数据库名称所包含的最多字符数是(　　)。

　　A. 128　　　　　　　B. 256　　　　　　　C. 8　　　　　　　　　D. 32767

7. 数据库文件大小默认的容量单位是(　　)。

　　A. KB　　　　　　　B. MB　　　　　　　C. GB　　　　　　　　D. TB

8. 打开数据库命令是(　　)。

　　A. OPEN DATABASE　　　　　　　　B. ALTER DATABASE

C. USE DATABASE　　　　　　　D. NEW DATABASE

9. 一个 SQL Server 数据库的辅助数据库文件个数是(　　)。

　　A. 1 个　　　　　　B. 多个　　　　　　C. 0 个到多个　　　D. 至少一个

二、填空题

1. _____是指包括目录路径的物理文件名。

2. Microsoft SQL Server 的_____用于记录所有事务以及每个事务对数据库所做的修改。

3. SQL Server 辅助数据库文件的扩展名是_____。

4. SQL Server 日志文件的个数是_____。

5. SQL Server 数据库的_____是在所有 Transact-SQL 命令中引用物理文件时所使用的名称。

6. SQL Server 的_____是数据库(源数据库)的只读、静态视图。

7. SQL Server 数据文件的默认增量为_____。

8. _____文件组包含主数据文件和任何没有明确分配给其他文件组的其他文件。

9. _____数据库是 SQL Server 实例上创建的所有数据库的模板。

10. 修改数据库的 Transact-SQL 命令是_____。

三、简答题

1. SQL Server 数据库引擎的主要任务是什么？

2. SQL Server 中的数据库文件有哪些类型？各自的作用是什么？

3. 创建、查看、打开及删除数据库的方法有哪些？

第 6 章　数据表的创建与管理

本章主要介绍 SQL Server 中数据表的创建及对数据表的基本操作,包括创建数据表结构、查看数据表结构、修改数据表结构以及删除数据表操作。

6.1　数据表的建立

在 SQL Server 中,数据表是处理数据和建立关系数据库及应用程序的基本单元,数据表的操作是数据库的基础。

表是包含 SQL Server 数据库中所有数据的对象。每个表代表一类对用户有意义的对象。

在设计数据库时,必须先确定数据库所需的表、每个表中数据的类型以及可以访问每个表的用户。在创建表及其对象之前,要先确定表的下列特征。

① 表需要包含的数据的类型。

② 表中的列数,每一列中数据的类型和长度。

③ 允许空值列有哪些。

④ 是否使用以及何处使用约束、默认设置和规则。

⑤ 所需索引的类型,哪里需要索引,哪些列是主键,哪些列是外键。

创建表的最有效的方法是同时定义表中所需的所有内容。这些内容包括表的数据限制和其他组件。在创建和操作表后,将对表进行更为细致的设计。

6.1.1　数据类型

设计表时首先要执行的操作之一是为每个列指定数据类型。数据类型定义了各列允许使用的数据值。通过下列方法之一可以为列指定数据类型:

① 使用 SQL Server 系统数据类型。

② 创建基于系统数据类型的用户定义数据类型。

1. 系统数据类型

在 SQL Server 中,每个列、局部变量、表达式和参数都具有一个相关的数据类型。数据类型是一种属性,用于指定对象可保存的数据的类型:整数数据、字符数据、货币数据、日期和时间数据、二进制字符串等。

SQL Server 提供系统数据类型集,该类型集定义了可与 SQL Server 一起使用的所有数据类型。

(1)精确数值类型

① bigint、int、smallint、tinyint。整数数据类型。所占字节长度及表数范围如表 6.1 所示。

② bit。可以取值为 1、0 或 NULL 的整数数据类型。

③ decimal 与 numeric。带固定精度和小数位数的数值数据类型。

表 6.1　bigint、int、smallint、tinyint 类型

数据类型	范　　围	存　储
bigint	$-2^{63}(-9\ 223\ 372\ 036\ 854\ 775\ 808)\sim2^{63}-1(9\ 223\ 372\ 036\ 854\ 775\ 807)$	8 字节
int	$-2^{31}(-2\ 147\ 483\ 648)\sim2^{31}-1(2\ 147\ 483\ 647)$	4 字节
smallint	$-2^{15}(-32\ 768)\sim2^{15}-1(32\ 767)$	2 字节
tinyint	$0\sim2^{8}-1(255)$	1 字节

decimal[(p[，s])]和 numeric[(p[，s])]：固定精度和小数位数。使用最大精度时，有效值从 $-10^{38}+1$ 到 $10^{38}-1$。decimal 的 SQL-92 同义词为 dec 和 dec(p，s)。numeric 在功能上等价于 decimal。

p(精度)：最多可以存储的十进制数字的总位数，包括小数点左边和右边的位数。该精度必须是从 1 到最大精度 38 之间的值。默认精度为 18。

s(小数位数)：小数点右边可以存储的十进制数字的最大位数。小数位数必须是从 0 到 p 之间的值。仅在指定精度后才可以指定小数位数。默认的小数位数为 0；因此，$0\leqslant s\leqslant p$。最大存储大小基于精度而变化。

④ money 和 smallmoney。代表货币或货币值的数据类型。所占字节长度及表数范围如表 6.2 所示。

表 6.2　money、smallmoney 类型

数据类型	范　　围	存　储
money	$-922\ 337\ 203\ 685\ 477.5808\sim922\ 337\ 203\ 685\ 477.5807$	8 字节
smallmoney	$-214\ 748.3648\sim214\ 748.3647$	4 字节

money 和 smallmoney 数据类型可以精确到它们所代表的货币单位的万分之一。

（2）近似数值类型

float 和 real。用于表示浮点数值数据的近似数值数据类型。浮点数据为近似值，因此，并非数据类型范围内的所有值都能精确地表示。所占字节长度及表数范围如表 6.3 所示。

表 6.3　float、real 类型

数据类型	范　　围	存　储
float	$-1.79E+308\sim-2.23E-308$、0 以及 $2.23E-308\sim1.79E+308$	取决于 n 的值
real	$-3.40E+38\sim-1.18E-38$、0 以及 $1.18E-38\sim3.40E+38$	4 字节

float[(n)]：其中 n 为用于存储以科学记数法表示的 float 数值尾数的位数，可以确定精度和存储大小。n 是介于 $1\sim53$ 的某个值，n 的默认值为 53。

（3）日期和时间类型

datetime 和 smalldatetime。用于表示日期和时间的数据类型。精确度及表数范围如表 6.4 所示。

表 6.4　datetime、smalldatetime 类型

数 据 类 型	范　　围	精确度
datetime	1753 年 1 月 1 日～9999 年 12 月 31 日	3.33ms
smalldatetime	1900 年 1 月 1 日～2079 年 6 月 6 日	1min

SQL Server 用两个 4 字节的整数存储 datetime 数据类型的值。第一个 4 字节存储"基础日期"（即 1900 年 1 月 1 日）之前或之后的天数。基础日期是系统参照日期。另外一个 4 字节存储天的时间（以午夜后经过的毫秒数表示）。

smalldatetime 数据类型存储天的日期和时间,但精确度低于 datetime。数据库引擎将 smalldatetime 值存储为两个 2 字节的整数。第一个 2 字节存储 1900 年 1 月 1 日后的天数,另外一个 2 字节存储午夜后经过的分钟数。

(4) 字符串类型

① char 和 varchar。固定长度或可变长度的字符数据类型。

char[(n)]:固定长度的非 Unicode 字符数据,长度为 n 字节。n 的取值范围为 1~8000。

varchar [(n | max)]:可变长度,非 Unicode 字符数据。n 的取值范围为 1~8000。max 指示最大存储容量是 $2^{31}-1$ 字节。存储容量是输入数据的实际长度加 2 字节。所输入数据的长度可以为 0 个字符。

如果未在数据定义或变量声明语句中指定 n,则默认长度为 1。如果在使用 CAST 和 CONVERT 函数时未指定 n,则默认长度为 30。

② text。用于存储大型非 Unicode 字符、Unicode 字符及二进制数据的固定长度数据类型和可变长度数据类型。

(5) Unicode 字符串类型

① nchar 和 nvarchar。固定长度或可变长度的 Unicode 字符数据类型。Unicode 字符数据使用 UNICODE UCS-2 字符集。

nchar [(n)]:n 个字符的固定长度的 Unicode 字符数据。n 值必须在 1~4000 内。存储大小为两倍 n 字节。

nvarchar [(n | max)]:可变长度 Unicode 字符数据。n 值在 1~4000 内。max 指示最大存储容量为 231-1 字节。存储容量是所输入字符个数的两倍加 2 字节。所输入数据的长度可以为 0 个字符。

② ntext。用于存储大型非 Unicode 字符、Unicode 字符及二进制数据的固定长度数据类型和可变长度数据类型。

长度可变的 Unicode 数据,最大长度为 $2^{30}-1$(即 1 073 741 823)个字符。存储容量是所输入字符个数的两倍(以字节为单位)。

(6) 二进制字符串类型

① binary 和 varbinary。固定长度或可变长度的二进制数据类型。

binary[(n)]:长度为 n 字节的固定长度二进制数据,其中 n 取值范围为 1~8000。存储大小为 n 字节。

varbinary [(n | max)]:可变长度二进制数据。n 的取值范围为 1~8000。max 指示最大的存储容量为 $2^{31}-1$ 字节。存储容量为所输入数据的实际长度加 2 字节。所输入数据的长度可以是 0 字节。

如果未在数据定义或变量声明语句中指定 n,则默认长度为 1。如果未使用 CAST 函数指定 n,则默认长度为 30。

② image。用于存储大型非 Unicode 字符、Unicode 字符及二进制数据的固定长度数据类型和可变长度数据类型。

可变长度的二进制数据,存储容量 0~$2^{31}-1$(即 2 147 483 647)字节。

(7) 其他数据类型

① cursor。游标是变量或存储过程参数 OUTPUT 的一种数据类型,这些参数包含对游标的引用。使用 cursor 数据类型创建的变量可以为空。

② sql_variant。用于存储 SQL Server 支持的各种数据类型（不包括 text、ntext、image、timestamp 和 sql_variant）的值。

sql_variant 可以用在列、参数、变量和用户定义函数的返回值中。sql_variant 使这些数据库对象能够支持其他数据类型的值。

类型为 sql_variant 的列可能包含不同数据类型的行。例如，定义为 sql_variant 的列可以存储 int、binary 和 char 值。表 6.5 列出了不能使用 sql_variant 存储的数据类型。

表 6.5　不能使用 sql_variant 存储的数据类型

varchar(max)	varbinary(max)	varchar(max)	varbinary(max)
nvarchar(max)	xml	image	timestamp
text	ntext	sql_variant	用户定义类型

③ table。一种特殊的数据类型，用于存储结果集以进行后续处理。table 主要用于临时存储一组行，这些行是作为表值函数的结果集返回的。可将函数和变量声明为 table 类型。table 变量可用于函数、存储过程和批处理中。

④ timestamp。公开数据库中自动生成的唯一二进制数值的数据类型。timestamp 通常用作给表行加版本戳。存储容量为 8 字节。

每个数据库都有一个计数器，当对数据库中包含 timestamp 列的表执行插入或更新操作时，该计数器值就会增加。该计数器是数据库时间戳。这个时间戳是跟踪数据库内的相对时间，而不是与时钟相关联的实际时间。一个表只能有一个 timestamp 列。每次修改或插入包含 timestamp 列的行时，就会在 timestamp 列中插入增量数据库时间戳值。这一属性使 timestamp 列不适合作为键使用，尤其是不能作为主键使用。

⑤ uniqueidentifier。全局唯一标识符（GUID）。

uniqueidentifier 数据类型的列或局部变量可通过以下方式初始化为一个值：

- 使用 NEWID 函数。
- 从 xxxxxxxx-xxxx-xxxx-xxxx-xxxxxxxxxxxx 形式的字符串常量转换，其中每个 x 是一个在 0~9 或 a~f 范围内的十六进制数字。

⑥ xml。存储 xml 数据的数据类型。可以在列中或者 xml 类型的变量中存储 xml 实例。存储的 xml 数据类型表示实例大小不能超过 2GB。

2. 用户定义数据类型

用户定义数据类型是基于 SQL Server 中的系统数据类型的。当多个表必须在一个列中存储相同类型的数据，而必须确保这些列具有相同的数据类型、长度和为空性时，可以使用别名类型。例如，可以基于 char 数据类型创建名为 postal_code 的别名类型。表变量中不支持用户定义数据类型。

创建用户定义数据类型时，必须提供下列参数：

① name。
② 新数据类型基于的系统数据类型。
③ 为空性（数据类型是否允许空值）。

如果未明确定义为空性，系统将基于数据库或连接的 ANSI NULL 默认设置进行指定。

注意：如果用户定义数据类型是在 model 数据库中创建的，它将存在于所有用户定义的新数据库中。但是，如果数据类型是在用户定义的数据库中创建的，该数据类型将只存在于该用户定义的数据库中。

6.1.2 数据表的创建

在 SQL Server 中，每个数据库最多可包含 20 亿个表，每个表可包含 1024 列。表的行数及总大小仅受可用存储空间的限制。每行最多包括 8060 字节。对于带 varchar、nvarchar、varbinary 或 sql_variant 列（导致已定义表的总宽超过 8060 字节）的表，此限制将放宽。其中每列的长度仍必须在 8000 字节的限制内，但是它们的总宽可能超过表的 8060 字节的限制。

另外，每个表最多可以有 249 个非聚集索引和 1 个聚集索引。其中包括为支持表中所定义的 PRIMARY KEY 和 UNIQUE 约束而生成的索引。

在 SQL Server 中，可以通过 Microsoft SQL Server Management Studio 的图形工具或 Transact-SQL 命令实现数据表的创建，下面将分别介绍。

【例 6.1】 在已创建的红色影视作品数据库中创建如下 4 张数据表，影视作品信息表（MovieInfo）、用户表（UserInfo）、用户观看记录表（WatchHistory）和用户评论表（UserComment），其表结构如表 6.6～表 6.9 所示。

表 6.6 影视作品信息表（MovieInfo）的结构

列 名	数据类型	允许空	备注	约 束
movieID	CHAR(10)	否	作品编号	主键
title	VARCHAR(10)	否	作品名称	
releaseYear	INT	是	发布年份	
genre	VARCHAR(10)	是	作品类别	"革命历史"或"英雄传记"或"战争"
directorName	VARCHAR(50)	是	导演姓名	
runtime	INT	是	作品片长	以分钟为单位

表 6.7 用户表（UserInfo）的结构

列 名	数据类型	允许空	备注	约 束
userID	CHAR(10)	否	用户编号	主键
username	VARCHAR(50)	否	用户名	唯一
password	VARCHAR(20)	否	密码	
email	VARCHAR(50)	是	邮箱	
preference	TEXT	是	偏好	

表 6.8 用户观看记录表（WatchHistory）的结构

列 名	数据类型	允许空	备注	约 束
recordID	CHAR(10)	否	记录编号	主键
userID	CHAR(10)	否	用户编号	外键
movieID	CHAR(10)	否	作品编号	外键
watchDate	DATETIME	是	观看日期	
watchProgress	FLOAT	是	观看进度	0～1

表 6.9 用户评论表（UserComment）的结构

列 名	数据类型	允许空	备注	约 束
commentID	CHAR(10)	否	评论 ID	主键
userID	CHAR(10)	否	用户 ID	外键
movieID	CHAR(10)	否	作品 ID	外键
score	FLOAT	否	评分值	0～5
content	TEXT	是	评论内容	
commentDate	DATETIME	否	评论日期	

下面以表 6.6 为例说明数据表结构的创建,数据表数据的输入在第 7 章中介绍。

1. 使用图形工具创建数据表

① 在 Microsoft SQL Server Management Studio 中 的 对 象 资 源 管 理 器 中, 右 击 "RedMovie"数据库下的"表"项,在弹出的快捷菜单中选择"新建表",出现如图 6.1 所示的表设计器界面。

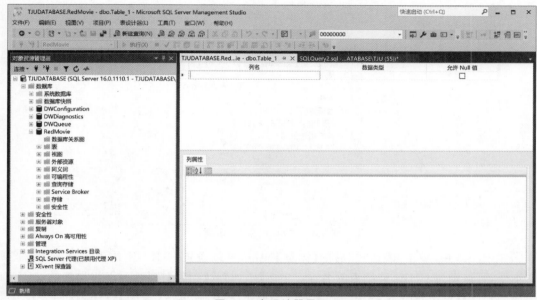

图 6.1　表设计器界面

② 在图 6.1 中的"列名"下依次输入列名,在"数据类型"下选择数据类型,并选择各个列是否允许空值,也可在下面的"列属性"框中修改某列的属性,输入后的红色影视作品数据表结构如图 6.2 所示。

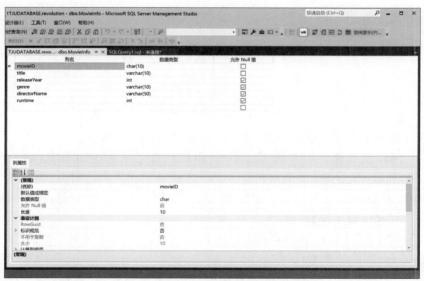

图 6.2　红色影视作品数据表结构界面

③ 选中 movieID 属性的定义行,单击工具栏上的【设置主键】按钮设置主键。

④ 单击工具栏上的【管理 CHECK 约束】按钮设置用户定义约束，出现如图 6.3 所示的 "CHECK 约束"对话框。

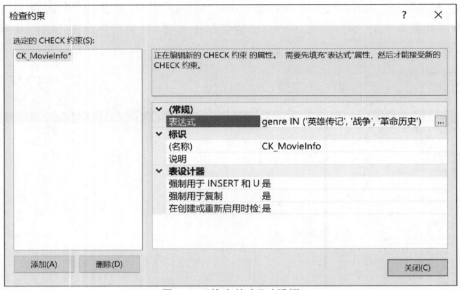

图 6.3 "检查约束"对话框

⑤ 在图 6.3 中，单击"表达式"后的【浏览】按钮，可以设置 CHECK 约束。单击"名称"后的文本框，可以设置 CHECK 约束的名称。单击【添加】或【删除】按钮，可以添加新的 CHECK 约束或删除已有的 CHECK 约束。设置好 CHECK 约束后单击【关闭】按钮，返回表设计器界面。

⑥ 单击工具栏中的【保存】按钮，出现图 6.4 所示的"选择名称"对话框，在"输入表名称"框中输入表名 MovieInfo，然后单击【确定】按钮进行保存。

图 6.4 "选择名称"对话框

此时，在对象资源管理器中的"表"项就会出现用户表 MovieInfo。

根据以上步骤，依次建立用户表 UserInfo、用户观看记录表 WatchHistory、用户评论表 UserComment，如图 6.5～图 6.7 所示。

在建立用户表 UserInfo 时设置主键的方法是：在表设计器中选中 userID 所在的定义行，再单击工具栏中的【设置主键】按钮。

在建立用户评论表 UserComment 时设置外键的方法是：单击工具栏中的【关系】按钮，出现如图 6.8 所示的"外键关系"对话框。

在图 6.8 中单击【添加】按钮，再单击右侧窗口中"表和列规范"右侧的【…】按钮，出现如图 6.9 所示的"表和列"对话框。

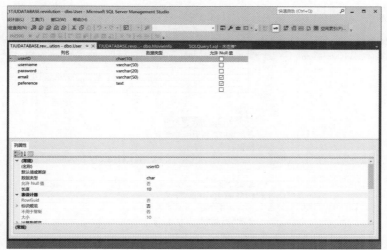

图 6.5　建立用户表 UserInfo 界面

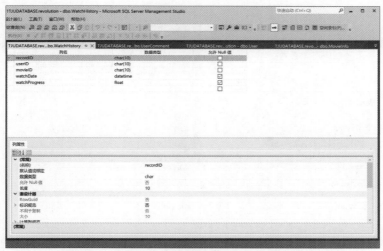

图 6.6　建立用户观看记录表 WatchHistory 界面

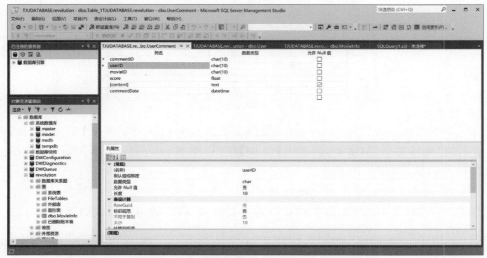

图 6.7　建立用户评论表 UserComment 界面

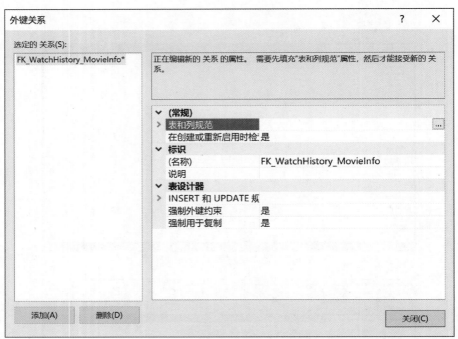

图 6.8 "外键关系"对话框

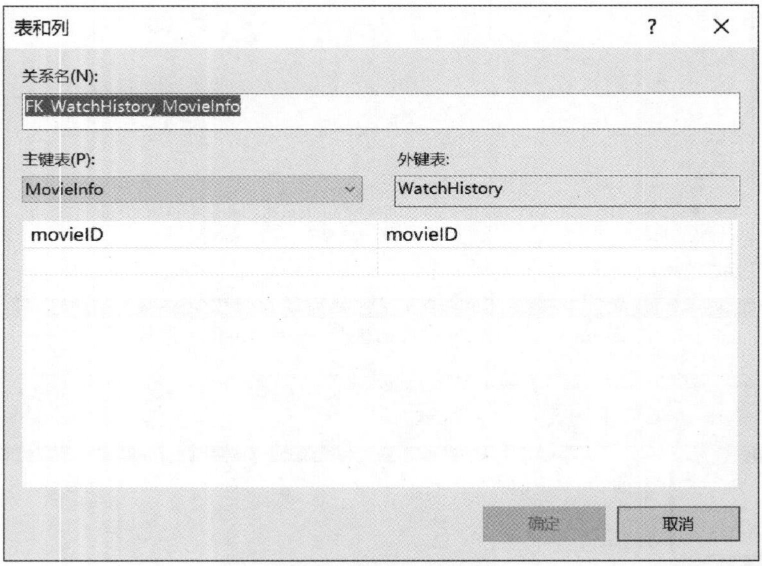

图 6.9 "表和列"对话框

在图 6.9 中选择主键表为 MovieInfo，选择主键为 movieID，然后单击【确定】按钮，返回如图 6.8 所示的"外键关系"对话框，再单击【添加】按钮，添加 movieID 外键，同时可以在"标识"中更改外键的名称，如图 6.10 所示。

2. 使用 Transact-SQL 命令创建数据表

使用 CREATE TABLE 命令同样可以建立数据表，命令的语法格式如下。

```
CREATE TABLE [ database_name . [ schema_name ] . | schema_name . ] table_name
(
```

```
    { <column_definition> }
    <table_constraint> ] [ ,…,n ]
)
```

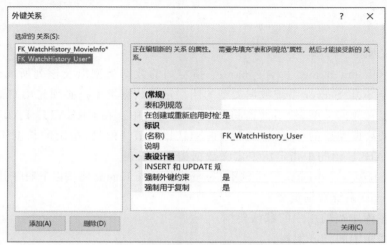

图 6.10　设置后的"外键关系"对话框

各选项含义如下。

① database_name：在其中创建表的数据库的名称。database_name 必须指定为已有数据库的名称。如果未指定，则 database_name 默认为当前数据库。当前连接的登录名必须与 database_name 所指定数据库中的一个现有用户 ID 关联，并且该用户 ID 必须具有 CREATE TABLE 权限。

② schema_name：新表所属架构的名称。

③ table_name：新表的名称。表名必须遵循标识符命名规则。除了本地临时表名（以单个数字符号（#）为前缀的名称）不能超过 116 个字符外，table_name 最多可包含 128 个字符。

```
<column_definition> ::=
    column_name  <data_type>
    [ NULL | NOT NULL ]
    [ [ CONSTRAINT constraint_name ] DEFAULT constant_expression ] ]
```

各选项含义如下。

① column_name：表中列的名称。列名必须遵循标识符规则，并在表中唯一。column_name 可包含 1～128 个字符。对于使用 timestamp 数据类型创建的列，可以省略 column_name。如果未指定 column_name，则 timestamp 列的名称将默认为 timestamp。

② NULL｜NOT NULL：指定列中是否允许使用空值。严格来讲，NULL 不是约束，但可以像指定 NOT NULL 那样指定它。

③ DEFAULT constant_expression：：指定列的默认值。DEFAULT 定义可适用于除定义为 timestamp 或带 IDENTITY 属性的列以外的任何列。如果为用户定义类型列指定了默认值，则该类型应当支持从 constant_expression 到用户定义类型的隐式转换。删除表时，也将删除 DEFAULT 定义。constant_expression 只能是常量值（如字符串）、标量函数（系统函数、用户定义函数或 CLR 函数）或 NULL。

④ CONSTRAINT constraint_name：可选关键字，表示 PRIMARY KEY、NOT NULL、

UNIQUE、FOREIGN KEY 或 CHECK 约束定义的开始。constraint_name：约束的名称。约束名称必须在表所属的架构中唯一。

```
<data type> ::=
[ type_schema_name . ] type_name
    [( precision [ , scale ] | max)]
```

各选项含义如下。

① [type_schema_name.] type_name：指定列的数据类型以及该列所属的架构。数据类型可以是基于 SQL Server 系统数据类型的用户定义数据类型。必须先用 CREATE TYPE 语句创建用户定义数据类型，然后才能将其用于表定义中。在 CREATE TABLE 语句中，可以覆盖用户定义数据类型的 NULL 或 NOT NULL 赋值。但是，指定的长度不能更改，不能在 CREATE TABLE 语句中指定用户定义数据类型的长度。

如果未指定 type_schema_name，则 SQL Server Database Engine 将按以下顺序引用 type_name：

a. SQL Server 系统数据类型。

b. 当前数据库中当前用户的默认架构。

c. 当前数据库中的 dbo 架构。

② [(precision [, scale] | max)]：指定数据类型的精度和小数位数。其中 max 只适用于 varchar、nvarchar 和 varbinary 数据类型，用于存储 231 字节的字符和二进制数据，以及 230 字节的 Unicode 数据。

```
<table_constraint> ::=
[ CONSTRAINT constraint_name ]
{  { PRIMARY KEY | UNIQUE }
    [ CLUSTERED | NONCLUSTERED ]
    | [ FOREIGN KEY ]
        REFERENCES [ schema_name . ] referenced_table_name [ ( ref_column ) ]
    | CHECK ( logical_expression )
}
```

各选项含义如下。

① PRIMARY KEY：主键约束，通过唯一索引对给定的一列或多列强制实体完整性的约束。对于每个表只能创建一个 PRIMARY KEY 约束。

② UNIQUE：唯一约束，该约束通过唯一索引为指定的一列或多列提供实体完整性。一个表可以有多个 UNIQUE 约束。

③ CLUSTERED | NONCLUSTERED：为 PRIMARY KEY 或 UNIQUE 约束创建聚集索引或非聚集索引。PRIMARY KEY 约束默认为 CLUSTERED，UNIQUE 约束默认为 NONCLUSTERED。

在 CREATE TABLE 语句中，只能为一个约束指定 CLUSTERED。如果在为 UNIQUE 约束指定 CLUSTERED 的同时又指定了 PRIMARY KEY 约束，则 PRIMARY KEY 将默认为 NONCLUSTERED。

④ FOREIGN KEY：为列中的数据提供参照完整性的约束。FOREIGN KEY 约束要求列中的每个值都存在于参照表的对应被引用列中。FOREIGN KEY 约束只能引用在参照表中是 PRIMARY KEY 或 UNIQUE 约束的列，或引用本表中在 UNIQUE INDEX 内的列。

⑤ REFERENCES [schema_name.]referenced_table_name [（ref_column ）]：指定

FOREIGN KEY 约束引用的表的名称，以及该表所属架构的名称。ref_column 是 FOREIGN KEY 约束所引用的表中的列。

⑥ CHECK（logical_expression）：通过限制可输入到一列或多列中的可能值来强制域完整性的约束。logical_expression 是返回 TRUE 或 FALSE 的逻辑表达式。用户定义数据类型不能作为表达式的一部分。

【例 6.1 续】　利用 Transact-SQL 创建 RedMovie 数据库中的 4 张表。

```
        CREATE TABLE MovieInfo
    (    movieID CHAR(10) NOT NULL,
         title VARCHAR(10) NOT NULL,
         release Year INT,
         genre VARCHAR(10) CHECK(genre IN('革命历史','英雄传记','战争')),
         directorName VARCHAR(50),
         runtime INT,
         PRIMARY KEY (movieID),
    )
CREATE TABLE UserInfo (
    userID CHAR(10) NOT NULL PRIMARY KEY,
    username VARCHAR(50) NOT NULL UNIQUE,
    password VARCHAR(20) NOT NULL,
    email VARCHAR(50),
    preference TEXT
);
    CREATE TABLE WatchHistory (
        recordID CHAR(10) NOT NULL PRIMARY KEY,
        userID CHAR(10) NOT NULL,
        movieID CHAR(10) NOT NULL,
        watchDate DATETIME,
        watchProgress FLOAT CHECK (watchProgress BETWEEN 0 AND 1),
        FOREIGN KEY (userID) REFERENCES UserInfo(userID),
        FOREIGN KEY (movieID) REFERENCES Movies(movieID)
    );
CREATE TABLE UserComment (
    commentID CHAR(10) NOT NULL PRIMARY KEY,
    userID CHAR(10) NOT NULL,
    movieID CHAR(10) NOT NULL,
    score FLOAT NOT NULL CHECK (score BETWEEN 0 AND 5),
    content TEXT,
    commentDate DATETIME NOT NULL,
    FOREIGN KEY (userID) REFERENCES UserInfo(userID),
    FOREIGN KEY (movieID) REFERENCES Movies(movieID)
);
```

以上 Transact-SQL 命令的执行结果与图形工具创建表的结果相同。

6.1.3　特殊类型表

除了基本用户定义表的标准角色外，SQL Server 还提供了下列类型的表：已分区表、临时表和系统表。这些表在数据库中起着特殊的作用。

1. 已分区表

已分区表是将数据水平划分为多个单元的表，这些单元可以分布在数据库中的多个文件组中。在维护整个集合的完整性时，使用分区可以快速而有效地访问或管理数据子集，从而使大型表或索引更易于管理。在分区方案下，将数据从 OLTP 加载到 OLAP 系统中这样的操作只需几秒钟，而不是像在早期版本中那样需要几分钟或几小时。对数据子集执行的维护操作也将更有效，因为它们的目标只是所需的数据，而不是整个表。

如果表非常大或者有可能变得非常大，并且属于下列任一情况，那么分区表将很有用处。

① 表中包含或可能包含以不同方式使用的许多数据。

② 对表的查询或更新没有按照预期的方式执行，或者维护开销超出了预定义的维护期。

已分区表支持所有与设计和查询标准表关联的属性和功能，包括约束、默认值、标识和时间戳值、触发器和索引。因此，如果要实现一台服务器本地的分区视图，应该使用已分区表。

2. 临时表

临时表有本地临时表和全局临时表两种。在与首次创建或引用表时相同的 SQL Server 实例连接期间，本地临时表只对于创建者是可见的。当用户与 SQL Server 实例断开连接后，将删除本地临时表。全局临时表在创建后对任何用户和任何连接都是可见的，当引用该表的所有用户都与 SQL Server 实例断开连接后，将删除全局临时表。本地临时表的名称以单个数字符号"#"开头，全局临时表的名称以两个数字符号"##"开头。

3. 系统表

SQL Server 将定义服务器配置及其所有表的数据存储在一组特殊的表中，这组表称为系统表。除非通过专用的管理员连接 DAC（只能在 Microsoft 客户服务的指导下使用），否则用户无法直接查询或更新系统表。通常在 SQL Server 的每个新版本中更改系统表。对于直接引用系统表的应用程序，必须经过重写才能升级到具有不同版本系统表的 SQL Server 更新版本。可以通过目录视图查看系统表中的信息。

6.2 数据表的修改

6.2.1 查看数据表

在数据库中创建表之后，可能需要查找有关表属性的信息（如列的名称、数据类型或其索引的性质），还可以显示表的依赖关系来确定哪些对象（如视图、存储过程和触发器）是由表决定的。在更改表时，相关对象可能会受到影响。

查看表定义可以使用系统存储过程 sp_help。

语法格式：

```
sp_help [ [ @objname = ] 'name']
```

① [@objname =] 'name'：SQL Server 系统数据类型或用户定义数据类型的某个对象的名称。name 的数据类型为 nvarchar(776)，默认值为 NULL。不能接受数据库名称。

② sp_help 系统存储过程仅在当前数据库中查找对象。返回代码值为 0（成功）或 1（失败）。

sp_help 系统存储过程返回的结果集取决于 name 是否已指定、何时指定以及属于何种数据库对象。

- 如果执行不带参数的 sp_help，则返回当前数据库中现有的所有类型对象的汇总信息，包括对象名称、所有者和对象类型。
- 如果 name 是 SQL Server 数据类型或用户定义数据类型，则 sp_help 将返回该对象的结果集。

- 如果 name 是数据库对象而不是数据类型，则 sp_help 将根据指定的对象类型返回结果集，同时返回其他结果集。
- 如果 name 是系统表、用户表或视图，则 sp_help 将返回该对象的相关信息结果集。但不会为视图返回说明数据文件在文件组中位置的结果集。

【例 6.2】　查看系统当前所有对象的信息。

单击工具栏上【新建查询】按钮，输入以下代码：

```
USE master
GO
EXEC sp_help
GO
```

然后单击工具栏中的【执行】按钮，查询结果如图 6.11 所示。

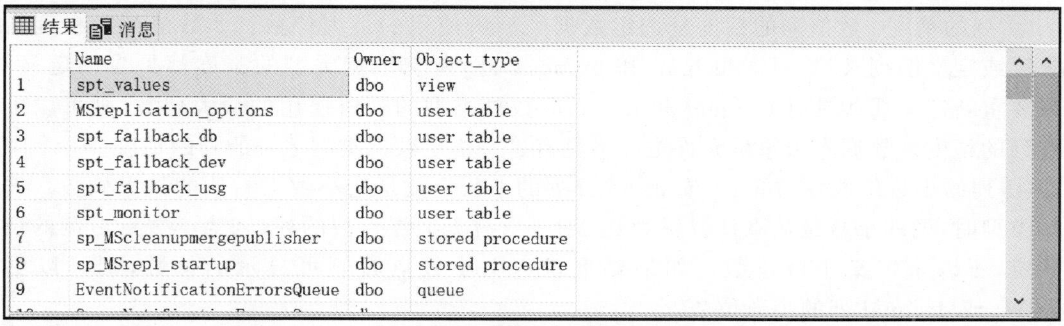

	Name	Owner	Object_type
1	spt_values	dbo	view
2	MSreplication_options	dbo	user table
3	spt_fallback_db	dbo	user table
4	spt_fallback_dev	dbo	user table
5	spt_fallback_usg	dbo	user table
6	spt_monitor	dbo	user table
7	sp_MScleanupmergepublisher	dbo	stored procedure
8	sp_MSrepl_startup	dbo	stored procedure
9	EventNotificationErrorsQueue	dbo	queue

图 6.11　例 6.2 查询结果

【例 6.3】　查看红色影视作品数据库中影视作品信息表的信息。

```
USE RedMovie
GO
EXEC sp_help MovieInfo
GO
```

查询结果如图 6.12 所示。

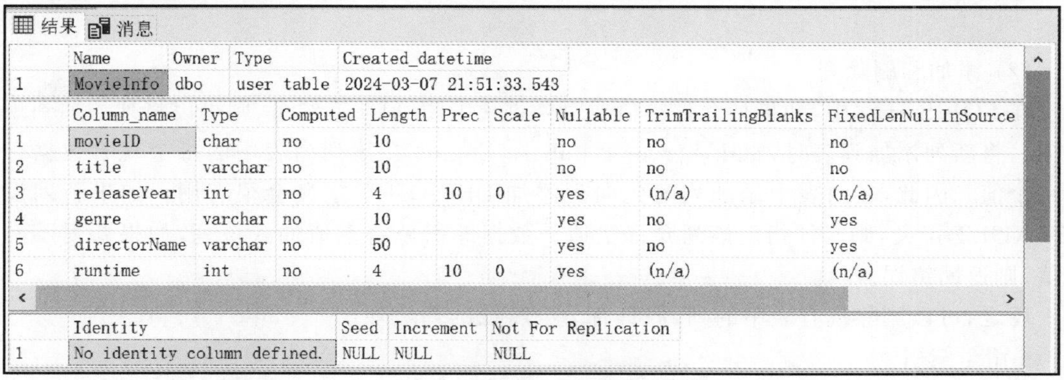

	Name	Owner	Type	Created_datetime
1	MovieInfo	dbo	user table	2024-03-07 21:51:33.543

	Column_name	Type	Computed	Length	Prec	Scale	Nullable	TrimTrailingBlanks	FixedLenNullInSource
1	movieID	char	no	10			no	no	no
2	title	varchar	no	10			no	no	no
3	releaseYear	int	no	4	10	0	yes	(n/a)	(n/a)
4	genre	varchar	no	10			yes	no	yes
5	directorName	varchar	no	50			yes	no	yes
6	runtime	int	no	4	10	0	yes	(n/a)	(n/a)

	Identity	Seed	Increment	Not For Replication
1	No identity column defined.	NULL	NULL	NULL

图 6.12　例 6.3 查询结果

6.2.2　修改数据表

可以通过 Microsoft SQL Server Management Studio 的图形工具或 Transact-SQL 命令修改已创建的数据表结构。

1. 使用图形工具修改数据表

在对象资源管理器中，右击要修改的数据表，再选择"修改"菜单项，进入图 6.2 所示的表设计器，在表设计器中可以修改列属性值、添加和删除列、修改约束。

（1）修改列属性值

① 列的数据类型：如果要将现有列中的现有数据转换为新的数据类型，则可以更改该列的数据类型。

② 列的数据长度：选择数据类型时，将自动定义长度。只能增加或减少具有 binary、char、nchar、varbinary、varchar 或 nvarchar 数据类型的列的长度属性。对于其他数据类型的列，其长度由数据类型确定，无法更改。如果新指定的长度小于原列长度，则列中超过新列长度的所有值将被截断，而无任何警告。无法更改用 PRIMARY KEY 或 FOREIGN KEY 约束定义的列的长度。

③ 列的精度：数值列的精度是选定数据类型所使用的最大位数。非数值列的精度指最大长度或定义的列长度。除 decimal 和 numeric 外，所有数据类型的精度都是自动定义的。如果要重新定义那些具有 decimal 和 numeric 数据类型的列所使用的最大位数，则可以更改这些列的精度。数据库引擎不允许更改不具有这些指定数据类型之一的列的精度。

④ 列的小数位数：numeric 或 decimal 列的小数位数是指小数点右侧的最大位数。选择数据类型时，列的小数位数默认设置为 0。对于含有近似浮点数的列，因为小数点右侧的位数不固定，所以未定义小数位数。如果要重新定义小数点右侧可显示的位数，则可以更改 numeric 或 decimal 列的小数位数。

⑤ 列的为空性：可以将列定义为允许或不允许为空值。默认情况下，列允许为空值。仅当现有列中不存在空值且没有为该列创建索引时，才可将该列更改为不允许为空值。若要使含有空值的现有列不允许为空值，需要执行下列步骤：

a. 添加具有 DEFAULT 定义的新列，插入有效值而不是 NULL。

b. 将原有列中的数据复制到新列。

c. 删除原有列。

可将不允许为空值的现有列更改为允许为空值，除非为该列定义了 PRIMARY KEY 约束。

（2）添加和删除列

在 SQL Server 中，如果列允许空值或对列创建 DEFAULT 约束，则可以将列添加到现有表中。将新列添加到表时，SQL Server Database Engine 在该列为表中的每个现有数据行插入一个值。因此，在向表中添加列时先向列添加 DEFAULT 定义会很有用。如果新列没有 DEFAULT 定义，则必须指定该列允许空值。数据库引擎将空值插入该列，如果新列不允许空值，则返回错误。

反之，可以删除现有表中的列，但具有下列特征的列除外：

- 用于索引。
- 用于 CHECK、FOREIGN KEY、UNIQUE 或 PRIMARY KEY 约束。
- 与 DEFAULT 定义关联或绑定到某一默认对象。
- 绑定到规则。
- 已注册支持全文。
- 用作表的全文键。

① 添加列：在表设计器中，将光标置于"列名"列的第一个空白单元格中。也可以右击表中的行，再从快捷菜单中选择"插入列"。此时，将插入一个空白列。在"列名"列的单元格中输入列名，列名是必须设置的值，在后面的列中设置其他属性。

② 删除列：在表设计器中，选择要删除的列，右击该列，然后从快捷菜单中选择"删除列"。如果该列参与了关系，则将显示一条消息，提示要确认删除所选列及其关系。然后选择【是】按钮，确认操作。

如果该列未参与 CHECK 约束，则将暂时从数据库中移除该列，附加到该列的任何约束、该列参与的任何关系以及该列中包含的任何数据都将暂时从数据库中移除。当保存该表时，将从数据库中永久删除这些内容。

如果该列参与了 CHECK 约束，则当试图保存工作结果时，数据库服务器将拒绝所做的修改，即提交操作失败。若要删除参与 CHECK 约束的列，在删除该列之前，必须首先修改或移除 CHECK 约束。

2. 使用 Transact-SQL 命令修改数据表

可以使用 ALTER TABLE 命令修改已创建的数据表结构，命令的语法格式如下。

```
ALTER TABLE [ database_name . [ schema_name ] . | schema_name . ] table_name
{
    ALTER COLUMN column_name
    {   [ type_schema_name. ] type_name [ ( { precision [ , scale ] | max } ) ]
        [ NULL | NOT NULL ]
    }
    | [ WITH { CHECK | NOCHECK } ]
    | ADD
    {   <column_definition>
        | <table_constraint>
    } [ ,…,n ]
    | DROP
    {   [ CONSTRAINT ] constraint_name
        | COLUMN column_name
    } [ ,…,n ]
}
[ ; ]
```

各选项含义如下。

① ALTER COLUMN column_name：指定要更改的列名。column_name 最多可以包含 128 个字符。对于新列，如果创建列时使用的数据类型为 timestamp，则可以省略 column_name。对于数据类型为 timestamp 的列，如果未指定 column_name，则使用名称 timestamp。更改后的列不能为以下任意一种情况：

- 数据类型为 timestamp 的列。
- 表的 ROWGUIDCOL 列。
- 计算列或用于计算列的列。
- 用在索引中的列，除非该列数据类型为 varchar、nvarchar 或 varbinary，数据类型没有更改，而且新列大小等于或大于旧列大小。
- 用于由 CREATE STATISTICS 语句生成的统计信息中的列。先用 DROP STATISTICS 语句删除统计信息，然后由查询优化器自动生成的统计信息将被 ALTER COLUMN 自动删除。

- 用于 PRIMARY KEY 或[FOREIGN KEY] REFERENCES 约束中的列。
- 用于 CHECK 或 UNIQUE 约束中的列。但是,允许更改用于 CHECK 或 UNIQUE 约束中的长度可变的列的长度。
- 与默认定义关联的列。但是,如果不更改数据类型,则可以更改列的长度、精度或小数位数。

仅能通过下列方式更改 text、ntext 和 image 列的数据类型。

- text 更改为 varchar(max)、nvarchar(max)或 xml。
- ntext 更改为 varchar(max)、nvarchar(max)或 xml。
- image 更改为 varbinary(max)。

某些数据类型的更改可能导致数据的更改。例如,如果将 nchar 或 nvarchar 列更改为 char 或 varchar,则可能导致转换扩展字符。降低列的精度或减少小数位数,可能导致数据截断。

② NULL | NOT NULL：指定列是否可接受空值。如果列不允许空值,则只有在指定了默认值或表为空的情况下,才能用 ALTER TABLE 语句添加该列。

如果新列允许空值,但没有指定默认值,则新列在表中的每一行都包含一个空值。如果新列允许空值,并且指定了新列的默认值,则可以使用 WITH VALUES 将默认值存储到表中每个现有行的新列中。

如果新列不允许空值,并且表不为空,那么 DEFAULT 定义必须与新列一起添加,并且加载新列时,每个现有行的新列中将自动包含默认值。

在 ALTER COLUMN 语句中指定 NULL,可以强制 NOT NULL 列允许空值,但 PRIMARY KEY 约束中的列除外。只有列中不包含空值时,才可以在 ALTER COLUMN 中指定 NOT NULL。必须将空值更新为某个值后,才允许执行 ALTER COLUMN NOT NULL 语句。

如果 ALTER COLUMN 与 NULL 或 NOT NULL 一起指定,则必须同时指定 new_data_type [(precision [, scale])]。如果未更改数据类型、精度和小数位数,则指定当前的列值。

③ WITH CHECK | WITH NOCHECK：指定表中的数据是否用新添加的或重新启用的 FOREIGN KEY 或 CHECK 约束进行验证。如果未指定,那么对于新约束,假定为 WITH CHECK；对于重新启用的约束,假定为 WITH NOCHECK。

④ ADD { <column_definition> | <table_constraint> }：指定添加列定义或者表约束。

⑤ DROP { [CONSTRAINT] constraint_name | COLUMN column_name }：指定从表中删除名为 constraint_name 的约束或名为 column_name 的列。可以删除多个列或约束。

无法删除以下列,除非已删除相应的引用：

- 用于索引的列。
- 用于 CHECK、FOREIGN KEY、UNIQUE 或 PRIMARY KEY 约束的列。
- 与默认值(由 DEFAULT 关键字定义)相关联的列,或绑定到默认对象的列。
- 绑定到规则的列。

【例 6.4】 为红色影视作品据库中的表 MovieInfo 添加一个允许空值的列 replace,而且没有通过 DEFAULT 定义提供的值。在该新列中,每一行都将有 NULL 值。

```
USE RedMovie
GO
ALTER TABLE MovieInfo ADD replace VARCHAR(20) NULL
GO
EXEC sp_help MovieInfo
GO
```

【例 6.5】　修改表 MovieInfo 以删除列 replace。

```
USE RedMovie
GO
ALTER TABLE MovieInfo DROP COLUMN replace
GO
EXEC sp_help MovieInfo
GO
```

【例 6.6】　将表 MovieInfo 中列 title 的数据类型由 VARCHAR(10)更改为 VARCHAR(50)。

```
USE RedMovie
GO
ALTER TABLE MovieInfo ALTER COLUMN title VARCHAR(50)
GO
EXEC sp_help MovieInfo
GO
```

【例 6.7】　为表 MovieInfo 添加一个包含 UNIQUE 约束的新列 directorID。

```
USE RedMovie
GO
ALTER TABLE MovieInfo ADD directorID CHAR(10) NULL
        CONSTRAINT my_constraint UNIQUE
GO
EXEC sp_help MovieInfo
GO
```

【例 6.8】　从表 MovieInfo 中删除 UNIQUE 约束。

```
USE RedMovie
GO
ALTER TABLE MovieInfo DROP CONSTRAINT my_constraint
GO
EXEC sp_help MovieInfo
GO
```

6.2.3　删除数据表

　　有些情况下必须删除表。删除表后,该表的结构定义、数据、全文索引、约束和索引都从数据库中永久删除,原来存储表及其索引的空间可用来存储其他表。

　　如果要删除通过 FOREIGN KEY 和 UNIQUE 或 PRIMARY KEY 约束关联的表,则必须先删除具有 FOREIGN KEY 约束的表。如果要删除 FOREIGN KEY 约束中引用的表但不删除整个外键表,则必须删除 FOREIGN KEY 约束。

　　1. 使用图形工具删除数据表

　　在 Microsoft SQL Server Management Studio 中的对象资源管理器中,右击"数据库"下

的"表"项中要删除的表名,在弹出的快捷菜单中选择"删除"菜单项,出现图 6.13 所示的"删除对象"对话框。

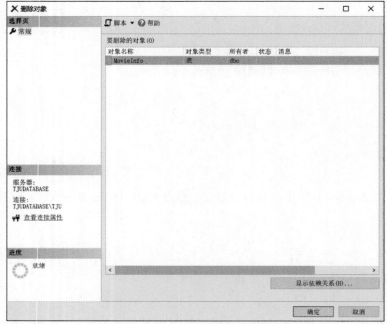

图 6.13 "删除对象"对话框

单击【确定】按钮,即可将表删除。

2. 使用 Transact-SQL 命令删除数据表

使用 DROP TABLE 命令可以删除数据表,命令的语法格式如下。

```
DROP TABLE
    [ database_name . [ schema_name ] . | schema_name . ]
    table_name [ ,…,n ] [ ; ]
```

若要使用 DROP TABLE 删除被 FOREIGN KEY 约束引用的表,必须先删除引用 FOREIGN KEY 约束或引用表。如果要在同一个 DROP TABLE 语句中删除引用表以及包含主键的表,则必须先列出引用表。

可以在任何数据库中删除多个表。如果一个要删除的表引用了另一个也要删除的表的主键,则必须先列出包含该外键的引用表,然后再列出包含要引用的主键的表。

删除表时,表的规则或默认值将被解除绑定,与该表关联的任何约束或触发器将被自动删除。如果要重新创建表,则必须重新绑定相应的规则和默认值,重新创建某些触发器,并添加所有必需的约束。

【例 6.9】 从当前数据库中删除 test1 表及其数据和索引。

```
DROP TABLE test1
```

【例 6.10】 删除 RedMovie 数据库中的 test2 表。

```
DROP TABLE RedMovie.dbo.test2
```

6.3　习题

一、选择题

1. 以下数据类型中不属于精确数字类型的是(　　)。

A. bit　　　　　　　B. money　　　　　　C. float　　　　　　D. tinyint

2. 实现默认值数据完整性的关键字是(　　)。

A. UNIQUE　　　　B. DEFAULT　　　　C. RULE　　　　　D. TRIGGER

3. 全局临时表的名称以(　　)打头。

A. ＃＃　　　　　　B. ＃　　　　　　　C. ＄　　　　　　D. ＠

4. 利用 ALTER TABLE 命令不能完成的功能是(　　)。

A. 修改列属性　　　　　　　　　B. 增加或删除列

C. 建立索引　　　　　　　　　　D. 增加或删除约束

5. 删除数据表的命令是(　　)。

A. DROP TABLE　　　　　　　　B. CREATE TABLE

C. ALTER TABLE　　　　　　　　D. DELETE TABLE

6. tinyint 数据类型所占字节数是(　　)。

A. 1　　　　　　　B. 2　　　　　　　C. 4　　　　　　　D. 8

7. 能存储 Unicode 字符的数据类型是(　　)。

A. char　　　　　　B. varchar　　　　　C. binary　　　　　D. nchar

8. 将数据水平划分为多个单元,这些单元可以分布在数据库中的多个文件组中的表是(　　)。

A. 已分区表　　　B. 本地临时表　　　C. 全局临时表　　　D. 系统表

9. 在表设计器中不能进行的操作是(　　)。

A. 修改表名　　　B. 添加和删除列　　C. 修改列属性值　　D. 修改约束

10. 删除父表数据时,子表引用父表数据的行默认操作是(　　)。

A. CASCADE　　　B. SET NULL　　　C. SET DEFAULT　　D. NO ACTION

二、填空题

1. SQL Server 提供的货币数据类型是_____和_____。

2. SQL Server 中 real 数据类型所占字节数为_____个。

3. SQL Serve 中空值是_____。

4. SQL Server 中的临时表包括_____和_____。

5. 查看数据表的系统存储过程是_____。

6. real 数据类型所占字节数是_____。

7. 一个表只能包含_____个 PRIMARY KEY 约束。

8. 修改数据表结构的 SQL 命令是_____。

9. 删除表时,表的规则或默认值将被_____。

10. SQL Server 将定义服务器配置及其所有表的数据存储在一组特殊的表中,这组表称为_____。

三、问答题

1. SQL Server 2022 中有哪些数据类型?

2. 如何创建 SQL Server 2022 数据表?

3. SQL Server 2022 中有哪些数据表类型?

4. 如何修改 SQL Server 2022 数据表定义?

5. 如何删除 SQL Server 2022 数据表?

第 7 章　数据查询与更新

本章主要介绍如何查询表中的数据,以及如何向表中添加数据,如何修改和删除表中的数据。

7.1　数据查询

查询是对存储在 SQL Server 中的数据的一种请求。Transact-SQL 命令中的 SELECT 命令可以实现从 SQL Server 中检索出数据,然后以一个或多个结果集的形式返回给用户。结果集是对来自 SELECT 语句的数据的表格排列。与数据表相同,结果集由行和列组成。

大多数 SELECT 语句都描述结果集的 4 个主要属性:

① 结果集中的列的数量和属性。对于每个结果集列来说,必须定义下列属性:

- 列的数据类型。
- 列的大小以及数值列的精度和小数位数。
- 返回到列中的数据值的源。

② 检索结果集的来源表,以及这些表之间的所有逻辑关系。

③ 源表中的行所必须达到的条件。不符合条件的行会被忽略。

④ 结果集的行的排列顺序。

7.1.1　Transact-SQL 查询语句

SELECT 语句的语法格式如下,其中的每一行为一个子句。

```
SELECT select_list [ INTO new_table_name ]
FROM table_list
[ WHERE search_conditions ]
[ GROUP BY group_by_list ]
[ HAVING search_conditions ]
[ ORDER BY order_list [ ASC | DESC ] ]
```

各子句含义如下。

① SELECT select_list [INTO new_table_name]:描述结果集的列。select_list 是一个用逗号分隔的表达式列表。每个表达式同时定义格式(数据类型和大小)和结果集列的数据来源。通常,每个选择列表表达式都是对数据所在的源表或视图中的列的引用,但也可能是对任何其他表达式(如常量或 Transact-SQL 函数)的引用。在选择列表中使用星号" * "表示返回源表的所有列。INTO new_table_name 表示创建一个新表并将结果集写入新表 new_table_name 中。

② FROM table_list:指定被检索的数据表,可以是以下内容:

- 运行 SQL Server 的本地服务器中的基表。
- 本地 SQL Server 实例中的视图。
- 链接表，是 OLE DB 数据源中的表，可以被 SQL Server 访问，称为"分布式查询"。

③ WHERE search_conditions：定义了检索条件。只有符合条件的行才向结果集提供数据。

④ GROUP BY group_by_list：GROUP BY 子句根据 group_by_list 列中的值将结果集分成组。

⑤ HAVING search_conditions：是应用于结果集的附加筛选。从逻辑上讲，HAVING 子句是从应用了任何 FROM、WHERE 或 GROUP BY 子句的 SELECT 语句而生成的中间结果集中筛选行。尽管 HAVING 子句前并不是必须要有 GROUP BY 子句，但 HAVING 子句通常与 GROUP BY 子句一起使用。

⑥ ORDER BY order_list[ASC | DESC]：ORDER BY 子句定义了结果集中行的排序顺序。order_list 指定组成排序列表的结果集列。关键字 ASC 和 DESC 用于指定排序行的排列顺序是升序还是降序，若缺省，则默认为升序。

在 SELECT 命令中对数据库对象的每个引用都不得引起歧义。下列情况可能导致多义性。

在一个系统中可能有多个对象具有相同的名称。例如，Schema1 和 Schema2 可能都含有一个名为 TableX 的表。若要解决多义性问题并指定 TableX 为 Schema1 所有，至少应使用架构名称来限定表名称。

```
SELECT *
FROM Schema1.TableX
```

在执行 SELECT 语句时，对象所驻留的数据库不一定总是当前数据库。若要确保使用的对象始终是正确的，而不考虑当前数据库的设置，则应以数据库和架构来限定对象名称。

```
SELECT *
FROM AdventureWorks.Purchasing.ShipMethod
```

在 FROM 子句中所指定的表和视图可能有相同的列名。外键经常与它们的相关主键有相同的列名称。若要解决重复名称之间的多义性问题，必须使用表或视图名称来限定列名。

```
SELECT DISTINCT Sales.Customer.CustomerID, Sales.Store.Name
FROM Sales.Customer JOIN Sales.Store ON
    ( Sales.Customer.CustomerID = Sales.Store.CustomerID)
WHERE Sales.Customer.TerritoryID = 1
```

当表和视图名称都必须完全限定时，语法将变得复杂。可以在 FROM 子句中使用 AS 关键字为表指定一个相关名称（也称作用域变量或别名）来解决此问题。

7.1.2 SELECT 子句

选择列表用于定义 SELECT 语句的结果集中的列。选择列表是一系列以逗号分隔的表达式。每个表达式定义结果集中的一列。结果集中列的排列顺序与选择列表中表达式的排列顺序相同。

选择列表中的表达式决定了结果集列的特性。

① 结果集列与定义该列的表达式的数据类型、大小、精度以及小数位数相同。

② 结果集列的名称与定义该列的表达式的名称相关联。可选的 AS 关键字可用于更改名称，或者在表达式没有名称时为其分配名称。

③ 结果集列的数据值通过对结果集的每一行相应的表达式求值而得出。

选择列表中的项目可包括：

① 简单表达式。对函数、局部变量、常量或者表或视图中的列的引用。

② 标量子查询。它是用于对结果集每一行求得单个值的 SELECT 语句。

③ 通过对一个或多个简单表达式使用运算符创建的复杂表达式。

④ "＊"关键字。可指定返回表中的所有列。

1. 选择所有列

在 SELECT 子句中，星号"＊"用于对 FROM 子句中指定的所有表或视图中所有列的引用。

假设已使用 7.2.1 节中的 INSERT 命令在已创建的 RedMovie 数据库中的 MovieInfo 表、UserInfo 表、WatchHistory 表和 UserComment 表中插入表 7.1～表 7.4 所示的数据。

表 7.1　影视作品信息表（MovieInfo）的数据

movieID	title	releaseYear	genre	directorName	runtime
M01	地道战	1965	战争	任旭东	135
M02	铁道游击队	1956	战争	赵明	98
M03	烈火金刚	1958	革命历史	何威	102
M04	洪湖赤卫队	1959	革命历史	谢添、陈方千	142
M05	红色娘子军	1960	革命历史	谢晋	115
M06	狼牙山五壮士	1958	英雄传记	史文炽	86
M07	平原游击队	1955	战争	苏里、武兆堤	100
M08	渡江侦察记	1954	战争	汤晓丹	102

表 7.2　用户表（UserInfo）的数据

userID	username	password	email	preference
U01	user1	password1	u1@example.com	喜欢看革命历史题材的影视作品，特别是《地道战》《铁道游击队》
U02	user2	password2	u2@example.com	对红色影视作品很感兴趣，经常观看《烈火金刚》《洪湖赤卫队》
U03	user3	password3	u3@example.com	偏好战争题材的影视作品，特别是《狼牙山五壮士》《平原游击队》
U04	user4	password4	u4@example.com	对《红色娘子军》《渡江侦察记》等革命历史题材影视作品情有独钟
U05	user5	password5	u5@example.com	热爱革命历史类影视作品，特别是《地道战》《红色娘子军》
U06	user6	password6	u6@example.com	对红色影视作品非常感兴趣，经常重温《洪湖赤卫队》《平原游击队》

表 7.3　用户观看记录表（WatchHistory）的数据

recordID	userID	movieID	watchDate	watchProgress
R01	U01	M01	2024-01-01 10:00:00	1.0
R02	U01	M02	2024-01-02 15:30:00	0.5

续表

recordID	userID	movieID	watchDate	watchProgress
R03	U02	M03	2024-01-03 20:45:00	0.8
R04	U02	M04	2024-01-04 09:15:00	0.2
R05	U03	M05	2024-01-05 12:30:00	1.0
R06	U03	M01	2024-01-06 18:00:00	0.9

表 7.4 用户评论表(UserComment)的数据

commentID	userID	movieID	score	content	commentDate
C01	U01	M01	4.5	这是一部非常棒的电影,强烈推荐!	2024-01-10 12:30:00
C02	U02	M02	3.8	电影情节紧凑,但有些地方不够真实。	2024-01-11 09:45:00
C03	U01	M03	5.0	完美的电影,从头到尾都让人热血沸腾!	2024-01-12 15:15:00
C04	U03	M01	2.5	不太满意,觉得电影太拖沓了。	2024-01-13 21:00:00
C05	U02	M04	4.2	值得一看,电影中的一些场景让我印象深刻。	2024-01-14 10:30:00
C06	U04	M02	4.0	电影情节引人入胜,演员表现也出色。	2024-01-15 14:45:00
C07	U01	M05	3.5	虽然有些部分略显平淡,但总体还是值得一看的。	2024-01-16 08:15:00
C08	U05	M03	5.0	这是我今年看过的最好的电影,强烈推荐给大家!	2024-01-17 20:30:00

以下示例均基于以上数据表数据。

【例 7.1】 检索存储在 UserComment 表中所有用户观看红色影视作品信息,并按照作品编号升序排序结果。

```
USE RedMovie
GO
SELECT *
FROM UserComment
ORDER BY movieID
GO
```

执行结果如图 7.1 所示。

结果 消息

	commentID	userID	movieID	score	content	commentDate
1	C01	U01	M01	4.5	这是一部非常棒的电影，强烈推荐！	2024-01-10 12:30:00.000
2	C04	U03	M01	2.5	不太满意，觉得电影太拖沓了。	2024-01-13 21:00:00.000
3	C02	U02	M02	3.8	电影情节紧凑，但有些地方不够真实。	2024-01-11 09:45:00.000
4	C06	U04	M02	4	电影情节引人入胜，演员表现也出色。	2024-01-15 14:45:00.000
5	C08	U05	M03	5	这是我今年看过的最好的电影，强烈推荐给大家！	2024-01-17 20:30:00.000
6	C03	U01	M03	5	完美的电影，从头到尾都让人热血沸腾！	2024-01-12 15:15:00.000
7	C05	U02	M04	4.2	值得一看，电影中的一些场景让我印象深刻。	2024-01-14 10:30:00.000
8	C07	U01	M05	3.5	虽然有些部分略显平淡，但总体还是值得一看的。	2024-01-16 08:15:00.000

图 7.1 例 7.1 执行结果

当使用星号"＊"时,结果集中的列的顺序与 CREATE TABLE、ALTER TABLE 或 CREATE VIEW 语句中所指定的顺序相同。

由于 SELECT ＊ 查找表中当前存在的所有列,因此每次执行 SELECT ＊ 语句时,表结构的更改(通过添加、删除或重命名列)都会自动反映出来。

【例 7.2】　检索 MovieInfo 表中的所有列,并按照创建 MovieInfo 表时所定义的顺序显示这些列,并按照作品片长升序排序结果。

```
USE RedMovie
GO
SELECT *
FROM MovieInfo
ORDER BY runtime ASC
GO
```

执行结果如图 7.2 所示。

	movieID	title	releaseYear	genre	directorName	runtime
1	M06	狼牙山五壮士	1958	英雄传记	史文炽	86
2	M02	铁道游击队	1956	战争	赵明	98
3	M07	平原游击队	1955	战争	苏里、武兆堤	100
4	M08	渡江侦察记	1954	战争	汤晓丹	102
5	M03	烈火金刚	1958	革命历史	何威	102
6	M05	红色娘子军	1960	革命历史	谢晋	115
7	M01	地道战	1965	战争	任旭东	135
8	M04	洪湖赤卫队	1959	革命历史	谢添、陈方千	142

图 7.2　例 7.2 执行结果

2. 选择特定列

若要选择表中的特定列,应在 SELECT 子句的选择列表中明确地列出每一列。

【例 7.3】　列出所有影视作品的作品编号和发布年份,并按照发布年份升序排列。

```
USE RedMovie
GO
SELECT movieID, releaseYear
FROM MovieInfo
ORDER BY releaseYear ASC
GO
```

执行结果如图 7.3 所示。

	movieID	releaseYear
1	M08	1954
2	M07	1955
3	M02	1956
4	M03	1958
5	M06	1958
6	M04	1959
7	M05	1960
8	M01	1965

图 7.3　例 7.3 执行结果

3. 指定结果集列的名称

在 SELECT 子句中，对列的指定还可以使用别名或其他表达式。如果结果集列是通过对表或视图中某一列的引用所定义的，则该结果集列的名称与所引用列的名称相同。AS 子句可用来为结果集列分配不同的名称或别名。这样做可以增加可读性。

【例 7.4】 指定作品名称列显示的别名。

```
USE RedMovie
GO
SELECT title AS "Movie name"
FROM MovieInfo
GO
```

执行结果如图 7.4 所示。

	Movie name
1	地道战
2	铁道游击队
3	烈火金刚
4	洪湖赤卫队
5	红色娘子军
6	狼牙山五壮士
7	平原游击队
8	渡江侦察记

图 7.4 例 7.4 执行结果

在选择列表中，有些列进行了具体指定，而不是指定为对列的简单引用，这些列便是派生列。除非使用 AS 子句分配了名称，否则派生列没有名称。

【例 7.5】 为表达式指定显示名称。

```
USE RedMovie
GO
SELECT movieID, runtime/60 AS new_runtime
FROM movieInfo
GO
```

执行结果如图 7.5 所示。

	movieID	new_runtime
1	M01	2
2	M02	1
3	M03	1
4	M04	2
5	M05	1
6	M06	1
7	M07	1
8	M08	1

图 7.5 例 7.5 执行结果

如果删除 AS 子句，则 runtime/60 表达式指定的派生列将会没有名称。

AS 子句是在 SQL-92 标准中定义的语法，用来为结果集列分配名称。其首选语法如下。

```
column_name AS column_alias
```

或

```
result_column_expression AS derived_column_name
```

为了与 SQL Server 的早期版本兼容，Transact-SQL 还支持以下语法：

```
column_alias = column_name
```

或

```
derived_column_name = result_column_expression
```

例 7.5 可用下列代码替换。

```
USE RedMovie
GO
SELECT PNO, PFUND_TAX = PFUND * 0.05
FROM project
GO
```

4. 使用 DISTINCT 消除重复项

DISTINCT 关键字可从 SELECT 命令的结果中消除重复的行。如果没有指定 DISTINCT，将返回所有行，包括重复的行。

【例 7.6】　查询观看红色影视作品的用户编号，在 WatchHistory 表中含有同一名用户观看多部影视作品的情况。

```
USE RedMovie
GO
SELECT DISTINCT userID
FROM WatchHistory
ORDER BY userID
GO
```

执行结果如图 7.6 所示。

	userID
1	U01
2	U02
3	U03

图 7.6　例 7.6 执行结果

注意：涉及 DISTINCT 的语句的输出取决于应用 DISTINCT 的列或表达式的排序规则。

对于 DISTINCT 关键字来说，空值将被认为是相互重复的内容。当 SELECT 子句中包括 DISTINCT 时，不论遇到多少个空值，结果中只返回一个 NULL。

5. 使用 TOP 和 PERCENT 限制结果集

可以使用 TOP 子句限制结果集中返回的行数，语法格式如下。

```
TOP ( expression ) [ PERCENT ] [ WITH TIES ]
```

expression：指定返回行数的数值表达式，如果指定了 PERCENT，则是指返回的结果集行的百分比（由 expression 指定）。

当 expression 为 n 时，即 TOP n，表示返回结果集的前 n 行。如果指定了 ORDER BY，则将在对结果集排序之后选择行。n 是要返回的行数，除非指定了 PERCENT 关键字。PERCENT 将指定 n 为要返回的结果集中的行所占的百分比。

例如：

```
TOP (12)                              /* 返回结果集中的前 12 行 */
TOP (15) PERCENT                      /* 返回结果集中的前 15% 的结果行 */.
DECLARE @n AS BIGINT
SET @n = 2
TOP (@n)                              /* 返回结果集中的前 @n 行
```

【例 7.7】 从 movieInfo 表中返回两部时长最长的影视作品。

```
USE RedMovie
GO
SELECT TOP 2 movieID, title, directorName
FROM movieInfo
ORDER BY runtime DESC
GO
```

执行结果如图 7.7 所示。

	movieID	title	directorName
1	M04	洪湖赤卫队	谢添、陈方千
2	M01	地道战	任旭东

图 7.7 例 7.7 执行结果

如果指定了 WITH TIES，将返回包含 ORDER BY 子句返回的最后一个值的所有行，即便超过 expression 指定的数量。

6. 选择列表中的计算值

在 SELECT 子句的选择列表中可包含一个或多个使用运算符生成的表达式。这使结果集中得以包含基表中不存在但可根据基表中存储的值计算得到的值。这些结果集列被称为派生列。

1）在 SELECT 子句中可以使用算术运算符或函数进行运算

算术运算符允许对数值数据进行加（＋）、减（－）、乘（＊）、除（／）及模（％）运算。进行加、减、乘、除运算的算术运算符可在 int、smallint、tinyint、decimal、numeric、float、real、money 或 smallmoney 数值列或表达式中使用。模运算符只能在 int、smallint 或 tinyint 列或表达式中使用。

也可使用日期函数或常规加、减算术运算符对 datetime 和 smalldatetime 列进行算术运算。

可使用算术运算符执行涉及一个或多个列的计算。在算术表达式中使用常量是可选的。

【例 7.8】 显示用户 U01 观看红色影视作品 M01 的观看进度减少 20% 后的结果。

```
USE RedMovie
GO
SELECT watchProgress
FROM WatchHistory
```

```
WHERE userID='U01' AND movieID='M01'
GO
SELECT watchProgress-0.2 AS watchProgressUpdate
FROM WatchHistory
WHERE userID='U01' AND movieID='M01'
GO
```

执行结果如图 7.8 所示。

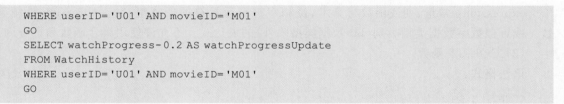

图 7.8　例 7.8 执行结果

注意：例 7.8 只显示观看进度减少 20％的结果，数据表中的数据并不修改，即对列使用算术运算符并不改变数据表中的数据，只是返回给用户的结果集改变。

2）在 SELECT 子句中还可以使用聚合函数

聚合函数对一组值执行计算并返回单个值。除了 COUNT 以外，聚合函数都会忽略空值。聚合函数经常与 SELECT 语句的一起使用。

聚合函数只能在以下位置作为表达式使用。

① SELECT 子句的选择列表（子查询或外部查询）。

② COMPUTE 或 COMPUTE BY 子句。

③ HAVING 子句。

（1）AVG 函数

语法格式：

```
AVG ( [ ALL | DISTINCT ] expression )
```

功能：返回组中各值的平均值。空值将被忽略。

各选项含义如下。

① ALL：对所有的值进行聚合函数运算。ALL 是默认值。

② DISTINCT：指定 AVG 只在每个值的唯一实例上执行，而不管该值出现了多少次。

③ expression：是精确数值或近似数值数据类型（bit 数据类型除外）的表达式。不允许使用聚合函数和子查询。

（2）SUM 函数

语法格式：

```
SUM ( [ ALL | DISTINCT ] expression )
```

功能：返回表达式中所有值的和或仅非重复值的和。SUM 只能用于数字列。空值将被忽略。

expression:常量、列或函数与算术、位和字符串运算符的任意组合。expression 是精确数字或近似数字数据类型类别(bit 数据类型除外)的表达式。不允许使用聚合函数和子查询。

(3) COUNT 函数

语法格式:

```
COUNT ( { [ [ ALL | DISTINCT ] expression ] | * } )
```

功能:返回 expression 的个数,返回值的数据类型是 int。

各选项含义如下。

① DISTINCT:指定 COUNT 返回唯一非空值的数量。

② expression:除 text、image 或 ntext 外任何类型的表达式。不允许使用聚合函数和子查询。

③ ＊ :指定应该计算所有行以返回表中行的总数。COUNT(＊)不需要任何参数,而且不能与 DISTINCT 一起使用。COUNT(＊)不需要 expression 参数,返回指定表中行数而不删除副本。它对各行分别计数。包括包含空值的行。

(4) MIN 函数

语法格式:

```
MIN ( [ ALL | DISTINCT ] expression )
```

功能:返回表达式 expression 中的最小值。MIN 忽略任何空值。对于字符数据列,MIN 查找排序序列的最低值。

expression:常量、列名、函数以及算术运算符、位运算符和字符串运算符的任意组合。MIN 可以用于数值列、char 列、varchar 列或 datetime 列,但不能用于 bit 列。不允许使用聚合函数和子查询。

(5) MAX 函数

语法格式:

```
MAX ( [ ALL | DISTINCT ] expression )
```

功能:返回表达式 expression 的最大值。MAX 忽略任何空值。对于字符列,MAX 查找按排序序列排列的最大值。

各选项含义同 MIN 函数。

【例 7.9】　查询作品片长最大的红色影视作品的片长。

```
USE RedMovie
GO
SELECT MAX(runtime)
FROM movieInfo
GO
```

执行结果如图 7.9 所示。

图 7.9　例 7.9 执行结果

【例 7.10】　查询观看红色影视作品的人数。

```
USE RedMovie
GO
SELECT COUNT(DISTINCT userID)
FROM WatchHistory
GO
```

执行结果如图 7.10 所示。

结果　消息

	(无列名)
1	3

图 7.10　例 7.10 执行结果

【例 7.11】　计算用户评论总数。

```
USE RedMovie
GO
SELECT COUNT(*)
FROM UserComment
GO
```

执行结果如图 7.11 所示。

结果　消息

	(无列名)
1	8

图 7.11　例 7.11 执行结果

【例 7.12】　统计战争类型红色影视作品的数目和平均片长，此例在 SELECT 子句选择列表中组合使用 COUNT(*)和其他聚合函数。

```
USE RedMovie
GO
SELECT COUNT(*), AVG(runtime)
FROM MovieInfo
WHERE genre= '战争'
GO
```

执行结果如图 7.12 所示。

结果　消息

	(无列名)	(无列名)
1	4	108

图 7.12　例 7.12 执行结果

7.1.3　FROM 子句

在一个要从表或视图中检索数据的 SELCET 语句中都需要使用 FROM 子句。使用 FROM 子句可以指明如下信息。

① 列出 SELECT 子句中的选择列表和 WHERE 子句中所引用的列所在的一个或多个表和视图。可以使用 AS 子句为表和视图的名称指定别名。

【例 7.13】 显示所有用户的情况。

```
USE RedMovie
GO
SELECT *
FROM UserInfo
GO
```

执行结果如图 7.13 所示。

	userID	username	password	email	peference
1	U01	user1	password1	u1@example.com	喜欢看革命历史题材的影视作品，特别是《地道战》
2	U02	user2	password2	u2@example.com	对红色影视作品很感兴趣，经常观看《烈火金刚》和
3	U03	user3	password3	u3@163.com	偏好战争题材的影视作品，特别是《狼牙山五壮士》
4	U04	user4	password4	u4@example.com	对《红色娘子军》和《渡江侦察记》等革命历史题材
5	U05	yser5	password5	u5@example.com	热爱观看革命历史类影视作品，特别是《地道战》和
6	U06	user6	password6	u6@example.com	对红色影视作品非常感兴趣，经常重温《洪湖赤卫队

图 7.13　例 7.13 执行结果

② 两个或多个表或视图之间的联接类型。这些类型由 ON 子句中指定的联接条件限定。FROM 子句使用逗号分隔表名、视图名和 JOIN 子句的列表。

【例 7.14】 显示所有用户的用户编号、用户名、观看影视作品的名称及观看日期。

```
USE RedMovie
GO
SELECT u.userID, u.username, m.title, w.watchDate
FROM UserInfo AS u JOIN WatchHistory AS w ON u.userID= w.userID
JOIN MovieInfo AS m ON w.movieID= m.movieID
GO
```

执行结果如图 7.14 所示。

	userID	username	title	watchDate
1	U01	user1	地道战	2024-01-01 10:00:00.000
2	U01	user1	铁道游击队	2024-01-02 15:30:00.000
3	U02	user2	烈火金刚	2024-01-03 20:45:00.000
4	U02	user2	洪湖赤卫队	2024-01-04 09:15:00.000
5	U03	user3	红色娘子军	2024-01-05 12:30:00.000
6	U03	user3	地道战	2023-01-06 18:00:00.000

图 7.14　例 7.14 执行结果

当不需要从数据库内的任何表中选择数据时，SELECT 语句可以没有 FROM 子句。这些 SELECT 语句只从局部变量或不对列进行操作的 Transact-SQL 函数中选择数据。

例如：

```
SELECT @MyIntVariable              /* 显示变量 MyIntVariable 的值 */
SELECT @@VERSION                   /* 显示全局变量 VERSION 的值 */
```

SELECT 语句的可读性可通过为表指定别名来提高，别名又称相关名称或范围变量。分配表别名时，可以使用 AS 关键字，也可以不使用。

语法格式：

```
table_name AS table_alias
```

或

```
table_name table_alias
```

例如,将别名 w 分配给 WatchHistory,而将别名 u 分配给 UserInfo。

```
SELECT w.userID, u.username
FROM WatchHistory AS w JOIN UserInfo AS u ON w.userID = u.userID
```

如果为表分配了别名,那么 Transact-SQL 语句中对该表的所有显式引用都必须使用别名,而不能使用表名。例如,以下 SELECT 语句将产生语法错误,因为该该语句在已分配别名的情况下又使用了表名。

```
SELECT w.userID, UserInfo.username
FROM WatchHistory AS w JOIN UserInfo AS u ON w.userID = u.userID
```

7.1.4　WHERE 子句和 HAVING 子句

SELECT 语句中的 WHERE 和 HAVING 子句可以控制用于生成结果集的源表中的行。WHERE 和 HAVING 是筛选器。这两个子句指定一系列搜索条件,只有那些满足搜索条件的行才用于生成结果集。

【例 7.15】　查询评论了 M03 红色影视作品的用户的编号、用户名和评分。

```
USE RedMovie
GO
SELECT u.userID, u.username, m.score
FROM UserComment AS m JOIN UserInfo AS u ON u.userID= m. userID
WHERE m.movieID = 'M03'
GO
```

执行结果如图 7.15 所示。

	userID	username	score
1	U01	user1	5
2	U05	yser5	5

图 7.15　例 7.15 执行结果

HAVING 子句通常与 GROUP BY 子句一起使用以筛选聚合值结果。但是,HAVING 也可以在不使用 GROUP BY 的情况下单独指定。HAVING 子句指定在应用 WHERE 子句筛选器后要进一步应用的筛选器。这些筛选器可以应用于 SELECT 列表中所用的聚合函数。

【例 7.16】　在以下示例中,WHERE 子句仅限定评论 M01 作品的用户,而 HAVING 子句进一步将结果限制为只包括评论两部以上红色影视作品以上的用户。

```
USE RedMovie
GO
SELECT userID
FROM UserComment
WHERE movieID = 'M01'
GROUP BY userID
```

```
HAVING COUNT(movieID) >= 2
GO
```

执行结果如图 7.16 所示。

图 7.16 例 7.16 执行结果

SELECT 语句执行时先执行 WHERE 子句，这样限定了分组对象中只有评论 M01 影视作品的用户记录，然后按照用户编号分组，分组后每组只有一个人，没有满足 HAVING 条件的组，结果集为空。

WHERE 和 HAVING 子句中的搜索条件或限定条件可包括如下条件。

1. 比较搜索条件

Microsoft SQL Server 使用表 7.5 中的比较运算符。比较运算符用于两个表达式的比较。

表 7.5 比较运算符

运 算 符	含 义	运 算 符	含 义
=	等于	<>	不等于（SQL-92 兼容）
>	大于	!>	不大于
<	小于	!<	不小于
>=	大于或等于	!=	不等于
<=	小于或等于		

【例 7.17】 查询用户观看记录表中观看进度在 0.5 以上（含）用户的观看记录。

```
USE RedMovie
GO
SELECT recordID, userID, movieID,watchDate
FROM WatchHistory
WHERE watchProgress >=0.5
GO
```

执行结果如图 7.17 所示。

	recordID	userID	movieID	watchDate
1	R01	U01	M01	2024-01-01 10:00:00.000
2	R02	U01	M02	2024-01-02 15:30:00.000
3	R03	U02	M03	2024-01-03 20:45:00.000
4	R05	U03	M05	2024-01-05 12:30:00.000
5	R06	U03	M01	2023-01-06 18:00:00.000

图 7.17 例 7.17 执行结果

【例 7.18】 从 UserInfo 表中检索用户名为 user2 的用户信息。

```
USE RedMovie
GO
SELECT userID, username, preference
FROM UserInfo
WHERE username = 'user2'
ORDER BY userID
GO
```

执行结果如图 7.18 所示。

	userID	username	preference
1	U02	user2	对红色影视作品很感兴趣，经常观看《烈火金刚》和《洪湖赤卫队》

图 7.18　例 7.18 执行结果

表示所有记录可用 ALL 关键字(＝ALL、＞ALL、＜＝ ALL、ANY)。

【例 7.19】　从用户观看记录表中检索观看进度大于 R02 记录的任意进度的用户观看记录。

```
USE RedMovie
GO
SELECT recordID, userID, watchProgress
FROM WatchHistory AS w
WHERE w.watchProgress > ALL
      (SELECT w2.watchProgress
       FROM WatchHistory w2
       WHERE w2.recordID = 'R02')
GO
```

执行结果如图 7.19 所示。

	recordID	userID	watchProgress
1	R01	U01	1
2	R03	U02	0.8
3	R05	U03	1
4	R06	U03	0.9

图 7.19　例 7.19 执行结果

2. 范围搜索条件

范围搜索返回介于两个指定值之间的所有值。

BETWEEN 关键字指定要检索的包括范围。

【例 7.20】　从 MovieInfo 表中检索作品片长在 100～120 的红色影视作品。

```
USE RedMovie
GO
SELECT movieID, title
FROM MovieInfo
WHERE runtime BETWEEN 100 AND 120
ORDER BY movieID
GO
```

执行结果如图 7.20 所示。

	movieID	title
1	M03	烈火金刚
2	M05	红色娘子军
3	M07	平原游击队
4	M08	渡江侦察记

图 7.20　例 7.20 执行结果

以下查询使用大于和小于运算符的返回结果与上面示例返回的结果不同,因为这些运算符不包括与限定范围的值相匹配的行。

【例 7.21】 从 MovieInfo 表中检索作品片长不在 100～120 的红色影视作品。

```
USE RedMovie
GO
SELECT movieID, title
FROM MovieInfo
WHERE runtime NOT BETWEEN 100 AND 120
ORDER BY movieID
GO
```

执行结果如图 7.21 所示。

	movieID	title
1	M01	地道战
2	M02	铁道游击队
3	M04	洪湖赤卫队
4	M06	狼牙山五壮士

图 7.21 例 7.21 执行结果

3. 列表搜索条件

IN 关键字可以选择与列表中的任意值匹配的行。

【例 7.22】 检索用户表中用户名为 user1 或 user6 的用户。

```
USE RedMovie
GO
SELECT userID, username
FROM UserInfo
WHERE username IN ('user1', 'user6')
ORDER BY userID
GO
```

执行结果如图 7.22 所示。

	userID	username
1	U01	user1
2	U06	user6

图 7.22 例 7.22 执行结果

IN 关键字后的各项必须用逗号隔开,并且括在括号中。IN 关键字最重要的应用是在嵌套查询(又称子查询)中。

以下示例不使用 IN 关键字,得到同样的结果。

```
USE RedMovie
GO
SELECT userID, username
FROM UserInfo
WHERE username='user1' OR username='user6'
ORDER BY userID
GO
```

4. 搜索条件中的模式匹配

LIKE 关键字搜索与指定模式匹配的字符串、日期或时间值。LIKE 关键字使用常规表达式包含值所要匹配的模式。模式包含要搜索的字符串,字符串中可包含 4 种通配符的任意组合,如表 7.6 所示。

表 7.6 通配符

通配符	含 义
％	包含零个或多个字符的任意字符串
_	任何单个字符
[ ]	指定范围(例如 [a-f])或集合(例如 [abcdef])内的任何单个字符
[^]	不在指定范围(例如 [^a-f])或集合(例如 [^abcdef])内的任何单个字符

可以将通配符和字符串用单引号引起来,例如:

① LIKE 'Mc％',将搜索以字母 Mc 开头的所有字符串(如 McBadden)。

② LIKE '％inger',将搜索以字母 inger 结尾的所有字符串(如 Ringer 和 Stringer)。

③ LIKE '％en％',将搜索任意位置包含字母 en 的所有字符串(如 Bennet、Green 和 McBadden)。

④ LIKE '_heryl',将搜索以字母 heryl 结尾的所有 6 个字母的字符串(如 Cheryl 和 Sheryl)。

⑤ LIKE '[CK]ars[eo]n',将搜索以字母 C 或 K 开头、C 或 K 后面是字符串 ars、ars 后面是字母 e 或 o 并且以 n 结尾的字符串,如 Carsen、Karsen、Carson 和 Karson。

⑥ LIKE '[M-Z]inger',将搜索以字母 inger 结尾、以 M 到 Z 中的任何单个字母开头的所有字符串(如 Ringer)。

⑦ LIKE 'M[^c]％',将搜索以字母 M 开头,并且第二个字母不是 c 的所有字符串(如 MacFeather)。

【例 7.23】 从 MovieInfo 表中检索红色影视作品名称以及红色开头的作品编号及名称。

```
USE RedMovie
GO
SELECT movieID, title
FROM MovieInfo
WHERE title LIKE '红色%'
ORDER BY movieID
GO
```

执行结果如图 7.23 所示。

图 7.23 例 7.23 执行结果

可以将 NOT LIKE 与通配符结合使用。

【例 7.24】 若要检索红色影视作品名称不是以红色开头的作品所编号及名称,可以使用下列等价查询中的任意一个。

```
USE RedMovie
GO
```

```
SELECT movieID, title
FROM MovieInfo
WHERE title NOT LIKE '红色%'
ORDER BY movieID
GO
```

执行结果如图 7.24 所示。

	movieID	title
1	M01	地道战
2	M02	铁道游击队
3	M03	烈火金刚
4	M04	洪湖赤卫队
5	M06	狼牙山五壮士
6	M07	平原游击队
7	M08	渡江侦察记

图 7.24　例 7.24 执行结果

或

```
USE RedMovie
GO
SELECT movieID, title
FROM MovieInfo
WHERE NOT title LIKE '红色%'
ORDER BY movieID
GO
```

可以在 text 列中使用的唯一 WHERE 条件是 LIKE、IS NULL 或 PATINDEX。

不与 LIKE 一同使用的通配符将解释为常量而非模式。换言之，这些通配符仅代表其本身的值。

【例 7.25】　查询红色影视作品名称以"游击队"结尾的作品编号及作品名称。

```
USE RedMovie
GO
SELECT movieID, title
FROM MovieInfo
WHERE title LIKE '%游击队'
ORDER BY movieID
GO
```

执行结果如图 7.25 所示。

	movieID	title
1	M02	铁道游击队
2	M07	平原游击队

图 7.25　例 7.25 执行结果

可以搜索通配符字符串。有两种方法可以指定平常用作通配符的字符。

① 使用 ESCAPE 关键字定义转义符。在模式中，当转义符置于通配符之前时，该通配符就解释为普通字符。

例如，要搜索在任意位置包含字符串 5% 的字符串，可以使用：

```
WHERE ColumnA LIKE '%5/%%' ESCAPE '/'
```

在上述 LIKE 子句中,前导和结尾百分号(%)解释为通配符,而斜杠(/)之后的百分号解释为字符%。

② 在方括号([ ])中只包含通配符本身。若要搜索破折号(-)而不是用它指定搜索范围,可以将破折号指定为方括号内的第一个字符。例如:

```
WHERE ColumnA LIKE '9[-]5'
```

表 7.7 显示了括在方括号内的通配符的用法。

表 7.7 括在方括号内的通配符的用法

符 号	含 义	符 号	含 义
LIKE '5[%]'	5%	LIKE '[a-cdf]'	a、b、c、d or f
LIKE '5%'	5 后跟 0 个或多个字符的字符串	LIKE '[-acdf]'	-、a、c、d or f
LIKE '[_]n'	_n	LIKE '[[ ]'	[
LIKE '_n'	an, in, on (and so on)	LIKE ']'	]

如果使用 LIKE 执行字符串比较,模式串中的所有字符(包括每个前导空格和尾随空格)都有意义。如果要求比较返回带有字符串 LIKE 'abc '(abc 后跟一个空格)的所有行,将不会返回列值为 abc(abc 后没有空格)的行。但是反过来,情况并非如此。可以忽略模式所要匹配的表达式中的尾随空格。如果要求比较返回带有字符串 LIKE 'abc'(abc 后没有空格)的所有行,将返回以 abc 开头且具有零个或多个尾随空格的所有行。

5. NULL 比较搜索条件

NULL 值表示列的数据值未知或不可用。NULL 值与零(数值或二进制值)、零长度的字符串或空白(字符值)的含义不同。空值可用于区分输入的是零(数值列)或空白(字符列)还是无数据输入,NULL 可用于数字列和字符列。

可以通过以下两种方式在允许空值的列中输入 NULL 值(根据 CREATE TABLE 语句中的指定)。

① 如果无数据输入且列或数据类型上无 DEFAULT 约束,则 SQL Server 将自动输入值 NULL。

② 用户可以通过输入不带引号的 NULL 显式输入 NULL 值。如果在字符列中输入带引号的 NULL,则它将被视为字母 N、U、L 和 L,而非空值。

当检索到空值时,应用程序通常会在相应的位置显示如 NULL、(NULL)或(null)的字符串。

当搜索的列中包括定义为允许空值的列时,可以通过以下模式查找数据库中的空值或非空值。

```
WHERE column_name IS [NOT] NULL
```

【例 7.26】 从 WatchHistory 表中检索观看进度不是 NULL 的行。

```
USE RedMovie
GO
SELECT *
FROM WatchHistory
```

```
WHERE watchProgress IS NOT NULL
ORDER BY recordID
GO
```

执行结果如图 7.26 所示。

	recordID	userID	movieID	watchDate	watchProgress
1	R01	U01	M01	2024-01-01 10:00:00.000	1
2	R02	U01	M02	2024-01-02 15:30:00.000	0.5
3	R03	U02	M03	2024-01-03 20:45:00.000	0.8
4	R04	U02	M04	2024-01-04 09:15:00.000	0.2
5	R05	U03	M05	2024-01-05 12:30:00.000	1
6	R06	U03	M01	2023-01-06 18:00:00.000	0.9

图 7.26　例 7.26 执行结果

注意：指定＝ NULL 与指定 IS NULL 是不同的。

6. 逻辑运算符

逻辑运算符包括 AND、OR 和 NOT。AND 和 OR 用于连接 WHERE 子句中的搜索条件。NOT 用于反转搜索条件的结果。

（1）AND

AND 连接两个条件,只有当两个条件都符合时才返回 TRUE。

【例 7.27】　检索作品时长在 100 分钟及以上的作品类型为"革命历史"的影视作品。

```
USE RedMovie
GO
SELECT *
FROM MovieInfo
WHERE runtime>=100 AND genre='革命历史'
GO
```

执行结果如图 7.27 所示。

	movieID	title	releaseYear	genre	directorName	runtime
1	M03	烈火金刚	1958	革命历史	何威	102
2	M04	洪湖赤卫队	1959	革命历史	谢添、陈方千	142
3	M05	红色娘子军	1960	革命历史	谢晋	115

图 7.27　例 7.27 执行结果

（2）OR

OR 也用于连接两个条件,但只要有一个条件符合便返回 TRUE。

【例 7.28】　查询观看 M01 或 M04 的用户。

```
USE RedMovie
GO
SELECT *
FROM WatchHistory
WHERE movieID='M01' OR movieID ='M04'
GO
```

执行结果如图 7.28 所示。

图 7.28　例 7.28 执行结果

当一个语句中使用了多个逻辑运算符时，计算顺序依次为 NOT、AND 和 OR。算术运算符和位运算符优先于逻辑运算符。

【例 7.29】　查询显示作品片长为 98 分钟的作品或作品片长为 102 分钟的革命历史类型作品。

```
USE RedMovie
GO
SELECT movieID, title, releaseYear, directorName
FROM MovieInfo
WHERE runtime= 98 OR runtime = 102 AND genre= '革命历史'
GO
```

执行结果如图 7.29 所示。

图 7.29　例 7.29 执行结果

可以通过添加括号强制先计算 OR 来改变查询的含义。

【例 7.30】　查询显示作品片长为 98 分钟或 102 分钟的革命历史类型作品。

```
USE RedMovie
GO
SELECT movieID, title, releaseYear, directorName
FROM MovieInfo
WHERE (runtime= 98 OR runtime = 102) AND genre= '革命历史'
GO
```

执行结果如图 7.30 所示。

图 7.30　例 7.30 执行结果

使用括号可提高查询的可读性。下面的示例比例 7.29 更可读，它们在语义上是相同的。

```
USE RedMovie
GO
SELECT movieID, title, releaseYear, directorName
FROM MovieInfo
WHERE (runtime= 98 AND genre= '革命历史') OR (runtime = 102AND genre= '革命历史')
GO
```

7.1.5　GROUP BY 子句

GROUP BY 子句用来为结果集中的每一行产生聚合值。如果聚合函数没有使用 GROUP BY 子句，则只为 SELECT 语句报告一个聚合值。

【例 7.31】　查询每位用户给红色影视作品打分的平均值。

```
USE RedMovie
GO
SELECT userID, AVG(score) AS avg_score
FROM UserComment
GROUP BY userID
ORDER BY userID
GO
```

执行结果如图 7.31 所示。

	userID	avg_score
1	U01	4.33333333333333
2	U02	4
3	U03	2.5
4	U04	4
5	U05	5

图 7.31　例 7.31 执行结果

可以在包含 GROUP BY 子句的查询中使用 WHERE 子句。在完成任何分组之前，将消除不符合 WHERE 子句中条件的行。

【例 7.32】　查询每个用户给红色影视作品打分大于或等于 4 分的红色影视作品，并求打分平均值。

```
USE RedMovie
GO
SELECT userID, AVG(score) AS avg_score
FROM UserComment
WHERE score>=4
GROUP BY userID
ORDER BY userID
GO
```

执行结果如图 7.32 所示。

	userID	avg_score
1	U01	4.75
2	U02	4.2
3	U04	4
4	U05	5

图 7.32　例 7.32 执行结果

HAVING 子句对 GROUP BY 子句设置条件的方式与 WHERE 和 SELECT 的交互方式类似。WHERE 搜索条件在进行分组操作之前应用，而 HAVING 搜索条件在进行分组操作之后应用。HAVING 语法与 WHERE 语法类似，但 HAVING 可以包含聚合函数。

HAVING 子句可以引用 SELECT 子句的选择列表中显示的任意项。

【例 7.33】　查询用户给红色影视作品打分平均分在 4 分及以上的影视作品编号及平均分。

```
USE RedMovie
GO
SELECT movieID, AVG(score) AS avg_score
FROM UserComment
GROUP BY userID
HAVING AVG(score)>=4
ORDER BY userID
GO
```

执行结果如图 7.33 所示。

	userID	avg_score
1	U01	4.33333333333333
2	U02	4
3	U04	4
4	U05	5

图 7.33　例 7.33 执行结果

注意：如果 HAVING 中包含多个条件，可以通过 AND、OR 或 NOT 组合在一起。

理解应用 WHERE、GROUP BY 和 HAVING 子句的正确顺序对编写高效的查询代码会有所帮助。

① WHERE 子句用来筛选 FROM 子句中指定操作所产生的行。

② GROUP BY 子句用来分组 WHERE 子句的输出。

③ HAVING 子句用来从分组的结果中筛选行。

对于可以在分组操作之前或之后应用的任何搜索条件，在 WHERE 子句中指定它们会更有效。这样可以减少必须分组的行数。应当在 HAVING 子句中指定那些必须在执行分组操作之后应用的搜索条件。

注意：ORDER BY 子句可用于排序 GROUP BY 子句的输出。

7.1.6　ORDER BY 子句

ORDER BY 子句指定在 SELECT 语句返回的列中所使用的排序顺序。除非同时指定了 TOP，否则 ORDER BY 子句在视图、内联函数、派生表和子查询中无效。

ORDER BY 子句的语法格式如下。

```
[ ORDER BY
    {  order_by_expression
       [ COLLATE collation_name ]
       [ ASC | DESC ]
    } [ ,…,n ]
]
```

各选项含义如下。

① order_by_expression：指定要排序的列。可以将排序列指定为一个名称或列别名，也可以指定一个表示该名称或别名在 SELECT 子句的选择列表中所处位置的非负整数的顺序

号。列名和别名可由表名或视图名加以限定。在 Microsoft SQL Server 中，可将限定的列名和别名解析到 FROM 子句中列出的列。如果 order_by_expression 未限定，则它必须在 SELECT 子句中列出的所有列中是唯一的。

可指定多个排序列。ORDER BY 子句中的排序列定义了排序结果集的结构。

注意：ntext、text、image 或 xml 列不能用于 ORDER BY 子句。

② COLLATE collation_name：指定根据 collation_name 中指定的排序规则，而不是表或视图中所定义的列的排序规则。collation_name 可以是 Windows 排序规则名称或 SQL 排序规则名称。COLLATE 仅适用于 char、varchar、nchar 和 nvarchar 数据类型的列。

③ ASC：指定按升序，即从最低值到最高值对指定列中的值进行排序。

④ DESC：指定按降序，即从最高值到最低值对指定列中的值进行排序。

排序可以是升序的（ASC），也可以是降序的（DESC）。如果未指定是升序还是降序，则默认为 ASC。空值被视为最低的可能值。

ORDER BY 子句中引用的列名必须明确地对应于 SELECT 子句的选择列表中的列或 FROM 子句中表中的列。如果列名已在 SELECT 子句的选择列表中有了别名，则 ORDER BY 子句中只能使用别名。同样，如果表名已在 FROM 子句中有了别名，则 ORDER BY 子句中只能使用别名来限定它们的列。

【例 7.34】 下面的查询返回 MovieInfo 表中按作品片长升序排序的结果。

```
USE RedMovie
GO
SELECT movieID, runtime
FROM MovieInfo
ORDER BY runtime
GO
```

执行结果如图 7.34 所示。

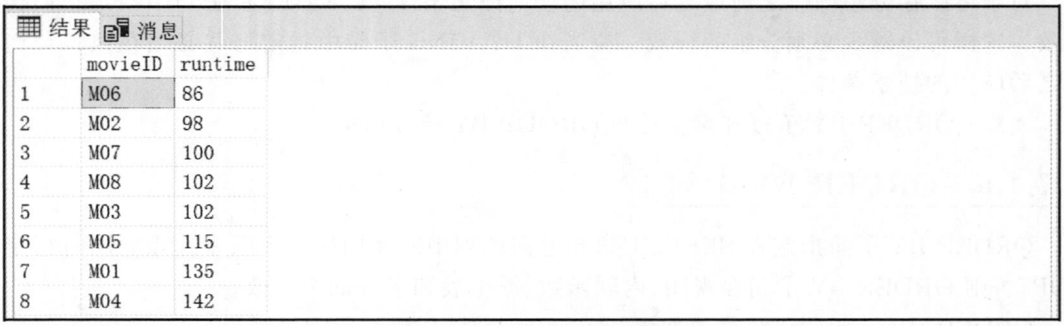

	movieID	runtime
1	M06	86
2	M02	98
3	M07	100
4	M08	102
5	M03	102
6	M05	115
7	M01	135
8	M04	142

图 7.34 例 7.34 执行结果

如果 ORDER BY 子句中指定了多个列，则排序是嵌套的。

【例 7.35】 对 MovieInfo 表先按发表年份降序排序，然后按作品片长升序排序。

```
USE RedMovie
GO
SELECT movieID, releaseYear, runtime
FROM MovieInfo
ORDER BY releaseYear DESC, runtime
GO
```

执行结果如图 7.35 所示。

	movieID	releaseYear	runtime
1	M01	1965	135
2	M05	1960	115
3	M04	1959	142
4	M06	1958	86
5	M03	1958	102
6	M02	1956	98
7	M07	1955	100
8	M08	1954	102

图 7.35　例 7.35 执行结果

ORDER BY 子句的准确结果取决于被排序的列的排序规则。对于 char、varchar、nchar 和 nvarchar 列，可以指定 ORDER BY 操作按照表或视图中定义的列的排序规则之外的排序规则执行。可以指定 Windows 排序规则名称或 SQL 排序规则名称。

例如，使用 Latin1_General 排序规则定义 AdventureWorks 数据库中的 Person.Contact 表的 LastName 列，但在下面的脚本中，使用 Traditional_Spanish 排序规则按升序返回列。

```
USE AdventureWorks
GO
SELECT LastName FROM Person.Contact
ORDER BY LastName
COLLATE Traditional_Spanish_ci_ai ASC
GO
```

无法对数据类型为 text、ntext、image 或 xml 的列使用 ORDER BY。此外，在 ORDER BY 列表中也不允许使用子查询、聚合和常量表达式。但是，可以在聚合或表达式的选择列表中使用用户指定的名称。

【例 7.36】　对 MovieInfo 表先按发布年份升序排序，然后按电影编号降序排序。

```
USE RedMovie
GO
SELECT movieID AS '电影编号', releaseYear AS '发布年份'
FROM MovieInfo
ORDER BY releaseYear, movieID DESC
GO
```

执行结果如图 7.36 所示。

	电影编号	发布年份
1	M08	1954
2	M07	1955
3	M02	1956
4	M06	1958
5	M03	1958
6	M04	1959
7	M05	1960
8	M01	1965

图 7.36　例 7.36 执行结果

7.1.7 联接查询

通过联接,可以从两个或多个表中根据各个表之间的逻辑关系来检索数据。联接指明了应该如何使用一个表中的数据来选择另一个表中的行。

联接条件可通过以下方式定义两个表在查询中的关联方式。

① 指定每个表中要用于联接的列。典型的联接条件是在一个表中指定一个外键,而在另一个表中指定与其关联的键。

② 指定用于比较各列的值的逻辑运算符(如=或<>)。

可在 FROM 或 WHERE 子句中指定内部联接,但只能在 FROM 子句中指定外部联接。联接条件与 WHERE 和 HAVING 搜索条件结合,用于控制从 FROM 子句所引用的基表中选定的行。

在 FROM 子句中指定联接条件有助于将这些联接条件与 WHERE 子句中可能指定的其他任何搜索条件分开,简化的 SQL-92 FROM 子句联接语法如下。

```
FROM first_table join_type second_table [ON (join_condition)]
```

① join_type:指定要执行的联接类型有内部联接、外部联接或交叉联接。

② join_condition:定义用于对每一对联接行进行求值的谓词。

下面是 FROM 子句联接规范示例。

```
FROM UserInfo JOIN UserComment ON (UserInfo. userID = UserComment.userID)
```

【例 7.37】 使用联接查询给红色影视作品打分在 4 分及以上的用户的个人信息。

```
USE RedMovie
GO
SELECT UserInfo.userID, username, commentID, score
FROM UserInfo JOIN UserComment ON (UserInfo. userID = UserComment.userID)
WHERE score> =4
GO
```

执行结果如图 7.37 所示。

	userID	username	commentID	score
1	U01	user1	C01	4.5
2	U01	user1	C03	5
3	U02	user2	C05	4.2
4	U04	user4	C06	4
5	U05	yser5	C08	5

图 7.37 例 7.37 执行结果

当在单个查询中引用多个表时,所有列引用都必须是明确的。在例 7.37 中,UserInfo 和 UserComment 表都含有名为 userID 的一列。在查询所引用的两个或多个表中,任何重复的列名都必须用表名加以限定,此示例中对 userID 列的所有引用均已限定。

下例与上例相同,只不过分配了表的别名并且用表的别名对列加以限定,从而提高了可读性。

```
USE RedMovie
GO
```

```
SELECT u.userID, u.username, c.commentID, c.score
FROM UserInfo u JOIN UserComment c ON (u. userID = c.userID)
WHERE c.score> =4
GO
```

上例是在 FROM 子句中指定联接条件的,这是首选的方法。下列查询包含相同的联接条件,该联接条件在 WHERE 子句中指定。

```
USE RedMovie
GO
SELECT u.userID, u.username, c.commentID, c.score
FROM UserInfo u, UserComment c
WHERE c.score> =4 AND u.userID=c.userID
GO
```

联接查询中,SELECT 子句的选择列表可以引用联接表中的所有列或任意部分列。SELECT 子句的选择列表不必包含联接中每个表的列。例如,在三表联接中,只能用一个表作为中间表来联接另外两个表,而选择列表不必引用该中间表的任何列。

虽然联接条件通常使用相等比较(=),但也可以像指定其他谓词一样指定其他比较运算符或关系运算符。

当 SQL Server 处理联接时,查询引擎会从多种可行的方法中选择最有效的方法来处理联接。尽管各种联接的实际执行过程会采用多种不同的优化方式,但是逻辑顺序均为:

① 应用 FROM 子句中的联接条件。

② 应用 WHERE 子句中的联接条件和搜索条件。

③ 应用 HAVING 子句中的搜索条件。

如果在 FROM 和 WHERE 子句之间移动条件,则这一顺序有时会影响查询结果。

联接条件中用到的列不必具有相同的名称或相同的数据类型。但是,如果数据类型不相同,则必须兼容,或者是可由 SQL Server 进行隐式转换的类型。如果数据类型不能进行隐式转换,则联接条件必须使用 CAST 函数显式转换数据类型。

注意:不能在 ntext、text 或 image 列上直接联接表。

联接条件可在 FROM 或 WHERE 子句中指定,建议在 FROM 子句中指定联接条件。WHERE 和 HAVING 子句还可以包含搜索条件,以进一步筛选根据联接条件选择的行。

联接可分为以下三类:

① 内部联接。内部联接是典型的联接运算,使用类似于 =或<> 的比较运算符。内部联接包括同等联接和自然联接。内部联接使用比较运算符根据每个表的通用列中的值匹配两个表中的行。例如,检索 UserID 和 UserComment 表中用户编号相同的所有行。

② 外部联接。外部联接可以是左向外部联接、右向外部联接或完整外部联接。在FROM 子句中可以用下列某一组关键字来指定外部联接。

- LEFT JOIN 或 LEFT OUTER JOIN。左向外部联接的结果集包括 LEFT OUTER 子句中指定的左表的所有行,而不仅仅是联接列所匹配的行。如果左表的某一行在右表中没有匹配行,则在关联的结果集行中来自右表的所有选择列表列均为空值。

- RIGHT JOIN 或 RIGHT OUTER JOIN。右向外部联接是左向外部联接的反向联接,将返回右表的所有行。若右表的某一行在左表中没有匹配行,则将为左表返回空值。

- FULL JOIN 或 FULL OUTER JOIN。完整外部联接将返回左表和右表中的所有行。

当某一行在另一个表中没有匹配行时,另一个表的选择列表列将包含空值。如果表之间有匹配行,则整个结果集行包含基表的数据值。

③ 交叉联接。交叉联接将返回左表中的所有行。左表中的每一行均与右表中的所有行组合。交叉联接也称作笛卡儿积。

1. 使用内部联接

内部联接是使用比较运算符比较要联接列中的值的联接。

在 SQL-92 标准中,可以在 FROM 子句或 WHERE 子句中指定内部联接。这是 WHERE 子句中唯一一种 SQL-92 支持的联接类型。WHERE 子句中指定的内部联接称为旧式内部联接。

【例 7.38】 使用内部联接实现查询用户的基本情况和对影视作品评论的情况。

```
USE RedMovie
GO
SELECT *
FROM UserInfo AS u INNER JOIN UserComment AS c ON u.userID= w.userID
ORDER BY u.userID
GO
```

执行结果如图 7.38 所示。

图 7.38 例 7.38 执行结果

此内部联接称为同等联接。它返回两个表中的所有列,包括两个表中相同的列,但只返回在联接列中具有相等值的行。

2. 使用外部联接

仅当两个表中都至少有一个行符合联接条件时,内部联接才返回行。内部联接消除了与另一个表中的行不匹配的行。而外部联接会返回 FROM 子句中提到的至少一个表或视图中的所有行,只要这些行符合任何 WHERE 或 HAVING 搜索条件,将检索通过左向外部联接引用的左表中的所有行,以及通过右向外部联接引用的右表中的所有行。在完全外部联接中,将返回两个表的所有行。

Microsoft SQL Server 对 FROM 子句中指定的外部联接使用下列 SQL-92 关键字。

```
LEFT OUTER JOIN 或 LEFT JOIN
RIGHT OUTER JOIN 或 RIGHT JOIN
FULL OUTER JOIN 或 FULL JOIN
```

(1) 使用左向外部联接

左向外部联接运算符 LEFT OUTER JOIN 指明:不管第二个表中是否有匹配的数据,结果中都将包括第一个表中的所有行。

例如,在 UserInfo 表中添加新的一行,此用户可以没有观看记录。详见例 7.56。

【例 7.39】　查询所有用户的观看情况,包括没观看红色影视作品的用户。

```
USE RedMovie
GO
SELECT *
FROM UserInfo AS u LEFT OUTER JOIN WatchHistory AS w ON u.userID = w.userID
ORDER BY u. userID
GO
```

执行结果如图 7.39 所示。

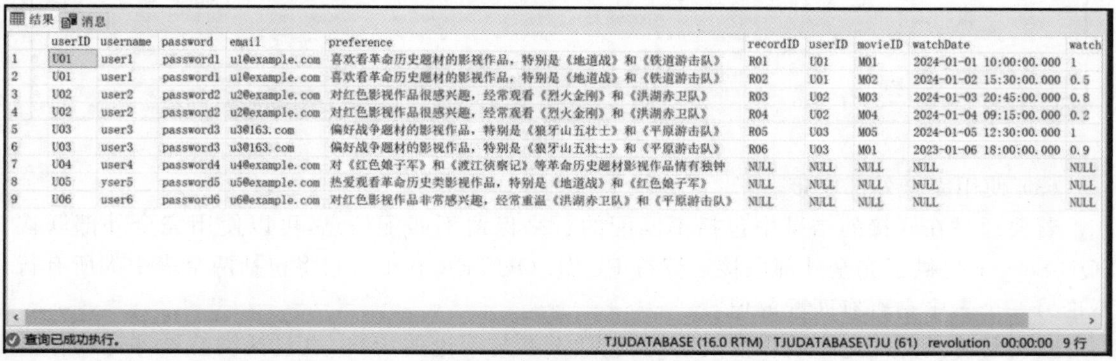

	userID	username	password	email	preference	recordID	userID	movieID	watchDate	watch
1	U01	user1	password1	u1@example.com	喜欢看革命历史题材的影视作品,特别是《地道战》和《铁道游击队》	R01	U01	M01	2024-01-01 10:00:00.000	1
2	U01	user1	password1	u1@example.com	喜欢看革命历史题材的影视作品,特别是《地道战》和《铁道游击队》	R02	U01	M02	2024-01-02 15:30:00.000	0.5
3	U02	user2	password2	u2@example.com	对红色影视作品很感兴趣,经常观看《烈火金刚》和《洪湖赤卫队》	R03	U02	M03	2024-01-03 20:45:00.000	0.8
4	U02	user2	password2	u2@example.com	对红色影视作品很感兴趣,经常观看《烈火金刚》和《洪湖赤卫队》	R04	U02	M04	2024-01-04 09:15:00.000	0.2
5	U03	user3	password3	u3@163.com	偏好战争题材的影视作品,特别是《狼牙山五壮士》和《平原游击队》	R05	U03	M05	2024-01-05 12:30:00.000	1
6	U03	user3	password3	u3@163.com	偏好战争题材的影视作品,特别是《狼牙山五壮士》和《平原游击队》	R06	U03	M01	2023-01-06 18:00:00.000	0.9
7	U04	user4	password4	u4@example.com	对《红色娘子军》和《渡江侦察记》等革命历史题材影视作品情有独钟	NULL	NULL	NULL	NULL	NULL
8	U05	yser5	password5	u5@example.com	热爱观看革命历史类影视作品,特别是《地道战》和《红色娘子军》	NULL	NULL	NULL	NULL	NULL
9	U06	user6	password6	u6@example.com	对红色影视作品非常感兴趣,经常重温《洪湖赤卫队》和《平原游击队》	NULL	NULL	NULL	NULL	NULL

查询已成功执行。　　　　　　　　　TJUDATABASE (16.0 RTM)　TJUDATABASE\TJU (61)　revolution　00:00:00　9 行

图 7.39　例 7.39 执行结果

不管是否与 WatchHistory 表的 userID 列相匹配,LEFT OUTER JOIN 都会在结果中包括 UserInfo 表的所有行。注意,对于 WatchHistory 表中没有匹配 userID 的行,列值则包含一个空值。

(2) 使用右向外部联接

右向外部联接运算符 RIGHT OUTER JOIN 指明:不管第一个表中是否有匹配的数据,结果中都将包括第二个表中的所有行。

例如,上例查询所有用户观看红色影视作品情况,包括没被观看的作品,可以使用右向外部联接来实现。

```
USE RedMovie
GO
SELECT *
FROM WatchHistory AS w RIGHT OUTER JOIN MovieInfo AS m ON m.movieID= w.movieID
ORDER BY m.movieID
GO
```

使用谓词可以进一步限定外部联接。

【例 7.40】　使用右外部联接实现查询只包括时长在 100 分钟及以上的红色影视作品用户评论数据。

```
USE RedMovie
GO
SELECT *
FROM UserComment AS c RIGHT OUTER JOIN MovieInfo AS m ON c.movieID = c.movieID
WHERE m.runtime >=100
GO
```

执行结果如图 7.40 所示。

结果 消息

	commentID	userID	movieID	score	content	commentDate	movieID	title	releaseYear	genre	directorName	runt
1	C01	U01	M01	4.5	这是一部非常棒的电影，强烈推荐！	2024-01-10 12:30:00.000	M01	地道战	1965	战争	任旭东	135
2	C02	U02	M02	3.8	电影情节紧凑，但有些地方不够真实。	2024-01-11 09:45:00.000	M01	地道战	1965	战争	任旭东	135
3	C03	U01	M03	5	完美的电影，从头到尾都让人热血沸腾！	2024-01-12 15:15:00.000	M01	地道战	1965	战争	任旭东	135
4	C04	U03	M01	2.5	不太满意，觉得电影太拖沓了。	2024-01-13 21:00:00.000	M01	地道战	1965	战争	任旭东	135
5	C05	U02	M04	4.2	值得一看，电影中的一些场景让我印象深刻。	2024-01-14 10:30:00.000	M01	地道战	1965	战争	任旭东	135
6	C06	U04	M02	4	电影情节引人入胜，演员表现也出色。	2024-01-15 14:45:00.000	M01	地道战	1965	战争	任旭东	135
7	C07	U01	M05	3.5	虽然有些部分略显平淡，但总体还是值得一看的。	2024-01-16 08:15:00.000	M01	地道战	1965	战争	任旭东	135
8	C08	U05	M03	5	这是我今年看过的最好的电影，强烈推荐给大家！	2024-01-17 20:30:00.000	M01	地道战	1965	战争	任旭东	135
9	C01	U01	M01	4.5	这是一部非常棒的电影，强烈推荐！	2024-01-10 12:30:00.000	M03	烈火金刚	1958	革命历史	何威	102
10	C02	U02	M02	3.8	电影情节紧凑，但有些地方不够真实。	2024-01-11 09:45:00.000	M03	烈火金刚	1958	革命历史	何威	102
11	C03	U01	M03	5	完美的电影，从头到尾都让人热血沸腾！	2024-01-12 15:15:00.000	M03	烈火金刚	1958	革命历史	何威	102
12	C04	U03	M01	2.5	不太满意，觉得电影太拖沓了。	2024-01-13 21:00:00.000	M03	烈火金刚	1958	革命历史	何威	102
13	C05	U02	M04	4.2	值得一看，电影中的一些场景让我印象深刻。	2024-01-14 10:30:00.000	M03	烈火金刚	1958	革命历史	何威	102
14	C06	U04	M02	4	电影情节引人入胜，演员表现也出色。	2024-01-15 14:45:00.000	M03	烈火金刚	1958	革命历史	何威	102
15	C07	U01	M05	3.5	虽然有些部分略显平淡，但总体还是值得一看的。	2024-01-16 08:15:00.000	M03	烈火金刚	1958	革命历史	何威	102
16	C08	U05	M03	5	这是我今年看过的最好的电影，强烈推荐给大家！	2024-01-17 20:30:00.000	M03	烈火金刚	1958	革命历史	何威	102
17	C01	U01	M01	4.5	这是一部非常棒的电影，强烈推荐！	2024-01-10 12:30:00.000	M04	洪湖...	1959	革命历史	谢添、陈方千	142
18	C02	U02	M02	3.8	电影情节紧凑，但有些地方不够真实。	2024-01-11 09:45:00.000	M04	洪湖...	1959	革命历史	谢添、陈方千	142
19	C03	U01	M03	5	完美的电影，从头到尾都让人热血沸腾！	2024-01-12 15:15:00.000	M04	洪湖...	1959	革命历史	谢添、陈方千	142

查询已成功执行。 TJUDATABASE (16.0 RTM) TJUDATABASE\TJU (61) revolution 00:00:00 48 行

图 7.40　例 7.40 执行结果

(3) 使用完全外部联接

若要通过在联接的结果中包括不匹配的行来保留不匹配信息，可以使用完全外部联接。SQL Server 提供了完全外部联接运算符 FULL OUTER JOIN，它将包括两个表中的所有行，不论另一个表中是否有匹配的值。

查询所有用户评论影视作品的情况，包括没参与评论的用户，也包括没有被评论的作品，可以使用完全外部联接来实现。

```
USE RedMovie
GO
SELECT *
FROM UserInfo AS u FULL OUTER JOIN UserComment AS c ON u.userID = c.userID FULL OUTER
JOIN MovieInfo AS m ON c.movieID = m.movieID
GO
```

3. 使用交叉连接

没有 WHERE 子句的交叉联接，将产生联接所涉及的表的笛卡儿积。第一个表的行数乘以第二个表的行数等于笛卡儿积结果集的大小。

【例 7.41】　Transact-SQL 交叉联接示例。

```
USE RedMovie
GO
SELECT *
FROM MovieInfo AS m CROSS JOIN UserComment AS c
ORDER BY m.movieID
GO
```

执行结果如图 7.41 所示。结果集包含行(MovieInfo 有 8 行，UserComment 有 8 行；8×8=64)。

如果添加一个 WHERE 子句，则交叉联接的作用将同内联接一样。

【例 7.42】　Transact-SQL 查询生成相同的结果集。

```
USE RedMovie
GO
SELECT *
```

```
FROM MovieInfo AS m CROSS JOIN UserComment AS c
WHERE m.movieID= c. movieID
ORDER BY m.movieID
GO
```

或

```
USE RedMovie
GO
SELECT *
FROM MovieInfo AS m INNER JOIN UserComment AS c ON m.movieID= c. movieID
ORDER BY m.movieID
GO
```

图 7.41　例 7.41 执行结果

执行结果如图 7.42 所示。

图 7.42　例 7.42 执行结果

4. 使用自联接

表可以通过自联接实现与自身进行联接。

【例 7.43】　查询观看电影 M01 和 M02 的用户的编号。

```
USE RedMovie
GO
SELECT x.userID
FROM WatchHistory AS x INNER JOIN WatchHistory AS y ON x.movieID=y. movieID
```

```
WHERE x.movieID=M01 AND y.movieID=M02
ORDER BY x.userID
GO
```

执行结果如图 7.43 所示。

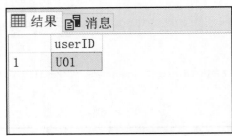

图 7.43 例 7.43 执行结果

7.1.8 子查询

子查询是一个嵌套在 SELECT、INSERT、UPDATE 或 DELETE 语句或其他子查询中的查询。任何允许使用表达式的地方都可以使用子查询。

子查询又称内部查询或内部选择,而包含子查询的语句又称外部查询或外部选择。

许多包含子查询的 Transact-SQL 语句都可以改用联接表示。其他问题只能通过子查询提出。在 Transact-SQL 中,包含子查询的语句和语义上等效的不包含子查询的语句在性能上通常没有差别。但是,在一些必须检查存在性的情况下,使用联接会产生更好的性能。否则,为确保消除重复值,必须为外部查询的每个结果都处理嵌套查询。所以,在这些情况下联接方式会产生更好的效果。

【例 7.44】 查询观看 M01 影视作品的用户名。以下示例显示了返回相同结果集的 SELECT 子查询和 SELECT 联接查询。

```
/*使用子查询的 SELECT 语句*/
SELECT username
FROM UserInfo
WHERE userID IN
    (SELECT userID
     FROM WatchHistory
     WHERE movieID= 'M01' )
GO
/*使用联接查询的 SELECT 语句*/
USE RedMovie
SELECT username
FROM UserInfo AS u JOIN WatchHistory AS w ON (u. userID = w.userID)
WHERE w.movieID = 'M01'
GO
```

执行结果如图 7.44 所示。

	username
1	user1
2	user3

图 7.44 例 7.44 执行结果

嵌套在外部 SELECT 语句中的子查询可以包括以下组件。

① 包含常规选择列表组件的常规 SELECT 查询。

② 包含一个或多个表或视图名称的常规 FROM 子句。

③ 可选的 WHERE 子句。

④ 可选的 GROUP BY 子句。

⑤ 可选的 HAVING 子句。

子查询的 SELECT 查询使用圆括号括起来。它不能包含 COMPUTE 或 FOR BROWSE 子句,如果同时指定了 TOP 子句,则只能包含 ORDER BY 子句。

子查询可以嵌套在外部 SELECT、INSERT、UPDATE 或 DELETE 语句的 WHERE 或 HAVING 子句内,也可以嵌套在其他子查询内。任何可以使用表达式的地方都可以使用子查询,只要它返回的是单个值。

如果某个表只出现在子查询中,而没有出现在外部查询中,那么该表中的列就无法包含在输出(外部查询的选择列表)中。

包含子查询的语句通常采用以下语法格式中的一种。

① WHERE expression [NOT] IN (subquery):通过未修改的比较运算符引入且必须返回单个值。

② WHERE expression comparison_operator [ANY | ALL] (subquery):由 ANY 或 ALL 修改的比较运算符引入的列表上操作。

③ WHERE [NOT] EXISTS (subquery):通过 EXISTS 引入的存在测试。

1. 子查询规则

子查询受下列限制的制约。

① 通过比较运算符引入的子查询的选择列表只能包括一个表达式或列名称(对 SELECT * 执行的 EXISTS 或对列表执行的 IN 子查询除外)。

② 如果外部查询的 WHERE 子句包括列名称,它必须与子查询选择列表中的列是联接兼容的。

③ ntext、text 和 image 数据类型不能用在子查询的选择列表中。

④ 由于必须返回单个值,所以由未修改的比较运算符(即后面未跟关键字 ANY 或 ALL 的运算符)引入的子查询不能包含 GROUP BY 和 HAVING 子句。

⑤ 包含 GROUP BY 的子查询不能使用 DISTINCT 关键字。

⑥ 不能指定 COMPUTE 和 INTO 子句。

⑦ 只有指定了 TOP 时才能指定 ORDER BY。

⑧ 不能更新使用子查询创建的视图。

由 EXISTS 引入的子查询的选择列表是一个星号" * ",而不是单个列名。因为由 EXISTS 引入的子查询创建了存在测试,并返回 TRUE 或 FALSE 而非数据。

2. 在子查询中限定列名

在下列示例中,外部查询的 WHERE 子句中的 userID 列是由外部查询的 FROM 子句中的表名 UserInfo 隐性限定的,即外部查询的 WHERE 子句中的 userID 列是来源于 UserInfo 表的。对子查询的选择列表中 userID 的引用则是由子查询的 FROM 子句(通过 WatchHistory 表)来限定的,即子查询的 SELECT 子句中的 userID 列来源于 WatchHistory。

```
USE RedMovie
GO
SELECT username
FROM UserInfo
WHERE userID IN
    (SELECT userID
     FROM WatchHistory
     WHERE movieID= 'M01' )
GO
```

一般的规则是，语句中的列名通过同级 FROM 子句中引用的表来隐性限定。如果子查询的 FROM 子句中引用的表中不存在列，则它由外部查询的 FROM 子句中引用的表隐性限定。下例是使用这些隐性假设限定后查询的样式。

```
USE RedMovie
GO
SELECT UserInfo. username
FROM UserInfo
WHERE UserInfo.userID IN
    (SELECT WatchHistory.userID
     FROM WatchHistory
     WHERE WatchHistory. movieID = 'M01')
GO
```

注意：如果子查询的 FROM 子句中引用的表中不存在子查询中引用的列，而外部查询的 FROM 子句引用的表中存在该列，则该查询可以正确执行。SQL Server 用外部查询中的表名隐性限定子查询中的列。

3. 子查询类型

（1）使用别名的子查询

子查询和外部查询引用同一表的 SELECT 语句可称为自联接，即将某个表与自身联接。

【例 7.45】 使用子查询查找与《烈火金刚》同年发布的电影的影视作品编号和类型。

```
USE RedMovie
GO
SELECT movieID, genre
FROM MovieInfo
WHERE releaseYear=
    (SELECT releaseYear
     FROM MovieInfo
     WHERE title= '烈火金刚')
GO
```

执行结果如图 7.45 所示。

	movieID	genre
1	M03	革命历史
2	M06	英雄传记

图 7.45 例 7.45 执行结果

或者利用别名在内部查询和外部查询中引用同一表的嵌套查询。

```
USE RedMovie
GO
SELECT m1.movieID, m1.genre
FROM MovieInfo AS m1
WHERE m1.releaseYear =
    (SELECT m2.releaseYear
     FROM MovieInfo AS m2
     WHERE m2.title = '烈火金刚')
GO
```

显式别名清楚地表明,在子查询中对 MovieInfo 的引用并不等同于在外部查询中的该引用。

(2) 使用 IN 和 NOT IN 的子查询

通过 IN 或 NOT IN 引入的子查询结果是包含零个值或多个值的列表。子查询返回结果之后,外部查询将利用这些结果。

【例 7.46】 查找用户 U01 评论的所有影视作品的名称。

```
USE RedMovie
GO
SELECT title
FROM MovieInfo
WHERE movieID IN
    (SELECT movieID
     FROM UserComment
     WHERE userID= 'U01')
GO
```

执行结果如图 7.46 所示。

	title
1	地道战
2	烈火金刚
3	红色娘子军

图 7.46 例 7.46 执行结果

该语句分两步进行评估。首先,内部查询返回与用户编号'U01'匹配的 movieID,值为'M01'、'M03'、'M05'。然后,这些值将替换到外部查询中,此外部查询将在 MovieInfo 中查找与'M01'、'M03'、'M05'匹配的作品名称,等同于以下代码。

```
USE RedMovie
GO
SELECT title
FROM MovieInfo
WHERE movieID IN ('M01','M03','M05')
GO
```

使用联接而不使用子查询处理该问题及类似问题的一个不同之处在于,联接可以在结果中显示多个表中的列。

【例 7.47】 如果要在结果中包括用户的打分,则必须使用联接查询。

```
USE RedMovie
GO
```

```
SELECT title, score
FROM MovieInfo AS m INNER JOIN UserComment AS c
    ON m.movieID=c.movieID AND userID='U01'
GO
```

执行结果如图 7.47 所示。

	title	score
1	地道战	4.5
2	烈火金刚	5
3	红色娘子军	3.5

图 7.47   例 7.47 执行结果

联接总是可以表示为子查询。子查询经常(但不总是)可以表示为联接。这是因为联接是对称的,无论以何种顺序联接表 A 和表 B 都将得到相同的结果。而对子查询来说,情况则并非如此。

通过 NOT IN 关键字引入的子查询也返回一列零值或更多值。

【例 7.48】   查找没有评论 M01 作品的用户的用户名。

```
USE RedMovie
GO
SELECT username
FROM UserInfo
WHERE userID NOT IN
    (SELECT userID
     FROM UserComment
     WHERE movieID= 'M01')
GO
```

执行结果如图 7.48 所示。此语句无法转换为一个联接。

	username
1	user2
2	user4
3	user5
4	user6

图 7.48   例 7.48 执行结果

(3) 使用比较运算符的子查询

子查询可以由一个比较运算符(如=、< >、>、> =、<、< =、!>、!<、!=)引入。

与使用 IN 引入的子查询一样,由未修改的比较运算符(即后面不接 ANY 或 ALL 的比较运算符)引入的子查询必须返回单个值而不是值列表。如果这样的子查询返回多个值,Microsoft SQL Server 将显示一条错误信息。

【例 7.49】   查询与《烈火金刚》同发布年份的影视作品。使用简单的等号"="比较运算符引入的子查询。

```
USE RedMovie
GO
SELECT title, releaseYear
```

```
FROM MovieInfo
WHERE releaseYear =
    (SELECT releaseYear
     FROM MovieInfo
     WHERE title= '烈火金刚')
GO
```

执行结果如图 7.49 所示。

	title	releaseYear
1	烈火金刚	1958
2	狼牙山五壮士	1958

图 7.49　例 7.49 执行结果

由未修改的比较运算符引入的子查询经常包括聚合函数,因为这些子查询要返回单个值。

【例 7.50】　查询发布年份高于平均发布年份的所有影视作品的作品名和发布年份。

```
USE RedMovie
GO
SELECT title, releaseYear
FROM MovieInfo
WHERE releaseYear >
    (SELECT AVG(releaseYear)
     FROM MovieInfo)
GO
```

执行结果如图 7.50 所示。

	title	releaseYear
1	地道战	1965
2	洪湖赤卫队	1959
3	红色娘子军	1960

图 7.50　例 7.50 执行结果

因为由未修改的比较运算符引入的子查询必须返回单个值,所以除非知道 GROUP BY 或 HAVING 子句本身会返回单个值,否则不能包括 GROUP BY 或 HAVING 子句。

【例 7.51】　查询平均分数高于 M01 影视作品平均分数的用户编号、影视作品编号及给作品所打分数。

```
USE RedMovie
GO
SELECT uesrID, movieID, score
FROM UserComment
WHERE score>
    (SELECT AVG(score)
     FROM UseComment
     GROUP BY movieID
     HAVING movieID ='M01')
GO
```

执行结果如图 7.51 所示。

	userID	movieID	score
1	U01	M01	4.5
2	U02	M02	3.8
3	U01	M03	5
4	U02	M04	4.2
5	U04	M02	4
6	U05	M03	5

图 7.51　例 7.51 执行结果

(4) 用 ANY、SOME 或 ALL 修改的比较运算符

可以用 ALL 或 ANY 关键字修改引入子查询的比较运算符。SOME 是与 ANY 等效的 SQL-92 标准。

通过修改的比较运算符引入的子查询返回零个值或多个值的列表，并且可以包括 GROUP BY 或 HAVING 子句。这些子查询可以用 EXISTS 重新表述。

以比较运算符"＞"为例，＞ALL 表示大于每一个值，即大于最大值，故＞ALL (1, 2, 3) 表示大于 3。＞ANY 表示至少大于一个值，即大于最小值，故＞ANY (1, 2, 3)表示大于 1。

若要使带有＞ALL 的子查询中的行满足外部查询中指定的条件，引入子查询的列中的值必须大于子查询返回的值列表中的每个值。

同样，＞ANY 表示要使某一行满足外部查询中指定的条件，引入子查询的列中的值必须至少大于子查询返回的值列表中的一个值。

【例 7.52】　下面的查询提供一个由 ANY 修改的比较运算符引入的子查询的示例。查找某个作品分数高于或等于任何一个作品的最高分数的电影编号。

```
USE RedMovie
GO
SELECT DISTINCT movieID
FROM UserComment
WHERE score>= ANY
    (SELECT MAX (score)
     FROM UserComment
     GROUP BY movieID)
GO
```

执行结果如图 7.52 所示。

	movieID
1	M01
2	M02
3	M03
4	M04
5	M05

图 7.52　例 7.52 执行结果

对于每个红色影视作品，内部查询查找最高评分，外部查询查看所有这些值，并确定评分高于或等于任何作品最高得分的作品编号。

【例 7.53】　如果 ANY 更改为 ALL，查询将只返回评分高于或等于内部查询返回的所有作品的最高得分的作品编号。

执行结果如图 7.53 所示。

图 7.53　例 7.53 执行结果

如果子查询不返回任何值,那么整个查询将不会返回任何值。

＝ANY 运算符与 IN 等效。但是,＜＞ANY 运算符则不同于 NOT IN。＜＞ANY ('a', 'b', 'c')表示不等于'a',或者不等于'b',或者不等于'c'。NOT IN ('a', 'b', 'c')表示不等于'a'、不等于'b'且不等于'c'。＜＞ALL 与 NOT IN 表示的意思相同。

（5）使用 EXISTS 和 NOT EXISTS 的子查询

使用 EXISTS 关键字引入一个子查询时,相当于进行一次存在测试。外部查询的WHERE 子句测试子查询返回的行是否存在。子查询实际上不产生任何数据,它只返回TRUE 或 FALSE 值。

使用 EXISTS 引入的子查询的语法格式如下。

```
WHERE [NOT] EXISTS (subquery)
```

【例 7.54】　查询评论 M01 作品的所有用户的用户名。

```
USE RedMovie
GO
SELECT username
FROM UserInfo
WHERE EXISTS
    (SELECT *
    FROM UserComment
    WHERE userID= UserInfo.userID AND movieID= 'M01')
GO
```

执行结果如图 7.54 所示。

图 7.54　例 7.54 执行结果

若要确定此查询的结果,可以依次考虑每个用户的用户名。此值是否使子查询至少返回一行? 即它是否使存在测试的计算结果为 TRUE? 在这种情况下,第一名用户是 user1,其userID 是 U01。UserComment 表中是否存在 userID 为 U01 且 movieID 为 M01 的行? 如果存在,user1 应是选定的值之一。对其他每个用户重复相同的过程。

使用 EXISTS 引入的子查询在以下几方面与其他子查询略有不同。

① EXISTS 关键字前面没有列名、常量或其他表达式。

② 由 EXISTS 引入的子查询的选择列表通常几乎都由星号（＊）组成。由于只是测试是否存在符合子查询中指定条件的行,所以不必列出列名。

由于通常没有备选的、非子查询的表示法,所以 EXISTS 关键字很重要。尽管一些使用EXISTS 表示的查询不能以任何其他方法表示,但所有使用 IN 或由 ANY 或 ALL 修改的比较运算符的查询都可以通过 EXISTS 表示。

例如,可以用 IN 表示上述查询。

```
USE RedMovie
GO
SELECT username
FROM UserInfo
WHERE userID IN
    (SELECT userID
     FROM UserComment
     WHERE movieID= 'M01')
GO
```

NOT EXISTS 与 EXISTS 的工作方式类似,只是满足的条件相反。

【例 7.55】 查询未评论 M01 作品的所有用户的用户名。

```
USE RedMovie
GO
SELECT username
FROM UserInfo
WHERE NOT EXISTS
    (SELECT *
     FROM UserComment
     WHERE userID= UserInfo.userID AND movieID= 'M01')
GO
```

执行结果如图 7.55 所示。

	username
1	user2
2	user4
3	user5
4	user6

图 7.55　例 7.55 执行结果

7.2　数据更新

若对数据进行更新,需要对目标表有相应的 INSERT 权限、UPDATE 权限和 DELET 权限。

默认情况下,INSERT 权限被授予 sysadmin 固定服务器角色成员、db_owner 和 db_datawriter 固定数据库角色成员以及表的所有者。sysadmin、db_owner 和 db_securityadmin 角色成员和表所有者可以将权限传递给其他用户。

如果 UPDATE 语句包含 WHERE 子句,或 SET 子句中的 expression 使用了表中的某个列,则还要求更新的表具有 SELECT 权限。

UPDATE 权限默认授予 sysadmin 固定服务器角色的成员、db_owner 和 db_datawriter 固定数据库角色的成员以及表的所有者。sysadmin、db_owner 和 db_securityadmin 角色的成员和表所有者可以将权限传递给其他用户。

如果 DELETE 语句包含 WHERE 子句,则还必须有 SELECT 权限。

　　默认情况下,将 DELETE 权限授予 sysadmin 固定服务器角色成员、db_owner 和 db_datawriter 固定数据库角色成员以及表所有者。sysadmin、db_owner 和 db_securityadmin 角色成员和表所有者可以将权限转让给其他用户。

　　更改对表的操作权限步骤如下。

　　① 在对象管理器中右击要删除数据行的表名,在出现的快捷菜单中选择"属性"菜单项,如图 7.56 所示。

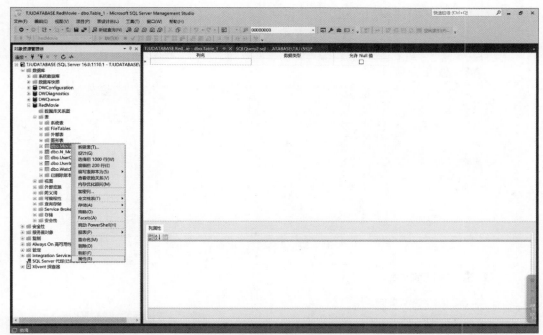

图 7.56　数据表快捷菜单

　　② 在出现的图 7.57 所示的"表属性"窗口的左侧窗口中选择"权限"选择页,在右侧可以通过【搜索】按钮在如图 7.58 所示的"选择用户或角色"对话框中,单击【浏览】按钮,出现如图 7.59 所示的"查找对象"对话框,勾选需要的对象,并单击【确定】按钮,再在"选择用户或角色"对话框中单击【确定】按钮增加数据库角色,在下面的权限窗口选择权限,然后单击【确定】按钮即可。

7.2.1　插入数据

　　可以使用图形工具或 Transact-SQL 命令向数据表中插入数据。

　　1. 使用 INSERT 命令插入数据

　　INSERT 语句可向表中添加一个或多个新行。INSERT 命令的语法格式如下。

```
INSERT [INTO] table_or_view [(column_list)] VALUES data_values
```

　　该语句会将 data_values 作为一行或多行插入已命名的表或视图中。column_list 是用逗号分隔的一些列名称,可用来指定接收数据的列。如果未指定 column_list,表或视图中的所有列都将接收到数据。

　　如果 column_list 未列出表或视图中所有列的名称,将在列表中未列出的所有列中插入默认值(如果为列定义了默认值)或 NULL 值。列表中未指定的所有列必须允许插入空值或指定的默认值。

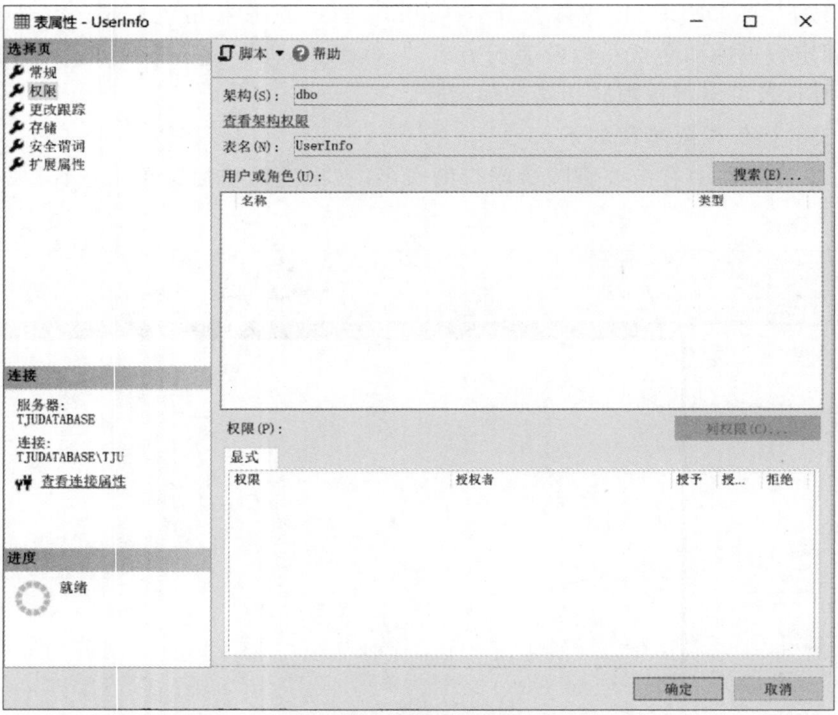

图 7.57 "表属性"窗口

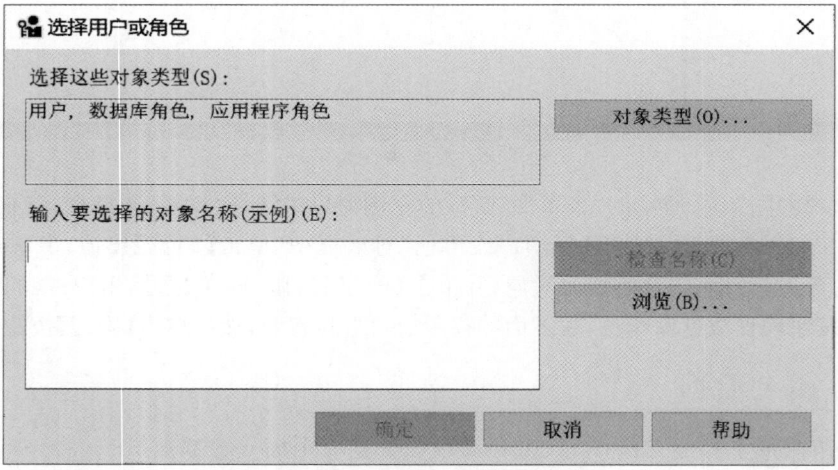

图 7.58 "选择用户或角色"对话框

VALUES 子句用于指定插入的一行数据值,所提供的数据值必须与列表中的列匹配。数据值的数目必须与列数相同,每个数据值的数据类型、精度和小数位数也必须与相应的列的这些属性匹配。

【例 7.56】 向数据表 UserInfo 中插入一个新的用户的信息。

```
USE RedMovie
GO
INSERT INTO UserInfo (userID, username, password, email, preference)
VALUES ('U07', 'user7', 'password7', 'u7@example.com', '钟爱红色影视作品。')
GO
```

```
SELECT * FROM UserInfo
GO
```

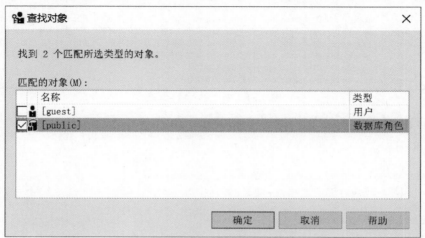

图 7.59 "查找对象"对话框

执行结果如图 7.60 所示。

	userID	username	password	email	preference
1	U01	user1	password1	u1@example.com	喜欢看革命历史题材的影视作品,特别是《地道战》和《铁道游击队》
2	U02	user2	password2	u2@example.com	对红色影视作品很感兴趣,经常观看《烈火金刚》和《洪湖赤卫队》
3	U03	user3	password3	u3@163.com	偏好战争题材的影视作品,特别是《狼牙山五壮士》和《平原游击队》
4	U04	user4	password4	u4@example.com	对《红色娘子军》和《渡江侦察记》等革命历史题材影视作品情有独钟
5	U05	user5	password5	u5@example.com	热爱观看革命历史类影视作品,特别是《地道战》和《红色娘子军》
6	U06	user6	password6	u6@example.com	对红色影视作品非常感兴趣,经常重温《洪湖赤卫队》和《平原游击队》
7	U07	user7	password7	u7@example.com	钟爱红色影视作品。

图 7.60 例 7.56 执行结果

如果没有指定 column_list,VALUES 指定值的顺序必须与表或视图中的列顺序一致。
例 7.56 可使用以下语句。

```
USE RedMovie
GO
INSERT INTO UserInfo VALUES ('U07', 'user7', 'password7', 'u7@example.com', '钟爱红
色影视作品。')
GO
SELECT * FROM UserInfo
GO
```

【例 7.57】 按与表列不同的顺序插入数据。以下示例使用 column_list 显式指定插入每
个列的值。

```
USE RedMovie
GO
INSERT INTO UserInfo (userID, preference, username, password, email)
VALUES ('U08', '钟爱革命历史类电影。', 'user8', 'password8', 'u8@example.com')
GO
SELECT * FROM UserInfo
GO
```

执行结果如图 7.61 所示。

图 7.61　例 7.57 执行结果

【例 7.58】　插入值的个数少于列个数的数据。

```
USE RedMovie
GO
INSERT INTO UserInfo (userID, username, password)
VALUES ('U09', 'user9', 'password9')
GO
SELECT * FROM UserInfo
GO
```

执行结果如图 7.62 所示。

图 7.62　例 7.58 执行结果

2. 将查询结果插入数据表

INSERT 语句中的 SELECT 子查询可用于将一个或多个表或视图中的值添加到另一个表中。使用 SELECT 子查询还可以同时插入多行。

用 SELECT 子查询为一行或多行指定数据值。

【例 7.59】　将所有革命历史类型作品的作品编号、作品名放入新表 N_MovieInfo 中。

```
USE RedMovie
GO
CREATE TABLE N_MovieInfo (movieID CHAR(10) PRIMARY KEY, title VARCHAR(10) NOT NULL)
GO
INSERT INTO N_MovieInfo (movieID, title)
SELECT movieID, title
FROM MovieInfo
WHERE genre= '革命历史'
GO
SELECT * FROM N_MovieInfo
GO
```

执行结果如图 7.63 所示。

	movieID	title
1	M03	烈火金刚
2	M04	洪湖赤卫队
3	M05	红色娘子军

图 7.63　例 7.59 执行结果

子查询的 SELECT 子句的选择列表必须与 INSERT 语句的列的列表匹配。如果没有指定列的列表，选择列表必须与正在其中执行插入操作的表或视图的列匹配。

3. 使用图形工具插入数据

使用图形工具插入数据的步骤如下。

① 在"对象管理器"中右击要插入数据的表名，出现如图 7.64 所示的快捷菜单。

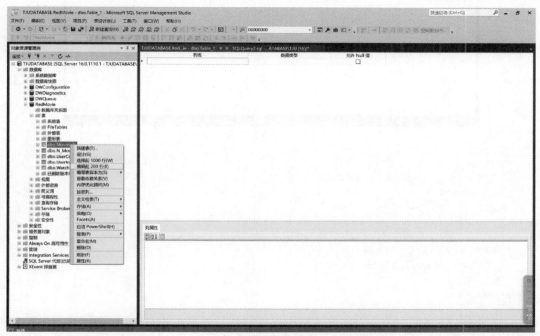

图 7.64　快捷菜单

② 在出现的快捷菜单中选择"编辑前 200 行"，出现如图 7.65 所示的输入数据窗口。在每一行中输入数据，每当输入完一个字段数据后会在其后出现红色感叹号，提示用户该数据已经修改，还未写入数据库中。

③ 输入数据后，单击工具栏上的【执行 SQL】按钮，将数据写入数据库中。

注意：输入数据时先输入主表数据，再输入子表数据。

7.2.2　更新数据

创建表并添加数据之后，更改或更新表中的数据就成为维护数据库的日常操作之一。可以使用图形工具或 Transact-SQL 命令更新数据。

1. 使用 UPDATE 命令更新数据

UPDATE 命令的语法格式如下。

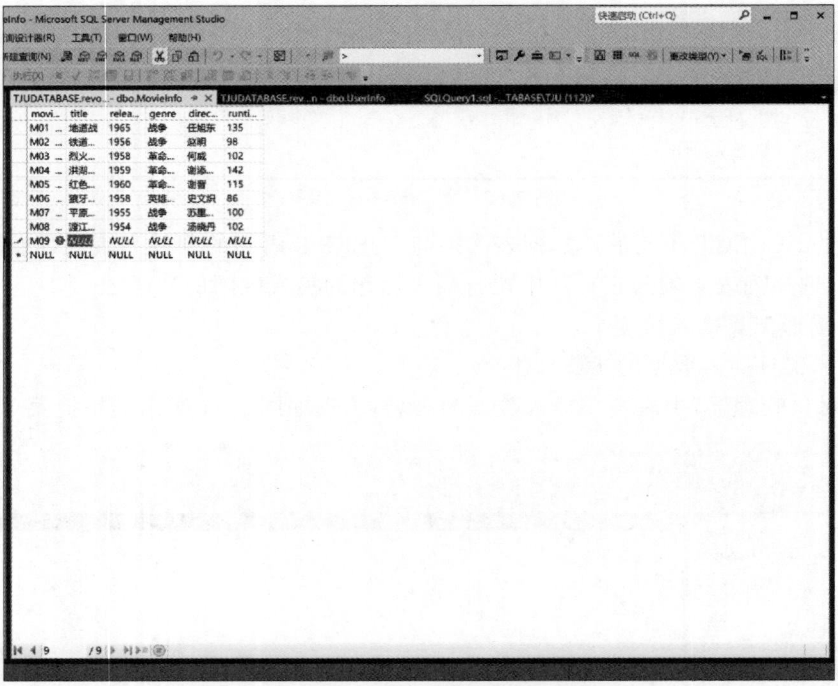

图 7.65　输入数据窗口

```
UPDATE
    [ TOP ( expression ) [ PERCENT ] ]
    { <object> }
    SET
        { column_name = { expression | DEFAULT | NULL }
        } [ ,…,n ]
    [ FROM{ <table_source> } [ ,…,n ] ]
    [ WHERE { <search_condition> } ]
[ ; ]
<object> ::=
{
    [ server_name . database_name . schema_name .
    | database_name .[ schema_name ] .
    | schema_name .
    ] table_or_view_name
}
```

各选项含义如下。

① TOP（expression）［PERCENT］：指定将要更新的行数或行百分比。expression 可以为行数或行百分比。

与 INSERT、UPDATE 或 DELETE 一起使用的 TOP 表达式中被引用行将不按任何顺序排列。在 INSERT、UPDATE 和 DELETE 语句中，需要使用括号分隔 TOP 中的 expression。

② server_name：表或视图所在服务器的名称（使用链接服务器名称）。如果指定了 server_name，则需要给出 database_name 和 schema_name。

③ database_name：数据库的名称。

④ schema_name：表或视图所属架构的名称。

⑤ table_or_view_name：需要更新行的表或视图的名称。

table 变量在其作用域内可以用作 UPDATE 语句中的表源。table_or_view_name 引用的视图必须可更新，并且只在该视图的 FROM 子句中引用一个基表。

⑥ SET { column_name ＝ { expression | DEFAULT | NULL } }：指定要更新的列或变量名称的列表。

column_name 包含要更改的数据的列。column_name 必须已存在于 table_or view_name 中。不能更新标识列。expression 指返回单个值的变量、文字值、表达式或嵌套 select 语句（加括号）。expression 返回的值替换 column_name 或@variable 中的现有值。DEFAULT 指定用为列定义的默认值替换列中的现有值。如果该列没有默认值且定义为允许空值，则该参数也可用于将列更改为 NULL。

⑦ FROM ＜table_source＞：指定将表、视图或派生表源用于为更新操作提供条件。

如果所更新对象与 FROM 子句中的对象相同，并且在 FROM 子句中对该对象只有一个引用，则指定或不指定对象别名均可。如果更新的对象在 FROM 子句中出现了不止一次，则对该对象的一个（且仅仅一个）引用不能指定表别名。FROM 子句中对该对象的所有其他引用都必须包含对象别名。

带 INSTEAD OF UPDATE 触发器的视图不能是含有 FROM 子句的 UPDATE 的目标。

⑧ WHERE ＜search_condition＞：指定条件来限定所更新的行。search_condition 为要更新的行指定需满足的条件。搜索条件也可以是联接所基于的条件。对搜索条件中可以包含的谓词数量没有限制。

【例 7.60】　使用简单 UPDATE 语句对 MovieInfo 表中的所有行更新 runtime 列中的值。

```
USE RedMovie
GO
SELECT * FROM MovieInfo
GO
UPDATE MovieInfo
SET runtime=runtime+1
GO
SELECT * FROM MovieInfo
GO
```

执行结果如图 7.66 所示。

【例 7.61】　使用 WHERE 子句指定要更新的行。以下示例将观看 M03 作品的用户的观看进度增加 0.1。

```
USE RedMovie
GO
SELECT * FROM WatchHistory
GO
UPDATE WatchHistory
SET watchProgress = watchProgress +0.1
WHERE movieID=' M03'
GO
SELECT * FROM WatchHistory
GO
```

执行结果如图 7.67 所示。

	movieID	title	releaseYear	genre	directorName	runtime
1	M01	地道战	1965	战争	任旭东	135
2	M02	铁道游击队	1956	战争	赵明	98
3	M03	烈火金刚	1958	革命历史	何威	102
4	M04	洪湖赤卫队	1959	革命历史	谢添、陈方千	142
5	M05	红色娘子军	1960	革命历史	谢晋	115
6	M06	狼牙山五壮士	1958	英雄传记	史文炽	86
7	M07	平原游击队	1955	战争	苏里、武兆堤	100
8	M08	渡江侦察记	1954	战争	汤晓丹	102

	movieID	title	releaseYear	genre	directorName	runtime
1	M01	地道战	1965	战争	任旭东	136
2	M02	铁道游击队	1956	战争	赵明	99
3	M03	烈火金刚	1958	革命历史	何威	103
4	M04	洪湖赤卫队	1959	革命历史	谢添、陈方千	143
5	M05	红色娘子军	1960	革命历史	谢晋	116
6	M06	狼牙山五壮士	1958	英雄传记	史文炽	87
7	M07	平原游击队	1955	战争	苏里、武兆堤	101
8	M08	渡江侦察记	1954	战争	汤晓丹	103

图 7.66 例 7.60 执行结果

	recordID	userID	movieID	watchDate	watchProgress
1	R01	U01	M01	2024-01-01 10:00:00.000	1
2	R02	U01	M02	2024-01-02 15:30:00.000	0.5
3	R03	U02	M03	2024-01-03 20:45:00.000	0.9
4	R04	U02	M04	2024-01-04 09:15:00.000	0.2
5	R05	U03	M05	2024-01-05 12:30:00.000	1
6	R06	U03	M01	2023-01-06 18:00:00.000	0.9

	recordID	userID	movieID	watchDate	watchProgress
1	R01	U01	M01	2024-01-01 10:00:00.000	1
2	R02	U01	M02	2024-01-02 15:30:00.000	0.5
3	R03	U02	M03	2024-01-03 20:45:00.000	1
4	R04	U02	M04	2024-01-04 09:15:00.000	0.2
5	R05	U03	M05	2024-01-05 12:30:00.000	1
6	R06	U03	M01	2023-01-06 18:00:00.000	0.9

图 7.67 例 7.61 执行结果

【例 7.62】 带子查询的 UPDATE 语句。下面的示例将给和《游击队》相关的影视作品的评分加 0.2。

```
USE RedMovie
GO
SELECT * FROM UserComment
GO
UPDATE UserComment
SET score= score +0.2
WHERE movieID IN
```

```
        (SELECT movieID FROM MovieInfo WHERE title LIKE '%游击队%')
GO
SELECT * FROM UserComment
GO
```

执行结果如图 7.68 所示。

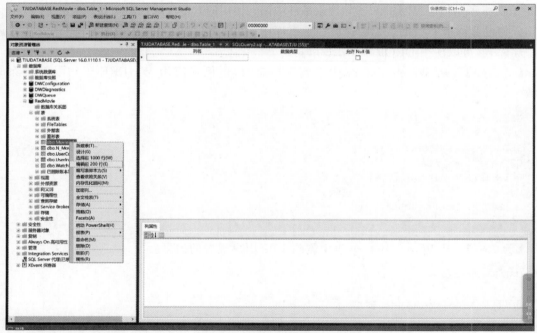

图 7.68　例 7.62 执行结果

2. 使用图形工具更新数据

使用图形工具进行数据更新的步骤如下。

① 在"对象管理器"中右击要更新数据的表名,出现如图 7.69 所示的快捷菜单。

图 7.69　快捷菜单

② 在出现的快捷菜单中选择"编辑前 200 行",出现如图 7.65 所示的更新数据窗口。在该窗口中更新需要修改的数据,修改后,单击工具栏上的【执行 SQL】按钮,将数据写入数据库引擎中。

注意：修改主表主键时会影响子表外键数据。

7.2.3 删除数据

可以使用图形工具或 Transact-SQL 命令删除数据表中的数据。

1. 使用 DELETE 命令删除数据

DELETE 命令可删除表或视图中的一行或多行。DELETE 命令的语法格式如下。

```
DELETE
    [ TOP ( expression ) [ PERCENT ] ]
    [ FROM ]
    {   { table_alias | <object> }
        [ FROM table_source [ ,…,n ] ]
        [ WHERE { <search_condition> }]
    }
[; ]
<object> ::=
{
    [ server_name . database_name . schema_name .
    | database_name .[ schema_name ] .
    | schema_name .
    ] table_or_view_name
}
```

各选项含义如下。

table_or_view：指定要从中删除行的表或视图。table_or_view 中所有符合 WHERE 搜索条件的行都将被删除。如果没有指定 WHERE 子句，将删除 table_or_view 中的所有行。FROM table_source 子句指定 WHERE 子句搜索条件中谓词使用的其他表或视图及联接条件。

任何已删除所有行的表仍会保留在数据库中。DELETE 语句只从表中删除行，要从数据库中删除表，可以使用 DROP TABLE 语句。

【例 7.63】 从 WatchHistory 表中删除所有行，该例未使用 WHERE 子句限制删除的行数。

```
USE RedMovie
GO
SELECT * FROM WatchHistory
GO
DELETE FROM WatchHistory
GO
SELECT * FROM WatchHistory
GO
```

【例 7.64】 从 WatchHistory 表中删除 U02 用户观看的信息。

```
USE RedMovie
GO
SELECT * FROM WatchHistory
GO
DELETE FROM WatchHistory WHERE userID=' U02'
GO
SELECT * FROM WatchHistory
GO
```

2. 使用 TRUNCATE TABLE 命令删除所有行

TRUNCATE TABLE 命令的语法格式如下。

```
TRUNCATE TABLE
    [ { database_name.[ schema_name ]. | schema_name . } ]
    table_name
[ ; ]
```

该命令删除表中的所有行,而不记录单个行删除操作。TRUNCATE TABLE 在功能上与没有 WHERE 子句的 DELETE 语句相同,但是 TRUNCATE TABLE 速度更快,使用的系统资源和事务日志资源更少。

TRUNCATE TABLE 删除表中的所有行,但表结构及其列、约束、索引等保持不变。若要删除表定义及其数据,可以使用 DROP TABLE 语句。

不能对以下表使用 TRUNCATE TABLE。

① 由 FOREIGN KEY 约束引用的表。

② 参与索引视图的表。

③ 通过使用事务复制或合并复制发布的表。

对于具有以上一个或多个特征的表,可以使用 DELETE 语句。

【例 7.65】　删除 WatchHistory 表中的所有用户观看记录。

```
USE RedMovie
GO
SELECT * FROM WatchHistory
GO
TRUNCATE TABLE WatchHistory
GO
SELECT * FROM WatchHistory
GO
```

3. 使用图形工具删除数据行

使用图形工具删除数据行的步骤如下。

① 在"对象管理器"中右击要删除数据行的表名,在出现的快捷菜单中选择"编辑前 200 行",出现如图 7.70 所示的数据窗口。

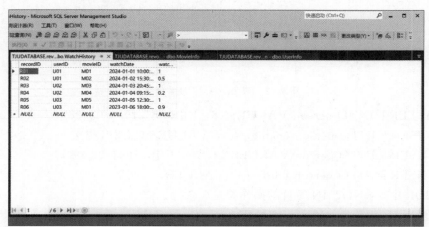

图 7.70　编辑前 200 行后的数据窗口

② 在数据窗口中单击要删除的行左侧按钮,选中该行,然后选择"编辑"菜单中的"删除"命令,会出现如图 7.71 所示的删除确认对话框。

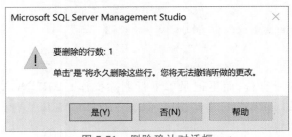

图 7.71 删除确认对话框

③ 在图 7.71 中选择【是】按钮将彻底删除该数据行,删除后无法恢复。

7.3 习题

一、选择题

1. 在查询语句中( )用于实现投影关系运算。

    A. FROM 子句   B. WHERE 子句

    C. SELECT 子句   D. ORDER BY 子句

2. 在 SELECT 子句中关键字( )用于消除重复项。

    A. AS   B. DISTINCT   C. TOP   D. PERCENT

3. 使用( )关键字引入一个子查询时,就相当于进行一次存在测试。

    A. EXISTS   B. IN   C. ANY   D. SOME

4. ( )只包含每个表的匹配值的行。

    A. 左外联接   B. 内部联接   C. 右外联接   D. 完整外联接

5. 修改数据表中数据的命令是( )。

    A. INSERT   B. DELETE   C. UPDATE   D. SELECT

6. 在 SQL Server 2022 中建立了表 person(no, name, sex, birthday),no 为表的主码,表中信息如图 7.72 所示,能够正确执行的插入操作是( )。

no	name	sex	birthday
1	张丽	女	1960/05/07
8	魏芳	女	1967/08/30
6	李安	男	1962/11/08

图 7.72 表 person 中的部分信息

    A. INSERT INTO person VALUES (8,'王中','男','1964/03/08')

    B. INSERT INTO person (name, sex) VALUES ('王中','男')

    C. INSERT INTO person VALUES (2,'男','王中','1964/03/08')

    D. INSERT INTO person (no, sex) VALUES (2,'男')

7. 在 SQL 中,与 NOT IN 等价的操作符是( )。

    A. <>ALL   B. <>SOME   C. =SOME   D. =ALL

8. 在 SQL 语言中,不属于 DML 的命令是( )。

    A. INSERT   B. DELETE   C. UPDATE   D. DROP

9. 为了使所查询的列值唯一,在使用 SELECT 语句查询时应使用的保留字是(　　)。

　　A. UNIQUE　　　　B. UNION　　　　　C. DISTINCT　　　D. ONLY

10. 在视图定义中的子查询语句中不能包含(　　)。

　　A. WHERE 子句　B. GROUP BY 子句 C. SELECT 子句　　D. FROM 子句

二、填空题

1. 在 SELECT 子句中用来代表指定表的所有列的应用的关键字是_____。

2. _____函数用于返回计算平均值。

3. _____是一个嵌套在 SELECT、INSERT、UPDATE 或 DELETE 命令或其他子查询中的查询。

4. _____可以定义两个表在查询中的关联方式。

5. 实现一次删除数据表所有行的命令是_____。

6. 更新数据表数据的 Transact-SQL 命令是_____。

7. 在 Transact-SQL 语言的 SELECT 命令中,_____子句用来实现关系的笛卡儿积运算。

8. 在 Transact-SQL 基本表的创建中实现属性非空约束的是_____短语。

9. 在 Transact-SQL 语言的 SELECT 命令中,用来对结果进行分组的是_____子句。

10. 在 Transact-SQL 语言中,代表不属于指定范围或集合中的任何单个字符的通配符是_____。

三、简答题

1. 实现查询有哪些形式?

2. SELECT 语句中的来源表有哪些形式?

3. 查询语句中有哪些通配符?

4. 什么是子查询? 什么是联接查询?

5. 如何对数据进行更新? 可以进行哪些更新?

第 8 章　索引与视图

本章主要介绍 SQL Server 中索引与视图的创建方法及使用方法，以及使用视图更新数据。

8.1　使用索引

数据库中的索引可以快速找到表或索引视图中的特定信息。索引包含从表或视图中一个或多个列生成的键，以及映射到指定数据的存储位置的指针。索引是与表或视图关联的磁盘上结构，索引中的键存储在一个结构中，使 SQL Server 可以快速有效地查找与键值关联的行。通过创建设计良好的索引，可以显著提高数据库查询和应用程序的性能。索引可以减少为返回查询结果集而必须读取的数据量。索引还可以强制表中的行具有唯一性，从而确保表数据的数据完整性。

8.1.1　索引类型

表或视图可以包含以下类型的索引。

（1）聚集索引

① 聚集索引根据数据行的键值在表或视图中排序和存储这些数据行，即聚集索引决定了数据的物理顺序。索引定义中包含聚集索引列。每个表只能有一个聚集索引，因为数据行本身只能按一个顺序排序。

② 只有当表包含聚集索引时，表中的数据行才按排序顺序存储。如果表具有聚集索引，则该表称为聚集表；如果表没有聚集索引，则其数据行存储在一个称为堆的无序结构中。

（2）非聚集索引

① 非聚集索引具有独立于数据行的结构。非聚集索引包含非聚集索引键值，并且每个键值项都有指向包含该键值的数据行的指针。

② 从非聚集索引中的索引行指向数据行的指针称为行定位器。行定位器的结构取决于数据页是存储在堆中还是聚集表中。对于堆，行定位器是指向行的指针；对于聚集表，行定位器是聚集索引键。

聚集索引和非聚集索引都可以是唯一的。这意味着任何两行都不能有相同的索引键值。另外，索引也可不是唯一的，即多行可以共享同一键值。

每当修改了表数据后，都会自动维护表或视图的索引。

（3）唯一索引

唯一索引确保索引键不包含重复的值，使表或视图中的每一行在某种程度上是唯一的。

（4）包含性列索引

一种非聚集索引，它扩展后不仅包含键列，还包含非键列。

（5）索引视图

视图的索引将具体化（执行）视图，并将结果集永久存储在唯一的聚集索引中，而且其存储方法与带聚集索引的表的存储方法相同。创建聚集索引后，可以为视图添加非聚集索引。

（6）全文索引

一种特殊类型的基于标记的功能性索引，由 Microsoft SQL Server 全文引擎（MSFTESQL）服务创建和维护，用于帮助在字符串数据中搜索复杂的词。

（7）XML 索引

xml 数据类型列中 XML 二进制大型对象的已拆分持久表示形式。

对表中的列定义了 PRIMARY KEY 约束和 UNIQUE 约束时，会自动创建索引。例如，如果创建了表并将一个特定列标识为主键，则 SQL Server Database Engine 自动对该列创建 PRIMARY KEY 约束和索引。

8.1.2 索引设计准则

要设计出好的索引集，需要了解数据库准则、查询准则和列准则以及索引特征。

1. 数据库准则

设计索引时，应考虑以下数据库准则。

① 一个表如果建有大量索引，会影响 INSERT、UPDATE 和 DELETE 语句的性能，因为更改表中的数据时，所有索引都须进行适当的调整。

- 避免对经常更新的表创建过多的索引，并且列要尽可能少。
- 使用多个索引可以提高更新少而数据量大的查询的性能。大量索引可以提高不修改数据的查询（如 SELECT 语句）的性能，因为查询优化器有更多的索引可供选择，从而可以确定最快的访问方法。

② 对小表进行索引可能不会产生优化效果，因为查询优化器在遍历用于搜索数据的索引时，花费的时间可能比执行简单的表扫描还长。因此，小表的索引可能从来不用，但仍必须在表中的数据更改时进行维护。

③ 当视图包含聚合、表联接或聚合和联接的组合时，视图的索引可以显著地提升性能。若要使查询优化器使用视图，并不一定非要在查询中显式引用该视图。

2. 查询准则

设计索引时，应考虑以下查询准则。

① 为经常用于查询中的谓词和联接条件的所有列创建非聚集索引。

注意：避免添加不必要的列。添加太多索引列可能对磁盘空间和索引维护性能产生负面影响。

② 涵盖索引可以提高查询性能，因为符合查询要求的全部数据都存在于索引本身中。也就是说，只需要索引页，而不需要表的数据页或聚集索引来检索所需数据，因此减少了总体磁盘 I/O。例如，对某一表（其中对列 a、列 b 和列 c 创建了组合索引）的列 a 和列 b 的查询，仅仅从该索引本身就可以检索指定数据。

③ 将插入或修改尽可能多的行的查询写入单个语句内，而不要使用多个查询更新相同的行。仅使用一个语句，就可以利用优化的索引维护。

④ 评估查询类型以及如何在查询中使用列。例如，在完全匹配查询类型中使用的列就适合用于非聚集索引或聚集索引。

3. 列准则

设计索引时,应考虑以下列准则。

① 对于聚集索引,应保持较短的索引键长度。另外,对唯一列或非空列创建聚集索引可以使聚集索引效率高。

② 不能将 ntext、text、image、varchar(max)、nvarchar(max)和 varbinary(max)数据类型的列指定为索引键列。不过,varchar(max)、nvarchar(max)、varbinary(max)和 xml 数据类型的列可以作为非键索引列参与非聚集索引。

③ xml 数据类型的列只能在 XML 索引中用作键列。

④ 如果索引包含多个列,则应考虑列的顺序。用于等于(=)、大于(>)、小于(<)或 BETWEEN 搜索条件的 WHERE 子句或者参与联接的列应该放在最前面。其他列应该基于其非重复级别进行排序,即从最不重复的列到最重复的列进行排序。例如,如果将索引定义为 LastName、FirstName,则该索引在搜索条件为 WHERE LastName = 'Smith'或 WHERE LastName = 'Smith' AND FirstName LIKE 'J%' 时将很有用。不过,查询优化器不会将此索引用于基于 FirstName(WHERE FirstName = 'Jane')而搜索的查询。

⑤ 考虑对计算列进行索引。

4. 索引特征

在确定某一索引适合某一查询之后,可以选择最适合具体情况的索引类型。创建索引时需确定以下选项:①聚集还是非聚集;②唯一还是非唯一;③单列还是多列;④索引中的列是升序排序还是降序排序。

8.1.3　创建索引

1. 创建索引的步骤

(1)设计索引

索引设计是一项关键任务。索引设计包括确定要使用的列,选择索引类型(如聚集或非聚集),选择适当的索引选项,以及确定文件组或分区方案布置。

(2)确定最佳的创建方法

可以按照以下方法创建索引。

① 使用 CREATE TABLE 或 ALTER TABLE 对列定义 PRIMARY KEY 或 UNIQUE 约束。

SQL Server 2022 Database Engine 自动创建唯一索引来强制 PRIMARY KEY 或 UNIQUE 约束的唯一性要求。默认情况下,创建的唯一聚集索引可以强制 PRIMARY KEY 约束,除非表中已存在聚集索引或指定了唯一的非聚集索引。默认情况下,创建的唯一非聚集索引可以强制 UNIQUE 约束,除非已明确指定唯一的聚集索引且表中不存在聚集索引。

② 使用 CREATE INDEX 语句或 Microsoft SQL Server Management Studio 对象资源管理器中的"新建索引"对话框创建独立于约束的索引。

必须指定索引的名称、表以及应用该索引的列。还可以指定索引选项和索引位置、文件组或分区方案。默认情况下,如果未指定聚集或唯一选项,将创建非聚集的非唯一索引。

(3)创建索引

一个重要因素需要考虑:是对空表还是对包含数据的表创建索引。对空表创建索引在创建索引时不会对性能产生任何影响;而向表中添加数据时,会对性能产生影响。

创建索引后,索引将自动启用并可以使用。可以通过禁用索引来删除对该索引的访问。

2. 创建聚集索引

除了个别表之外,每个表都应该有聚集索引。聚集索引除了可以提高查询性能外,还可以按需重新生成或重新组织来控制表碎片。也可以对视图创建聚集索引。

聚集索引按下列方式实现。

① PRIMARY KEY 和 UNIQUE 约束。在创建 PRIMARY KEY 约束时,如果不存在该表的聚集索引且未指定唯一非聚集索引,则将自动对一列或多列创建唯一聚集索引。主键列不允许空值。

在创建 UNIQUE 约束时,默认情况下将创建唯一非聚集索引,以便强制 UNIQUE 约束。如果不存在该表的聚集索引,则可以指定唯一聚集索引。

将索引创建为约束的一部分后,会自动将索引命名为与约束名称相同的名称。

② 独立于约束的索引。指定非聚集主键约束后,可以对非主键列的列创建聚集索引。

③ 索引视图。若要创建索引视图,需要对一个或多个视图列定义唯一聚集索引。视图将具体化,并且结果集存储在该索引的页级别中,其存储方式与表数据存储在聚集索引中的方式相同。

3. 创建非聚集索引

可以对表或索引视图创建多个非聚集索引。通常,创建非聚集索引是为了提高聚集索引未包含的常用查询的性能。

可以通过下列方法实现非聚集索引。

① PRIMARY KEY 和 UNIQUE 约束。

② 独立于约束的索引。默认情况下,如果未指定聚集,将创建非聚集索引。每个表可以创建的非聚集索引最多为 249 个,其中包括 PRIMARY KEY 或 UNIQUE 约束创建的任何索引,但不包括 XML 索引。

③ 索引视图的非聚集索引。对视图创建唯一的聚集索引后,便可以创建非聚集索引。

4. 创建唯一索引

创建唯一索引可以确保任何生成重复键值的尝试都会失败。创建 UNIQUE 约束和创建与约束无关的唯一索引并没有明显的区别。进行数据验证的方式相同,而且对于唯一索引是由约束创建还是手动创建,查询优化器并不加以区分。但是,在进行数据集成时,应当对列创建 UNIQUE 约束。这可以使索引的目的更加明晰。

唯一索引可通过以下方式实现:

① PRIMARY KEY 或 UNIQUE 约束。

② 独立于约束的索引:可以为一个表定义多个唯一非聚集索引。

③ 索引视图。

如果在键列中存在重复值,将无法创建唯一索引或约束。要解决此问题,可以使用如下方法。

① 在索引定义中添加或删除列以创建唯一组合。

② 如果重复值是因数据输入错误引起的,则可先手动更正数据,然后创建索引或约束。

5. 使用 Transact-SQL 语句创建索引

使用 CREATE INDEX 语句可以创建索引,语法格式如下。

```
CREATE [ UNIQUE ] [ CLUSTERED | NONCLUSTERED ] INDEX index_name
    ON <object> ( column [ ASC | DESC ] [ ,···,n ] )
[ ; ]
<object> ::=
{
    [ database_name. [ schema_name ] . | schema_name. ]
    table_or_view_name
}
```

各选项含义如下。

① UNIQUE：为表或视图创建唯一索引。唯一索引不允许两行具有相同的索引键值。视图的聚集索引必须唯一。

SQL Server2022 Database Engine 不允许为已包含重复值的列创建唯一索引。否则，数据库引擎会显示错误消息。必须先删除重复值，然后才能为一列或多列创建唯一索引。唯一索引中使用的列应设置为 NOT NULL，因为在创建唯一索引时，会将多个空值视为重复值。

② CLUSTERED：为表或视图创建聚集索引。创建索引时，键值的逻辑顺序决定表中对应行的物理顺序。聚集索引的底层（或称叶级别）包含该表的实际数据行。一个表或视图只允许同时有一个聚集索引。

具有唯一聚集索引的视图称为索引视图。为一个视图创建唯一聚集索引会在物理上具体化该视图。必须先为视图创建唯一聚集索引，然后才能为该视图定义其他索引。

在创建任何非聚集索引之前创建聚集索引。创建聚集索引时会重新生成表中现有的非聚集索引。

如果没有指定 CLUSTERED，则创建非聚集索引。

③ NONCLUSTERED：为表或视图创建非聚集索引。创建一个指定表的逻辑排序的索引。对于非聚集索引，数据行的物理排序独立于索引排序。

无论是使用 PRIMARY KEY 和 UNIQUE 约束隐式创建索引，还是使用 CREATE INDEX 显式创建索引。每个表都最多可包含 249 个非聚集索引。

对于索引视图，只能为已定义唯一聚集索引的视图创建非聚集索引。默认值为 NONCLUSTERED。

④ index_name：索引的名称。索引名称在表或视图中必须唯一，但在数据库中不必唯一。索引名称必须符合标识符的规则。主 XML 索引名不得以 #、##、@、@@ 字符开头。

⑤ column：索引所基于的一列或多列。指定两个或多个列名，可为指定列的组合值创建组合索引。在 table_or_view_name 后的括号中，按排序优先级列出组合索引中要包括的列。

一个组合索引键中最多可组合 16 列。组合索引键中的所有列必须在同一个表或视图中。组合索引值允许的最大容量为 900 字节。

不能将大型对象（LOB）数据类型 ntext、text、varchar(max)、nvarchar(max)、varbinary(max)、xml 或 image 的列指定为索引的键列。另外，即使 CREATE INDEX 语句中并未引用 ntext、text 或 image 列，视图定义中也不能包含这些列。

⑥ [ASC | DESC]：确定特定索引列的升序或降序排序方式。默认值为 ASC。

⑦ <object>：要为其建立索引的完全限定对象或非完全限定对象。其中选项含义同其他命令。

【例 8.1】 创建简单非聚集索引。以下示例为 RedMovie 数据库中 MovieInfo 表的

runtime 列创建非聚集索引。

```
USE RedMovie
GO
CREATE INDEX IX_runtime ON MovieInfo (runtime)
GO
```

执行结果如图 8.1 所示。

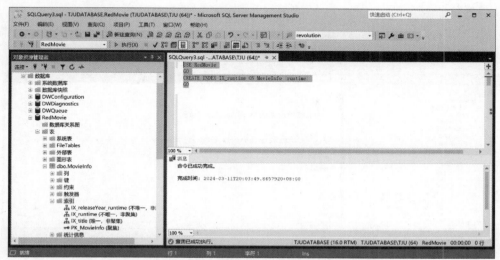

图 8.1　创建 RedMovie 表的 **runtime** 列的非聚集索引

【例 8.2】　创建简单非聚集组合索引。以下示例为 RedMovie 数据库中的 MovieInfo 表的 releaseYear 和 runtime 列创建非聚集组合索引。

```
USE RedMovie
GO
CREATE NONCLUSTERED INDEX IX_releaseYear_runtime ON MovieInfo (releaseYear,
runtime)
GO
```

执行结果如图 8.2 所示。

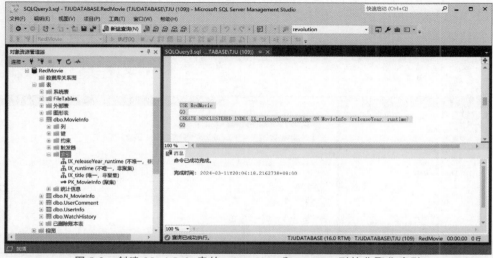

图 8.2　创建 **MovieInfo** 表的 **releaseYear** 和 **runtime** 列的非聚集索引

【例 8.3】 创建唯一非聚集索引。以下示例为 RedMovie 数据库中的 MovieInfo 表的 title 列创建唯一的非聚集索引。该索引将强制插入 title 列中的数据具有唯一性。

```
USE RedMovie
GO
CREATE UNIQUE INDEX IX_title ON MovieInfo (title)
GO
```

执行结果如图 8.3 所示。

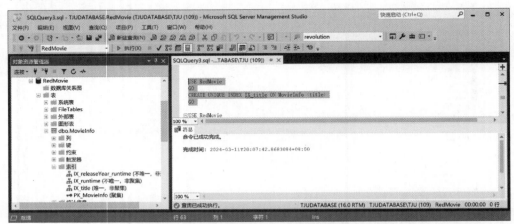

图 8.3 创建 RedMovie 表的 title 列的唯一非聚集索引

以下查询通过尝试插入与现有行包含相同值的一行来测试唯一性约束。

```
USE RedMovie
SELECT title FROM MovieInfo WHERE title = '地道战'
GO
INSERT INTO MovieInfo VALUES ('M09', '地道战', '1965','战争', '任旭东', '135')
```

生成如下错误消息：

```
(1 行受影响)
消息 2601,级别 14,状态 1,第 20 行不能在具有唯一索引"IX_title"的对象"dbo.MovieInfo"中
插入重复键的行。重复键值为 (地道战)。
语句已终止。
```

执行结果如图 8.4 所示。

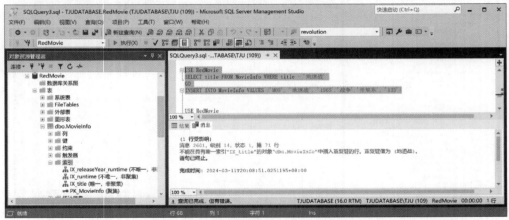

图 8.4 插入数据与唯一索引的冲突

6. 使用图形工具创建索引

【例 8.4】 使用图形工具创建 UserInfo 表中的 username 列的非聚集索引。

创建步骤如下。

① 连接到相应的 Microsoft SQL Server Database Engine 实例之后，在"对象资源管理器"中，单击服务器名称以展开服务器树。

② 展开"数据库"，选择用户数据库 RedMovie。

③ 展开 RedMovie 数据库，并展开"表"节点，选择要建立索引的表 UserInfo 并展开，右击其中的"索引"，然后选择"新建索引"，选择要新建的索引类型，如图 8.5 所示。

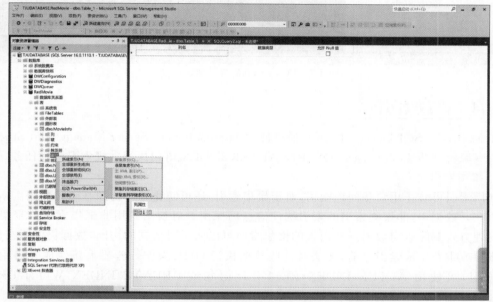

图 8.5　创建索引

④ 选择"非聚集索引"出现如图 8.6 所示的"新建索引"窗口，在"常规"选项页下设置索引名称为 IX_username，然后单击【添加】按钮增加索引键列为 username，还可以选择排序顺序为升序或降序，单击【确定】按钮完成索引的创建，结果如图 8.7 所示。

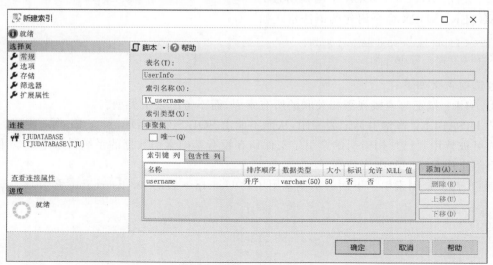

图 8.6　"新建索引"窗口

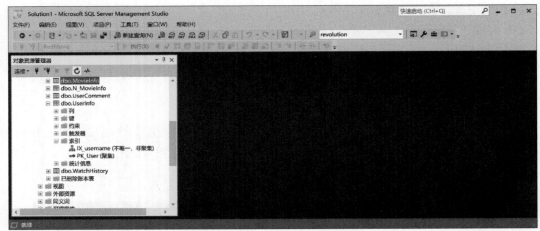

图 8.7　IX_username 索引创建成功

8.1.4　修改索引

在 Microsoft SQL Server 中，可以通过使用 Microsoft SQL Server Management Studio 中的对象资源管理器或 Transact-SQL 中的 ALTER INDEX 语句执行常规索引维护任务。

1. 禁用索引

禁用索引可防止用户访问该索引，对于聚集索引，还可防止用户访问基础表数据。索引定义保留在元数据中，非聚集索引的索引统计信息仍保留。对视图禁用非聚集索引或聚集索引会以物理方式删除索引数据。禁用表的聚集索引可以防止对数据的访问，数据仍保留在表中，但在删除或重新生成索引之前，无法对这些数据执行 DML 操作。若要重新生成并启用已禁用的索引，可使用 ALTER INDEX REBUILD 语句或 CREATE INDEX WITH DROP_EXISTING 语句。

在以下情况中可能禁用一个或多个索引。

（1）自动禁用索引

SQL Server 2022 Database Engine 在 SQL Server 升级期间自动禁用索引。

（2）使用 ALTER INDEX 手动禁用索引

ALTER INDEX 命令语句的语法格式如下。

```
ALTER INDEX { index_name | ALL }
ON <object> DISABLE
```

各选项含义如下。

① ALL：指定与表或视图相关联的所有索引，而不考虑索引类型。

② DISABLE：将索引标记为禁用，从而不能由 SQL Server Database Engine 使用。任何索引均可被禁用。已禁用索引的索引定义保留在没有基础索引数据的系统目录中。禁用聚集索引将阻止用户访问基础表数据。

【例 8.5】　禁用索引。下面的示例禁用了对 UserInfo 表的 IX_username 索引。

```
USE RedMovie
GO
ALTER INDEX IX_username ON UserInfo DISABLE
GO
```

（3）使用图形工具禁用索引

【例 8.6】　使用图形工具禁用 MovieInfo 表的 IX_runtime 索引。

① 连接到相应的 Microsoft SQL Server Database Engine 实例之后，在"对象资源管理器"中，单击服务器名称以展开服务器树。

② 展开"数据库"，选择用户数据库 RedMovie。

③ 展开 RedMovie 数据库，并展开"表"节点，选择要禁用索引的表 MovieInfo 并展开，展开其中的"索引"，然后右击要禁用的索引 IX_runtime，在弹出的快捷菜单中选择"禁用"即可禁用索引，如图 8.8 所示。

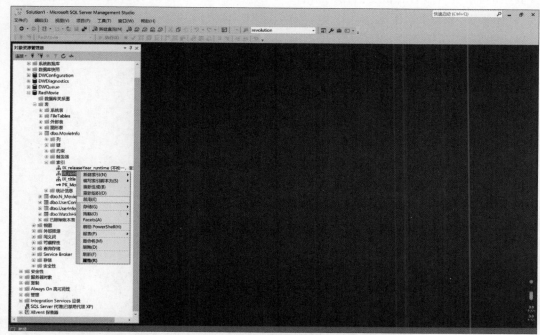

图 8.8　禁用索引

2. 启用索引

索引被禁用后一直保持禁用状态，直到它重新生成或被删除。可以使用下列方法之一，重新生成禁用的索引来启用它。

（1）带 REBUILD 子句的 ALTER INDEX 语句

ALTER INDEX 命令语句的语法格式如下。

```
ALTER INDEX { index_name | ALL }
    ON <object>
{ REBUILD
}
```

REBUILD：指定将使用相同的列、索引类型、唯一性属性和排序顺序重新生成索引。REBUILD 启用已禁用的索引。

【例 8.7】　重新生成索引。以下示例在 MovieInfo 表中重新生成索引 IX_runtime。

```
USE RedMovie
GO
```

```
ALTER INDEX IX_runtime ON MovieInfo REBUILD
GO
```

(2) 使用图形工具启用索引

① 连接到相应的 Microsoft SQL Server Database Engine 实例之后,在对象资源管理器中单击服务器名称,以展开服务器树。

② 展开"数据库"节点,然后根据数据库的不同,选择用户数据库,如 RedMovie。

③ 展开 RedMovie 数据库,并展开"表"节点,选择要启用索引的表,如 MovieInfo 并展开,展开其中的"索引",然后右击要启用的索引,如 IX_runtime,在弹出的快捷菜单中选择"重新生成"启用索引,如图 8.9 所示。

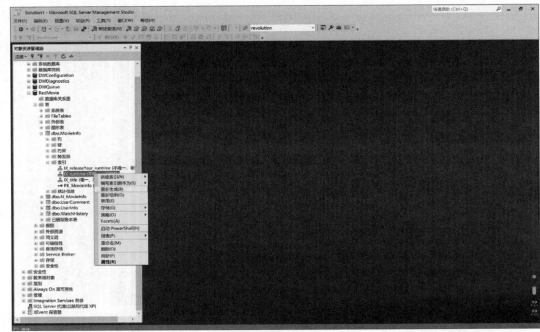

图 8.9　启用索引

在索引重新生成之后,任何因禁用索引而被禁用的约束必须手动将其启用。PRIMARY KEY 和 UNIQUE 约束,可通过重新生成相关联的索引来启用。必须重新生成(启用)索引,才能启用引用 PRIMARY KEY 或 UNIQUE 约束的 FOREIGN KEY 约束。FOREIGN KEY 约束,可使用 ALTER TABLE CHECK CONSTRAINT 语句来启用。

3. 重命名索引

重命名索引将用提供的新名称替换当前的索引名称。指定的名称在表或视图中必须唯一。例如,两个表可以有一个名为 XPK_1 的索引,但同一个表中不能有两个名为 XPK_1 的索引。无法创建与现有禁用索引同名的索引。重命名索引不会导致重新生成索引。

在表中创建 PRIMARY KEY 或 UNIQUE 约束时,会在表中自动创建一个与该约束同名的索引。因为索引名称在表中必须唯一,所以无法通过创建或重命名获得一个与该表的现有 PRIMARY KEY 或 UNIQUE 约束同名的索引。

(1) 使用 sp_rename 系统过程重命名索引

sp_rename 系统过程的语法格式如下。

```
sp_rename [ @objname = ] 'object_name' , [ @newname = ] 'new_name'
    [ , [ @objtype = ] 'object_type' ]
```

各选项含义如下。

① [@objname =] 'object_name'：用户对象或数据类型的当前限定或非限定名称。如果要重命名的对象是表中的列，则 object_name 的格式必须是 table.column；如果要重命名的对象是索引，则 object_name 的格式必须是 table.index。

只有在指定了合法的对象时才必须使用引号。如果提供了完全限定名称，包括数据库名称，则该数据库名称必须是当前数据库的名称。object_name 的数据类型为 nvarchar(776)，无默认值。

② [@newname =] 'new_name'：指定对象的新名称。new_name 必须是名称的一部分，并且必须遵循标识符的规则。new_name 的数据类型为 sysname，无默认值。

③ [@objtype =] 'object_type'：要重命名的对象的类型。object_type 的数据类型为 varchar(13)，默认值为 NULL，可取表 8.1 所示的值之一。

表 8.1　object_type 的取值

值	说　明
COLUMN	要重命名的列
DATABASE	用户定义数据库。重命名数据库时需要此对象类型
INDEX	用户定义索引
OBJECT	在 sys.objects 中跟踪的类型的项目。例如，OBJECT 可用于重命名约束（CHECK、FOREIGN KEY、PRIMARY/UNIQUE KEY）、用户表和规则等对象
USERDATATYPE	通过执行 CREATE TYPE 或 sp_addtype 添加别名数据类型或 CLR 用户定义类型

【例 8.8】　重命名索引。以下示例将 MovieInfo 表中的 IX_runtime 索引重命名为 IX_MovieInfo_runtime。

```
USE RedMovie
GO
EXEC sp_rename N'MovieInfo.IX_runtime', N'IX_MovieInfo_runtime', N'INDEX'
```

（2）使用图形工具重命名索引

① 连接到相应的 Microsoft SQL Server Database Engine 实例之后，在"对象资源管理器"中，单击服务器名称，以展开服务器树。

② 展开"数据库"，然后根据数据库的不同，选择用户数据库，如 RedMovie。

③ 展开 RedMovie 数据库，并展开"表"节点，选择要重命名索引的表，如 MovieInfo 并展开，展开其中的"索引"，然后右击要重命名的索引，如 IX_runtime，在弹出的快捷菜单中选择"重命名"，如图 8.10 所示。

④ 输入新的索引名称后按回车键完成重命名索引。

8.1.5　删除索引

当一个索引不再需要时，可以将其从数据库中删除，以回收它当前使用的磁盘空间。以便数据库中的任何对象都可以使用此回收的空间。

必须先删除 PRIMARY KEY 或 UNIQUE 约束，才能删除约束使用的索引。通过修改索引（如修改索引使用的填充因子），实质上可以删除并重新创建 PRIMARY KEY 或 UNIQUE

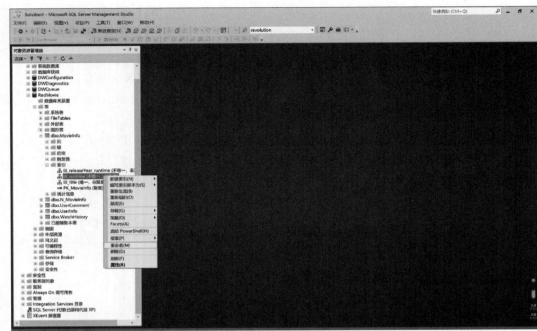

图 8.10　重命名索引

约束使用的索引，而无须删除并重新创建约束。

　　重新生成索引（而不是删除再重新创建索引）还有助于重新创建聚集索引。这是因为如果数据已经排序，则重新生成索引的过程无须按索引列对数据排序。

　　删除视图或表时，将自动删除为永久性和临时性视图或表创建的索引。

　　删除聚集索引后，存储在聚集索引叶级中的数据行将存储在未排序的表（堆）中。删除聚集索引会花些时间，这是因为除了删除聚集索引外，必须重新生成表的所有非聚集索引以替换带有指向堆的行指针的聚集索引键。删除表的所有索引时，首先删除非聚集索引，最后删除聚集索引。这样，就无须重新生成索引。

　　删除索引视图的聚集索引时，将自动删除同一视图的所有非聚集索引和自动创建的统计信息。手动创建的统计信息不会删除。

1. 使用 Transact-SQL 语句删除索引

可以使用 DROP INDEX 命令删除索引，语句的语法格式如下。

```
DROP INDEX index_name ON <object>
```

　　DROP INDEX 语句不适用于通过定义 PRIMARY KEY 或 UNIQUE 约束创建的索引。这些约束是分别使用 CREATE TABLE 或 ALTER TABLE 语句的 PRIMARY KEY 或 UNIQUE 选项创建的。

　　【例 8.9】　删除索引。下列示例删除了 MovieInfo 表中的 IX_runtime 索引。

```
USE MovieInfo
GO
DROP INDEX IX_runtime ON MovieInfo
GO
```

2. 使用图形工具删除索引

① 连接到相应的 Microsoft SQL Server Database Engine 实例之后，在"对象资源管理器"

中,单击服务器名称,以展开服务器树。

② 展开"数据库",然后根据数据库的不同,选择用户数据库,如 RedMovie。

③ 展开 RedMovie 数据库,并展开"表"节点,选择要删除索引的表,如 project 并展开,展开其中的"索引",然后右击要删除的索引如 IX_runtime,在弹出的快捷菜单中选择"删除",如图 8.11 所示。

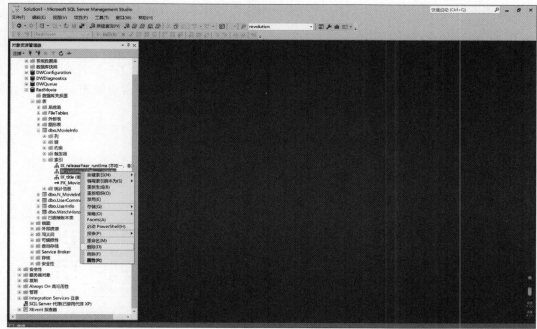

图 8.11　删除索引

④ 在出现的如图 8.12 所示的"删除对象"窗口中,确认删除对象信息后,单击【确定】按钮即可删除索引。

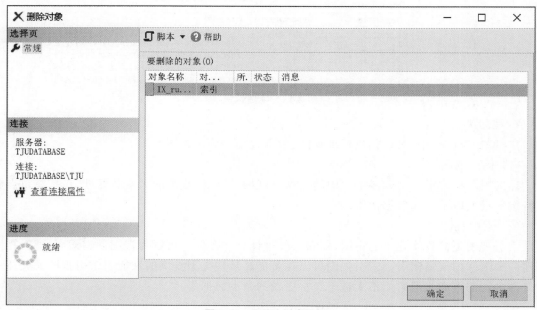

图 8.12　"删除对象"窗口

8.2　使用视图

视图可以看作虚拟表或存储查询。除非是索引视图,否则视图的数据不会作为非重复对象存储在数据库中。SELECT 语句的结果集构成视图所返回的虚拟表。用户可以采用引用表时所使用的方法,在 Transact-SQL 语句中引用视图名称来使用此虚拟表。

8.2.1　视图的作用

视图是一个虚拟表,其内容由查询定义。同真实的表一样,视图包含一系列带有名称的列和行数据。视图在数据库中并不是以数据值存储集形式存在,除非是索引视图。行和列数据来自由定义视图的查询所引用的表,并且在引用视图时动态生成。

对其中所引用的基础表来说,视图的作用类似于筛选。定义视图的筛选可以来自当前或其他数据库的一个或多个表,或者其他视图。

通过视图进行查询没有任何限制,通过它们进行数据修改时的限制也很少。

图 8.13 显示了在两个表上建立的视图。

EmployeeMaster table

EmployeeID	FirstName	AddressID	ShiftID	LastName	MiddleName	SSN	
1	Sheri	1	1	Nowmer	E	245797967	▪ ▪ ▪
2	Derrick	2	1	Whelply	R	509647174	▪ ▪ ▪
3	Michael	3	1	Spence	C	42487730	▪ ▪ ▪
4	Maya	4	1	Gutierrez	Y	56920285	▪ ▪ ▪
5	Roberta	5	1	Damstra	B	695256908	▪ ▪ ▪

View

FirstName	LastName	Description
Sheri	Nowmer	Engineering
Derrick	Whelply	Engineering
Michael	Spence	Engineering

Department Table

DepartmentID	Description	rowguid
1	Engineering	3FFD2603-EB6E-43B2-A8EF-C4F5C3064026
2	Tool Design	AE948718-D4BF-40E0-8ECD-2D9F4A0B211E
3	Sales	702C0EE3-03E6-4F95-9AB8-99F4F25921F3
4	Marketing	3E3C4476-B9EC-43CB-AA12-1E7A140A71A4
5	Purchasing	D6C63691-93B5-4F43-AD88-34B6B9A3C4A3

图 8.13　视图示例

1. 视图类型

在 SQL Server 中,可以创建标准视图、索引视图和分区视图。

(1) 标准视图

标准视图组合了一个或多个表中的数据,可以获得使用视图的大多数好处,包括将重点放在特定数据上以及简化数据操作。

(2) 索引视图

索引视图是被具体化了的视图,即它已经过计算并存储。可以为视图创建索引,即对视图创建一个唯一的聚集索引。索引视图可以显著提高某些类型查询的性能。索引视图尤其适于聚合许多行的查询。但它们不太适于经常更新的基本数据集。

（3）分区视图

分区视图在一台或多台服务器间水平连接一组成员表中的分区数据。这样，数据看上去如同来自一个表。联接同一个 SQL Server 实例中的成员表的视图是一个本地分区视图。

2. 视图的使用

视图通常用来集中、简化和自定义每个用户对数据库的不同认识。视图可用作安全机制，它可以允许用户通过视图访问数据，而不授予用户直接访问视图基础表的权限。视图可用于提供向后兼容接口，模拟曾经存在但其架构已更改的表。还可以在向 Microsoft SQL Server 复制数据和从其中复制数据时使用视图，以便提高性能并对数据进行分区。

使用视图有以下作用。

（1）着重于特定数据

视图使用户能够着重于所感兴趣的特定数据和所负责的特定任务。不必要的数据或敏感数据可以不出现在视图中。

例如，可创建只浏览 RedMovie 数据库中的科研人员信息及其参与项目信息的视图。

（2）简化数据操作

视图可以简化用户处理数据的方式。可以将常用联接、投影、UNION 查询和 SELECT 查询定义为视图，用户不必在每次对该数据执行附加操作时指定所有条件和条件限定。例如，可以将一个用于报表目的且执行子查询、外联接和聚合来从一组表中检索数据的复杂查询创建为视图。视图简化了对数据的访问，因为每次生成报表时无须编写或提交基础查询，而是查询视图。

（3）提供向后兼容性

视图能够在表的架构更改时为表创建向后兼容接口。

例如，一个应用程序可能引用了具有以下架构的非规范化表：

```
Employee(Name, BirthDate, Salary, Department, BuildingName)
```

若要避免在数据库中重复存储数据，可以通过将该表拆分为下列两个表来规范化该表：

```
Employee2(Name, BirthDate, Salary, DeptId)
Department(DeptId, BuildingName)
```

若要提供仍然引用 Employee 中的数据的向后兼容接口，可以删除原有的 Employee 表并用以下视图替换：

```
CREATE VIEW Employee AS
SELECT Name, BirthDate, Salary, BuildingName
FROM Employee2 e, Department d
WHERE e.DeptId = d.DeptId
```

此时，用于查询 Employee 表的应用程序可以从 Employee 视图中获取它们的数据。如果只从 Employee 中读取，则不必更改应用程序。通过向新视图添加 INSTEAD OF 触发器，将对视图的 INSERT、DELETE 和 UPDATE 操作映射到基础表，有时也可以支持更新 Employee 的应用程序。

（4）自定义数据

视图允许用户以不同方式查看数据，即使在他们同时使用相同的数据时也是如此。这在具有许多不同目的和技术水平的用户共用同一数据库时尤其有用。

（5）导出和导入数据

可使用视图将数据导出到其他应用程序。例如，可将 RedMovie 数据库中的 MovieInfo 表、UserInfo 表、UserComment 表及 WatchHistory 表导出至 Microsoft Excel 中进行数据分析。

（6）跨服务器组合分区数据

Transact-SQL UNION 集合运算符可在视图内使用，将单独表的两个或多个查询的结果组合到单一的结果集中。这在用户看来是一个单独的表，称为分区视图。例如，如果一个表包含天津的销售数据，另一个表包含北京的销售数据，则可以对这两个表使用 UNION 创建一个视图。该视图代表这两个地区的销售数据。

通过使用分区视图，数据在逻辑上是单一表，并且能以单一表的方式进行查询，而无须手动引用正确的基础表。

8.2.2　创建视图

在创建视图前需考虑如下规则。

① 只能在当前数据库中创建视图。但如果使用分布式查询定义视图，则新视图所引用的表和视图可以存在于其他数据库甚至其他服务器中。

② 视图名称必须遵循标识符的规则，且对每个架构都必须唯一。此外，该名称不得与该架构包含的任何表的名称相同。

③ 可以对其他视图创建视图。Microsoft SQL Server 允许嵌套视图。但嵌套不得超过 32 层。根据视图的复杂性及可用内存，视图嵌套的实际限制可能低于该值。

④ 不能将规则或 DEFAULT 定义与视图相关联。

⑤ 不能将 AFTER 触发器与视图相关联，只有 INSTEAD OF 触发器可以与之相关联。

⑥ 定义视图的查询不能包含 COMPUTE 子句、COMPUTE BY 子句或 INTO 关键字。

⑦ 定义视图的查询不能包含 ORDER BY 子句，除非在 SELECT 语句的选择列表中还有一个 TOP 子句。

⑧ 定义视图的查询不能包含指定查询提示的 OPTION 子句。

⑨ 不能创建临时视图，也不能对临时表创建视图。

⑩ 下列情况下必须指定视图中每列的名称。

- 视图中的任何列都是从算术表达式、内置函数或常量派生而来。
- 视图中有两列或多列应具有相同名称（通常由于视图定义包含联接，因此来自两个或多个不同表的列具有相同的名称）。
- 希望为视图中的列指定一个与其源列不同的名称（也可以在视图中重命名列）。无论重命名与否，视图列都会继承其源列的数据类型。

注意：此规则在视图基于包含外部联接的查询时不适用，因为列可能从不支持空值转而支持空值。

其他情况下，无须在创建视图时指定列名。SQL Server 会为视图中的列指定与定义视图的查询所引用的列相同的名称和数据类型。SELECT 子句中的选择列表可以是基表中列名的完整列表，也可以是其部分列表。

若要创建视图，必须获得数据库所有者授予创建视图的权限。默认情况下，由于行通过视图进行添加或更新，当其不再符合定义视图的查询条件时，它们即从视图范围中消失。例如，创建一个定义视图的查询,该视图从表中检索出员工的薪水低于 \$30 000 的所有行。如果员工的薪水涨到 \$32 000,因其薪水不符合视图所设条件,查询时视图不再显示该特定员工。但是,WITH CHECK OPTION 子句强制所有数据修改语句均根据视图执行,以符合定义视图的 SELECT 语句中所设条件。如果使用该子句,则对行的修改不能导致行从视图中消失。任何可能导致行消失的修改都会被取消,并显示错误。

1. 使用 Transact-SQL 命令创建视图

可以使用 CREATE VIEW 命令创建视图,语句语法格式如下。

```
CREATE VIEW [ schema_name . ] view_name [ (column [ ,…,n ] ) ]
AS select_statement
[ WITH CHECK OPTION ]
[ ; ]
```

各选项含义如下。

① view_name:视图的名称。视图名称必须符合有关标识符的规则。

column [,…n]:视图中的列使用的名称。如果未指定 column,则视图列将获得与 SELECT 语句中的列相同的名称。视图最多可以包含 1024 列。

视图各列中的列名的权限在 CREATE VIEW 或 ALTER VIEW 语句间均适用,与基础数据源无关。例如,如果在 CREATE VIEW 语句中授予了 SalesOrderID 列上的权限,则 ALTER VIEW 语句可以将 SalesOrderID 列改名(如改为 OrderRef),但仍具有与使用 SalesOrderID 的视图相关联的权限。

② AS:指定视图要执行的操作。

③ select_statement:定义视图的 SELECT 语句。该语句可以使用多个表和其他视图。需要相应的权限才能在已创建视图的 SELECT 子句引用的对象中选择。

视图不必是具体某个表的行和列的简单子集。可以使用多个表或带任意复杂性的 SELECT 子句的其他视图创建视图。

在索引视图定义中,SELECT 语句必须是单个表的语句或带有可选聚合的多表联接。

④ WITH CHECK OPTION:强制针对视图执行的所有数据修改语句,都必须符合在 select_statement 中设置的条件。通过视图修改行时,WITH CHECK OPTION 可确保提交修改后,仍可通过视图看到数据。如果在 select_statement 中的任何位置都使用 TOP,则不能指定 CHECK OPTION。

【例 8.10】　使用 CREATE VIEW 命令。以下示例使用简单 SELECT 语句创建视图。当需要频繁地查询列的某种组合时,简单视图非常有用。此视图的数据来自 RedMovie 数据库的 UserInfo 和 WatchHistory 表。这些数据提供用户的编号、用户名以及观看的红色影视作品编号及观看进度。

```
USE RedMovie
GO
CREATE VIEW UserInfo_view
AS
SELECT u.userID, u.username, w.movieID, w.watchProgress
FROM UserInfo u JOIN WatchHistory w on u.userID=w.userID
GO
```

使用以下命令可以查看视图内容。

```
SELECT * FROM UserInfo_view
```

执行结果如图 8.14 所示。

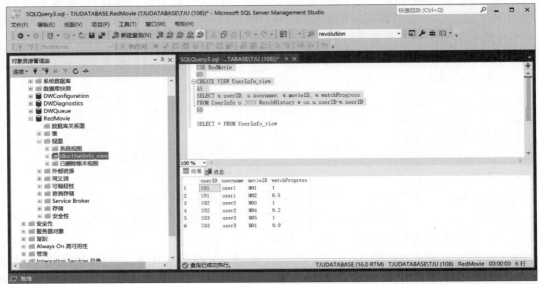

图 8.14　UserInfo _view 视图内容

2. 使用图形工具创建视图

【例 8.11】　使用图形工具创建视图 MovieInfo_UserInfo_view，该视图包括用户编号、用户名、观看的影视作品编号、作品名称。

使用图形工具创建视图的步骤如下。

① 连接到相应的 Microsoft SQL Server Database Engine 实例之后，在"对象资源管理器"中单击服务器名称，以展开服务器树。

② 展开"数据库"，然后选择用户数据库 RedMovie。

③ 展开 RedMovie 数据库，右击"视图"节点，然后单击"新建视图"，如图 8.15 所示。

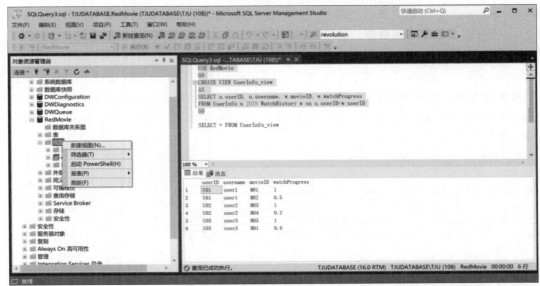

图 8.15　新建视图

④ 在出现的如图 8.16 所示的"添加表"对话框中选择视图所需要的表,单击【添加】按钮,本例中选择三个表,然后单击【关闭】按钮,结果如图 8.17 所示。

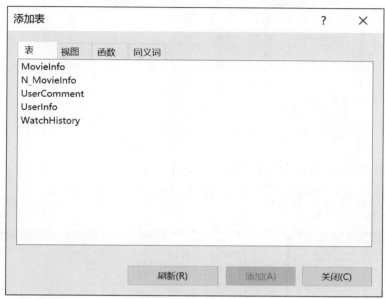

图 8.16　"添加表"对话框

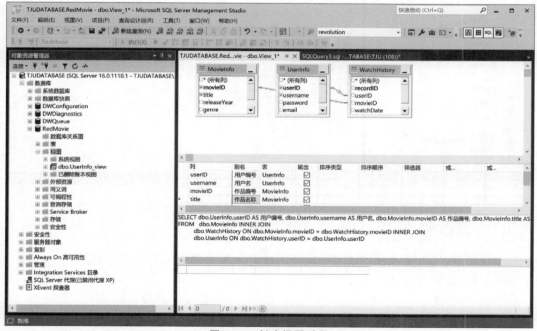

图 8.17　创建视图过程

⑤ 在图 8.17 所示的右侧上部窗口的每个表中选择所需的字段,选择后这些字段会出现在右侧中部的表格的"列"项中,在"别名"列中可以设置每列显示名称,在"输出"列中可以选择视图最终要显示的列,也可以在"排序类型"和"排序顺序"列中设置某列的显示顺序,在"筛选器"中可以设置选择条件。

⑥ 设置后,单击工具栏中的【保存】按钮,出现如图 8.18 所示的"选择名称"对话框,输入

视图名称后,单击【确定】按钮。

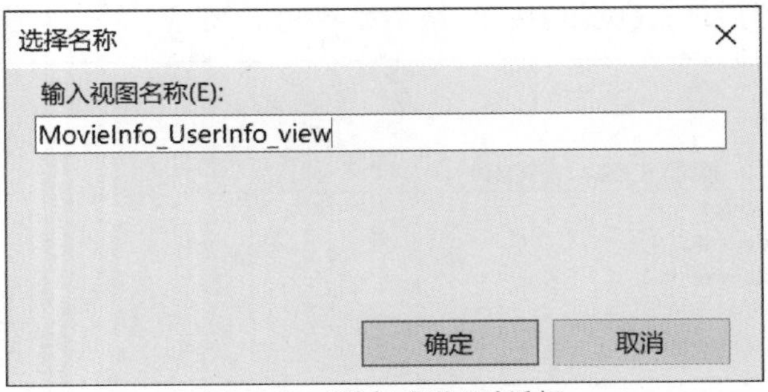

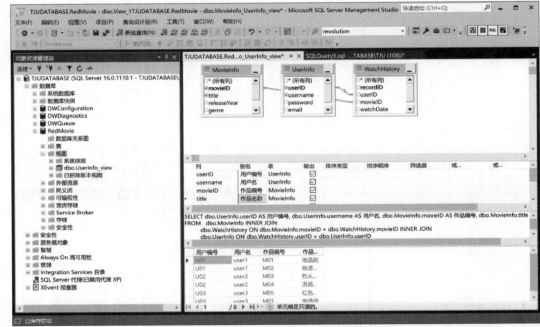

图 8.18　"选择名称"对话框

⑦ 单击工具栏中的【执行 SQL】按钮,执行结果如图 8.19 所示。

图 8.19　MovieInfo_UserInfo_view 视图的结果

8.2.3　修改视图

视图定义后,可以更改视图的名称或视图的定义而无须删除并重新创建视图。删除并重新创建视图,会造成与该视图关联的权限丢失。

1. 重命名视图

在重命名视图时,需考虑以下原则。

① 要重命名的视图必须位于当前数据库中。

② 新名称必须遵守标识符规则。

③ 仅可以重命名具有更改权限的视图。

④ 数据库所有者可以更改任何用户视图的名称。

（1）使用系统存储过程重命名视图

可以使用系统存储过程 sp_rename 来重命名视图名称,与重命名索引方法相同。

（2）使用图形工具重命名视图

右击要重命名的视图，选择"重命名"，然后输入新视图名称，按回车键即可。

注意：重命名视图并不更改它在视图定义文本中的名称。要在定义中更改视图名称，应直接修改视图。

2. 修改视图定义

修改先前创建的视图，其中包括索引视图。

（1）使用 Transact-SQL 命令修改视图

可以使用 ALTER VIEW 命令修改视图定义，该命令不影响相关的存储过程或触发器，并且不会更改权限。语法格式如下。

```
ALTER VIEW [ schema_name . ] view_name [ ( column [ ,…,n ] ) ]
AS select_statement
[ WITH CHECK OPTION ] [ ; ]
```

注意：如果原来的视图定义是使用 WITH CHECK OPTION 创建的，则只有在 ALTER VIEW 中也包含这些选项时，才会启用这些选项。

【例 8.12】　修改 RedMovie 数据库中的视图 UserInfo_view，使其只包含偏好为革命历史类型影视作品的用户观看信息。

```
USE RedMovie
GO
ALTER VIEW UserInfo_view
AS
SELECT u.userID, u.username, w.movieID, w.watchProgress
FROM UserInfo u JOIN WatchHistory w on u. userID =w. userID
WHERE u.preference LIKE '%革命历史%'
GO
```

使用以下命令可以查看视图内容。

```
SELECT * FROM UserInfo_view
```

执行结果如图 8.20 所示。

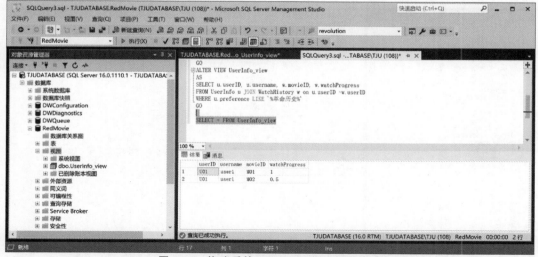

图 8.20　修改后的 UserInfo _view 视图内容

（2）使用图形工具修改视图

① 连接到相应的 Microsoft SQL Server Database Engine 实例之后,在对象资源管理器中单击服务器名称,以展开服务器树。

② 展开"数据库"节点,然后根据数据库的不同,选择用户数据库,如 RedMovie。

③ 展开 RedMovie 数据库节点,展开"视图"节点,右击要修改的视图,然后单击"设计",如图 8.21 所示。

图 8.21　修改视图

④ 在出现的图 8.22 所示的视图定义窗口中可以修改视图的定义。

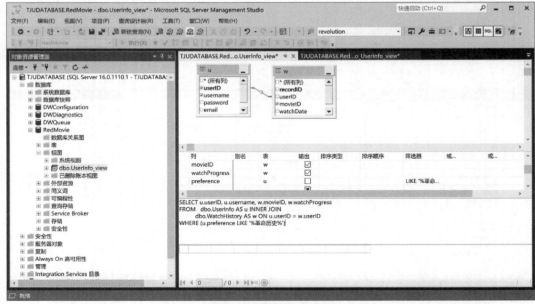

图 8.22　视图定义窗口

⑤ 设置后,单击工具栏中的【保存】按钮,再单击工具栏中的【执行 SQL】按钮,可以看到修改的结果。

3. 通过视图修改数据

可以通过视图修改基础表的数据,修改方式与通过 UPDATE、INSERT 和 DELETE 命令修改表中数据的方式一样。但是,以下限制应用于更新视图,但不应用于更新表。

① 任何修改(包括 UPDATE、INSERT 和 DELETE 语句)都只能引用一个基础表的列。

② 视图中被修改的列必须直接引用表列中的基础数据,不能通过其他方式派生,例如通过聚合函数(AVG、COUNT、SUM、MIN、MAX、GROUPING、STDEV、STDEVP、VAR 和 VARP)。计算不能通过表达式并使用列计算出其他列。使用集合运算符(UNION、UNION ALL、CROSSJOIN、EXCEPT 和 INTERSECT)形成的列得出的计算结果不可更新。

③ 正在修改的列不受 GROUP BY、HAVING 或 DISTINCT 子句的影响。

另外还将应用以下附加准则。

④ 如果在视图定义中使用了 WITH CHECK OPTION 子句,则所有在视图上执行的数据修改语句都必须符合定义视图的 SELECT 语句中所设置的条件。如果使用了 WITH CHECK OPTION 子句,修改行时需注意不让它们在修改完成后从视图中消失。任何可能导致行消失的修改都会被取消,并显示错误。

⑤ INSERT 语句必须为不允许空值且没有 DEFAULT 定义的基础表中的所有列指定值。

⑥ 在基础表的列中修改的数据必须符合对这些列的约束,例如为空性、约束及 DEFAULT 定义等。如果要删除一行,则相关表中的所有基础 FOREIGN KEY 约束必须仍然得到满足,删除操作才能成功。

(1) 通过视图添加数据

【例 8.13】　通过视图将数据加载到基础表。以下示例在 INSERT 命令中指定一个视图名,但执行后系统将新行插入该视图的基础表中。INSERT 语句中 VALUES 列表的顺序必须与视图的列顺序相匹配。

```
USE RedMovie
GO
CREATE VIEW MovieInfo_releaseYear_view
AS
SELECT movieID, title, runtime
FROM MovieInfo
WHERE releaseYear =1958
GO
INSERT INTO MovieInfo_releaseYear_view VALUES ('M11', '永不消逝的电波', 110)
GO
SELECT * FROM MovieInfo
GO
SELECT * FROM MovieInfo_releaseYear_view
GO
```

对视图 MovieInfo_releaseYear_view 增加的数据反映到基础表 MovieInfo 中,即

```
INSERT INTO MovieInfo_releaseYear_view VALUES ('M11', '永不消逝的电波', 110)
```

语句转变为:

```
INSERT INTO MovieInfo VALUES ('M11', '永不消逝的电波', 1958, 110)
```

（2）通过视图更改数据

【例 8.14】 通过视图将数据修改到基础表。以下示例在 UPDATE 语句中指定一个视图名，但将修改的数据反映到该视图的基础表中。

```
USE RedMovie
GO
CREATE VIEW MovieInfo_releaseYear_view
AS
SELECT movieID, title, runtime
FROM MovieInfo
WHERE releaseYear =1958
GO
UPDATE MovieInfo_releaseYear_view SET runtime=103 WHERE movieID= 'M03'
GO
SELECT * FROM MovieInfo
GO
SELECT * FROM MovieInfo_releaseYear_view
GO
```

对视图 MovieInfo_releaseYear_view 增加的数据反映到基础表 MovieInfo 中，即将

```
UPDATE MovieInfo_releaseYear_view SET runtime=103 WHERE movieID= 'M03'
```

语句转变为：

```
UPDATE MovieInfo SET runtime=103 WHERE movieID= 'M03' AND releaseYear =1958
```

（3）通过视图删除数据

【例 8.15】 通过视图删除数据表数据。以下示例在 DELETE 语句中指定一个视图名，但将删除的数据反映到该视图的基础表中。

```
USE RedMovie
GO
CREATE VIEW MovieInfo_releaseYear_view
AS
SELECT movieID, title, runtime
FROM MovieInfo
WHERE releaseYear =1958
GO
DELETE FROM MovieInfo_releaseYear_view WHERE movieID= 'M03'
GO
SELECT * FROM MovieInfo
GO
SELECT * FROM MovieInfo_releaseYear_view
GO
```

对视图 MovieInfo_releaseYear_view 删除的数据反映到来源表 MovieInfo 中，即

```
DELETE FROM MovieInfo_releaseYear_view WHERE movieID= 'M03'
```

语句转变为：

```
DELETE FROM MovieInfo WHERE movieID= 'M03'AND releaseYear =1958
```

8.2.4　删除视图

在创建视图后,如果不再需要该视图,或想清除视图定义及与之相关联的权限,可以删除该视图。删除视图后,表和视图所基于的基础表并不受到影响。任何使用基于已删除视图的对象的查询将会失败,除非创建了同样名称的一个视图。但是,如果新视图没有包含与之相关的任何对象所需要的列,则使用与视图相关的对象的查询在执行时将会失败。

1. 使用 Transact-SQL 命令删除视图

可以使用 DROP VIEW 命令语句删除视图,命令语句语法格式如下。

```
DROP VIEW [ schema_name . ] view_name [ …,n ] [ ; ]
```

删除视图时,将从系统目录中删除视图的定义和有关视图的其他信息。还将删除视图的所有权限。

使用 DROP TABLE 删除的表上的任何视图都必须使用 DROP VIEW 显式删除。

对索引视图执行 DROP VIEW 时,将自动删除视图上的所有索引。

【例 8.16】 以下示例删除视图 UserInfo_view。

```
USE RedMovie
GO
IF OBJECT_ID (UserInfo_view', 'view') IS NOT NULL
DROP VIEW UserInfo_view
GO
```

2. 使用图形工具删除视图

① 连接到相应的 Microsoft SQL Server Database Engine 实例之后,在"对象资源管理器"中单击服务器名称以展开服务器树。

② 展开"数据库",然后根据数据库的不同,选择用户数据库,如 RedMovie。

③ 展开 RedMovie 数据库并展开"视图"节点,然后右击要删除的视图,如 UserInfo_view,在弹出的快捷菜单中选择"删除",如图 8.23 所示。

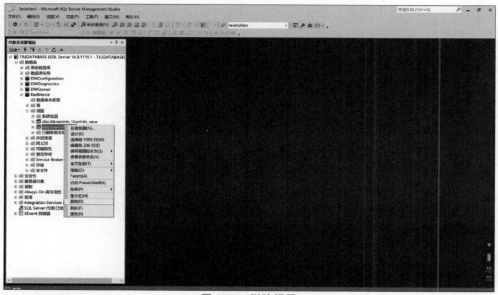

图 8.23　删除视图

④ 在出现的如图 8.24 所示的"删除对象"窗口中,确认删除对象信息后,单击【确定】按钮即可删除。

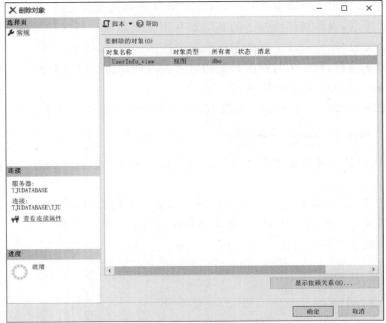

图 8.24 "删除对象"窗口

8.3 习题

一、选择题

1.（　　）确保索引键不包含重复的值。
   A. 聚集索引　　　　B. 非聚集索引　　　　C. 索引视图　　　　D. 唯一索引

2. 聚集索引的关键字是（　　）。
   A. CLUSTERED　　　　　　　　　　B. UNIQUE
   C. NONCLUSTERED　　　　　　　　D. INDEX

3. 禁用索引的命令是（　　）。
   A. CREATE INDEX　　　　　　　　B. DROP INDEX
   C. ALTER INDEX　　　　　　　　　D. DELETE INDEX

4.（　　）在一台或多台服务器间水平连接一组成员表中的分区数据。
   A. 标准视图　　　　B. 索引视图　　　　C. 修改视图　　　　D. 分区视图

5. 通过视图修改行时,（　　）可确保提交修改后仍可通过视图看到数据。
   A. UNION　　　　　　　　　　　　B. WITH CHECK OPTION
   C. DEFAULT　　　　　　　　　　　D. ENCRYPTION

6. SQL 中的视图对应于关系数据库的（　　）。
   A. 概念模式　　　　B. 外模式　　　　C. 逻辑模式　　　　D. 物理模式

7. 视图是一个"虚表",视图的构造基于（　　）。
   A. 基本表　　　　B. 视图　　　　C. 基本表或视图　　　　D. 数据字典

8. 在视图上不能完成的操作是（　　）。

　　A. 更新视图　　　　　　　　　　　B. 查询

　　C. 在视图上定义新视图　　　　　　D. 在视图上定义新的基本表

9. 如果要删除索引，应该使用的 SQL 语句是（　　）。

　　A. DELETE INDEX　　　　　　　　B. DROP INDEX

　　C. CREATE INDEX　　　　　　　　D. ALTER INDEX

10. 以下关于视图说法不正确的是（　　）。

　　A. 只能在当前数据库中创建视图

　　B. 视图名称对每个用户必须是唯一的

　　C. 定义视图的查询不能包含 ORDER BY 子句

　　D. 可以在临时表上创建视图

二、填空题

1. _____索引根据数据行的键值在表或视图中排序和存储这些数据行。

2. 索引被禁用后一直保持禁用状态，直到它重新_____或_____。

3. 重命名索引使用系统过程_____。

4. 视图分为_____视图、_____视图和_____视图。

5. 对视图的修改会直接反映到对_____的修改。

6. 为了使索引键的值在基本表中唯一，在建立索引的语句中应使用保留字_____。

7. 创建数据表索引的 Transact-SQL 命令是_____。

8. 在视图定义中的子查询语句中不能包含_____子句。

9. 索引视图可以为视图创建一个唯一的_____。

10. 只能在_____数据库中创建视图。

三、简答题

1. 什么是索引？索引有哪些类型？

2. 索引设计准则是什么？索引有什么特征？

3. 如何创建索引？如何修改索引？

4. 什么是视图？视图有什么作用？

5. 如何创建、修改、删除视图？

第 9 章 数据完整性

本章主要介绍 SQL Server 中数据完整性的创建方法及使用方法,包括约束、规则和默认值。

9.1 数据完整性概述

数据完整性是指数据库中存储数据的一致性和正确性,确保各个文件或表中的数据值的关系一致,确保数据库中的数据可以成功和正确地更新。数据库设计的一项重要内容是确定如何加强数据的完整性。

9.1.1 关系数据完整性

SQL Server 中的关系数据完整性可以细分为实体完整性、域完整性、参照完整性和用户定义完整性。

(1)实体完整性

实体完整性就是把表中每一条记录看作一个实体,要求所有行都具有唯一标识,即主键,且主键的值非空。实体完整性又称行完整性。

(2)域完整性

域完整性是关于数据列取值有效性的限制。域完整性通常用有效性检查来实现,也可以通过限制数据类型、格式或者可能的取值范围来实现。例如,在 RedMovie 数据库的 UserComment 表中,score 字段的取值只能是 0~5 的数值,而不能为其他数值。

(3)参照完整性

参照完整性是对外键取值有效性的限制,以确保数据在另一个参照表的取值范围内。参照完整性要求外键的取值只能取参照表中的有效值或空值。SQL Server 中参照完整性是基于外键到主键或者 UNIQUE 关键字关系的。如果在参考表中某一记录的主键被依赖表中的外部键参考,那么这一记录既不能删除,也不能修改其主键值,以确保关键字的一致性。如果主键值发生了变化,则整个数据库中与这个变化相关联的数据都会发生变化。例如,对于一个学校学生的数据库,如果这个学生离开了学校(关键字学号删除),那么有关这个学生的其他数据就需要变动。

(4)用户定义完整性

用户定义完整性允许特定的不属于上述类别规则的完整性定义,前面的三个完整性类型都支持用户定义完整性。

实现用户定义完整性有两种方法,即声明数据完整性和过程数据完整性。声明数据完整性是通过在对象定义中定义的标准来实现数据完整性,是由系统本身的自动强制来实现的,它包括使用各种约束、默认的规则。过程数据完整性是通过在脚本语言中定义的完整性标准来实现的,当执行这些脚本时就可以强制完整性的实现。过程数据完整性的方式包括使用触发器和存储过程等。

9.1.2　SQL Server 中的数据完整性

各类数据完整性和对应实现完整性的 SQL Server 组件如表 9.1 所示。

表 9.1　SQL Server 数据完整性组件

数据完整性	对应实现完整性的 SQL Server 组件
实体完整性	PRIMARY KEY(主键)约束、UNIQUE(唯一)约束 UNIQUE INDEX(唯一索引)、IDENTITY COLUMN(标识列)
域完整性	DEFAULT(默认值)、CHECK(检查)约束、RULE(规则) FOREIGN KEY(外键)约束、DATA TYPE(数据类型)
参照完整性	FOREIGN KEY (外键)约束、CHECK (检查)约束 TRIGGER(触发器)、STORED PROCEDURE(存储过程)
用户定义完整性	RULE(规则)、TRIGGER(触发器)、STORED PROCEDURE(存储过程)

1. 空值

数据表中的列可以接受空值,也可以拒绝空值。在数据库中,NULL 是一个特殊值,表示未知值的概念。NULL 不同于空字符或 0。空字符是一个有效的字符,0 是一个有效的数字。NULL 只是表示此值未知这一概念。NULL 也不同于零长度字符串(空串)。如果列定义中包含 NOT NULL 子句,则不能为该列输入 NULL 值。如果列定义中仅包含 NULL 关键字,则接受 NULL 值。

2. 约束

通过约束可以定义 SQL Server Database Engine 自动强制实施数据完整性的方式。约束定义关于列中允许值的规则,是强制实施完整性的标准机制。使用约束优先于使用 DML 触发器、规则和默认值。

(1) 约束类型

SQL Server 有下列约束类型。

① NOT NULL 约束:非空约束,指定列不接受 NULL 值。

② CHECK 约束:检查约束,通过限制可输入到列中的值来强制实施域完整性。

CHECK 约束指定应用于为列输入的所有值的布尔值(计算结果为 TRUE、FALSE 或未知)搜索条件。所有计算结果为 FALSE 的值均被拒绝。可以为每列指定多个 CHECK 约束。

③ UNIQUE 约束:唯一约束,强制实施列取值集合中值的唯一性。

根据 UNIQUE 约束,表中的任何两行都不能有相同的列值。另外,主键也强制实施唯一性,但主键不允许 NULL 作为一个唯一值。

④ PRIMARY KEY 约束:主键约束,标识具有唯一标识表中行的值的列或列集。

在一个表中,不能有两行具有相同的主键值,不能为主键中的任何列输入 NULL 值。每个表都应有一个主键。限定为主键值的列或列组合称为候选键。

⑤ FOREIGN KEY 约束:外键约束,标识并强制实施表之间的关系。

如果一个外键值在其对应的参照表中没有一致的主键值,则不能向行中插入该值(NULL除外)。

(2) 列约束和表约束

约束可以是列约束,也可以是表约束。列约束指定为列定义的一部分,并且只应用于该列。表约束的声明与列定义无关，可以应用于表中多个列。当一个约束中必须包含多个列时，应使用表约束。

3. 规则

规则用于执行一些与 CHECK 约束相同的功能。使用 CHECK 约束是限制列值的首选标准方法。CHECK 约束还比规则更简明。一个列只能应用一个规则，但可以应用多个 CHECK 约束。CHECK 约束被指定为 CREATE TABLE 语句的一部分，而规则是作为单独的对象创建，然后绑定到列上。

4. 默认值

如果插入行时没有为列指定值，默认值则指定列中默认取值。默认值可以是计算结果为常量的任何值，例如常量、内置函数或数学表达式。

若要应用默认值，可通过在 CREATE TABLE 中使用 DEFAULT 关键字来创建默认值定义。这将为每一列分配一个常量表达式作为默认值，也可作为单独的对象创建，然后绑定到列上。

9.2　约束

约束是通过限制字段中数据、记录中数据和表之间的数据来保证数据完整性。约束独立于表结构，创建约束有两种方法：一是创建表时在 CREATE TABLE 命令中声明；二是在不改变表结构的基础上，通过修改表结构命令 ALTER TABLE 添加或删除。当表被删除时，表所带的所有约束定义也随之被删除。

所有可用的约束类型如表 9.2 所示。

表 9.2　所有可用的约束类型

完整性类型	约束类型
域完整性	DEFAULT（默认值）、CHECK（检查）约束
实体完整性	PRIMARY KEY（主键）约束、UNIQUE（唯一）约束
参照完整性	FOREIGN KEY（外键）约束

9.2.1　主键约束

在数据表中经常有一列或多列的组合，其值能唯一地标识表中的每一行。这样的一列或多列称为表的主键。通过它可强制表的实体完整性，以确保数据表中数据的唯一性。当创建或更改表时，可通过定义 PRIMARY KEY（主键）约束来创建主键。主键约束，需满足以下规则。

① 一个表只能包含一个 PRIMARY KEY 约束。

② 由 PRIMARY KEY 约束生成的索引不会使表中的非聚集索引超过 249 个、聚集索引超过 1 个。

③ 如果没有为 PRIMARY KEY 约束指定 CLUSTERED 或 NONCLUSTERED，并且没有为 UNIQUE 约束指定聚集索引，则将对该 PRIMARY KEY 约束使用 CLUSTERED。

④ 在 PRIMARY KEY 约束中定义的所有列都必须定义为 NOT NULL。如果没有指定为空，则加入 PRIMARY KEY 约束的所有列为空性的都将设置为 NOT NULL。

1. 创建表时声明主键约束

如果表的主键由单列组成,则该主键约束可以定义为该列的列约束。如果主键由两个以上的列组成,则该主键约束必须定义为表约束。

(1) 定义列级主键约束,语法格式如下。

```
[ CONSTRAINT constraint_name ]
PRIMARY KEY [ CLUSTERED | NONCLUSTERED ]
```

各选项含义如下。

① CONSTRAINT：可选关键字,表示 PRIMARY KEY、NOT NULL、UNIQUE、FOREIGN KEY 或 CHECK 约束定义的开始。

② constraint_name：约束的名称。约束名称必须在表所属的架构中唯一。

③ PRIMARY KEY：是通过唯一索引对给定的一列或多列强制实体完整性的约束。每个表只能创建一个 PRIMARY KEY 约束。

④ CLUSTERED | NONCLUSTERED：指示为 PRIMARY KEY 约束创建聚集索引还是非聚集索引。PRIMARY KEY 约束默认为 CLUSTERED。

在 CREATE TABLE 语句中,可只为一个约束指定 CLUSTERED。

列级主键约束实例见例 6.1 中 RedMovie 表中的 movieID 主键的创建。

(2) 定义表级主键约束,语法格式如下。

```
[ CONSTRAINT constraint_name ]
PRIMARY KEY [ CLUSTERED | NONCLUSTERED ]
( column_name [ ,…,n ] )
```

其中,column_name [,…,n]指定组成主键的列名,n 最大值为 16。

表级主键约束实例见例 6.1 中 UserComment 表中的 commentID 主键的创建。

2. 修改表时创建主键约束

语法格式如下。

```
ALTER TABLE table_name
ADD CONSTRAINT Constraint_name
PRIMARY KEY [ CLUSTERED | NONCLUSTERED ] ( column_name [,…,n] )
```

【例 9.1】　假设在 RedMovie 数据库中的 UserComment 表中没有设置主键约束,通过 ALTER TABLE 命令添加主键约束。

```
USE RedMovie
GO
ALTER TABLE UserComment
ADD CONSTRAINT PK_rc PRIMARY KEY (commentID)
GO
```

通过 ALTER TABLE 命令也可以删除不使用的主键约束,命令格式如下。

```
ALTER TABLE table_name DROP CONSTRAINT constraint_name
```

9.2.2　外键约束

外键用于建立和加强两个表数据之间的链接的一列或多列。通过将用于保存表中主键值的一列或多列添加到另一个表中,可创建两个表之间的链接。这个列就成为第二个表的外键。

当创建或更改表时，可以通过定义 FOREIGN KEY 约束来创建外键。

对于外键约束，需要满足以下规则。

① 如果在 FOREIGN KEY 约束的列中输入非 NULL 值，则此值必须在被引用列中存在；否则，将返回违反外键约束的错误信息。

② FOREIGN KEY 约束仅能引用位于同一服务器上的同一数据库中的表。跨数据库的参照完整性必须通过触发器实现。

③ FOREIGN KEY 约束可引用同一表中的其他列，称为自引用。

④ 列级 FOREIGN KEY 约束的 REFERENCES 子句只能列出一个引用列。此列的数据类型必须与定义约束的列的数据类型相同。

⑤ 表级 FOREIGN KEY 约束的 REFERENCES 子句中引用列的数目必须与约束列列表中的列数相同。每个引用列的数据类型也必须与列表中相应列的数据类型相同。

⑥ FOREIGN KEY 约束只能引用所参照表的 PRIMARY KEY 或 UNIQUE 约束中的列或所引用的表上 UNIQUE INDEX 中的列。

1. 创建表时声明外键约束

语法格式如下。

```
[ CONSTRAINT constraint_name ]
FOREIGN KEY
REFERENCES [ schema_name . ] referenced_table_name [ ( ref_column ) ]
    [ ON DELETE { NO ACTION | CASCADE | SET NULL | SET DEFAULT } ]
    [ ON UPDATE { NO ACTION | CASCADE | SET NULL | SET DEFAULT } ]
```

各选项含义如下。

① FOREIGN KEY REFERENCES：为列中的数据提供参照完整性的约束。FOREIGN KEY 约束要求列中的每个值在所引参照表中对应的被引用列中都存在。

② ［ schema_name . ］referenced_table_name：是 FOREIGN KEY 约束参照的表的名称，以及该表所属架构的名称。

③ （ ref_column ［ ,… n ］）：是 FOREIGN KEY 约束所引用的表中的一列或多列。

④ ON DELETE { NO ACTION | CASCADE | SET NULL | SET DEFAULT }：指定如果已创建表中的行具有引用关系且被引用行已从父表中删除，则对这些行所采取的操作。默认值为 NO ACTION。

- NO ACTION：数据库引擎将引发错误，并回滚对父表中相应行的删除操作。
- CASCADE：如果从父表中删除一行，则将从引用表中删除相应行。
- SET NULL：如果父表中对应的行被删除，则组成外键的所有值都将设置为 NULL。若要执行此约束，外键列必须可为空值。
- SET DEFAULT：如果父表中对应的行被删除，则组成外键的所有值都将设置为默认值。若要执行此约束，所有外键列都必须有默认定义。如果某列为空值，并且未设置显式的默认值，则将使用 NULL 作为该列的隐式默认值。

⑤ ON UPDATE { NO ACTION | CASCADE | SET NULL | SET DEFAULT }：指定在发生更改的表中，如果行有引用关系且引用的行在父表中被更新，则对这些行采取什么操作。默认值为 NO ACTION。

外键约束不仅可以与一张表上的主键约束建立联系，也可以与另一张表上的 UNIQUE

约束建立联系。当一行新的数据加入表格中,或者对表格中已经存在的外键上的数据进行修改时,新的数据必须存在于另一张表的主键上,或者为 NULL。

在外键约束上允许存在为 NULL 的值。如果在受外键约束的列上存在为 NULL 的数据,则针对该列的外键约束检查(检查另一张表的主键中是否存在对应的数据)被忽略。

外键的作用不只是对输入自身表格的数据进行限制,同时也限制了对主键所在表的数据进行修改。当主键所在表的数据被另一张表的外键所引用时,用户将无法对主键里的数据进行修改或删除,除非事先删除或修改引用的数据。

当将外键约束添加到一个已经存在数据的列上时,在默认情况下,SQL Server 会自动检查表中已经存在的数据,以确保所有的数据都与主键保持一致,或者为 NULL。但是,也可以根据实际情况设置 SQL Server 不对现存数据进行外键约束的检查。

创建表时创建外键约束实例见例 6.1 中 UserComment 表中的 commentID 外键的创建。

2. 修改表时创建外键约束

语法格式如下。

```
ALTER TABLE table_name
ADD
    CONSTRAINT constraint_name
    FOREIGN KEY( column [ ,…,n ] )
        REFERENCES ref_table( ref_column[ ,…,n ] )
```

【例 9.2】 假设在 RedMovie 数据库中的 UserComment 表中没有设置外键约束,通过 ALTER TABLE 命令添加外键约束。

```
USE RedMovie
GO
ALTER TABLE UserComment
ADD CONSTRAINT FK_com_mov
FOREIGN KEY (movieID) REFERENCES MovieInfo(movieID)
GO
ALTER TABLE UserComment
ADD CONSTRAINT FK_com_us
FOREIGN KEY (userID) REFERENCES UserInfo(userID)
GO
```

通过 ALTER TABLE 命令也可以删除不使用的外键约束,命令格式如下。

```
ALTER TABLE table_name DROP CONSTRAINT constraint_name[,…,n]
```

9.2.3 UNIQUE 约束

对于数据表中非主键列的指定列,UNIQUE(唯一)约束确保不会输入重复的值。每个 UNIQUE 约束建立一个唯一索引。每个表中只能有一个主键,但是可以有多个 UNIQUE 列。唯一约束指定的列可以有 NULL 值。表中的主键也强制执行唯一性,但主键不允许为 NULL,主键约束强度大于唯一约束。唯一约束需满足以下规则。

① 如果没有为 UNIQUE 约束指定 CLUSTERED 或 NONCLUSTERED,则默认使用 NONCLUSTERED。

② 每个 UNIQUE 约束都生成一个索引。UNIQUE 约束的数目不会使表中的非聚集索引超过 249 个、聚集索引超过 1 个。

1. 创建表时声明唯一约束

如果表的唯一约束由单列组成，则该唯一约束可以定义为该列的列约束。如果唯一约束由两个以上的列组成，则该唯一约束必须定义为表约束。

（1）定义列级主键约束

语法格式如下。

```
[ CONSTRAINT constraint_name ]
UNIQUE [ CLUSTERED | NONCLUSTERED ]
```

各选项含义如下。

① UNIQUE：唯一约束，该约束通过唯一索引为一个或多个指定列提供实体完整性。一个表可以有多个 UNIQUE 约束。

② CLUSTERED | NONCLUSTERED：指示为 UNIQUE 约束创建聚集索引还是非聚集索引。UNIQUE 约束默认为 NONCLUSTERED。

在 CREATE TABLE 语句中，可只为一个约束指定 CLUSTERED。如果在为 UNIQUE 约束指定 CLUSTERED 的同时又指定了 PRIMARY KEY 约束，则 PRIMARY KEY 将默认为 NONCLUSTERED。

（2）定义表级唯一约束

语法格式如下。

```
[ CONSTRAINT constraint_name ]
UNIQUE [ CLUSTERED | NONCLUSTERED ]
( column_name [ ,…,n ] )
```

2. 修改表时创建唯一约束

语法格式如下。

```
ALTER TABLE table_name
ADD
CONSTRAINT constraint_name
UNIQUE( column [ ,…,n] )
```

【例 9.3】　将 RedMovie 数据库中的 MovieInfo 表中的作品名称列设置为唯一约束。

```
USE RedMovie
GO
ALTER TABLE MovieInfo
ADD
CONSTRAINT UQ_MovieInfo
UNIQUE (title)
```

通过 ALTER TABLE 命令也可以删除不使用的唯一约束，语法格式如下。

```
ALTER TABLE table_name DROP CONSTRAINT constraint_name[,…,n]
```

9.2.4　检查约束

检查（CHECK）约束通过检查输入表列的数据的值来维护值域的完整性，它可用来指定某列可取值的清单或可取值的集合，也可指定某列可取值的范围。检查约束通过对一个逻辑表达式的结果进行判断，对数据进行检查。

可以在一列上设置多个检查约束,也可以将一个检查约束应用于多列。当一列受多个检查约束控制时,所有的约束按照创建的顺序,依次进行数据有效性的检查。根据检查约束是作用于单列还是多列,可分为列级检查约束和表级检查约束。

检查约束,需满足以下规则。

① 列可以有任意多个 CHECK 约束,并且约束条件中可以包含用 AND 和 OR 组合起来的多个逻辑表达式。列上的多个 CHECK 约束按创建顺序进行验证。

② 搜索条件必须取值为布尔表达式,并且不能引用其他表。

③ 列级 CHECK 约束只能引用被约束的列,表级 CHECK 约束只能引用同一表中的列。

④ 当执行 INSERT 和 DELETE 语句时,CHECK 约束和规则具有相同的数据验证功能。

⑤ 当列上存在规则和一个或多个 CHECK 约束时,将验证所有限制。

⑥ 不能在 text、ntext 或 image 列上定义 CHECK 约束。

1. 创建表时声明唯一约束

语法格式如下。

```
[ CONSTRAINT constraint_name ]
    CHECK (logical_expression)
```

各选项含义如下。

① CHECK:检查约束。该约束通过限制可输入一列或多列中的可能值来强制实现域完整性。

② logical_expression:返回 TRUE 或 FALSE 的逻辑表达式。别名数据类型不能作为表达式的一部分。

2. 修改表时创建检查约束

语法格式如下。

```
ALTER TABLE table_name
ADD
    CONSTRAINT constraint_name
    CHECK(logical_expression)
```

【例 9.4】 假设在 RedMovie 数据库中的 User Comment 表中没有设置对评分值列的检查约束,通过 ALTER TABLE 命令添加检查约束。

```
USE RedMovie
GO
ALTER TABLE UserComment
ADD
    CONSTRAINT CK_comment CHECK(score>=0 AND score<=5)
GO
```

通过 ALTER TABLE 命令也可以删除不使用的检查约束,命令格式如下。

```
ALTER TABLE table_name DROP CONSTRAINT constraint_name[,…,n]
```

9.2.5 默认约束

DEFAULT(默认)约束能够定义一个值,每当用户没有在某一列中输入值时,则将所定义的值提供给这一列。

默认约束需满足以下规则。

① 一个 DEFAULT（默认）约束定义只能针对一个列，表中的每一列都可以包含一个 DEFAULT（默认）约束。

② 不能在数据类型为 timestamp 的列或具有 IDENTITY 属性的列中定义 DEFAULT（默认）约束。

1. 创建表时声明主键约束

建表时创建 DEFAULT（默认）约束，语法格式如下。

```
[ CONSTRAINT constraint_name ]
    DEFAULT constant_expression
```

各选项含义如下。

① DEFAULT：如果在插入过程中未显式提供值，则指定为列提供的值。如果为用户定义类型列指定了默认值，则该类型应当支持从 constant_expression 到用户定义类型的隐式转换。删除表时，将删除 DEFAULT 定义。只有常量值（如字符串）、标量函数（系统函数、用户定义函数或 CLR 函数）或 NULL 可用作默认值。

② constant_expression：用作列的默认值的常量、NULL 或系统函数。

【例 9.5】 在创建 RedMovie 数据库中的 UserComment 表时为其中的评分值列设置默认约束。

```
USE RedMovie
GO
CREATE TABLE UserComment
(
    commentID CHAR(10) NOT NULL PRIMARY KEY,
    userID CHAR(10) NOT NULL,
    movieID CHAR(10) NOT NULL,
    score FLOAT CONSTRAINT DF_score DEFAULT 2.5,
    content TEXT,
    commentDate DATETIME NOT NULL,
    FOREIGN KEY (userID) REFERENCES UserInfo(userID),
    FOREIGN KEY (movieID) REFERENCES MovieInfo(movieID)
)
GO
```

2. 修改表时创建默认约束

语法格式如下。

```
ALTER TABLE table_name
ADD
CONSTRAINT constraint_name
    DEFAULT constant_expression FOR column_name
```

【例 9.6】 为 RedMovie 数据库中的 WatchHistory 表中的观看进度列设置默认约束。

```
USE RedMovie
GO
ALTER TABLE WatchHistory
ADD
    CONSTRAINT DF_watchProgress DEFAULT 0 FOR watchProgress
GO
```

通过 ALTER TABLE 命令也可以删除不使用的默认约束,命令格式如下。

```
ALTER TABLE table_name DROP CONSTRAINT constraint_name [,…,n]
```

9.3　规则

规则是一个数据库对象,当把它绑定到列或用户定义的数据类型时,用来指定列可以接受哪些数据,使用这种方式可以提供与 CHECK 约束相同的功能。

规则具有向后兼容的功能,它的执行与 CHECK 约束基本相同。CHECK 约束是用来限制列值的首选标准方法。规则与 CHECK 约束相比较,CHECK 约束更简明,因为 CHECK 约束被创建之后可以直接使用,而规则在创建之后必须绑定到指定的列上才能使用。规则以单独的对象创建,然后绑定到列上。

9.3.1　创建规则

可以使用 Transact-SQL 命令中的 CREATE RULE 语句在当前数据库中创建一个规则,语法格式如下。

```
CREATE RULE rule_name AS condition_expression
```

各选项含义如下。

① rule_name:新规则的名称。规则名称必须符合标识符规则。根据需要,指定规则所有者名称。

② condition_expression:定义规则的条件。规则可以是 WHERE 子句中任何有效的表达式,并且可以包含诸如算术运算符、关系运算符和谓词(如 IN、LIKE、BETWEEN)之类的元素。规则不能引用列或其他数据对象,可以包含不引用数据库对象的内置函数。

condition_expression 包含一个变量。每个局部变量的前面都有一个@符号。该表达式引用通过 UPDATE 或 INSERT 语句输入值。在创建规则时,可以使用任何名称或符号表示值,但第一个字符必须是@符号。

【例 9.7】　在 RedMovie 数据库中创建一个规则 score_rule,规则的条件是只能输入一个 0~5 的数字。

```
USE RedMovie
GO
CREATE RULE score_rule
AS @score>=0 and @score<=5
GO
```

【例 9.8】　在 RedMovie 数据库中创建一个规则 genre_rule,规则的条件是只能输入'革命历史'或'英雄传记'。

```
USE RedMovie
GO
CREATE RULE genre_rule
AS @genre in ('革命历史', '英雄传记')
GO
```

9.3.2 查看规则

可以使用系统存储过程 sp_helptext 查看已经创建的规则，语法格式如下。

```
sp_helptext [@objname=]' object_name'
```

[@objname＝]'object_name'指定对象的名称。

【例 9.9】 查看已经创建的规则 score_rule。

```
USE RedMovie
GO
EXEC sp_helptext score_rule
GO
```

执行结果如图 9.1 所示。

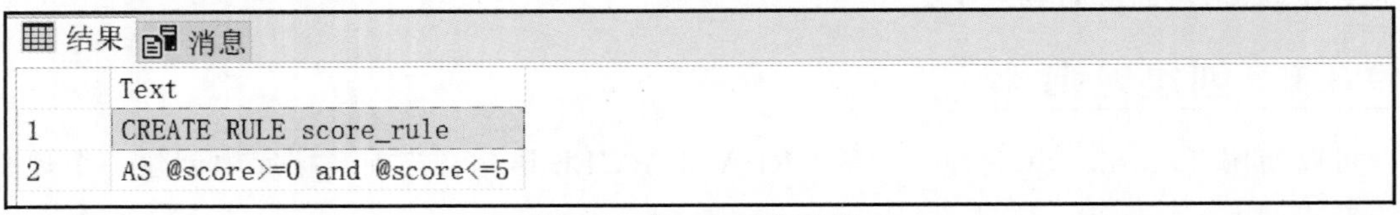

	Text
1	CREATE RULE score_rule
2	AS @score>=0 and @score<=5

图 9.1　例 9.9 执行结果

9.3.3 绑定与解除规则

1. 绑定规则

创建好一个规则后，必须通过绑定才能使用规则，一般情况下，规则可以绑定在用户自定义数据类型或是数据列中。绑定规则可以使用存储过程 sp_bindrule，语法格式如下。

```
sp_bindrule [@rulename=]'rule', [@objname=]'object_name'
```

各选项含义如下。

① [@rulename＝]'rule'：指定规则名称。

② [@objname＝]'object_name'：指定规则绑定的对象，可以是表的列或用户定义数据类型。如果对象是表的列，则 object_name 的格式是 table.column，否则认为是用户定义数据类型。

【例 9.10】 将例 9.7 创建的规则 score_rule 绑定到 RedMovie 数据库中的 UserComment 表中的 score 列上。

```
USE RedMovie
GO
EXEC sp_bindrule 'score_rule','UserComment.score'
GO
```

【例 9.11】 将例 9.8 创建的规则 genre_rule 绑定到 RedMovie 数据库中的 MovieInfo 表中的 genre 列上。

```
USE RedMovie
GO
EXEC sp_bindrule 'genre_rule','MovieInfo.genre'
GO
```

注意：规则对已经输入表中的数据不起作用。

2. 解除规则

系统存储过程 sp_unbindrule 用于当前数据库中为列或用户定义数据类型解除规则绑定，语法格式如下。

```
sp_unbindrule [@objname=]'object_name'
```

【例 9.12】　解除绑定在 RedMovie 数据库中的 UserComment 表中 score 列上的规则。

```
USE RedMovie
GO
EXEC sp_unbindrule 'UserComment.score
GO
```

9.3.4　删除规则

从数据库中删除一个规则值时，可以分为以下两种情况来处理。

① 如果这个规则尚未绑定到表或用户定义数据类型上，则可使用 DROP RULE 语句删除。

② 如果已经将这个规则绑定到表或用户定义数据类型上，那么必须首先使用系统存储过程 sp_unbindrule 解除该规则在表列或用户定义数据类型上的绑定，然后使用 DROP RULE 语句删除该规则。

可以使用 Transact-SQL 命令的 DROP RULE 语句从数据库删除一个或多个规则，其语法格式如下。

```
DROP RULE rule_name[,…,n]
```

【例 9.13】　删除 RedMovie 数据库中的规则 score_rule。

```
USE RedMovie
GO
DROP RULE score_rule
GO
```

9.4　默认值

默认值就是当用户未指定时由 SQL Server 自动指派的数据值，它可以是常量、内置函数或表达式。使用默认值有两种方式：一种方式是在 CREATE TABLE 语句中对列定义一个 DEFAULT 约束；另一种方式是使用 CREATE DEFAULT 语句在数据库中创建一个默认值对象，然后使用系统存储过程 sp_binddefault 将该对象绑定到表列上。本节介绍默认值对象。

9.4.1　创建默认值

默认值是一种数据库对象。在数据库中创建一个默认值，并把该默认值绑定到表列或用户定义的数据类型时，如果用户在插入行时没有明确地提供数据值，便自动使用默认值，并将其插入所绑定的列中，在用户定义数据类型的情况下，则是插入使用这个自定义数据的所有列中。

创建默认值对象可以使用 Transact-SQL 命令 CREATE DEFAULT 语句来完成，语法格式如下。

```
CREATE DEFAULT default_name AS constant_expression
```

constant_expression 可以是常量表达式、任何常量、内置函数或数学表达式，但不能包含任何列或其他数据库对象的名称。

【例 9.14】　在 RedMovie 数据库中创建一个名为 score_default 的默认值，并以 2.5 作为其值。

```
USE RedMovie
GO
CREATE DEFAULT score_default AS 2.5
GO
```

可以使用系统存储过程 sp_helptext 查看默认值定义，语法格式如下。

```
sp_helptext [ @objname = ] 'name'
```

name 为用户定义的对象名称，仅当指定限定对象时才需要引号，对象必须在当前数据库中。

【例 9.15】　查看已经创建的默认值 score_default。

```
USE RedMovie
GO
EXEC sp_helptext score_default
GO
```

执行结果如图 9.2 所示。

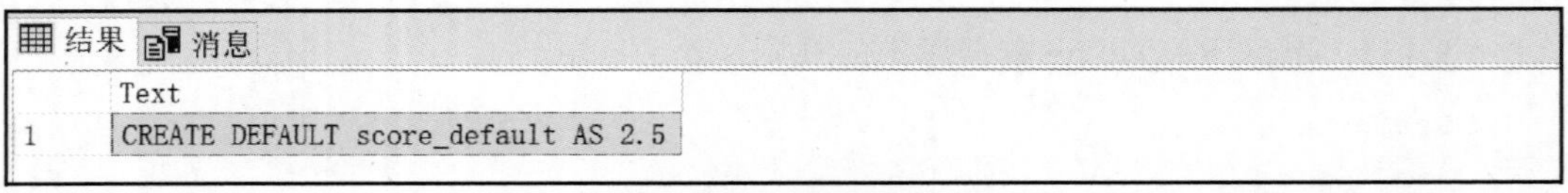

	Text
1	CREATE DEFAULT score_default AS 2.5

图 9.2　例 9.15 执行结果

9.4.2　绑定与解除默认值

1. 绑定默认值

在数据库中创建一个默认值后，还必须把该默认值绑定到列或用户定义数据类型上才能让它发挥作用。可以用系统存储过程 sp_bindefault 来完成。

sp_bindefault 将默认值绑定到列或用户定义的数据类型时，其语法格式如下。

```
sp_bindefault [@defname=]'default',[@objname=]'object_name'
```

【例 9.16】　将例 9.14 创建的默认值 score_default 绑定到 RedMovie 数据库中的 UserComment 表中 score 列上。

```
USE RedMovie
GO
EXEC sp_bindefault 'score_default','UserComment.score'
GO
```

2. 解除默认值

系统存储过程 sp_unbindefault 用于当前数据库中为列或用户定义数据类型解除默认值绑定,语法格式如下。

```
sp_unbindefault [@objname=]'object_name'
```

【**例 9.17**】 解除绑定在 RedMovie 数据库中的 UserComment 表中 score 列上的默认值。

```
USE RedMovie
GO
EXEC sp_unbindefault 'UserComment.score'
GO
```

9.4.3 删除默认值

从数据库中删除一个默认值时,可以分为以下两种情况来处理。

① 如果这个默认值尚未绑定到表或用户定义数据类型上,那么可以使用 DROP DEFAULT 语句删除。

② 如果已经将这个默认值绑定到表或用户定义数据类型上,那么必须首先使用系统存储过程 sp_unbindefault 解除该默认值在表列或用户定义数据类型上的绑定,然后使用 DROP DEFAULT 语句删除该默认值。

DROP DEFAULT 语句用于从数据库删除一个或多个默认值,其语法格式如下。

```
DROP DEFAULT default_name [,…,n]
```

【**例 9.18**】 删除 RedMovie 数据库中的默认值 score_default。

```
USE RedMovie
GO
DROP DEFAULT score_default
GO
```

9.5 习题

一、选择题

1. 对表中列的取值范围的限制是(   )。

    A. 实体完整性   B. 域完整性

    C. 参照完整性   D. 用户定义完整性

2. SQL Server 中实现实体完整性的组件是(   )。

    A. PRIMARY KEY   B. DEFAULT

    C. FOREIGN KEY   D. CHECK

3. TRIGGER 用来实施(   )。

    A. 实体完整性   B. 域完整性

    C. 参照完整性   D. 用户定义完整性

4. (   )是通过限制字段中数据、记录中数据和表之间的数据来保证数据完整性。

    A. 控制   B. 约束   C. 默认值   D. 触发器

5. SQL Server 中实现用户定义完整性的组件是(　　)。

A. PRIMARY KEY　　　　　　　　B. DEFAULT

C. FOREIGN KEY　　　　　　　　D. RULE

6. SQL Server 中表示未知值的是(　　)。

A. NULL　　　　B. 0　　　　C. '\0'　　　　D. "

7. 删除约束的 Transact-SQL 命令是(　　)。

A. CREATE TABLE　　　　　　　B. ALTER TABLE

C. ALTER CONSTRAINT　　　　　D. DROP CONSTRAINT

8. 可以设置默认值的 Transact-SQL 命令是(　　)。

A. CREATE TABLE　　　　　　　B. ALTER RULE

C. ALTER CONSTRAINT　　　　　D. DROP CONSTRAINT

9. 绑定规则的系统存储过程是(　　)。

A. sp_bindrule　　B. sp_unbindrule　　C. sp_unbindefault　　D. sp_bindefault

二、填空题

1. 数据的完整性是指数据库中存储数据的_____和_____。

2. _____是把表中每一条记录看作一个实体,要求所有行都具有唯一标识,即主键。

3. 规则可以实现_____完整性。

4. NULL 是一个特殊值,表示_____。

5. 一个表只能有_____个 PRIMARY KEY(主键)约束。

6. _____是用于建立和加强两个表数据之间链接的一列或多列。

7. 数据的完整性包括实体完整性、_____、参照完整性和用户定义完整性。

8. 过程数据完整性的方式包括_____和_____。

9. 根据 UNIQUE 约束,表中的任何两行都不能有_____的列值。

10. 可以通过在 CREATE TABLE 中使用_____关键字来创建默认值定义。

三、简答题

1. 实现用户定义完整性有哪两种方法?

2. 约束有哪些类型?

3. 什么是规则? 如何创建规则?

4. 什么是默认值? 如何绑定默认值?

第 10 章 Transact-SQL 程序设计

本章主要介绍 Transact-SQL 程序设计功能,包括表达式、常量、变量、函数、批处理,程序流程控制中的分支语句、循环语句以及游标机制。

10.1 Transact-SQL 语言基础

10.1.1 Transact-SQL 语言的编程功能

Transact-SQL 语言是在 Microsoft 公司的 SQL Server 中使用的编程语言,它是一个数据定义、操作和控制的语言。美国国家标准协会(ANSI)和国际标准组织(ISO)制订了 SQL 语言的标准。SQL-92 是由 ANSI 和 ISO 在 1992 年发布的 SQL 标准,通过使用 Transact-SQL, Microsoft 公司的 SQL Server 2000 支持 SQL-92 入口级别的实现。同 ANSI-SQL 兼容的 Transact-SQL 语句能够在与 ANSI-SQL 兼容的任何入口级产品中运行。Transact-SQL 同时还包含几种扩展用以增强其性能。

(1) 基本功能

支持 ANSI SQL-92 标准:DDL 数据定义、DML 数据操纵、DCL 数据控制、DD 数据字典。

(2) 扩展功能

① 加入程序流程控制结构。

② 加入局部变量和系统变量等。

10.1.2 标识符

数据库对象的名称即为其标识符。Microsoft SQL Server 2022 中的所有内容都可以有标识符。服务器、数据库和数据库对象(如表、视图、列、索引、触发器、过程、约束及规则)都可以有标识符。大多数对象要求有标识符,但对有些对象(如约束),标识符是可选的。

1. 标识符命名规则

标识符包含的字符数必须是 1~128。对于本地临时表,标识符最多可以有 116 个字符。标识符的命名需要满足以下规则。

① 标识符的第一个字符必须是大写字母、小写字母、下画线、@和♯。其中,@和♯在 Transact-SQL 中有专门的含义。以@符号开头的常规标识符表示局部变量或参数,并且不能用作任何其他类型的对象的名称。以♯开头的标识符表示临时表或过程,以♯♯开头的标识符表示全局临时对象。

② 后续字符必须是符合 Unicode 2.0(统一码)标准的字母,或者是十进制数字,或是特殊字符@、♯、_、$。

③ 标识符不能与任何 SQL Server 保留字匹配。标识符不能包含空格或别的特殊字符。

2. 对象命名规则

所有数据库对象的引用都由下面 4 部分构成。

```
server_name.[database_name].[schema_name].object_name
| database_name.[schema_name].object_name
| schema_name.object_name
| object_name
```

各选项含义如下。

① server_name：指定链接的服务器名称或远程服务器名称。

② database_name：如果对象驻留在 SQL Server 的本地实例中,则指定 SQL Server 数据库的名称。如果对象在链接服务器中,则 database_name 将指定 OLE DB 目录。

③ schema_name：如果对象在 SQL Server 数据库中,则指定包含对象的架构名称。如果对象在链接服务器中,则 schema_name 将指定 OLE DB 架构名称。

④ object_name：对象的名称。

在 SQL Server 2022 中,每个对象都属于一个数据库架构。数据库架构是一个独立于数据库用户的非重复命名空间,可以将架构视为对象的容器。可以在数据库中创建和更改架构,并且可以授予用户访问架构的权限。任何用户都可以拥有架构,并且架构所有权可以转移。

10.1.3 注释

注释是程序代码中不执行的文本字符串,又称备注。注释可用于对代码进行说明或暂时禁用正在进行诊断的部分 Transact-SQL 语句和"批"。使用注释对代码进行说明,便于将来对程序代码进行维护。注释通常用于记录程序名、作者姓名和主要代码更改的日期。注释可用于描述复杂的计算或解释编程方法。

SQL Server 支持两种类型的注释字符:

① --(双连字符)。双连字符可与要执行的代码处在同一行,也可另起一行。从双连字符开始到行尾的内容均为注释。对于多行注释,必须在每个注释行的前面使用双连字符。

② /* … */(正斜杠-星号字符对)：这些注释字符可与要执行的代码处在同一行,也可另起一行,甚至可以在可执行代码内部。开始注释符"/ * "与结束注释符" * /"之间的所有内容均视为注释。对于多行注释,必须使用开始注释字符"/ * "来开始注释,并使用结束注释字符" * /"来结束注释,因此可以跨越多行进行注释。

10.1.4 语句块

语句块是由 BEGIN 和 END 括起来的一系列的 Transact-SQL 语句,作为一个逻辑单元执行。语法格式如下。

```
BEGIN
{
    sql_statement | statement_block
}
END
```

其中,{ sql_statement │ statement_block }是使用语句块定义的任何有效的 Transact-SQL 语句或语句组。BEGIN…END 语句块允许嵌套。虽然所有的 Transact-SQL 语句在 BEGIN…END 块内都有效,但有些 Transact-SQL 语句不应分组在同一批处理或语句块中。

10.2 表达式

10.2.1 常量

常量是指在程序运行中值不变的量。根据类型不同,常量分为字符串常量、整型常量、日期时间型常量、实型常量、货币常量、全局唯一标识符、逻辑数据常量和空值。

1. 字符串常量

字符串常量分为 ASCII 字符串常量、UNICODE 字符串常量。

① ASCII 字符串常量:用单引号括起来,由 ASCII 构成的字符串,如'abcde'。

② UNICODE 字符串常量:以字符 N 开头,如 N'abcde'(注:N 在 SQL92 规范中表示国际语言,必须大写)。

字符串常量必须放在单引号或双引号中。由字母、数字、下画线、特殊字符(!、@、♯)组成。当单引号引住的字符串常量中包含单引号时,用两个单引号表示字符串中的单引号,如 I'm ZYT 写作'I''m ZYT'。

Transact-SQL 中设置 SET QUOTED_IDENTIFIER{ON|OFF}为 ON 时,标识符可以用双引号分隔,而文字必须用单引号分隔。不允许用双括号括住字符串常量,因为双括号括的是标识符。

SET QUOTED_ IDENTIFIER 为 OFF 时,标识符不可加引号,并且必须遵守所有 Transact-SQL 标识符规则。允许用双括号括住字符串常量。Microsoft SQL 客户端和 ODBC 驱动程序自动使用 ON。

UNICODE(统一码、万国码、单一码)是一种在计算机上使用的字符编码。它为每种语言中的每个字符设定了统一且唯一的二进制编码,以满足跨语言、跨平台进行文本转换、处理的要求。

2. 整型常量

整型常量通常包括二进制常量、十进制常量和十六进制常量。

① 二进制整型常量:由 0、1 组成,如 111001。

② 十进制整型常量:如 1982。

③ 十六进制整型常量:用 0x 开头,如 0x3e、0x(只有 0x 表示空十六进制数)。

3. 日期时间型常量

用单引号将日期时间字符串括起来。表 10.1 列出了几种日期时间型常量的格式。

表 10.1   日期时间型常量的格式

输 入 格 式	datetime 值	smalldatetime 值
Feb 1, 2007 1:10:15.117	2007-02-01 01:10:15.117	2007-02-01 01:10:15
2/1/2007 3PM	2007-02-01 15:00:00.000	2007-02-01 15:00:00
2/1/2007 15:00	2007-02-01 15:00:00.000	2007-02-01 15:00:00
14:25:20	1900-01-01 14:25:20.000	1900-01-01 14:25:20.000
2/1/2007	2007-02-01 00:00:00.000	2007-02-01 00:00:00

输入时可以使用/、、、-作为日期时间型常量的分隔符。默认情况下,按照 mm/dd/yy(月/日/年)的格式来处理。对于没有日期的时间数据,系统指定为 1900 年 1 月 1 日。

4. 实型常量

实型常量有纯小数和指数形式两种,如 165.234、10E23。

5. 货币常量

用货币符号开头。如 $12.5、$54230.25。SQL Server 不强制分组,如每隔三个数字插一个逗号等。

6. 全局唯一标识符

全局唯一标识符(Globally Unique Identification Numbers,GUID)是 16 字节长的二进制数据类型,是 SQL Server 根据计算机网络适配器地址和主机时钟产生的唯一号码生成的全局唯一标识符。例如,6F9619FF-8B86-D011-B42D-00C04FC964FF 即为有效 GUID 值。世界上的任何两台计算机都不会生成重复的 GUID 值。GUID 主要用于在拥有多个节点、多台计算机的网络或系统中分配必须具有唯一性的标识符。在 Windows 平台上,GUID 应用非常广泛,例如注册表、类及接口标识、数据库甚至自动生成的机器名、目录名等。

7. 逻辑数据常量

逻辑数据常量使用数字 0 或 1 表示,并且不使用引号定界。非 0 的数字当作 1 处理。

8. 空值

在定义数据列时,需定义该列是否允许空值(NULL)。允许空值意味着用户在向表中输入数据时可以忽略该列值。空值可以表示整型、实型、字符型数据。

10.2.2　变量

变量就是在程序执行过程中其值可以改变的量,用于临时存放数据。变量有名字与数据类型两个属性。变量的命名需满足标识符命名规则,变量在使用前需声明其名字及类型。

SQL Server 的变量有局部变量和全局变量两种类型。局部变量的名称前以@开头,全局变量的名称前以@@开头,并且由系统定义并维护。

1. 局部变量

局部变量是作用域局限在一定范围内的 Transact-SQL 对象。

作用域:若局部变量在一个批处理、存储过程、触发器中被声明或定义,则其作用域就在批处理、存储过程或触发器内。

(1) 局部变量的声明或定义

局部变量可以使用 DECLARE 语句声明,语法格式如下。

```
DECLARE
{  @local_variable [AS] data_type  } [ ,…,n]
```

各选项含义如下。

① @local_variable:变量的名称。变量名必须以@开头,局部变量名必须符合有关标识符的规则。

② data_type:数据类型。可以是任何系统提供的公共语言运行时(CLR)用户定义表类型或别名数据类型。变量不能是 text、ntext 或 image 数据类型。

变量先声明或定义,然后就可以在 Transact-SQL 命令中使用。默认初值 NULL。

(2) 局部变量的赋值

变量可以用 SET 或 SELECT 语句赋值,语法格式如下。

```
SET @local_variable = expression
SELECT @local_variable = expression
SELECT @local_variable =output_value FROM table_name WHERE …
```

各选项含义如下。

① local_variable：是除 cursor、text、ntext、image 外的任何类型变量名。

② expression：表达式是任何有效的 SQL Server 表达式。

③ output_value：用于将单个值返回到变量中，如果 output_value 为列名，则返回多个。若 SELECT 语句返回多个值，则将返回的最后一个值赋给变量。若 SELECT 语句没有返回值，则变量保留当前值；若 output_value 是不返回值的子查询，则变量为 NULL。

【例 10.1】　通过 SELECT 命令赋值，查询作品所编号为 M03 的作品名称。

```
USE RedMovie
GO
DECLARE @var1 VARCHAR(50)
SELECT @var1=TITLE FROM MovieInfo WHERE movieID='M03'
SELECT @var1 AS '红色影视作品名称'
```

执行结果如图 10.1 所示。

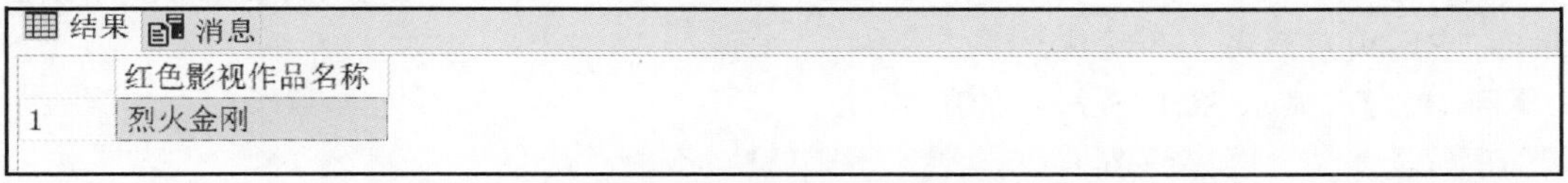

图 10.1　例 10.1 执行结果

【例 10.2】　使用 SELECT 命令赋值，结构为多个返回值时取最后一个值。

```
USE RedMovie
GO
DECLARE @var1 VARCHAR(50)
SELECT @var1=TITLE FROM MovieInfo
SELECT @var1 AS '红色影视作品'
```

执行结果如图 10.2 所示。

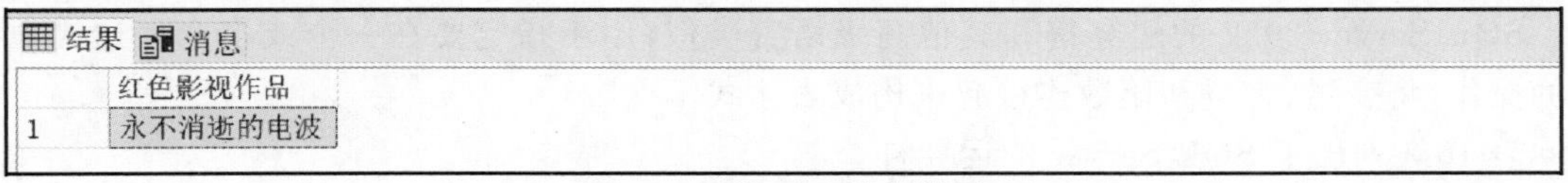

图 10.2　例 10.2 执行结果

【例 10.3】　使用 SET 命令赋值。

```
USE RedMovie
GO
DECLARE @id VARCHAR(50)
SET @id='M03'
SELECT movieID, title FROM MovieInfo WHERE movieID=@id
```

执行结果如图 10.3 所示。

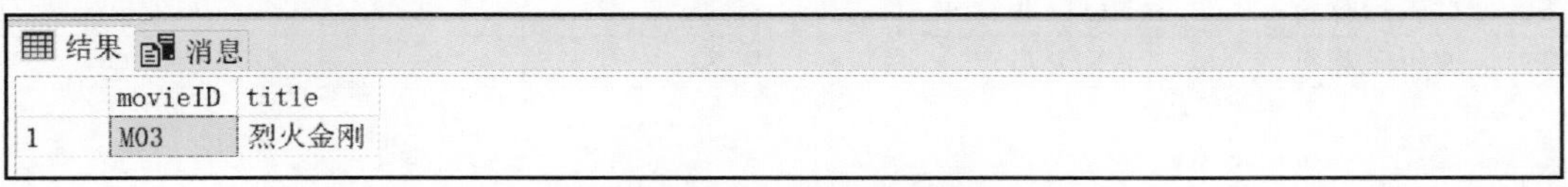

图 10.3　例 10.3 执行结果

2. 全局变量

系统全局变量是 SQL Server 系统提供并赋值的变量。用户不能建立全局变量，也不能用 SET 语句改变全局变量的值。全局变量记录 SQL Server 服务器活动状态的一组数据。表 10.2 列出了常用的 SQL Server 全局变量。

表 10.2　常用的 SQL Server 全局变量

全局变量	功　　能
@@ERROR	最后一个 Transact-SQL 命令错误的错误号
@@IDENTITY	最后一个插入的标识值
@@LANGUAGE	当前使用语言的名称
@@MAX_CONNECTIONS	可以创建的同时链接的最大数目
@@ROWCOUNT	受上一个 Transact-SQL 命令影响的行数
@@SERVERNAME	本地服务器的名称
@@SERVICENAME	该计算机上的 SQL 服务的名称
@@TIMETICKS	当前计算机上每刻度的微秒数
@@TRANSCOUNT	当前连接打开的事务数
@@VERSION	SQL Server 的版本信息

注意：全局变量由@@开始，由系统定义和维护，用户只能显示和读取，不能修改；局部变量由@开始，由用户定义和赋值。

【例 10.4】　显示 SQL Server 的版本。

```
SELECT @@version AS 版本号
```

执行结果如图 10.4 所示。

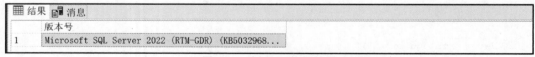

图 10.4　例 10.4 执行结果

10.2.3　运算符

SQL Server 2022 的运算符和其他高级语言类似，用于指定要在一个或多个表达式中执行的操作，将变量、常量和函数连接起来构成表达式。

表 10.3 列出了 SQL Server 的运算符。

表 10.3　SQL Server 的运算符

优先级	运算符类别	所包含运算符
1	一元运算符	+（正）、-（负）、~（取反）
2	算术运算符	*（乘）、/（除）、%（取模）
3	算术字符串运算符	+（加）、-（减）、+（连接）
4	比较运算符	=（等于）、>（大于）、>=（大于或等于）、<（小于）、<=（小于或等于）、<>或!=（不等于）、!<（不小于）、!>（不大于）
5	按位运算符	&（位与）、|（位或）、^（位异或）
6	逻辑运算符	NOT（非）
7	逻辑运算符	AND（与）

续表

优先级	运算符类别	所包含运算符
8	逻辑运算符	ALL（所有）、ANY（任意一个）、BETWEEN（两者之间）、EXISTS（存在）、IN（在范围内）、LIKE（匹配）、OR（或）、SOME（任意一个）
9	赋值运算符	＝（赋值）

10.3　函数

函数是一组编译好的 Transact-SQL 语句，它们可以带一个或一组数值作参数，也可不带参数，函数返回一个数值、数值结合或其他一些操作。函数能够重复执行一些操作，从而避免重写代码。

SQL Server 有两类函数：内置函数和用户定义函数。内置函数是一组预定义的函数，是 Transact-SQL 语言的一部分，按定义的方式运行且不能修改。用户定义函数是由用户定义的 Transact-SQL 函数，它将频繁执行的功能语句块封装到一个命名函数中，该函数可以由 Transact-SQL 语句调用。

10.3.1　内置函数

SQL Server 提供了一些内置函数，用户可以使用这些函数方便地实现一些功能。本节介绍一些常用的内置函数。

1. 字符串函数

字符串函数对字符串输入值执行操作，返回字符串或数字值。

（1）ASCII()函数

ASCII()函数返回字符表达式最左端字符的 ASCII 值。其语法格式如下。

```
ASCII ( character_expression )
```

其中，character_expression 为 char 或 varchar 类型的表达式。

【例 10.5】　ASCII()函数的使用。

```
DECLARE @StringTest CHAR(10)
SET @StringTest=ASCII('Robin     ')
SELECT @StringTest
```

执行结果如图 10.5 所示。

图 10.5　例 10.5 执行结果

（2）CHAR()函数

CHAR()函数将 int 型的 ASCII 码转换为字符的字符串函数。其语法格式如下。

```
CHAR ( integer_expression )
```

其中，integer_expression 是 0～255 的整数。如果该整数表达式不在此范围内，将返回 NULL 值。

【例 10.6】　CHAR()函数的使用。

```
DECLARE @StringTest CHAR (10)
SET @StringTest=ASCII('Robin    ')
SELECT CHAR(@StringTest)
```

执行结果如图 10.6 所示。

图 10.6　例 10.6 执行结果

(3) STR()函数

STR()函数将数字数据转换为字符数据。其语法格式如下。

```
STR ( float_expression [ , length [ , decimal ] ] )
```

各选项含义如下。

① float_expression：带小数点的近似数字(float)数据类型的表达式。

② length：总长度。它包括小数点、符号、数字及空格。默认值为 10。

③ decimal：小数点后的位数。decimal 必须小于或等于 16。如果 decimal 大于 16,则会截断结果,使其保持为小数点后只有 16 位。

例如：

```
SELECT 'A'+STR(82)
```

执行结果为：

```
A    82
```

而

```
SELECT 'A'+LTRIM(STR(82))
```

执行结果为：

```
A82
```

(4) LEFT()函数

LEFT()函数返回从字符串左边开始指定个数的字符。其语法格式如下。

```
LEFT ( character_expression , integer_expression )
```

各选项含义如下。

① character_expression：字符或二进制数据表达式。可以是常量、变量或列。可以是任何能够隐式转换为 varchar 或 nvarchar 的数据类型,但 text 或 ntext 除外。

② integer_expression：正整数,指定 character_expression 将返回的字符数。如果 integer_expression 为负,则会返回错误。integer_expression 可以是 bigint 类型。

【例 10.7】　LEFT()函数的使用。

```
DECLARE @StringTest CHAR (10)
SET @StringTest='Robin    '
SELECT LEFT(@StringTest,3)
```

执行结果如图 10.7 所示。

图 10.7　例 10.7 执行结果

（5）RIGHT()函数

RIGHT()函数返回字符串从右边开始指定个数的字符。其语法格式如下。

```
RIGHT ( character_expression , integer_expression )
```

【例 10.8】　RIGHT()函数的使用。

```
DECLARE @StringTest CHAR (10)
SET @StringTest='     Robin'
SELECT RIGHT(@StringTest,3)
```

执行结果如图 10.8 所示。

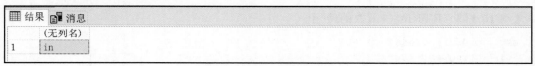

图 10.8　例 10.8 执行结果

（6）SUBSTRING()函数

SUBSTRING()是求子字符串函数。其语法格式如下。

```
SUBSTRING ( expression ,start , length )
```

各选项含义如下。

① expression：是字符串、二进制字符串、文本、图像、列或包含列的表达式。不能使用包含聚合函数的表达式。

② start：指定子字符串开始位置的整数，start 可以为 bigint 类型。

③ length：正整数，指定要返回的 expression 的字符数或字节数。如果 length 为负，则会返回错误。length 可以是 bigint 类型。

【例 10.9】　SUBSTRING()函数的使用。

```
DECLARE @StringTest char(10)
SET @StringTest='Robin'
SELECT SUBSTRING(@StringTest,3,LEN(@StringTest))
```

执行结果如图 10.9 所示。

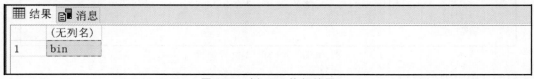

图 10.9　例 10.9 执行结果

（7）LTRIM()函数

LTRIM()函数删除起始空格后返回字符表达式。其语法格式如下。

```
LTRIM ( character_expression )
```

【例 10.10】 LTRIM()函数的使用。

```
DECLARE @StringTest CHAR (10)
SET @StringTest='    Robin'
SELECT 'Start-'+LTRIM(@StringTest),'Start-'+@StringTest
```

执行结果如图 10.10 所示。

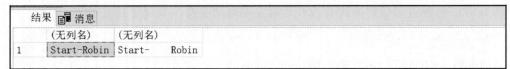

图 10.10　例 10.10 执行结果

（8）RTRIM()函数

RTRIM()函数截断所有尾随空格后返回一个字符串。其语法格式如下。

```
RTRIM ( character_expression )
```

【例 10.11】 RTRIM()函数的使用。

```
DECLARE @StringTest CHAR (10)
SET @StringTest='Robin    '
SELECT @StringTest+'-End', RTRIM(@StringTest)+'-End'
```

执行结果如图 10.11 所示。

图 10.11　例 10.11 执行结果

（9）LOWER()函数

LOWER()函数将大写字符数据转换为小写字符数据。其语法格式如下。

```
LOWER ( character_expression )
```

【例 10.12】 LOWER()函数的使用。

```
DECLARE @StringTest CHAR (10)
SET @StringTest='Robin    '
SELECT LOWER(LEFT(@StringTest,3))
```

执行结果如图 10.12 所示。

图 10.12　例 10.12 执行结果

（10）UPPER()函数

UPPER()函数将小写字符数据转换为大写字符。其语法格式如下。

```
UPPER ( character_expression )
```

【例 10.13】　UPPER（）函数的使用。

```
DECLARE @StringTest CHAR(10)
SET @StringTest='Robin'
SELECT UPPER(@StringTest)
```

执行结果如图 10.13 所示。

	（无列名）
1	ROBIN

图 10.13　例 10.13 执行结果

2. 日期时间函数

日期时间函数对日期和时间输入值执行操作,并返回一个字符串、数字值或日期和时间值。

（1）DATEADD（）函数

DATEADD（）函数在指定日期加上一段时间的基础上,返回新的 DATETIME 类型值。其语法格式如下。

```
DATEADD ( datepart , number, date )
```

各选项含义如下。

① datepart:指定要返回新值的日期的组成部分。表 10.4 列出了 SQL Server 可识别的日期部分和缩写。

表 10.4　SQL Server 可识别的日期部分和缩写

日 期 部 分	缩　　写	日 期 部 分	缩　　写
year	yy, yyyy	weekday	dw, w
quarter	qq, q	hour	hh
month	mm, m	minute	mi, n
dayofyear	dy, y	second	ss, s
day	dd, d	millisecond	ms
week	wk, ww		

② number:用来增加 datepart 的值。如果指定一个不是整数的值,则将废弃此值的小数部分。

③ date:是返回 DATETIME 或 SMALLDATETIME 类型值或日期格式字符串的表达式。

【例 10.14】　DATEADD（）函数的使用。

```
DECLARE @OLDTime DATETIME
SET @OLDTime='02-11-2020 11:30am'
SELECT DATEADD(hh,4,@OldTime)
```

执行结果如图 10.14 所示。

	（无列名）
1	2020-02-11 15:30:00.000

图 10.14　例 10.14 执行结果

228　数据库技术及应用（SQL Server 2022 版）

（2）DATEDIFF()函数

DATEDIFF 指两时间之差，DATEDIFF()函数返回跨两个指定日期的日期边界数和时间边界数。其语法格式如下。

```
DATEDIFF ( datepart , startdate , enddate )
```

各选项含义如下。

① datepart：指定应在日期的哪一部分计算差额的参数。

② startdate：计算的开始日期。startdate 是返回 DATETIME 或 SMALLDATETIME 类型值或日期格式字符串的表达式。

③ enddate：计算的结束日期。enddate 是返回 DATETIME 或 SMALLDATETIME 类型值或日期格式字符串的表达式。

【例 10.15】　DATEDIFF()函数的使用。

```
DECLARE @FirstTime DATETIME, @SecondTime DATETIME
SET @FirstTime='03-24-2006 6:30pm'
SET @SecondTime='03-24-2006 6:33pm'
SELECT DATEDIFF(ms, @FirstTime, @SecondTime)
```

执行结果如图 10.15 所示。

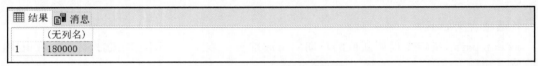

图 10.15　例 10.15 执行结果

（3）DATENAME()

DATENAME()返回指定日期中的指定部分的字符串。其语法格式如下。

```
DATENAME ( datepart , date )
```

各选项含义如下。

① datepart：是指定要返回的日期部分的参数。

② date：表达式，用于返回 DATETIME 或 SMALLDATETIME 类型值或日期格式的字符串。

【例 10.16】　DATENAME ()函数的使用。

```
DECLARE @StatementDate DATETIME
SET @StatementDate='2020-2-11 3:00 PM'
SELECT DATENAME(dw, @StatementDate)
```

执行结果如图 10.16 所示。

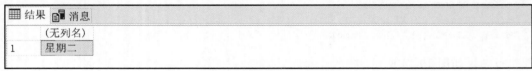

图 10.16　例 10.16 执行结果

10.3.2　用户定义函数

用户定义函数（User-Defined Function，UDF）是执行计算并返回一个值（标量值或表）的一段程序。用户自定义函数可以用 Transact-SQL 编写,并应用于查询、计算列和约束。也可以使用任意.NET 语言编写 UDF 及其他程序和对象。

SQL Server 支持以下三种用户定义函数。

(1) 标量函数(Scalar Function)

标量函数返回一个确定类型的标量,返回类型可以是除 text、ntext、image、cursor、timestamp 和 table 外的任何数据类型。函数体用 BEGIN…END 括起来。

(2) 内联表值型函数(Inline Table – valued Function)

内联表值型函数以表的形式返回一个返回值,即返回一个表。不使用 BEGIN…END 括起函数体。其返回的表由一个位于 RETURN 子句中的 SELECT 命令从数据库中得到。内嵌表值函数功能相当于一个参数化的视图。

(3) 多语句表值函数(Multi-statement Table-valued Function)

多语句表值函数可以看作标量函数和内联表值函数的结合体。返回值是一个表,但和标量函数一样有一个用 BEGIN…END 括起来的函数体,返回值表中的数据是由函数体中的语句插入的。

用户定义函数需要注意以下几点。

① UDF 可以嵌入查询、约束和计算列中。定义 UDF 的代码不能影响函数范围之外的数据库状态,即 UDF 代码不能修改表中的数据或调用会产生副作用的函数。

② UDF 的代码只能创建表变量,不能创建或访问临时表,也不允许使用动态执行。

③ 可以分别使用 CREATE FUNCTION、ALTER FUNCTION、DROP FUNCTION 语句实现用户定义函数的创建、修改和删除。在创建用户定义函数时,每个完全限定用户函数名称必须唯一。

④ 用户定义函数不能用于执行一系列可以改变数据库状态的操作。

1. 创建用户定义函数

(1) 用 Transact-SQL 命令创建用户定义函数

创建标量函数的 Transact-SQL 命令语法格式如下。

```
CREATE FUNCTION [ owner_name. ] function_name
( [ {@parameter_name[AS ] scalar_parameter_data_type [ =default ] } [,…,n] ])
RETURNS scalar_return_data_type
[ WITH <function_option> [,…,n] ]
[ AS ]
BEGIN
    function_body
    RETURN [ scalar_expression ]
END
<function_option>::=
{  [ ENCRYPTION ] | [ SCHEMABINDING ]  }
```

各选项含义如下。

① owner_name:指定用户定义函数的所有者。

② function_name:用户定义函数的名称。函数名称必须符合有关标识符的规则,并且在数据库中以及对其架构来说是唯一的。

③ @parameter_name:用户定义函数中的参数。可声明一个或多个参数。一个函数最多可以有 1024 个参数。执行函数时,如果未定义参数的默认值,则用户必须提供每个已声明

参数的值。通过将符号@用作第一个字符来指定参数名称。参数名称必须符合有关标识符的规则。参数是对应于函数的局部参数；其他函数中可使用相同的参数名称。参数只能代替常量，而不能用于代替表名、列名或其他数据库对象的名称。

④ scalar_parameter_data_type：指定标量参数的数据类型，是除了 text、ntext、image、cursor、timestamp 和 table 类型外的其他数据类型。

⑤ [= default]：参数的默认值。如果定义了 default 值，则无须指定此参数的值即可执行函数。

⑥ scalar_return_data_type：指定标量返回值的数据类型，是除 text、ntext、image、cursor、timestamp 和 table 类型外的其他数据类型。

⑦ scalar_expression：指定标量型用户自定义函数返回的标量值表达式。

⑧ function_body：指定一系列的 Transact_SQL 语句，它们决定了函数的返回值。

⑨ encryption：加密选项，让 SQL Server 对系统表中有关 CREATE FUNCTION 的声明加密，以防止用户定义函数作为 SQL Server 复制的一部分被发布。

⑩ schemabinding：计划绑定选项。将用户定义函数绑定到它所引用的数据库对象，则函数所涉及的数据库对象从此将不能被删除或修改，除非函数被删除或去掉此选项。应注意的是要绑定的数据库对象必须与函数在同一数据库中。

【例 10.17】 创建标量函数，根据输入的作品的发布年份，返回其已发布时间。

```
USE RedMovie
GO
CREATE FUNCTION release_year(@year int)
RETURNS int
AS
BEGIN
    RETURN(YEAR(GETDATE())-@year)
END
```

创建内联表值函数的 Transact-SQL 命令语法格式如下。

```
CREATE FUNCTION [ owner_name. ] function_name
( [ {@parameter_name [AS] scalar_parameter_data_type [ =default ] } [,…,n] ])
RETURNS TABLE
[WITH <function_option> [,…,n] ]
[AS]
RETURN ( select_stmt)
```

各选项含义如下。

① TABLE：指定表值函数的返回值为表。只有常量和@local_variables 可以传递到表值函数。在内联表值函数中，TABLE 返回值是通过单个 SELECT 语句定义的。

② select_stmt：定义内联表值函数返回值的单个 SELECT 语句，确定返回的表的数据。

【例 10.18】 在 RedMovie 数据库中创建内联表值函数，根据输入的作品编号，返回 MovieInfo 表中对应的作品名和发布年份。

```
USE RedMovie
GO
CREATE FUNCTION GET_MovieInfo (@ID NCHAR(10))
RETURNS TABLE
AS
```

```
RETURN(SELECT title, releaseYear
       FROM MovieInfo
       WHERE movieID=@ID)
```

创建多语句表值函数的 Transact-SQL 命令语法格式如下。

```
CREATE FUNCTION [ owner_name. ] function_name
( [ {@parameter_name[AS ] scalar_parameter_data_type [ =default ] } [,…,n] ])
RETURNS @return_variable TABLE < table_type_definition >
[ WITH <function_option> [,…,n] ]
[ AS ]
BEGIN
    function_body
RETURN
END
<table_type_definition>:: =
( { <column_definition> <column_constraint> | <table_constraint> } [,…,n ] )
```

各选项含义如下。

① @return_variable：一个 table 类型的变量，用于存储和累积返回的表中的数据行。

② < table_type_definition > ：定义 Transact-SQL 函数的表数据类型。表声明包含列定义和列约束（或表约束）。表始终放在主文件组中。

【例 10.19】 创建多语句表值函数，根据输入的红色影视作品编号，返回该作品被观看的情况。

```
USE RedMovie
GO
CREATE FUNCTION watch_movie( @ID NCHAR(10) )
RETURNS @watchinfo TABLE (作品编号 NCHAR(10), 作品名 VARCHAR(50),用户编号 NCHAR(10),
观看进度 FLOAT)
AS
BEGIN
    INSERT @ watchinfo
    SELECT MovieInfo.movieID, title, userID, watchProgress
    FROM MovieInfo, WatchHistory
    WHERE MovieInfo.movieID= WatchHistory.movieID AND
    MovieInfo.movieID=@ID
    RETURN
END
```

（2）使用图形工具创建用户定义函数

① 连接到相应的 Microsoft SQL Server Database Engine 实例后，在"对象资源管理器"中单击服务器名称以展开服务器树。

② 展开"数据库"，然后根据数据库的不同选择用户数据库，如 RedMovie。

③ 展开"可编程性"下的"函数"，右击其中的"标量函数"或"表值函数"，然后选择"新建函数"。

④ 在右侧出现的新建查询界面中输入创建函数的 Transact-SQL 命令，单击【执行】按钮即创建了用户定义函数。

⑤ 右击"标量函数"或"表值函数"，然后选择"刷新"，即可看到创建的函数。

2. 调用用户定义函数

调用用户定义函数和调用内置函数方式基本相同。

① 当调用标量值函数时，必须加上"所有者"，通常是 dbo。

例如，调用例 10.17 创建的标量函数 release_year 如下。

```
SELECT dbo.release_year(1960)
```

执行结果为：

```
64
```

② 当调用表值函数时，可以只使用函数名称。因为表值函数返回的是一个表，所以调用时把该函数作为表来使用。例如，调用例 10.18 创建的内联表值函数 GET_MovieInfo 如下。

```
SELECT * FROM GET_MovieInfo ('M03')
```

执行结果如图 10.17 所示。

图 10.17　调用 GET_MovieInfo() 函数结果

调用例 10.19 创建的多语句表值函数 watch_movie 如下。

```
SELECT * FROM watch_movie ('M03')
```

执行结果如图 10.18 所示。

图 10.18　调用 watch_movie() 函数结果

3. 修改用户定义函数

可以使用 Transact-SQL 命令 ALTER FUNCTION 修改用户定义函数，语法格式与 CREATE FUNCTION 相同，相当于重建。

也可以使用图形工具修改用户定义函数，过程如下。

① 连接到相应的 Microsoft SQL Server Database Engine 实例后，在"对象资源管理器"中单击服务器名称以展开服务器树。

② 展开"数据库"，然后根据数据库的不同选择用户数据库，如 RedMovie。

③ 展开"可编程性"下的"函数"，右击要修改的函数的名称，如 release_year，然后选择"修改"。

④ 在右侧出现的查询界面中修改创建函数的 Transact-SQL 命令，单击【执行】按钮即修改了用户定义函数。

4. 删除用户定义函数

（1）使用 Transact-SQL 命令删除

使用 Transact-SQL 命令 DROP FUNCTION 命令删除已创建的用户定义函数，语法格式如下。

```
DROP FUNCTION { [ owner_name ] function_name} [,…,n]
```

【例 10.20】　删除 RedMovie 数据库中的用户定义函数 release_year。

```
USE RedMovie
GO
DROP FUNCTION release_year
GO
```

（2）使用图形工具删除

可以使用图形工具修改用户定义函数，过程如下。

① 连接到相应的 Microsoft SQL Server Database Engine 实例后，在"对象资源管理器"中单击服务器名称以展开服务器树。

② 展开"数据库"，然后根据数据库的不同选择用户数据库，如 RedMovie。

③ 展开"可编程性"下的"函数"，右击要删除的函数的名称，如 release_year，然后选择"删除"。

④ 在出现的"删除对象"界面中，单击【确定】按钮即删除了用户定义函数。

10.4 流程控制语句

Transact-SQL 语言提供了称为控制流语言的特殊关键字，这些关键字用于控制 Transact-SQL 语句、语句块、用户定义函数以及存储过程的执行流。

不使用控制流语言，则各 Transact-SQL 语句按其出现的顺序分别执行。控制流语言支持基本的流控制逻辑，它允许按照给定的某种条件执行程序流和分支。

控制流语句不能跨多个批处理、用户定义函数或存储过程。

Transact-SQL 提供的控制流有 IF…ELSE 分支、CASE 多重分支、WHILE 循环结构、GOTO 语句、WAITFOR 语句和 RETURN 语句。

10.4.1 批处理

1. 批处理概念

批处理是指包含一条或多条 Transact-SQL 语句的语句组被一次性执行，是作为一个单元发出的一个和多个 Transact-SQL 语句的集合。SQL Server 将批处理编译成一个可执行单元，称为执行计划。批中如果某处发生编译错误，整个执行计划都无法执行。

GO 语句作为批处理命令的结束标志，当编译器读取到 GO 语句时，会把 GO 语句前的所有语句当作一个批处理，并将这些语句打包发送给服务器。GO 语句本身不是 Transact-SQL 语句的组成部分，只是一个表示批处理结束的前端指令。

2. 批处理使用规则

① CREATE DEFAULT、CREATE FUNCTION、CREATE PROCEDURE、CREATE RULE、CREATE SCHEMA、CREATE TRIGGER 和 CREATE VIEW 语句不能在批处理中与其他语句组合使用，在同一个批处理中只能提交一个。

② 不能在删除一个对象之后，在同一批处理中再次引用这个对象。

③ 不能把规则和默认值绑定到表字段或自定义字段上后，立即在同一批处理中使用它们。

④ 不能定义一个 CHECK 约束后，立即在同一个批处理中使用这个约束。

⑤ 不能修改表中一个字段名后，立即在同一个批处理中引用这个新字段。

⑥ 使用 SET 语句设置的某些 SET 选项,不能应用于同一个批处理中的查询。

⑦ 若批处理中第一个语句是执行某个存储过程的 EXECUTE 语句,则 EXECUTE 关键字可以省略。若该语句不是第一个语句,则必须写上。

3. 指定批处理的方法

① 应用程序作为一个执行单元发出的所有 SQL 语句构成一个批处理,并生成单个执行计划。

② 存储过程或触发器内的所有语句构成一个批处理,每个存储过程或触发器都编译为一个执行计划。

③ 由 EXECUTE 语句执行的字符串是一个批处理,并编译为一个执行计划。

④ 由 sp_executesql 存储过程执行的字符串是一个批处理,并编译为一个执行计划。

若应用程序发出的批处理过程中含有 EXECUTE 语句,已执行字符串或存储过程的执行计划,将和包含 EXECUTE 语句的执行计划分开执行。

若 sp_executesql 存储过程所执行的字符串生成的执行计划也与包含 sp_executesql 调用的批处理执行计划分开执行。

若批处理中的语句激发了触发器,则触发器执行将和原始的批处理执行分开进行。

4. 批处理的结束和退出

(1) 批处理结束语句: GO

GO 语句作为批处理的结束标志,当编译器执行到 GO 时会把 GO 之前的所有语句当作一个批处理来执行。GO 不是 Transact-SQL 语句。

GO 命令和 Transact-SQL 语句不可在同一行,在批处理中的第一条语句后执行任何存储过程必须包含 EXECUTE 关键字。局部变量的作用域限制在一个批处理中,不可在 GO 命令后引用。

EXECUTE 命令执行标量值的用户定义函数、系统过程、用户定义存储过程或扩展存储过程。同时,支持 Transact-SQL 批处理内的字符串的执行。

(2) 批处理退出语句: RETURN [整型表达式]

RETURN 语句无条件中止查询、存储过程或批处理的执行。存储过程或批处理不执行位于 RETURN 之后的语句。当存储过程使用该语句,则可用该语句指定返回给调用应用程序、批处理或过程的整数值。若 RETURN 语句未指定值,则存储过程的返回值是 0。

当用于存储过程时,RETURN 不能返回空值。

5. 脚本

脚本是存储在文件中的一系列 Transact-SQL 语句。可包含一个或多个批处理,GO 作为批处理结束语句,如果脚本中无 GO 语句,则作为单个批处理。脚本文件扩展名为.sql。

10.4.2 选择语句

1. IF…ELSE 语句

指定 Transact-SQL 语句的执行条件。如果满足条件,则在 IF 关键字及其条件之后执行 Transact-SQL 语句:布尔表达式返回 TRUE。可选的 ELSE 关键字引入另一个 Transact-SQL 语句,当不满足 IF 条件时就执行语句:布尔表达式返回 FALSE。

IF…ELSE 语句语法格式如下。

```
IF Boolean_expression
    { sql_statement | statement_block }
[ ELSE
    { sql_statement | statement_block } ]
```

各选项含义如下。

① Boolean_expression：返回 TRUE 或 FALSE 的表达式。如果布尔表达式中含有 SELECT 语句，则必须用括号将 SELECT 语句括起来。

② { sql_statement | statement_block }：任何 Transact-SQL 语句或用语句块定义的语句分组。不止包含一条语句而是一组的 Transact-SQL 语句时，为了可以一次执行一组 Transact-SQL 语句，需要使用 BEGIN…END 语句将多条语句封闭起来。除非使用语句块，否则 IF 或 ELSE 条件只能影响一个 Transact-SQL 语句的性能。

IF…ELSE 构造可用于批处理、存储过程和即时查询。当此构造用于存储过程时，通常用于测试某个参数是否存在。

可以在 IF 或 ELSE 下面，嵌套另一个 IF 测试，嵌套级数的限制取决于可用内存。

【例 10.21】　查询红色影视作品中是否有 1958 年的影视作品。

```
USE RedMovie
GO
IF EXISTS(SELECT * FROM MovieInfo WHERE releaseYear=1958)
    PRINT '数据库中有此红色影视作品'
ELSE
    PRINT '数据库中没有此红色影视作品'
```

执行结果如图 10.19 所示。

图 10.19　例 10.21 执行结果

【例 10.22】　统计观看"游击队"作品的人数。

```
USE RedMovie
GO
DECLARE @num INT
IF EXISTS(SELECT * FROM MovieInfo WHERE title LIKE '%游击队%')
BEGIN
SELECT @num=COUNT(*)
FROM WatchHistory
    WHERE movieID IN
        (SELECT movieID FROM MovieInfo WHERE title LIKE '%游击队%')
PRINT '观看该作品的人数为:'+str(@num)
END
ELSE
PRINT '数据库中没有观看记录'
```

执行结果如图 10.20 所示。

2. CASE 表达式

CASE 表达式用来计算条件列表，并返回多个可能结果表达式之一。CASE 表达式有两

```
消息
    观看该作品的人数为：            1

    完成时间: 2024-03-13T16:35:31.2586775+08:00
```

图 10.20　例 10.22 执行结果

种格式：简单 CASE 表达式和 CASE 搜索表达式。

（1）简单 CASE 表达式

简单 CASE 表达式将某个表达式与一组简单表达式进行比较以确定结果。其语法格式如下。

```
CASE input_expression
    WHEN when_expression THEN result_expression [,…,n]
    [ ELSE else_result_expression ]
END
```

各选项含义如下。

① input_expression：计算的表达式，可以是任意有效的表达式。

② WHEN when_expression：要与 input_expression 进行比较的简单表达式，是任意有效的表达式。input_expression 及每个 when_expression 的数据类型必须相同或必须是隐式转换的数据类型。

③ THEN result_expression：当 input_expression = when_expression 计算结果为 TRUE 时返回的表达式。result_expression 是任意有效的表达式。

④ ELSE else_result_expression：比较运算计算结果不为 TRUE 时返回的表达式。如果忽略此参数且比较运算计算结果不为 TRUE，则 CASE 返回 NULL。else_result_expression 是任意有效的表达式。else_result_expression 及任何 result_expression 的数据类型必须相同或必须是隐式转换的数据类型。

【例 10.23】　显示每个用户评论红色影视作品的数量。

```
USE RedMovie
GO
SELECT userID, '评论数量'=
    CASE COUNT(*)
            WHEN 1 THEN '评论了一个作品'
            WHEN 2 THEN '评论了两个作品'
            WHEN 3 THEN '评论了三个作品'
            ELSE '评论了三个以上作品'
    END
FROM UserComment
GROUP BY userID
```

执行结果如图 10.21 所示。

	userID	评论数量
1	U01	评论了三个作品
2	U02	评论了两个作品
3	U03	评论了一个作品
4	U04	评论了一个作品
5	U05	评论了一个作品

图 10.21　例 10.23 执行结果

（2）CASE 搜索表达式

CASE 搜索表达式计算一组逻辑表达式以确定结果。其语法格式如下。

```
CASE
    WHEN Boolean_expression THEN result_expression [,…,n ]
    [ ELSE else_result_expression ]
END
```

其中，WHEN Boolean_expression 是计算的布尔表达式，是任意有效的布尔表达式。

【例 10.24】　使用 CASE 搜索表达式实现例 10.23 的显示要求。

```
USE RedMovie
GO
SELECT RNO, '评论数量'=
    CASE
        WHEN COUNT ( * )=1 THEN '评论了一个作品'
        WHEN COUNT ( * )=2 THEN '评论了两个作品'
        WHEN COUNT ( * )=3 THEN '评论了三个作品'
    END
FROM UserComment
GROUP BY userID
```

执行结果如图 10.21 所示。

3. WAITFOR 语句

WAITFOR 语句称为延迟语句，就是暂停批处理、存储过程或事务的执行，转去暂停一个指定的时间间隔或者暂停到一个指定的时间。在达到指定时间或时间间隔之前，或者指定语句至少修改或返回一行之前，阻止执行批处理、存储过程或事务。其语法格式如下。

```
WAITFOR
{   DELAY 'time_to_pass'                /* 设定等待时间 */
    | TIME 'time_to_execute'            /* 设定等待到某一时刻 */
}
```

各选项含义如下。

① DELAY：可以继续执行批处理、存储过程或事务之前必须经过的指定时段，最长可为 24 小时。

② 'time_to_pass'：等待的时段。可以使用 datetime 数据可接受的格式之一指定 time_to_pass，也可以将其指定为局部变量。不能指定日期，因此不允许指定 datetime 值的日期部分，只能指定时间。

③ TIME：指定的运行批处理、存储过程或事务的时间。

④ 'time_to_execute'：WAITFOR 语句完成的时间。可以使用 datetime 数据可接受的格式之一指定 time_to_execute，也可以将其指定为局部变量，不能指定日期，因此不允许指定 datetime 值的日期部分。

执行 WAITFOR 语句时，事务正在运行，并且其他请求不能在同一事务下运行。WAITFOR 不更改查询的语义。如果查询不能返回任何行，那么 WAITFOR 将一直等待，或等到满足 TIMEOUT 条件（如果已指定）为止。

【例 10.25】　延迟 30 秒执行查询。

```
USE RedMovie
```

```
GO
WAITFOR DELAY '00:00:30'
SELECT * FROM MovieInfo
```

【例 10.26】 在时刻 21:20:00 执行查询。

```
USE RedMovie
GO
WAITFOR TIME '21:20:00'
SELECT * FROM MovieInfo
```

4. GOTO 语句

GOTO 语句将执行语句无条件跳转到标签处，并从标签位置继续处理。GOTO 语句和标签可在过程、批处理或语句块中的任何位置使用。其语法格式如下。

```
GOTO label
```

其中，label 为 GOTO 语句处理的起点标签。标签必须符合标识符规则。无论是否使用 GOTO 语句，标签均可作为注释方法使用。

5. RETURN 语句

RETURN 语句从查询或过程中无条件退出。RETURN 的执行是即时且完全的，可在任何时候用于从过程、批处理或语句块中退出。RETURN 之后的语句是不执行的。其语法格式如下。

```
RETURN [ integer_expression ]
```

其中，integer_expression 是返回的整数值。存储过程可向执行调用的过程或应用程序返回一个整数值。

除非另外说明，否则所有系统存储过程都将返回一个 0 值。0 值表示成功，非 0 值表示失败。如果用于存储过程，RETURN 不能返回 NULL 值。

10.4.3 循环语句

设置重复执行 Transact-SQL 语句或语句块的条件。只要指定的条件为真，就重复执行语句。可以使用 BREAK 和 CONTINUE 关键字在循环内部控制 WHILE 循环中语句的执行。

WHILE 循环语句语法格式如下。

```
WHILE Boolean_expression
    { sql_statement | statement_block }
    [ BREAK ]
    { sql_statement | statement_block }
    [ CONTINUE ]
    { sql_statement | statement_block }
```

各选项含义如下。

① Boolean_expression：返回 TRUE 或 FALSE 的表达式。如果布尔表达式中含有 SELECT 语句，则必须用括号将 SELECT 语句括起来。

② {sql_statement | statement_block}：Transact-SQL 语句或用语句块定义的语句分组。若要定义语句块，则需使用 BEGIN 和 END 括起来。

③ BREAK：导致从最内层的 WHILE 循环中退出。将执行出现在 END 关键字（循环结束的标记）后面的任何语句。

④ CONTINUE：使 WHILE 循环重新开始执行，忽略 CONTINUE 关键字后面的任何语句。

如果嵌套了两个或多个 WHILE 循环，则内层的 BREAK 将退出到下一个外层循环。将首先运行内层循环结束之后的所有语句，然后重新开始下一个外层循环。

【例 10.27】　WHILE 循环程序。

```
DECLARE @x int
SET @x=0
WHILE @x<3
    BEGIN
        SET @x=@x+1
        PRINT 'x='+STR(@x,1)
    END
```

执行结果如图 10.22 所示

```
消息
  x=1
  x=2
  x=3

完成时间: 2024-03-13T20:26:16.6156650+08:00
```

图 10.22　例 10.27 执行结果

10.5　游标

10.5.1　游标概念

关系数据库中的操作会对整个行集起作用。由 SELECT 语句返回的行集包括满足该语句的 WHERE 子句中条件的所有行。这种由语句返回的完整行集称为结果集。应用程序，特别是交互式联机应用程序，并不总能将整个结果集作为一个单元来有效地处理。这些应用程序需要一种机制，以便每次处理一行或一部分行。游标就是提供这种机制的对结果集的一种扩展。

游标（cursor）是一种数据访问机制，它允许用户单独地访问数据行，而不是对整个行集进行操作。Transact-SQL 游标类似于 C 语言的指针。

在 SQL Server 中，游标主要包括以下两部分。

① 游标结果集。由定义游标的 SELECT 语句返回的行的集合。

② 游标位置。指向这个结果集中的某一行的指针。

游标具有以下特点：

① 游标返回一个完整的结果集，但允许程序设计语言只调用集合中的一行。

② 允许定位在结果集中的特定行。

③ 从结果集的当前位置检索一行或多行。

④ 支持对结果集中在当前位置的行进行数据修改。

⑤ 可为其他用户对显示在结果集中的数据库数据所做的更改提供不同级别的可见性支持。

⑥ 提供脚本、存储过程和触发器中使用的访问结果集中数据的 Transact-SQL 语句。

10.5.2 操作游标

Transact-SQL 游标主要用于存储过程、触发器和 Transact-SQL 脚本中,它们使结果集的内容可以用于其他 Transact-SQL 语句。

在存储过程或触发器中使用 Transact-SQL 游标的典型过程如下。

① 声明 Transact-SQL 变量包含游标返回的数据。为每个结果集中的列声明一个变量。声明足够大的变量来保存列返回的值,并声明变量的类型为可从列数据类型隐式转换得到的数据类型。

② 使用 DECLARE CURSOR 语句将 Transact-SQL 游标与 SELECT 语句相关联。另外,DECLARE CURSOR 语句还定义游标的特性,例如游标名称以及游标是只读还是只写的。

③ 使用 OPEN 语句执行 SELECT 语句并填充游标。

④ 使用 FETCH INTO 语句提取单个行,并将每列中的数据移至指定的变量中。然后,其他 Transact-SQL 语句可以引用那些变量来访问提取的数据值。Transact-SQL 游标不支持提取行块。

⑤ 使用 CLOSE 语句结束游标的使用。关闭游标可以释放某些资源,例如游标结果集及其对当前行的锁定,但如果重新发出一个 OPEN 语句,则该游标结构仍可用于处理。由于游标仍然存在,此时还不能重新使用该游标的名称。DEALLOCATE 语句则完全释放分配给游标的资源,包括游标名称。释放游标后,必须使用 DECLARE 语句来重新生成游标。

1. 声明游标

声明游标的主要内容包括游标名字、数据来源表和列、选取条件,以及属性仅读或可修改。可以使用 DECLARE CURSOR 命令声明游标,DECLARE CURSOR 接受基于 SQL-92 标准的语法和使用一组 Transact-SQL 扩展插件的语法,语法格式如下。

(1) SQL 92 标准语法格式

```
DECLARE cursor_name [ INSENSITIVE ] [ SCROLL ] CURSOR
    FOR select_statement
    [ FOR { READ ONLY | UPDATE [ OF column_name [,…,n ] ] } ]
[;]
```

各选项含义如下。

① cursor_name:所定义的 Transact-SQL 服务器游标的名称,必须符合标识符规则。

② INSENSITIVE:定义一个游标,以创建将由该游标使用的数据的临时复本。INSENSITIVE 表明 SQL Server 会将游标定义所选取出来的数据记录存放在一临时表内(建立在 tempdb 数据库下),对该游标的操作皆由临时表来应答。因此,对基本表的修改并不影响游标提取数据,即游标不会随着基本表内容的改变而改变,同时也不会通过游标来更新基本表。如果不使用该保留字,那么对基本表的更新、删除都会反映到游标中。

③ 使用 SQL-92 语法时,如果省略 INSENSITIVE,则已提交的(任何用户)对基础表的删除和更新都反映在后面的提取中。

④ SCROLL:指定所有的提取选项(如表 10.5 中的 FIRST、LAST、PRIOR、NEXT、

RELATIVE、ABSOLUTE）均可用。如果未在 SQL-92 DECLARE CURSOR 中指定 SCROLL,则 NEXT 是唯一支持的提取选项。如果也指定了 FAST_FORWARD,则不能指定 SCROLL。

表 10.5　SCROLL 选项

选　　项	含　　义
FIRST	提取游标中的第一行数据
LAST	提取游标中的最后一行数据
PRIOR	提取游标当前位置的上一行数据
NEXT	提取游标当前位置的下一行数据
RELATIVE n	提取游标当前位置之前或之后的第 n 行（n 为正表示向后,n 为负表示向前）
ABSOLUTE n	提取游标中的第 n 行数据

各选项含义如下。

① select_statement：定义游标结果集的标准 SELECT 语句。在游标声明的 select_statement 内不允许使用关键字 COMPUTE、COMPUTE BY、FOR BROWSE 和 INTO。

② READ ONLY：禁止通过该游标进行更新。在 UPDATE 或 DELETE 语句的 WHERE CURRENT OF 子句中不能引用游标。该选项优于要更新的游标的默认功能。

③ UPDATE [OF column_name [,…,n]]：定义游标中可更新的列。如果指定了 OF column_name [,…,n],则只允许修改列出的列。如果指定了 UPDATE,但未指定列的列表,则可以更新所有列。

（2）Transact-SQL 扩展插件语法格式如下。

```
DECLARE cursor_name CURSOR [ LOCAL | GLOBAL ]
    [ FORWARD_ONLY | SCROLL ]
    [ STATIC | KEYSET | DYNAMIC | FAST_FORWARD ]
    [ READ_ONLY | SCROLL_LOCKS | OPTIMISTIC ]
    [ TYPE_WARNING ]
    FOR select_statement
    [ FOR UPDATE [ OF column_name [ ,…,n ] ] ]
[;]
```

各选项含义如下。

① LOCAL：指定该游标的作用域对于在其中创建的批处理、存储过程或触发器来说是局部的。该游标名称仅在这个作用域内有效。在批处理、存储过程、触发器或存储过程 OUTPUT 参数中,该游标可由局部游标变量引用。OUTPUT 参数用于将局部游标传递回调用批处理、存储过程或触发器,它们可在存储过程终止后给游标变量分配参数使其引用游标。除非 OUTPUT 参数将游标传递回来,否则游标将在批处理、存储过程或触发器终止时隐式释放。如果 OUTPUT 参数将游标传递回来,则游标在最后引用它的变量释放或离开作用域时释放。

② GLOBAL：指定该游标的作用域对连接来说是全局的。在由连接执行的任何存储过程或批处理中,都可以引用该游标名称。该游标仅在断开连接时隐式释放。

③ FORWARD_ONLY：指定游标只能从第一行滚动到最后一行。FETCH NEXT 是唯一支持的提取选项。如果在指定 FORWARD_ONLY 时不指定 STATIC、KEYSET 和 DYNAMIC 关键字,则游标作为 DYNAMIC 游标进行操作。如果 FORWARD_ONLY 和 SCROLL 均未指定,则除非指定 STATIC、KEYSET 或 DYNAMIC 关键字,否则默认为

FORWARD_ONLY。STATIC、KEYSET 和 DYNAMIC 游标默认为 SCROLL。

④ STATIC：定义一个游标，以创建将由该游标使用的数据的临时复本。对游标的所有请求都从 tempdb 数据库中的这一临时表中得到应答。因此，在对该游标进行提取操作时返回的数据中不反映对基表所做的修改，并且该游标不允许修改。

⑤ KEYSET：指定当游标打开时，游标中行的成员身份和顺序已经固定。对行进行唯一标识的键集内置在 tempdb 数据库内一个称为 keyset 的表中。

⑥ DYNAMIC：定义一个游标，以反映在滚动游标时对结果集内的各行所做的所有数据更改。行的数据值、顺序和成员身份在每次提取时都会更改。动态游标不支持 ABSOLUTE 提取选项。

⑦ FAST_FORWARD：指定启用了性能优化的 FORWARD_ONLY、READ_ONLY 游标。如果指定了 SCROLL 或 FOR_UPDATE，则不能指定 FAST_FORWARD。

⑧ SCROLL_LOCKS：指定通过游标进行的定位更新或删除保证会成功。将行读取到游标中以确保它们对随后的修改可用时，Microsoft SQL Server 将锁定这些行。如果还指定了 FAST_FORWARD 或 STATIC，则不能指定 SCROLL_LOCKS。

⑨ OPTIMISTIC：指定如果行自从被读入游标以来已得到更新，则通过游标进行的定位更新或定位删除不会成功。当将行读入游标时 SQL Server 不会锁定行。相反，SQL Server 使用 timestamp 列值的比较，或者如果表没有 timestamp 列，则使用校验和值，以确定将行读入游标后是否已修改该行。如果已修改该行，则尝试进行的定位更新或删除将失败。如果还指定了 FAST_FORWARD，则不能指定 OPTIMISTIC。

⑩ TYPE_WARNING：指定如果游标从所请求的类型隐式转换为另一种类型，则向客户端发送警告消息。

【例 10.28】 使用 SQL-92 标准声明一个用于访问 RedMovie 数据库中 MovieInfo 表信息的游标。

```
USE RedMovie
GO
DECLARE MovieInfo_cursor CURSOR
    FOR
        SELECT * FROM MovieInfo
        FOR READ ONLY
```

2. 打开游标

在使用游标之前必须打开游标，可以使用 OPEN 命令打开游标，其语法格式如下。

```
OPEN { { [ GLOBAL ] cursor_name } | cursor_variable_name }
```

各选项含义如下。

① GLOBAL：指定 cursor_name 是指全局游标。

② cursor_name：已声明的游标的名称。如果全局游标和局部游标都使用 cursor_name 作为其名称，那么如果指定了 GLOBAL，则 cursor_name 指的是全局游标；否则，cursor_name 指的是局部游标。

③ cursor_variable_name：游标变量的名称，该变量引用一个游标。

在打开游标时，如果游标声明语句中使用了 INSENSITIVE 保留字，则 OPEN 产生一个临时表来存放结果集。如果在结果集中任何一行数据的大小超过 SQL Server 定义的最大行尺寸时,那么 OPEN 命令将失败。

打开了游标,则可用@@cursor_rows 全局变量来检索游标中的行数。

例如,打开例 10.28 所声明的游标

```
OPEN MovieInfo_cursor
```

3. 读取游标

当游标被成功打开,就可以从游标中逐行地读取数据以时行相关处理。从游标中读取数据可以使用 FETCH 命令,其语法格式如下。

```
FETCH
    [ [ NEXT | PRIOR | FIRST | LAST
     | ABSOLUTE { n | @nvar }
     | RELATIVE { n | @nvar } ]
     FROM
    ]
    { { [ GLOBAL ] cursor_name } | @cursor_variable_name }
    [ INTO @variable_name [ ,…,n ] ]
```

各选项含义如下。

① NEXT:紧跟当前行返回结果行,并且当前行递增为返回行。如果 FETCH NEXT 为对游标的第一次提取操作,则返回结果集中的第一行。NEXT 为默认的游标提取选项。

② PRIOR:返回紧邻当前行前面的结果行,并且当前行递减为返回行。如果 FETCH PRIOR 为对游标的第一次提取操作,则没有行返回且游标置于第一行之前。

③ FIRST:返回游标中的第一行并将其作为当前行。

④ LAST:返回游标中的最后一行并将其作为当前行。

⑤ ABSOLUTE { n | @nvar}:如果 n 或@nvar 为正数,则返回从游标头开始的第 n 行,并将返回行变成新的当前行。如果 n 或@nvar 为负数,则返回从游标末尾开始的第 n 行,并将返回行变成新的当前行。如果 n 或@nvar 为 0,则不返回行。n 必须是整数常量,并且@nvar 的数据类型必须为 smallint、tinyint 或 int。

⑥ RELATIVE { n | @nvar}:如果 n 或@nvar 为正数,则返回从当前行开始的第 n 行,并将返回行变成新的当前行。如果 n 或@nvar 为负数,则返回当前行之前的第 n 行,并将返回行变成新的当前行。如果 n 或@nvar 为 0,则返回当前行。在对游标完成第一次提取时,如果在将 n 或@nvar 设置为负数或 0 的情况下指定 FETCH RELATIVE,则不返回行。n 必须是整数常量,@nvar 的数据类型必须为 smallint、tinyint 或 int。

⑦ GLOBAL:指定 cursor_name 为全局游标。

⑧ cursor_name:要从中进行提取的打开的游标的名称。如果同时具有以 cursor_name 作为名称的全局和局部游标存在,则如果指定为 GLOBAL,则 cursor_name 为全局游标;如果未指定 GLOBAL,则为局部游标。

⑨ @cursor_variable_name:游标变量名,引用要从中进行提取操作的打开的游标。

⑩ INTO @variable_name[,…,n]:允许将提取操作的列数据放到局部变量中。列表中的各个变量从左到右与游标结果集中的相应列相关联。各变量的数据类型必须与相应的结果集列的数据类型匹配,或变量的数据类型必须是结果集列数据类型所支持的隐式转换。变量的数目必须与游标选择列表中的列数一致。

4. 检查游标状态

@@fetch_status 为全局变量,返回上次执行 FETCH 命令的状态。在每次用 FETCH 从游标中读取数据时,都应检查该变量以确定上次 FETCH 操作是否成功,来决定如何进行下一步处理。@@fetch_status 变量有三个不同返回值。

① 0:表示成功取出了一行。

② -1:表示未取到数据。游标位置超出结果集。

③ -2:表示返回的行已经不再是结果集的一个成员,这种情况只有在游标不是 INSENSITIVE 的情况下出现,即其他进程已删除了行或改变了游标打开的关键值。

【例 10.29】 读取例 10.28 创建的游标中的数据。

```
USE RedMovie
GO
OPEN MovieInfo_cursor
FETCH NEXT FROM MovieInfo_cursor
WHILE @@fetch_status=0
BEGIN
    FETCH NEXT FROM MovieInfo_cursor
END
```

执行结果如图 10.23 所示。

	movieID	title	releaseYear	genre	directorName	runtime
1	M01	地道战	1965	战争	任旭东	136

	movieID	title	releaseYear	genre	directorName	runtime
1	M02	铁道游击队	1956	战争	赵明	99

	movieID	title	releaseYear	genre	directorName	runtime
1	M03	烈火金刚	1958	革命历史	何威	104

	movieID	title	releaseYear	genre	directorName	runtime
1	M04	洪湖赤卫队	1959	革命历史	谢添、陈方千	143

	movieID	title	releaseYear	genre	directorName	runtime
1	M05	红色娘子军	1960	革命历史	谢晋	116

	movieID	title	releaseYear	genre	directorName	runtime
1	M06	狼牙山五壮士	1958	英雄传记	史文帜	87

	movieID	title	releaseYear	genre	directorName	runtime
1	M07	平原游击队	1955	战争	苏里、武兆堤	101

	movieID	title	releaseYear	genre	directorName	runtime
1	M08	渡江侦察记	1954	战争	汤晓丹	103

	movieID	title	releaseYear	genre	directorName	runtime

图 10.23 例 10.29 执行结果

5. 编辑当前游标行

通常用游标从基础表中检索数据,以实现对数据行的处理。在某些情况下,需要修改游标中的数据,即进行定位更新或删除游标所包含的数据,所以必须执行另外的更新或删除命令,并在 WHERE 子句中重新给定条件才能修改到该行数据。但是,如果在声明游标时使用了 FOR UPDATE 语句,就可以在 UPDATE 或 DELETE 命令中以 WHERE CURRENT OF 关键字直接修改或删除当前游标中所存储的数据,而不必使用 WHERE 子句重新给出指定条件。当改变游标中数据时,这种变化会自动地影响到游标的基础表。但是,如果在声明游标时选择了 INSENSITIVE 选项,则该游标中的数据不能被修改。

可使用 UPDATE 或 DELETE 命令进行定位修改或删除游标中的数据,语法格式如下。

（1）修改游标中的数据

```
UPDATE table_name
SET column_name = {expression1 | DEFAULT | NULL } [,…,n]
WHERE CURRENT OF { { [ GLOBAL ] cursor_name }
                    | cursor_variable_name  }
```

（2）删除游标中的数据

```
DELETE FROM table_name
WHERE CURRENT OF { { [ GLOBAL ] cursor_name }
                    | cursor_variable_name  }
```

了修改或删除游标中的数据，在声明游标时应使用 FOR UPDATE 选项。

【例 10.30】　通过使用游标修改 RedMovie 数据库中 MovieInfo 表中的信息。

```
USE RedMovie
GO
SELECT * FROM MovieInfo
DECLARE MovieInfo_cursor CURSOR
    FOR
        SELECT * FROM MovieInfo
        FOR UPDATE OF movieID,title,releaseYear,genre,directorName,runtime
OPEN MovieInfo_cursor
FETCH NEXT FROM MovieInfo_cursor
UPDATE MovieInfo
SET movieID = 'M15', title = '董存瑞', releaseYear = 1955, genre = '英雄传记',
directorName ='郭纬', runtime=110
WHERE CURRENT OF MovieInfo_cursor
SELECT * FROM MovieInfo
```

也可以使用以下命令删除游标读入的一行数据。

```
DELETE FROM MovieInfo
WHERE CURRENT OF MovieInfo_cursor
```

以上的修改或删除操作总是在游标的当前位置。

6. 释放游标

（1）关闭游标

在处理完游标中的数据后，关闭游标来释放数据结果集和定位于数据记录上的锁，CLOSE 语句关闭游标但不释放游标占用的数据结构。如果准备在随后的使用中再次打开游标，则可以使用 OPEN 命令。CLOSE 命令语法格式如下。

```
CLOSE { { [ GLOBAL ] cursor_name } | cursor_variable_name }
```

（2）释放游标

在针对游标的操作或引用游标或引用指向游标的游标变量时，CLOSE 命令关闭游标并没有释放游标占用的数据结构，因此常使用 DEALLOCATE 命令删除游标与游标名或游标变量之间的联系，并且释放游标占用的所有系统资源，其命令格式如下。

```
DEALLOCATE { { [ GLOBAL ] cursor_name } | @cursor_variable_name }
```

10.6　习题

一、选择题

1. SQL Server 中的标识符的第一个字符不能是(　　)。

　　A. 字母　　　　　　　B. 数字　　　　　　　C. 下画线　　　　　D. ♯

2. SQL Server 中的局部变量名以(　　)开头。

　　A. @　　　　　　　　B. ♯　　　　　　　　C. @@　　　　　　　D. 字母

3. 受上一个 SQL 语言影响的行数的全局变量是(　　)。

　　A. @@IDENTITY　　　　　　　　　B. @@TRANSCOUNT

　　C. @@ROWCOUNT　　　　　　　　D. @@VERSION

4. 返回两个时间之差的时间函数是(　　)。

　　A. DATEADD()　　　　　　　　　　B. DATEDIFF()

　　C. DATENAME()　　　　　　　　　D. NOW()

5. 批处理结束语句是(　　)。

　　A. GO　　　　　B. EXECUTE　　　C. RETURN　　　D. END

6. 实现多分支选择的语句是(　　)。

　　A. IF…ELSE　　　B. WHILE　　　　C. RETURN　　　D. CASE

7. 在 WHILE 结构中实现退出本层循环的语句是(　　)。

　　A. GO　　　　　　　　　　　　　B. CONTINUE

　　C. RETURN　　　　　　　　　　　D. BREAK

8. (　　)是一种数据访问机制,它允许用户单独地访问数据行,而不是对整个行集进行操作。

　　A. 游标　　　　　　B. 批处理　　　　　C. 存储过程　　　　D. 脚本

9. 声明游标的 Transact-SQL 语句是(　　)。

　　A. OPEN　　　　B. FETCH　　　　C. DECLARE　　　D. CLOSE

10. (　　)是存储在文件中一系列 Transact-SQL 语句。

　　A. 游标　　　　　　B. 批处理　　　　　C. 存储过程　　　　D. 脚本

二、填空题

1. SQL Server 中的数据库架构可以视为对象的_____。

2. SQL Server 中的单行注释以_____开头。

3. SQL Server 中的 Unicode 字符串常量前面有一个字符_____。

4. _____是作用域局限在一定范围内的 Transact-SQL 对象。

5. 统计行数的聚合函数是_____。

6. 求子串的字符函数是_____。

7. _____是指包含一条或多条 Transact-SQL 语句的语句组,被一次性地执行。

8. 为了可以一次执行一组 SQL 语句,需要使用_____语句将多条语句封闭起来。

9. 可以使用_____和_____关键字在循环内部控制 WHILE 循环中语句的执行。

10. 创建用户自定义函数的 Transact-SQL 语句是_____。

三、简答题

1. 对象命名规则是什么？

2. SQL Server 中有哪些常量？

3. SQL Server 中的批处理有哪些规则？

4. 什么是自定义函数？有哪些类型？

5. 什么是游标？有什么特点？

第 11 章　存储过程与触发器

本章主要介绍 SQL Server 中存储过程的概念、类型,常用的系统存储过程以及如何创建存储过程。还将介绍触发器的类型及其创建和使用。

11.1　存储过程

存储过程是由 Transact-SQL 命令编写的过程,这个过程经编译和优化后存储在数据库服务器中,使用时只要调用即可。

11.1.1　存储过程的功能及优势

Microsoft SQL Server 中的存储过程与其他编程语言中的过程类似,可实现以下功能。

① 接受输入参数并以输出参数的格式向调用过程或批处理返回多个值。

② 包含用于在数据库中执行操作(包括调用其他过程)的编程语句。

③ 向调用过程或批处理返回状态值,以说明成功或失败(以及失败的原因)。

可以使用 Transact-SQL 语言的 EXECUTE 命令运行存储过程。存储过程与函数不同,存储过程不返回取代其名称的值,也不能直接在表达式中使用。

在 SQL Server 中使用存储过程,而不使用存储在客户端计算机本地的 Transact-SQL 程序有以下优势。

① 存储过程已在服务器注册。

② 存储过程具有安全特性(如权限)和所有权链接,且具有可以附加到存储过程的证书。用户可以被授予权限来执行存储过程而不必直接对存储过程中引用的对象授予权限。

③ 存储过程可以加强应用程序的安全性。参数化存储过程有助于保护应用程序不受 SQL Injection 攻击。

④ 存储过程允许模块化程序设计。存储过程一旦创建,以后即可在程序中调用任意多次。这样可以改进应用程序的可维护性,并允许应用程序统一访问数据库。

⑤ 存储过程可以减少网络通信流量。一个需要数百行 Transact-SQL 代码的操作,可以通过一条执行过程代码的语句来执行,而不需要在网络中发送数百行代码。

11.1.2　存储过程的类型

Microsoft SQLServer 2022 中有多种可用的存储过程。

1. 用户定义的存储过程

用户定义的存储过程是指封装了可重用代码的模块或例程。存储过程可以接受输入参数、向客户端返回表格或标量结果和消息、调用数据定义语言(DDL)和数据操作语言(DML)的命令,然后返回输出参数。在 SQL Server 中,用户定义的存储过程有 Transact-SQL 或

CLR 两种类型。

（1）Transact-SQL 存储过程

Transact-SQL 存储过程是指保存的 Transact-SQL 语句集合，可以接受和返回用户提供的参数。存储过程中可能包含根据客户端应用程序提供的信息在一个或多个表中插入新行所需的语句。存储过程也可能从数据库向客户端应用程序返回数据。例如，电子商务 Web 应用程序可以使用存储过程，实现根据联机用户指定的搜索条件返回有关特定产品的信息。

（2）CLR 存储过程

CLR 存储过程是指对 Microsoft .NET Framework 公共语言运行时 CLR 方法的引用，可以接受和返回用户提供的参数。它们在 .NET Framework 程序集中是作为类的公共静态方法实现的。

2. 扩展存储过程

扩展存储过程是指 Microsoft SQL Server 的实例可以动态加载和运行的 DLL，允许使用编程语言（如 C 语言）创建自己的外部例程。扩展存储过程直接在 SQL Server 的实例的地址空间中运行，可以使用 SQL Server 扩展存储过程 API 完成编程。

3. 系统存储过程

SQL Server 的许多管理活动都是通过一种特殊的存储过程执行的，这种存储过程称为系统存储过程。例如，sys.sp_changedbowner 就是一个系统存储过程。从物理意义上讲，系统存储过程存储在源数据库中，并且带有 sp_前缀。从逻辑意义上讲，系统存储过程出现在每个系统定义数据库和用户定义数据库的 sys 构架中。在 SQL Server 中，可将 GRANT、DENY 和 REVOKE 权限应用于系统存储过程。

SQL Server 支持在 SQL Server 和外部程序之间提供一个接口，以实现各种维护活动的系统存储过程。这些扩展存储程序使用 xp_前缀。

11.1.3 常用的系统存储过程

下面介绍几种常用的系统存储过程。

1. sp_help

报告有关数据库对象（sys.sysobjects 兼容视图中列出的所有对象）、用户定义数据类型或 SQL Server 提供的数据类型的信息。其语法格式如下。

```
sp_help [ [ @objname = ] 'name' ]
```

各选项含义如下。

① sp_help：仅在当前数据库中查找对象。如果未指定 name，则 sp_help 将列出当前数据库中所有对象的对象名称、所有者和对象类型。sp_helptrigger 提供有关触发器的信息。

② ［@objname ＝］'name'：sysobjects 类型或 systypes 表中任何用户定义数据类型的某个对象的名称。name 的数据类型为 nvarchar(776)，默认值为 NULL。不能接受数据库名称。

sp_help 的返回代码值为 0（成功）或 1（失败）。返回的结果集取决于 name 是否已指定、何时指定和属于何种数据库对象。该系统存储过程的使用权限为具有 public 角色的成员身份。

如果执行不带参数的 sp_help，则返回当前数据库中现有的所有类型对象的汇总信息，即 Name（对象名称）、所有者（对象所有者）及 Object_type（对象类型）。

【例 11.1】 返回有关所有对象的信息。列出有关 RedMovie 数据库中每个对象的信息。

```
USE RedMovie
GO
EXEC sp_help
GO
```

执行结果如图 11.1 所示。

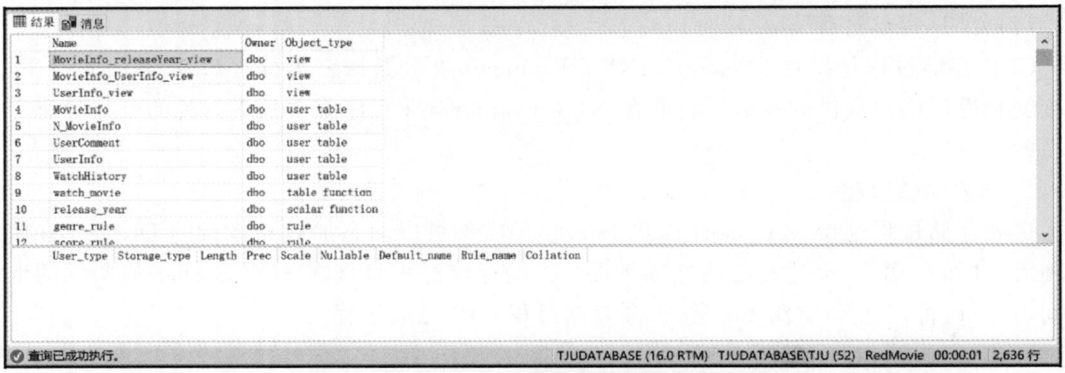

	Name	Owner	Object_type
1	MovieInfo_releaseYear_view	dbo	view
2	MovieInfo_UserInfo_view	dbo	view
3	UserInfo_view	dbo	view
4	MovieInfo	dbo	user table
5	N_MovieInfo	dbo	user table
6	UserComment	dbo	user table
7	UserInfo	dbo	user table
8	WatchHistory	dbo	user table
9	watch_movie	dbo	table function
10	release_year	dbo	scalar function
11	genre_rule	dbo	rule
12	score_rule	dbo	rule

User_type	Storage_type	Length	Prec	Scale	Nullable	Default_name	Rule_name	Collation

图 11.1 RedMovie 数据库中每个对象的信息

如果 name 是 SQL Server 数据类型或用户定义数据类型,则 sp_help 将返回结果集包括 Type_name(数据类型名称)、Storage_type(SQL Server 类型名称)、长度(以字节为单位的数据类型的物理长度)、Prec(精度,即数字总位数)、小数位数(小数点右边的数字位数)、Nullable(指示是否允许 NULL 值:"是"或"否")、Default_name(绑定到此类型的默认值的名称)、Rule_name(绑定到此类型的规则的名称)、排序规则(数据类型的排序规则)。

【例 11.2】 返回数据类型信息。列出有关 RedMovie 数据库中 INT 数据类型的信息。

```
USE RedMovie
GO
EXEC sp_help INT
GO
```

执行结果如图 11.2 所示。

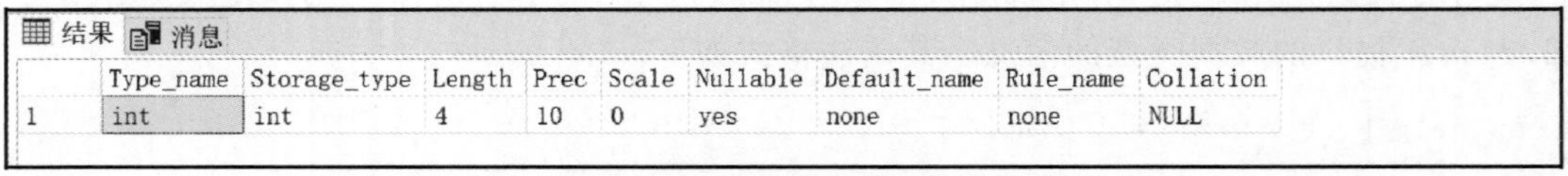

	Type_name	Storage_type	Length	Prec	Scale	Nullable	Default_name	Rule_name	Collation
1	int	int	4	10	0	yes	none	none	NULL

图 11.2 RedMovie 数据库中 INT 数据类型的信息

如果 name 是数据库对象而不是数据类型,则 sp_help 将根据指定的数据库对象的类型返回结果集,同时还包括 Name(表名)、所有者(表所有者)、Type(表类型)及 Created_datetime(表的创建日期)。根据指定的数据库对象,sp_help 将返回其他结果集。

如果 name 是系统表、用户表或视图,则 sp_help 将返回结果集,结果集包括的内容及含义见表 11.1~表 11.8。但是,不会为视图返回说明数据文件在文件组中位置的结果集。

① 返回的有关列对象的结果集如表 11.1 所示。

表 11.1 有关列对象的结果集

列　名	数据类型	说　明
Column_name	nvarchar(128)	列名

续表

列　名	数据类型	说　明
Type	nvarchar(128)	列数据类型
Computed	varchar(35)	指示是否计算列中的值："是"或"否"
Length	int	以字节为单位的列长度
Prec	char(5)	列精度
Scale	char(5)	列小数位数
Nullable	varchar(35)	指示是否允许列中包含 NULL 值："是"或"否"
TrimTrailingBlanks	varchar(35)	剪裁尾随空格,返回 Yes 或 No
FixedLenNullInSource	varchar(35)	仅为保持向后兼容性
Collation	sysname	列的排序规则,对于非字符数据类型为 NULL

② 针对标识列返回的结果集如表 11.2 所示。

表 11.2　针对标识列返回的结果集

列　名	数据类型	说　明
Identity	nvarchar(128)	其数据类型被声明为标识的列名
Seed	numeric	标识列的起始值
Increment	numeric	用于此列中值的增量
Not For Replication	int	复制登录名(如 sqlrepl)试图在表中插入数据时,不强制使用。IDENTITY 属性:1 = True;0 = False

③ 针对各列返回的结果集如表 11.3 所示。

表 11.3　针对各列返回的结果集

列　名	数据类型	说　明
RowGuidCol	sysname	全局唯一标识符列的名称

④ 针对文件组返回的结果集如表 11.4 所示。

表 11.4　针对文件组返回的结果集

列　名	数据类型	说　明
Data_located_on_filegroup	nvarchar(128)	数据所在的文件组:主要文件组、次要文件组或事务日志文件组

⑤ 针对索引返回的结果集如表 11.5 所示。

表 11.5　针对索引返回的结果集

列　名	数据类型	说　明
index_name	sysname	索引名
index_description	varchar(210)	索引的说明
index_keys	nvarchar(2078)	要生成索引的列的列名

⑥ 针对约束返回的结果集如表 11.6 所示。

表 11.6　针对约束返回的结果集

列　名	数据类型	说　明
constrain_type	nvarchar(146)	约束的类型
constraint_name	nvarchar(128)	约束的名称
delete_action	nvarchar(9)	指示 DELETE 操作是:No Action、CASCADE 或 N/A。仅适用于 FOREIGN KEY 约束

列　　　名	数 据 类 型	说　　　明
update_action	nvarchar(9)	指示 UPDATE 操作是：No Action、CASCADE 或 N/A。仅适用于 FOREIGN KEY 约束
status_enabled	varchar(8)	指示是否启用约束：Enabled、Disabled 或 N/A。仅适用于 CHECK 和 FOREIGN KEY 约束
Status_for_replication	varchar(19)	指示约束是否用于复制。仅适用于 CHECK 和 FOREIGN KEY 约束
constrain_keys	nvarchar(2078)	构成约束的列的名称。对于默认值和规则而言，则为定义默认值或规则的文本

⑦ 针对执行引用的对象返回的结果集如表 11.7 所示。

表 11.7　针对执行引用的对象返回的结果集

列　　　名	数 据 类 型	说　　　明
Table is referenced by views	nvarchar(516)	标识引用表的其他数据库对象

⑧ 针对存储过程、函数或扩展存储过程返回的结果集如表 11.8 所示。

表 11.8　针对存储过程、函数或扩展存储过程返回的结果集

列　　　名	数 据 类 型	说　　　明
Parameter_name	nvarchar(128)	存储过程参数名
Type	nvarchar(128)	存储过程参数的数据类型
Length	smallint	最大物理存储长度(以字节为单位)
Prec	int	精度，即数字总位数
Scale	int	小数点右边的数字位数
Param_order	smallint	参数的顺序
Parameter_name	nvarchar(128)	存储过程参数名

【例 11.3】　返回有关单个对象的信息。显示有关 RedMovie 数据库中 MovieInfo 表的信息。

```
USE RedMovie
GO
EXEC sp_help 'MovieInfo'
GO
```

执行结果如图 11.3 所示。

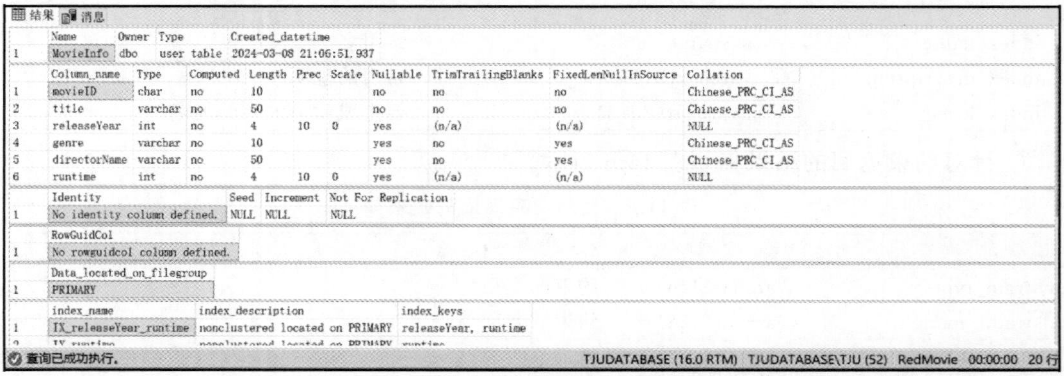

图 11.3　RedMovie 数据库中 MovieInfo 表的信息

2. sp_helpdb

报告有关指定数据库或所有数据库的信息。其语法格式如下。

```
sp_helpdb [ [ @dbname= ] 'name' ]
```

其中，[@dbname ＝] 'name'是要报告其信息的数据库的名称。name 的数据类型为 sysname，没有默认值。如果未指定 name，则 sp_helpdb 将报告 sys.databases 目录视图中所有数据库的信息。

返回代码值为 0(成功)或 1(失败)。sp_helpdb 存储过程结果集如表 11.9 所示。

表 11.9　sp_helpdb 存储过程结果集

列　　名	数 据 类 型	说　　明
name	sysname	数据库名称
db_size	nvarchar(13)	数据库总计大小
owner	sysname	数据库所有者，例如 sa
dbid	smallint	数据库 ID
created	nvarchar(11)	数据库创建的日期
status	nvarchar(600)	以逗号分隔的值列表，这些值是当前在数据库上设置的数据库选项的值，只有启用布尔值选项时才将这些选项列出。非布尔选项及其对应值以 option_name＝value 的形式列出
compatibility_level	tinyint	数据库兼容级别：60、65、70、80 或 90

结果集中的 status 列报告数据库中已设置为 ON 的选项，并非所有的数据库选项都由 status 列报告。若要查看当前数据库选项设置的完整列表，可以使用 sys.databases 目录视图。

如果指定 name，便会有显示指定数据库的文件分配的结果集，如表 11.10 所示。

表 11.10　指定 name 的结果集

列　　名	数 据 类 型	说　　明
name	nchar(128)	逻辑文件名
fileid	smallint	文件 ID
filename	nchar(260)	操作系统文件名(物理文件名称)
filegroup	nvarchar(128)	文件所属的文件组。NULL ＝文件为日志文件，它不是文件组的一部分
size	nvarchar(18)	文件大小(MB)
maxsize	nvarchar(18)	文件大小可达到的最大值。此字段中的 UNLIMITED 值表示文件可以一直增长到磁盘已满
growth	nvarchar(18)	文件的增量，表示每次需要新的空间时给文件增加的空间大小
usage	varchar(9)	文件用法，对于数据文件，该值为'data only'，对于日志文件，该值为'log only'

该系统存储过程使用权限为，当指定单个数据库时，需要具有数据库中的 public 角色成员身份；当没有指定数据库时，需要具有 master 数据库中的 public 角色成员身份。

如果无法访问数据库，那么 sp_helpdb 将显示相应的错误消息。

【例 11.4】　返回有关单个数据库的信息。显示有关 RedMovie 数据库的信息。

```
EXEC sp_helpdb 'RedMovie '
GO
```

执行结果如图 11.4 所示。

【例 11.5】　返回有关所有数据库的信息。显示运行在 SQL Server 服务器上的所有数据库的信息。

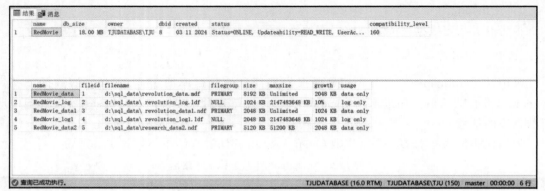

图 11.4 RedMovie 数据库信息

```
EXEC sp_helpdb
GO
```

执行结果如图 11.5 所示。

	name	db_size	owner	dbid	created	status	compatibility_level
1	DWConfiguration	16.00 MB	TJUDATABASE\TJU	6	03 6 2024	Status=ONLINE, Updateability=READ_WRITE, UserAc...	160
2	DWDiagnostics	1072.00 MB	TJUDATABASE\TJU	5	03 6 2024	Status=ONLINE, Updateability=READ_WRITE, UserAc...	160
3	DWQueue	16.00 MB	TJUDATABASE\TJU	7	03 6 2024	Status=ONLINE, Updateability=READ_WRITE, UserAc...	160
4	master	8.19 MB	sa	1	04 8 2003	Status=ONLINE, Updateability=READ_WRITE, UserAc...	160
5	model	16.00 MB	sa	3	04 8 2003	Status=ONLINE, Updateability=READ_WRITE, UserAc...	160
6	msdb	40.19 MB	sa	4	10 8 2022	Status=ONLINE, Updateability=READ_WRITE, UserAc...	160
7	RedMovie	18.00 MB	TJUDATABASE\TJU	8	03 11 2024	Status=ONLINE, Updateability=READ_WRITE, UserAc...	160
8	tempdb	72.00 MB	sa	2	03 13 2024	Status=ONLINE, Updateability=READ_WRITE, UserAc...	160

图 11.5 所有数据库信息

3. sp_helpfile

返回与当前数据库关联的文件的物理名称及属性。使用此存储过程可以确定附加到服务器或从服务器分离的文件名。其语法格式如下。

```
sp_helpfile [ [ @filename = ] 'name' ]
```

其中，[@filename =] 'name'是当前数据库中任意文件的逻辑名称。name 的数据类型为 sysname，默认值为 NULL。如果未指定 name，则返回当前数据库中所有文件的属性。

返回代码值为 0（成功）或 1（失败）。sp_helpfile 存储过程结果集如表 11.11 所示。

表 11.11 sp_helpfile 存储过程结果集

列 名	数 据 类 型	说 明
name	sysname	逻辑文件名
fileid	smallint	文件的数字标识符。如果指定了 name，则不返回该标识符
filename	nchar(260)	物理文件名
filegroup	sysname	文件所属的文件组。NULL ＝文件为日志文件，它不是文件组的一部分
size	nvarchar(15)	文件大小（MB）
maxsize	nvarchar(15)	文件大小可达到的最大值，此字段中的 UNLIMITED 值表示文件可以一直增长到磁盘充满
growth	nvarchar(15)	文件的增量，表示每次需要新空间时为文件增加的空间大小。growth＝0，表示文件的大小是固定的，不会增长
usage	varchar(9)	对于数据文件，该值为'data only'，而对于日志文件，该值为'log only'

该系统存储过程使用权限为要求具有 public 角色的成员身份。

【例 11.6】 返回有关 RedMovie 数据库中文件信息。

```
USE RedMovie
GO
EXEC sp_helpfile
GO
```

执行结果如图 11.6 所示。

	name	fileid	filename	filegroup	size	maxsize	growth	usage
1	RedMovie_data	1	d:\sql_data\revolution_data.mdf	PRIMARY	8192 KB	Unlimited	2048 KB	data only
2	RedMovie_log	2	d:\sql_data\ revolution_log.ldf	NULL	1024 KB	2147483648 KB	10%	log only
3	RedMovie_data1	3	d:\sql_data\ revolution_data1.ndf	PRIMARY	2048 KB	Unlimited	1024 KB	data only
4	RedMovie_log1	4	d:\sql_data\ revolution_log1.ldf	NULL	2048 KB	2147483648 KB	1024 KB	log only
5	RedMovie_data2	5	d:\sql_data\research_data2.ndf	PRIMARY	5120 KB	51200 KB	2048 KB	data only

图 11.6　RedMovie 数据库文件信息

4. sp_rename

在当前数据库中更改用户创建对象的名称。此对象可以是表、索引、列、别名数据类型或 Microsoft .NET Framework 公共语言运行时(CLR)用户定义类型。其语法格式如下。

```
sp_rename [ @objname = ] 'object_name' , [ @newname = ] 'new_name' [ , [ @objtype = ]
'object_type' ]
```

只能更改当前数据库中的对象名称或数据类型名称。大多数系统数据类型和系统对象的名称都不能更改。

每当重命名 PRIMARY KEY 或 UNIQUE 约束时,sp_rename 都会自动重命名关联的索引。如果重命名的索引与 PRIMARY KEY 约束关联,则 sp_rename 也会自动重命名该 PRIMARY KEY 约束。

更改对象名的任意部分都可能破坏脚本和存储过程。建议不要使用此语句来重命名存储过程、触发器、用户定义函数或视图,而是先删除该对象,然后使用新名称重新创建该对象。

重命名诸如表或列等对象将不会自动重命名对该对象的引用。必须手动修改引用已重命名对象的任何对象。例如,如果重命名表列,并且触发器中引用了该列,则必须手动修改触发器以反映新的列名。

① [@objname =] 'object_name':用户对象或数据类型的当前限定或非限定的名称。如果要重命名的对象是表中的列,则 object_name 的格式必须是 table.column。如果要重命名的对象是索引,则 object_name 的格式必须是 table.index。

只有在指定了合法的对象时才使用引号。如果提供了完全限定名称,包括数据库名称,则该数据库名称必须是当前数据库的名称。object_name 的数据类型为 nvarchar(776),无默认值。

② [@newname =] 'new_name':指定对象的新名称。new_name 必须是名称的一部分,并且必须遵循标识符的规则。new_name 的数据类型为 sysname,无默认值。

注意:触发器名称不能以 # 或 ## 开头。

③ [@objtype =] 'object_type':指定要重命名的对象类型。object_type 的数据类型为 varchar(13),默认值为 NULL,可取如表 11.12 所示的值之一。

表 11.12　object_type 的数据类型值

值	说　明
COLUMN	要重命名的列
DATABASE	用户定义数据库。重命名数据库时需要此对象类型
INDEX	用户定义索引
OBJECT	在 sys.objects 中跟踪的类型的项目。例如，OBJECT 可用于重命名约束（CHECK、FOREIGN KEY、PRIMARY/UNIQUE KEY）、用户表和规则等对象
USERDATATYPE	通过执行 CREATE TYPE 或 sp_addtype 添加别名数据类型或 CLR 用户定义类型

sp_rename 返回代码值为 0（成功）或非零数字（失败）。

该系统存储过程的使用权限为，若要重命名对象、列或索引，则需要对该对象具有 ALTER 权限；若要重命名用户类型，则需要对该类型具有 CONTROL 权限；若要重命名数据库，需要具备 sysadmin 或 dbcreator 固定服务器角色的成员身份。

【例 11.7】　重命名表。将 RedMovie 数据库中的 MovieInfo 表重命名为 MInfo。

```
USE RedMovie
GO
EXEC sp_rename 'MovieInfo', 'MInfo'
GO
```

【例 11.8】　重命名列。将 RedMovie 数据库中的 MovieInfo 表中的 movieID 重命名为 mID。

```
USE RedMovie
GO
EXEC sp_rename 'MovieInfo.movieID', 'mID', 'COLUMN'
GO
```

【例 11.9】　重命名索引。将 RedMovie 数据库中的 MovieInfo 表中的 PK_MovieInfo 索引重命名为 PK_MInfo。

```
USE RedMovie
GO
EXEC sp_rename 'MovieInfo.PK_MovieInfo', 'PK_MInfo', 'INDEX'
GO
```

5. sp_renamedb

更改数据库的名称。其语法格式如下。

```
sp_renamedb [ @dbname = ] 'old_name', [ @newname = ] 'new_name'
```

各选项含义如下。

①［@dbname =］'old_name'：数据库的当前名称。old_name 的数据类型为 sysname，无默认值。

②［@newname =］'new_name'：数据库的新名称。new_name 必须遵循有关标识符的规则。new_name 的数据类型为 sysname，无默认值。

返回代码值为 0（成功）或非零数字（失败）。

该系统存储过程的使用权限为具有 sysadmin 或 dbcreator 固定服务器角色的成员资格。

【例 11.10】　先创建 Accounting 数据库，然后将该数据库的名称更改为 Financial，再查询 sys.databases 目录视图以确认数据库的新名称。

```
USE master
GO
CREATE DATABASE Accounting
GO
EXEC sp_renamedb N'Accounting', N'Financial'
GO
SELECT name, database_id,
FROM sys.databases
WHERE name = N'Financial'
GO
```

6. sp_databases

列出驻留在 SQL ServerDatabase Engine 实例中的数据库或可以通过数据库网关访问的数据库。其语法格式如下。

```
sp_databases
```

所返回的数据库名称可以作为 USE 语句的参数,用来更改当前数据库上下文。

返回代码值为无。sp_databases 存储过程结果集如表 11.13 所示。

表 11.13　sp_databases 存储过程结果集

列　　名	数 据 类 型	说　　明
DATABASE_NAME	sysname	数据库的名称。在数据库引擎中,此列表示存储在 sys.databases 目录视图中的数据库名称
DATABASE_SIZE	int	数据库的大小(以 KB 计)
REMARKS	varchar(254)	对于数据库引擎,此字段始终返回 NULL

该系统存储过程的使用权限为需要对架构的 SELECT 权限。

【例 11.11】　显示如何执行 sp_databases。

```
EXEC sp_databases
GO
```

执行结果如图 11.7 所示。

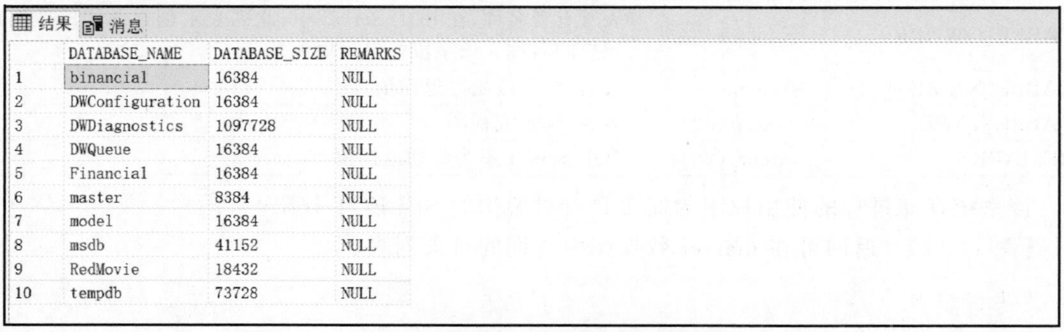

	DATABASE_NAME	DATABASE_SIZE	REMARKS
1	binancial	16384	NULL
2	DWConfiguration	16384	NULL
3	DWDiagnostics	1097728	NULL
4	DWQueue	16384	NULL
5	Financial	16384	NULL
6	master	8384	NULL
7	model	16384	NULL
8	msdb	41152	NULL
9	RedMovie	18432	NULL
10	tempdb	73728	NULL

图 11.7　驻留实例中的数据库信息

7. sp_tables

返回可在当前环境中查询的对象列表。这些对象是可以在 FROM 子句中出现的任何对象。其语法格式如下。

```
sp_tables [ [ @table_name = ] 'name' ]
     [ , [ @table_owner = ] 'owner' ]
```

```
[ , [ @table_qualifier = ] 'qualifier' ]
[ , [ @table_type = ] "'type'" ]
[ , [@fUsePattern = ] 'fUsePattern']
```

各选项含义如下。

① [@table_name =] 'name':用来返回目录信息的表。name 的数据类型为 nvarchar(384),默认值为 NULL。支持通配符模式匹配。

② [@table_owner =] 'owner':用于返回目录信息的表的所有者。owner 的数据类型为 nvarchar(384),默认值为 NULL。支持通配符模式匹配。如果未指定所有者,则遵循基础 DBMS 的默认表可见性规则。在 SQL Server 中,如果当前用户拥有一个具有指定名称的表,则返回该表的列。如果未指定所有者,且当前用户未拥有指定名称的表,则该过程查找由数据库所有者拥有的具有指定名称的表。如果有,则返回该表的列。

③ [@table_qualifier =] 'qualifier':表限定符的名称。qualifier 的数据类型为 sysname,默认值为 NULL。在 SQL Server 中,此列表示数据库名称。

④ [, [@table_type =] "'type'"]:由逗号分隔的值列表,该列表提供有关所有指定的表的类型信息。这些类型包括 TABLE、SYSTEMTABLE 和 VIEW。type 的数据类型为 varchar(100),默认值为 NULL。每个表类型都必须用单引号引起来,整个参数必须用双引号引起来,表类型必须大写。如果 SET QUOTED_IDENTIFIER 为 ON,则每个单引号必须换成双引号,整个参数必须用单引号引起来。

⑤ [@fUsePattern =] 'fUsePattern':确定下画线、百分号和方括号是否解释为通配符。有效值为 0(模式匹配为关闭状态)和 1(模式匹配为打开状态)。fUsePattern 的数据类型为 bit,默认值为 1。

sp_tables 返回代码值为无。sp_tables 存储过程结果集如表 11.14 所示。

表 11.14　sp_tables 存储过程结果集

列　　名	数 据 类 型	说　　明
TABLE_QUALIFIER	sysname	表限定符名称,在 SQL Server 中,此列表示数据库名称。该字段可以为 NULL
TABLE_OWNER	sysname	表所有者名称,在 SQL Server 中,此列表示创建该表的数据库用户的名称。该字段始终返回值
TABLE_NAME	sysname	表名,该字段始终返回值
TABLE_TYPE	varchar(32)	表、系统表或视图
REMARKS	varchar(254)	SQL Server 不为此列返回值

该系统存储过程的使用权限为需要具有对架构的 SELECT 权限。

【例 11.12】　返回可在 master 数据库中查询的对象列表。

```
USE master
EXEC sp_tables
GO
```

执行结果如图 11.8 所示。

【例 11.13】　返回有关数据库中的表的信息。返回有关 RedMovie 数据库中的 dbo 所拥有的表的信息。

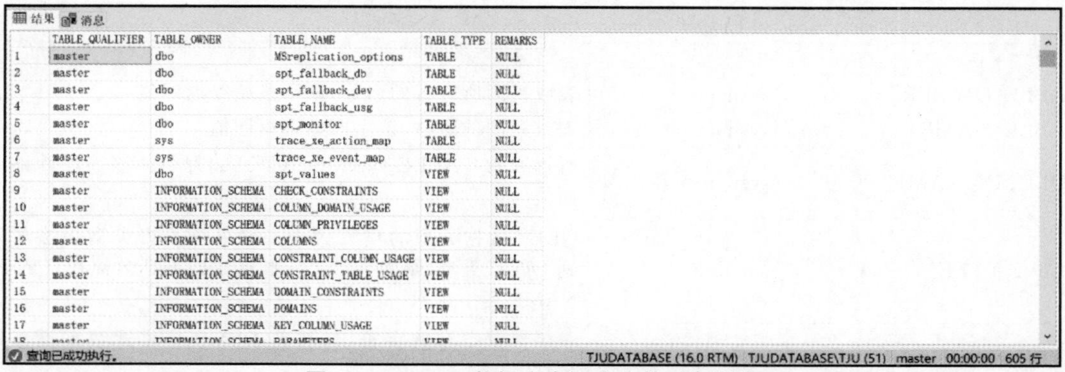
结果　消息

	TABLE_QUALIFIER	TABLE_OWNER	TABLE_NAME	TABLE_TYPE	REMARKS
1	master	dbo	MSreplication_options	TABLE	NULL
2	master	dbo	spt_fallback_db	TABLE	NULL
3	master	dbo	spt_fallback_dev	TABLE	NULL
4	master	dbo	spt_fallback_usg	TABLE	NULL
5	master	dbo	spt_monitor	TABLE	NULL
6	master	sys	trace_xe_action_map	TABLE	NULL
7	master	sys	trace_xe_event_map	TABLE	NULL
8	master	dbo	spt_values	VIEW	NULL
9	master	INFORMATION_SCHEMA	CHECK_CONSTRAINTS	VIEW	NULL
10	master	INFORMATION_SCHEMA	COLUMN_DOMAIN_USAGE	VIEW	NULL
11	master	INFORMATION_SCHEMA	COLUMN_PRIVILEGES	VIEW	NULL
12	master	INFORMATION_SCHEMA	COLUMNS	VIEW	NULL
13	master	INFORMATION_SCHEMA	CONSTRAINT_COLUMN_USAGE	VIEW	NULL
14	master	INFORMATION_SCHEMA	CONSTRAINT_TABLE_USAGE	VIEW	NULL
15	master	INFORMATION_SCHEMA	DOMAIN_CONSTRAINTS	VIEW	NULL
16	master	INFORMATION_SCHEMA	DOMAINS	VIEW	NULL
17	master	INFORMATION_SCHEMA	KEY_COLUMN_USAGE	VIEW	NULL
18	master	INFORMATION_SCHEMA	PARAMETERS	VIEW	NULL

查询已成功执行。　TJUDATABASE (16.0 RTM)　TJUDATABASE\TJU (51)　master　00:00:00　605 行

图 11.8　master 数据库中可查询的对象列表

```
USE RedMovie
GO
EXEC sp_tables
  @table_name = '%',
  @table_owner = 'dbo',
  @table_qualifier = 'RedMovie'
GO
```

执行结果如图 11.9 所示。

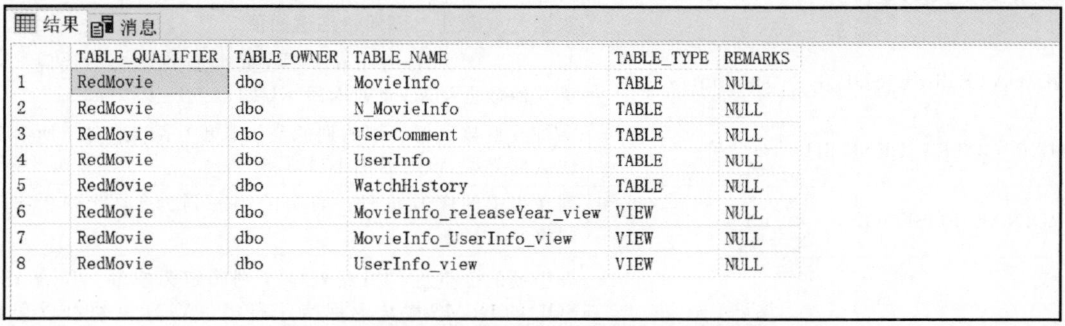
结果　消息

	TABLE_QUALIFIER	TABLE_OWNER	TABLE_NAME	TABLE_TYPE	REMARKS
1	RedMovie	dbo	MovieInfo	TABLE	NULL
2	RedMovie	dbo	N_MovieInfo	TABLE	NULL
3	RedMovie	dbo	UserComment	TABLE	NULL
4	RedMovie	dbo	UserInfo	TABLE	NULL
5	RedMovie	dbo	WatchHistory	TABLE	NULL
6	RedMovie	dbo	MovieInfo_releaseYear_view	VIEW	NULL
7	RedMovie	dbo	MovieInfo_UserInfo_view	VIEW	NULL
8	RedMovie	dbo	UserInfo_view	VIEW	NULL

图 11.9　RedMovie 数据库 dbo 所拥有的表的信息

8. sp_columns

返回当前环境中可查询的指定表或视图的列信息。其语法格式如下。

```
sp_columns [ @table_name = ] object [ , [ @table_owner = ] owner ]
```

各选项含义如下。

① [@table_name =] object：用于返回目录信息的表或视图的名称。object 的数据类型为 nvarchar(384)，没有默认值。支持通配符模式匹配。

② [@table_owner =] owner：用于返回目录信息的表或视图的对象所有者。owner 的数据类型为 nvarchar(384)，默认值是 NULL。支持通配符模式匹配。如果未指定 owner，则应用基础 DBMS 的默认表或视图可见性规则。

sp_columns 返回代码值无。sp_columns 存储过程结果集如表 11.15 所示。

表 11.15　sp_columns 存储过程结果集

列　　名	数 据 类 型	说　　明
TABLE_QUALIFIER	sysname	表或视图限定符的名称，该字段可以为 NULL

续表

列　　名	数 据 类 型	说　　明
TABLE_OWNER	sysname	表或视图所有者的名称,该字段始终返回值
TABLE_NAME	sysname	表或视图的名称,该字段始终返回值
COLUMN_NAME	sysname	所返回的 TABLE_NAME 中每列的列名。该字段始终返回值
DATA_TYPE	smallint	ODBC 数据类型的整数代码。如果该数据类型无法映射到 ODBC 类型,则为 NULL。本机数据类型名称在 TYPE_NAME 列中返回
TYPE_NAME	sysname	表示数据类型的字符串,基础 DBMS 提供此数据类型的名称
PRECISION	int	有效数字位数,PRECISION 列的返回值以 10 为基数
LENGTH	int	数据的传输大小
SCALE	smallint	小数点后的数字位数
RADIX	smallint	数值数据类型的基数
NULLABLE	smallint	指定为空性。1 = 可以为 NULL,0 = NOT NULL
REMARKS	varchar(254)	该字段总是返回 NULL
COLUMN_DEF	nvarchar(4000)	列的默认值
SQL_DATA_TYPE	smallint	SQL 数据类型出现在说明符的 TYPE 字段中时的值。该列与 DATA_TYPE 列相同,datetime 和 SQL-92 interval 数据类型除外。该列始终返回值
SQL_DATETIME_SUB	smallint	datetime 及 SQL-92 interval 数据类型的子类型代码。对于其他数据类型,该列返回 NULL
CHAR_OCTET_LENGTH	int	字符或整数数据类型的列的最大长度(字节),对于所有其他数据类型,该列返回 NULL
ORDINAL_POSITION	int	列在表中的序号位置。表中的第一列为 1。此列始终返回值
IS_NULLABLE	varchar(254)	表中列的为空性。根据 ISO 规则确定为空性。符合 ISO SQL 的 DBMS 无法返回空字符串。YES = 列可以包含 NULL,NO = 列不能包含 NULL。 如果不知道为空性,该列则返回零长度字符串,该列的返回值与 NULLABLE 列的返回值不同
SS_DATA_TYPE	tinyint	扩展存储过程使用的 SQL Server 数据类型

该系统存储过程的使用权限为需要具有对架构的 SELECT 权限。

【例 11.14】 返回指定表 MovieInfo 的列信息。

```
USE RedMovie
GO
EXEC sp_columns @table_name = 'MovieInfo',
    @table_owner = 'dbo'
```

执行结果如图 11.10 所示。

11.1.4　设计存储过程

几乎所有可以写成批处理的 Transact-SQL 代码都可以用于创建存储过程。

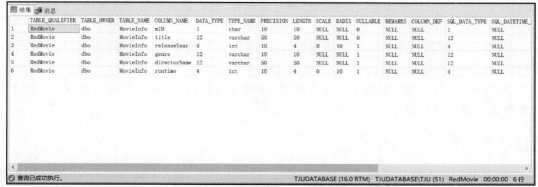

图 11.10　MovieInfo 数据表的列信息

1. 存储过程的设计规则

存储过程的设计规则包括以下内容。

① CREATE PROCEDURE 定义自身可以包括任意数量和类型的 Transact-SQL 语句，但表 11.16 所示的语句除外。不能在存储过程的任何位置使用这些语句。

表 11.16　不能在存储过程中使用的语句

语　　句	语　　句
CREATE AGGREGATE	CREATE RULE
CREATE DEFAULT	CREATE SCHEMA
CREATE 或 ALTER FUNCTION	CREATE 或 ALTER TRIGGER
CREATE 或 ALTER PROCEDURE	CREATE 或 ALTER VIEW
USE database_name	

② 其他数据库对象均可在存储过程中创建。可以引用在同一存储过程中创建的对象，只要引用时已经创建了该对象即可。

③ 可以在存储过程内引用临时表。

④ 如果在存储过程内创建本地临时表，则临时表仅为该存储过程而存在；退出该存储过程后，临时表将消失。

⑤ 如果执行的存储过程将调用另一个存储过程，则被调用的存储过程可以访问由第一个存储过程创建的所有对象，包括临时表。

⑥ 如果执行对远程 Microsoft SQL Server 实例进行更改的远程存储过程，则不能回滚这些更改。远程存储过程不参与事务处理。

⑦ 存储过程中的局部变量的最大数目仅受可用内存的限制。

2. 限定存储过程内的名称

在存储过程内，如果用于语句（如 SELECT 或 INSERT）的对象名没有限定架构，则架构将默认为该存储过程的架构。在存储过程内，如果创建该存储过程的用户没有限定 SELECT、INSERT、UPDATE 或 DELETE 语句中引用的表名或视图名，则默认情况下，通过该存储过程对这些表进行的访问将受到该过程创建者权限的限制。

如果有其他用户要使用存储过程，则用于所有数据定义语言（DDL）语句（如 CREATE、ALTER 或 DROP 语句，DBCC 语句，EXECUTE 和动态 SQL 语句）的对象名应该用该对象架构的名称来限定。为这些对象指定架构名称可确保名称解析为同一对象，而不管存储过程的调用方是谁。如果没有指定架构名称，SQL Server 将首先尝试使用调用方的默认架构或用户在 EXECUTE AS 子句中指定的架构来解析对象名称，然后尝试使用 dbo 架构。

3. 加密过程定义

如果要创建存储过程，并且希望确保其他用户无法查看该过程的定义，则可以使用 WITH ENCRYPTION 子句。这样，过程定义将以不可读的形式存储。

存储过程一旦被加密，其定义将无法解密，任何人（包括该存储过程的所有者或系统管理员）都将无法查看该存储过程的定义。

11.1.5　实现存储过程

1. 创建用户定义的存储过程

（1）使用 Transact-SQL 命令创建存储过程

创建存储过程前，需考虑下列事项。

① CREATE PROCEDURE 语句不能与其他 SQL 语句在单个批处理中组合使用。

② 要创建过程，必须具有数据库的 CREATE PROCEDURE 权限，还必须具有对架构（在其下创建过程）的 ALTER 权限。

③ 存储过程是架构作用域内的对象，名称必须遵守标识符规则。

④ 只能在当前数据库中创建存储过程。

创建存储过程时，应指定下列事项。

① 所有输入参数和向调用过程或批处理返回的输出参数。

② 执行数据库操作（包括调用其他过程）的编程语句。

③ 返回至调用过程或批处理以表明成功或失败（以及失败原因）的状态值。

④ 捕获和处理潜在的错误所需的任何错误处理语句。

可以使用 Transact-SQL 命令 CREATE PROCEDURE 创建存储过程。CREATE PROCEDURE 命令的语法格式如下。

```
CREATE { PROC | PROCEDURE } [schema_name.] procedure_name
        [ { @parameter [ type_schema_name. ] data_type }
        [ = default ] [ [ OUT [ PUT ] ] ] [,…,n ]
[ WITH < ENCRYPTION > ]
AS { <sql_statement> [;][,…,n] }
[;]
<sql_statement> ::=
{ [ BEGIN ] statements [ END ] }
```

各选项含义如下。

① schema_name：存储过程所属架构的名称。

② procedure_name：新存储过程的名称。过程名称必须遵循有关标识符的规则，并且在架构中必须唯一。

sp_前缀是 SQL Server 用来指定系统存储过程的，不要以 sp_为前缀创建任何存储过程。如果用户定义存储过程与系统存储过程名称相同，则该存储过程将永不执行，取而代之的是始终执行系统存储过程。

可在 procedure_name 前面使用一个数字符号（♯）（♯procedure_name）来创建局部临时过程，使用两个数字符号（♯♯procedure_name）来创建全局临时过程。

存储过程或全局临时存储过程的完整名称（包括 ♯♯）不能超过 128 个字符。局部临时存储过程的完整名称(包括 ♯)不能超过 116 个字符。

③ @parameter：过程中的参数。在 CREATE PROCEDURE 语句中可以声明一个或多个参数。除非定义了参数的默认值或者将参数设置为等于另一个参数，否则用户必须在调用过程时为每个声明的参数提供值。存储过程最多可以有 2100 个参数。

通过使用@符号作为第一个字符来指定参数名称。参数名称必须符合有关标识符的规则。每个过程的参数仅用于该过程本身，其他过程中可以使用相同的参数名称。默认情况下，参数只能代替常量表达式，而不能用于代替表名、列名或其他数据库对象的名称。

④〔type_schema_name.〕data_type：参数以及所属架构的数据类型。除 table 之外的其他所有数据类型均可以用作 Transact-SQL 存储过程的参数。

如果未指定 type_schema_name，则 SQL Server Database Engine 将按以下顺序引用 type_name：SQL Server 系统数据类型；当前数据库中当前用户的默认架构；当前数据库中的 dbo 架构。

⑤ default：参数的默认值。如果定义了 default 值，则无须指定此参数的值即可执行过程。默认值必须是常量或 NULL。如果过程使用带 LIKE 关键字的参数，则可包含下列通配符：%、_、[] 和 [^]。

只有 CLR 存储过程的默认值记录在 sys.parameters.default 列中。对于 Transact-SQL 存储过程参数，该列将为 NULL。

⑥ OUTPUT：指示参数是输出参数。此选项的值可以返回给调用 EXECUTE 的语句。使用 OUTPUT 参数将值返回给过程的调用方。除非是 CLR 存储过程，否则 text、ntext 和 image 参数不能用作 OUTPUT 参数。使用 OUTPUT 关键字的输出参数可以为游标占位符，CLR 存储过程除外。

⑦ WITH <ENCRYPTION>：指示 SQL Server 将 CREATE PROCEDURE 语句的原始文本转换为模糊格式。模糊代码的输出在 SQL Server 的任何目录视图中都不能直接显示。对系统表或数据库文件没有访问权限的用户不能检索模糊文本。该选项对于 CLR 存储过程无效。

⑧ <sql_statement>：要包含在过程中的一个或多个 Transact-SQL 语句。

该命令的使用权限为：需要在数据库中有 CREATE PROCEDURE 权限，对在其中创建过程的架构有 ALTER 权限。

【例 11.15】　下面定义的存储过程名称与系统存储过程名称相同。

```
USE RedMovie
GO
CREATE PROCEDURE dbo.sp_who
AS
    SELECT movieID, title FROM MovieInfo
GO
EXEC sp_who
EXEC dbo.sp_who
GO
DROP PROCEDURE dbo.sp_who
GO
```

该示例只执行系统存储过程 sp_who。

【例 11.16】　使用简单过程。以下存储过程将从 MovieInfo 表中返回所有红色影视作品的作品编号、作品名称及片长。此存储过程不使用任何参数。

```
USE RedMovie
GO
IF OBJECT_ID ( 'getMovieInfo', 'P' ) IS NOT NULL
    DROP PROCEDURE getMovieInfo
GO
CREATE PROCEDURE getMovieInfo
AS
    SELECT movieID, title, runtime
    FROM MovieInfo
GO
```

getMovieInfo 存储过程可通过以下方式执行。

```
EXECUTE getMovieInfo
GO
```

或

```
EXEC getMovieInfo
GO
```

执行结果如图 11.11 所示。

	movieID	title	runtime
1	M01	地道战	136
2	M02	铁道游击队	99
3	M03	烈火金刚	104
4	M04	洪湖赤卫队	143
5	M05	红色娘子军	116
6	M06	狼牙山五壮士	87
7	M07	平原游击队	101
8	M08	渡江侦察记	103
9	M11	永不消逝的电波	110

图 11.11　getMovieInfo 存储过程执行结果

【例 11.17】　使用带有参数的简单过程。以下存储过程将从 MovieInfo 表中返回指定作品名的作品编号、作品名称及片长。此存储过程接收与传递的参数精确匹配的值。

```
USE RedMovie
GO
IF OBJECT_ID ( 'getMovieInfo2', 'P' ) IS NOT NULL
    DROP PROCEDURE getMovieInfo2
GO
CREATE PROCEDURE getMovieInfo2
        @resname NCHAR(10)
AS
    SELECT movieID, title, runtime
    FROM MovieInfo
WHERE title=@resname
GO
```

getMovieInfo2 存储过程可通过以下方式执行。

```
EXECUTE getMovieInfo2 '永不消逝的电波'
GO
```

或

```
EXECUTE getMovieInfo2 @resname='永不消逝的电波'
GO
```

执行结果如图 11.12 所示。

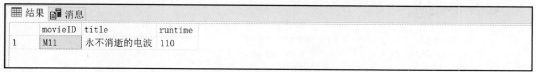

图 11.12　**getMovieInfo2** 存储过程执行结果

（2）使用图形工具创建存储过程

使用图形工具创建存储过程的步骤如下。

① 连接到相应的 Microsoft SQL Server Database Engine 实例后，在"对象资源管理器"中单击服务器名称以展开服务器树。

② 展开"数据库"，然后根据数据库的不同选择用户数据库，如 RedMovie。

③ 展开"可编程性"，右击其中的"存储过程"，然后选择"新建"→"存储过程"，如图 11.13 所示。

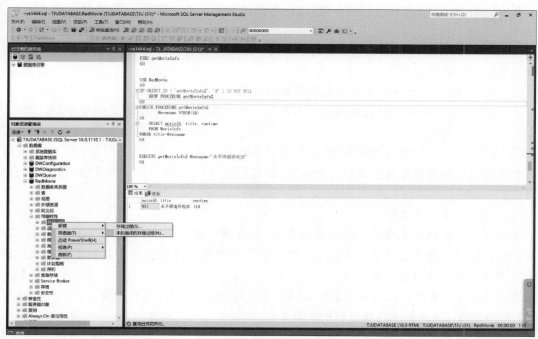

图 11.13　新建存储过程

④ 在右侧出现的新建查询界面中输入创建存储过程的 SQL 命令，单击【执行】按钮，如图 11.14 所示。

图 11.14　创建存储过程

⑤ 刷新存储过程节点,可以看到创建的 getMovieInfo2 存储过程。

2.执行存储过程

若要执行存储过程,可以使用 Transact-SQL EXECUTE 语句。其语法格式如下。

```
[ { EXEC | EXECUTE } ]
    {
        [ @return_status = ] proceduce_name
        [ [ @parameter = ] { value | @variable [ OUTPUT ] | [ DEFAULT ] }
        ]
        [ ,…,n ]
    }
[;]
```

各选项含义如下。

① @return_status:可选的整型变量,存储模块的返回状态。这个变量在用于 EXECUTE 语句前,必须在批处理、存储过程或函数中声明过。

② proceduce_name:要调用的存储过程名称。模块名称必须符合标识符规则。扩展存储过程的名称总是区分英文字母大小写。

③ @parameter:存储过程的参数,与在存储过程定义中的相同。参数名称前必须加上符号@。

④ value:传递给模块或传递命令的参数值。如果参数名称没有指定,则参数值必须以在存储过程定义中的顺序提供。

⑤ @variable:用来存储参数或返回参数的变量。

⑥ OUTPUT:指定存储过程返回一个参数。该参数在存储过程定义中也必须已使用关键字 OUTPUT 创建。

⑦ DEFAULT:根据存储过程的定义,提供参数的默认值。

如果存储过程是批处理中的第一条语句,那么不使用 EXECUTE 关键字也可以执行存储过程。

(1) 执行系统存储过程

系统存储过程物理上存储于资源数据库中,但逻辑上出现在 Microsoft SQL Server 实例的每个系统定义和用户定义数据库的 sys 架构中。可以从任何数据库中执行系统存储过程,而不必完全限定存储过程名称。

建议使用 sys 架构名称对所有系统存储名称进行限定,以防止名称冲突。

【例 11.18】 执行系统存储过程的推荐方法。

```
EXEC sys.sp_who
```

(2) 执行系统扩展存储过程

系统扩展存储过程以字符 xp_开头,它们物理上存储在资源数据库中,但逻辑上出现在 SQL Server 实例的每个系统定义和用户定义数据库的 sys 架构中。

【例 11.19】 执行系统扩展存储过程的推荐方法。

```
EXEC sys.xp_subdirs 'c:\'
```

(3) 执行用户定义存储过程

执行用户定义存储过程(无论是在批处理中还是在模块内,例如在用户定义存储过程或函数中)时,建议至少用架构名称限定存储过程名称。

【例 11.20】　执行用户定义存储过程的推荐方法。

```
USE RedMovie
GO
EXEC dbo.getMovieInfo
```

或

```
EXEC RedMovie.dbo. getMovieInfo 'LI'
GO
```

如果指定了非限定的用户定义存储过程,数据库引擎将按以下顺序搜索该过程。

① 当前数据库的 sys 架构。

② 调用方的默认架构(若在批处理或动态 SQL 中执行)。或者,如果非限定的过程名称出现在另一个过程定义的主体中,则接着搜索包含这一过程的架构。

③ 当前数据库中的 dbo 架构。

如果用户创建的存储过程与系统存储过程同名,在使用非架构限定的名称引用的情况下,将永远不会执行用户创建的存储过程。

(4) 指定参数

如果将存储过程编写为可以接受参数值,那么需要提供参数值。

提供的值必须为常量或变量,不能将函数名称指定为参数值。变量可以是用户定义变量或系统变量,如@@spid。

【例 11.21】　将参数作为常量和变量进行传递。

```
USE RedMovie
GO
-- 参数作为常量进行传递
EXEC getMovieInfo '游击队'
GO
-- 参数作为变量进行传递
DECLARE @name NCHAR(10)
SET @ name = '游击队'
EXEC getMovieInfo @name
GO
```

(5) 指定参数顺序

如果以@parameter = value 格式提供多个参数,则可以按任何顺序提供,还可以省略那些已提供默认值的参数。如果以@parameter＝value 格式提供任一个参数,则必须按此格式提供所有的后续参数。如果不以@parameter＝value 格式提供参数,则必须按照 CREATE PROCEDURE 语句中给出的顺序提供参数。

执行存储过程时,服务器将拒绝所有未包含在过程创建期间的参数列表中的参数。如果参数名称不匹配,则通过引用传递(显式传递参数名称)的任何参数都不会被接受。

(6) 使用参数的默认值

虽然可以省略已提供默认值的参数,但只能截断参数列表。例如,如果一个存储过程有 5 个参数,可以省略第 4 个和第 5 个参数,但不能跳过第 4 个参数而仍然包含第 5 个参数,除非以@parameter = value 格式提供参数。

如果在存储过程中定义了参数的默认值,那么下列情况下将使用默认值。

① 执行存储过程时未指定参数值。

② 将 DEFAULT 关键字指定为参数值。

3. 修改存储过程

如果需要更改存储过程中的语句或参数,可以删除并重新创建该存储过程,也可以通过一个步骤更改该存储过程。删除并重新创建存储过程时,与该存储过程关联的所有权限都将丢失。更改存储过程时,将更改过程或参数定义,但为该存储过程定义的权限将保留,并且不会影响任何相关的存储过程或触发器。

还可以修改存储过程以加密其定义,或者使该过程在每次执行时都得到重新编译。

更改存储过程的名称或定义时,如果这些相关对象未进行更新,则可能导致所有相关对象在执行时失败。

(1) 使用 Transact-SQL 命令修改存储过程

可以利用 ALTER PROCEDURE 命令修改先前通过执行 CREATE PROCEDURE 语句创建的过程,其语法格式如下。

```
ALTER { PROC | PROCEDURE } [schema_name.] procedure_name
      [ { @parameter [ type_schema_name. ] data_type }
      [ = default ] [ [ OUT [ PUT ] ] ] [ ,…,n ]
[ WITH < ENCRYPTION > ]
AS
    { <sql_statement> [ …n ] }
<sql_statement> ::=
{ [ BEGIN ] statements [ END ] }
```

不能将 Transact-SQL 存储过程修改为 CLR 存储过程,反之亦然。

如果原来的过程定义是使用 WITH ENCRYPTION 创建的,那么只有在 ALTER PROCEDURE 中也包含这些选项时,这些选项才有效。

使用该修改命令时,要求对需要修改的存储过程具有 ALTER 权限。

(2) 使用图形工具修改存储过程

使用图形工具修改存储过程的步骤如下。

① 连接到相应的 Microsoft SQL Server Database Engine 实例后,在"对象资源管理器"中单击服务器名称以展开服务器树。

② 展开"数据库",然后根据数据库的不同选择用户数据库,如 RedMovie。

③ 展开"可编程性",右击其中要修改的存储过程如 getMovieInfo,然后选择"修改",如图 11.15 所示。

④ 在右侧出现的查询界面修改存储过程的 SQL 命令,单击【执行】按钮完成修改,如图 11.16 所示。

4. 重新编译存储过程

在执行诸如添加索引或更改索引列中的数据等操作更改了数据库时,应重新编译访问数据库表的原始查询计划,以对其重新优化。在 Microsoft SQL Server 重新启动后,第一次运行存储过程时自动执行此优化。当存储过程使用的基础表发生变化时,也会执行此优化。但如果添加了存储过程可能从中受益的新索引,将不自动执行优化,直到下一次 Microsoft SQL Server 重新启动后再运行该存储过程时执行优化。在这种情况下,强制在下次执行存储过程时对其重新编译会很有用。

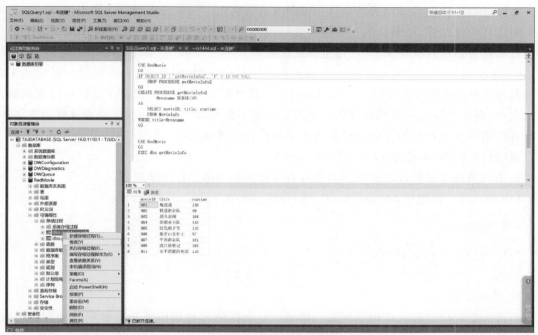

图 11.15　修改存储过程

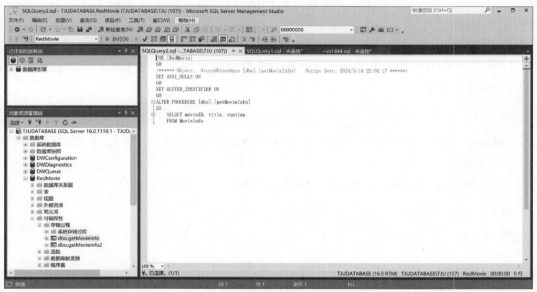

图 11.16　修改存储过程命令

注意：在 SQL Server 2022 中，重新编译存储过程时，只编译导致重新编译的语句，而不编译整个过程。因此，SQL Server 重新生成查询计划时，使用重新编译过的语句中的参数值。这些值可能与那些原来传递至过程中的值不同。

系统存储过程 sp_recompile 可以使存储过程和触发器在下次运行时重新编译。其语法格式如下。

```
sp_recompile [ @objname = ] 'object'
```

sp_recompile 只在当前数据库中寻找对象。

存储过程和触发器所用的查询只在编译时进行优化。对数据库进行了索引或其他会影响数据库统计的更改后，已编译的存储过程和触发器可能会失去效率。通过对作用于表上的存储过程和触发器进行重新编译，可以重新优化查询。

[@objname =]'object'：指定当前数据库中存储过程、触发器、表或视图的限定或未限定的名称。object 的数据类型为 nvarchar(776)，没有默认值。如果 object 是存储过程或触发器的名称，则该存储过程或触发器将在下次运行时重新编译。如果 object 是表或视图的名称，则所有引用该表或视图的存储过程都将在下次运行时重新编译。

返回代码值为 0（成功）或非零数字（失败）。

使用该系统存储过程的权限为需要具有对指定对象的 ALTER 权限。

【例 11.22】 作用于 MovieInfo 表上的存储过程在下次运行时重新编译。

```
USE RedMovie
GO
EXEC sp_recompile 'MovieInfo'
GO
```

5. 删除存储过程

不再需要存储过程时可将其删除。如果另一个存储过程调用某个已被删除的存储过程，Microsoft SQL Server 将在执行调用进程时显示一条错误消息。但是，如果定义了具有相同名称和参数的新存储过程来替换已被删除的存储过程，则引用该过程的其他过程仍能成功执行。

（1）使用 Transact-SQL 命令删除存储过程

可以使用 DROP PROCEDURE 命令从当前数据库中删除一个或多个存储过程或过程组。其语法格式如下。

```
DROP { PROC | PROCEDURE } { [ schema_name. ] procedure } [ ,…,n ]
```

使用该命令删除存储过程：需要对此过程所属架构有 ALTER 权限，或对此过程有 CONTROL 权限。

【例 11.23】 在 RedMovie 数据库中删除 getMovieInfo 存储过程。

```
USE RedMovie
GO
DROP PROCEDURE dbo.getMovieInfo
GO
```

（2）使用图形工具删除存储过程

① 连接到相应的 Microsoft SQL Server Database Engine 实例后，在"对象资源管理器"中单击服务器名称以展开服务器树。

② 展开"数据库"，然后选择用户数据库，如 RedMovie。

③ 展开"可编程性"，右击其中要删除的存储过程，如 getMovieInfo，然后选择 "删除"，如图 11.17 所示。

④ 在出现的删除对象界面显示要删除的存储过程信息，单击【确定】按钮，如图 11.18 所示。

⑤ 刷新存储过程节点，可以看到 getMovieInfo 存储过程被删除。

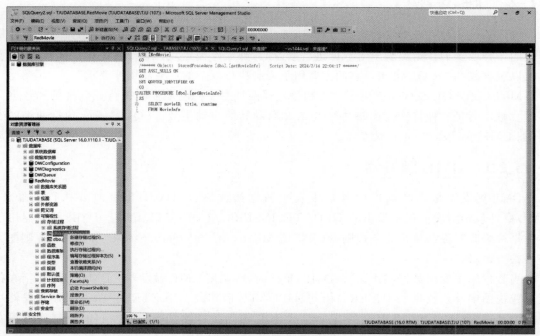

图 11.17　删除存储过程

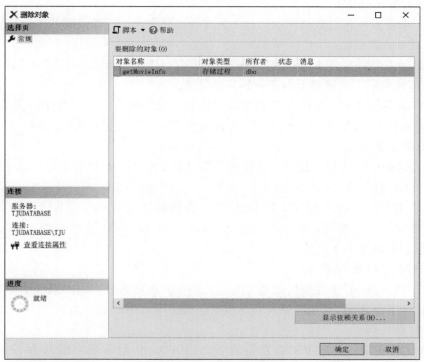

图 11.18　删除存储过程对象

11.2 触发器

触发器是一种特殊类型的存储过程,当使用 UPDATE、INSERT 或 DELETE 数据修改操作中的一种或多种在指定表中对数据进行修改时,触发器会生效。触发器可以查询其他表,而且可以包含复杂的 SQL 语句。它们主要用于强制执行复杂的业务规则或要求。

Microsoft SQL Server 提供了约束和触发器两种主要机制来强制执行业务规则和数据完整性。触发器是一种特殊的存储过程,它在事件执行时自动生效。SQL Server 包括两类触发器,即 DML 触发器和 DDL 触发器。

11.2.1 DML 触发器

DML 触发器是当数据库服务器中发生数据操作语言(DML)事件时要执行的操作。DML 事件包括对表或视图发出的 UPDATE、INSERT 或 DELETE 语句。DML 触发器用于在数据被修改时强制执行业务规则,以及扩展 Microsoft SQL Server 约束、默认值和规则的完整性检查逻辑。

当数据库中发生数据操作语言(DML)事件时,将调用 DML 触发器。DML 事件包括在指定表或视图中修改数据的 INSERT 语句、UPDATE 语句或 DELETE 语句。DML 触发器可以查询其他表,还可以包含复杂的 Transact-SQL 语句。将触发器和触发它的语句作为可在触发器内回滚的单个事务对待。如果检测到错误(如磁盘空间不足),则整个事务自动回滚。

DML 触发器作用如下。

① DML 触发器可通过数据库中的相关表实现级联更改。但通过级联参照完整性约束可以更有效地进行这些更改。

② DML 触发器可以防止恶意或错误的 INSERT、UPDATE 及 DELETE 操作,并强制执行比 CHECK 约束定义的限制更为复杂的其他限制。

与 CHECK 约束不同,DML 触发器可以引用其他表中的列。一个表中的多个同类 DML 触发器(INSERT、UPDATE 或 DELETE)允许采取多个不同的操作来响应同一个修改语句。

1. DML 触发器类型

在 SQL Server 中,可以创建 AFTER 触发器、INSTEAD OF 触发器和 CLR 触发器。

(1) AFTER 触发器

在执行了 INSERT、UPDATE 或 DELETE 语句操作之后执行 AFTER 触发器。指定 AFTER 与指定 FOR 相同,它是 Microsoft SQL Server 早期版本中唯一可用的选项。AFTER 触发器只能在表上指定。

(2) INSTEAD OF 触发器

执行 INSTEAD OF 触发器代替通常的触发动作。还可为带有一个或多个基表的视图定义 INSTEAD OF 触发器,而这些触发器能够扩展视图可支持的更新类型。

(3) CLR 触发器

CLR 触发器可以是 AFTER 触发器或 INSTEAD OF 触发器。CLR 触发器还可以是 DDL 触发器。CLR 触发器将执行在托管代码(在.NET Framework 中创建并在 SQL Server 中上载的程序集的成员)中编写的方法,而不用执行 Transact-SQL 存储过程。

2. 触发器与约束的比较

约束和 DML 触发器在特殊情况下各有优点。DML 触发器的主要优点在于它们可以包含使用 Transact-SQL 代码的复杂处理逻辑。因此，DML 触发器可以支持约束的所有功能；但 DML 触发器对于给定的功能并不总是最好的方法。

实体完整性总应在最低级别上通过索引进行强制，这些索引应是 PRIMARY KEY 和 UNIQUE 约束的一部分，或者是独立于约束而创建的。域完整性应通过 CHECK 约束进行强制，而参照完整性（RI）则应通过 FOREIGN KEY 约束进行强制。

当约束支持的功能无法满足应用程序的功能要求时，DML 触发器有以下作用。

① 除非 REFERENCES 子句定义了级联引用操作，否则 FOREIGN KEY 约束只能用与另一列中的值完全匹配的值来验证列值。

② 约束只能通过标准化的系统错误消息来传递错误消息。如果应用程序需要（或能受益于）使用自定义消息和较为复杂的错误处理，则必须使用触发器。

DML 触发器可以将更改通过级联方式传播给数据库中的相关表，但通过级联参照完整性约束可以更有效地执行这些更改。

③ DML 触发器可以禁止或回滚违反参照完整性的更改，从而取消所尝试的数据修改。当更改外键且新值与其主键不匹配时，这样的触发器将生效。FOREIGN KEY 约束通常用于此目的。

④ 若触发器表上存在约束，则在 INSTEAD OF 触发器执行后但 AFTER 触发器执行前检查这些约束。若违反了约束，则回滚 INSTEAD OF 触发器操作并且不执行 AFTER 触发器。

3. DML 触发器功能比较

表 11.17 对 AFTER 触发器和 INSTEAD OF 触发器的功能进行了比较。

表 11.17　AFTER 触发器和 INSTEAD OF 触发器的功能比较

功　　能	AFTER 触发器	INSTEAD OF 触发器
适用范围	表	表和视图
每个表或视图包含触发器的数量	每个触发操作（UPDATE、DELETE 和 INSERT）包含多个触发器	每个触发操作（UPDATE、DELETE 和 INSERT）包含一个触发器
级联引用	无任何限制条件	不允许在作为级联参照完整性约束目标的表上使用 INSTEAD OF UPDATE 和 DELETE 触发器
执行	晚于： ● 约束处理 ● 声明性引用操作 ● 创建插入的和删除的表 ● 触发操作	早于：约束处理 替代：触发操作 晚于：创建插入的和删除的表
执行顺序	可指定第一个和最后一个执行	不适用
插入的和删除的表中的 varchar（max）、nvarchar（max）和 varbinary(max)列引用	允许	允许
插入的和删除的表中的 text、ntext 和 image 列引用	不允许	允许

（1）指定 DML 触发器激发时间

可通过指定以下两个选项之一来控制 DML 触发器的激发时间。

① AFTER 触发器将在处理触发操作(INSERT、UPDATE 或 DELETE)、INSTEAD OF 触发器和约束后激发。可通过指定 AFTER 或 FOR 关键字来请求 AFTER 触发器。因为 FOR 关键字与 AFTER 触发器效果相同,所以带有 FOR 关键字的 DML 触发器也归类为 AFTER 触发器。

② INSTEAD OF 将在处理约束前激发,以替代触发操作。如果表有 AFTER 触发器,它们将在处理约束之后激发。如果违反了约束,将回滚 INSTEAD OF 触发器操作并且不执行 AFTER 触发器。

(2) DML 触发器执行

如果违反了约束,则永远不会执行 AFTER 触发器。因此,这些触发器不能用于任何可能防止违反约束的处理。

执行 INSTEAD OF 触发器,而不执行触发操作。在创建插入的表和删除的表(反映对基表所做的更改)之后,而在执行任何其他操作之前执行这些触发器。这些触发器在执行任何约束前执行,因此可执行预处理来补充约束操作。

为表定义的 INSTEAD OF 触发器对此表执行一条通常会再次激发该触发器的语句时,不会递归调用该触发器,而是如同表中没有 INSTEAD OF 触发器那样处理该语句,该语句将启动一系列约束操作和 AFTER 触发器执行。例如,如果 DML 触发器定义为表的 INSTEAD OF INSERT 触发器且该触发器对同一个表执行 INSERT 语句,则 INSTEAD OF 触发器执行的 INSERT 语句不会再次调用该触发器。该触发器执行的 INSERT 将启动用于执行约束操作的进程和触发为该表定义的所有 AFTER INSERT 触发器的进程。

为视图定义的 INSTEAD OF 触发器对该视图执行一条通常会再次激发 INSTEAD OF 触发器的语句时,不会递归调用该触发器,而是将语句解析为对该视图所依存的基表进行修改。在这种情况下,视图定义必须满足可更新视图的所有约束。例如,如果 DML 触发器定义为视图的 INSTEAD OF UPDATE 触发器且该触发器执行引用同一视图的 UPDATE 语句,则 INSTEAD OF 触发器执行的 UPDATE 语句不会再次调用该触发器,而是如同该视图没有 INSTEAD OF 触发器那样在视图中处理该触发器执行的 UPDATE 语句。必须将 UPDATE 更改的列解析为一个基表。对基表的每次修改都将应用约束并触发为该表定义的 AFTER 触发器。

4. 实现 DML 触发器

(1) 创建 DML 触发器前应考虑的问题

① CREATE TRIGGER 语句必须是批处理中的第一个语句,该语句后面的所有其他语句被解释为 CREATE TRIGGER 语句定义的一部分。

② 创建 DML 触发器的权限默认分配给表的所有者,且不能将该权限转给其他用户。

③ DML 触发器为数据库对象,其名称必须遵循标识符的命名规则。

④ 虽然 DML 触发器可以引用当前数据库以外的对象,但只能在当前数据库中创建 DML 触发器。

⑤ 虽然 DML 触发器可以引用临时表,但不能对临时表或系统表创建 DML 触发器。不应引用系统表,而应使用信息架构视图。

⑥ 对于含有用 DELETE 或 UPDATE 操作定义的外键的表,不能定义 INSTEAD OF DELETE 和 INSTEAD OF UPDATE 触发器。

⑦ 虽然 TRUNCATE TABLE 语句类似于不带 WHERE 子句的 DELETE 语句(用于删

除所有行），但它并不会触发 DELETE 触发器，因为 TRUNCATE TABLE 语句没有记录。

⑧ WRITETEXT 语句不会触发 INSERT 或 UPDATE 触发器。

创建 DML 触发器时需要指定以下内容。

① 名称。

② 定义触发器时所基于的表。

③ 触发器被触发的时间。

④ 激活触发器的数据修改语句。有效选项为 INSERT、UPDATE 或 DELETE。多个数据修改语句可激活同一个触发器。例如，触发器可由 INSERT 或 UPDATE 语句激活。

⑤ 执行触发器操作的编程语句。

（2）多个 DML 触发器

一个表中可以具有多个给定类型的 AFTER 触发器，只要它们的名称不相同即可。每个触发器可以执行多个函数，但每个触发器只能应用于一个表，尽管一个触发器可以应用于三个用户操作（UPDATE、INSERT 和 DELETE）的任何子集。

一个表只能具有一个给定类型的 INSTEAD OF 触发器。

（3）触发器权限和所有权

用定义触发器时所基于的表或视图的名称架构创建触发器。例如，触发器 Trigger1 是对 RedMovie.MovieInfo 表创建的，则触发器的架构限定的名称为 MovieInfo.Trigger1。

CREATE TRIGGER 权限默认授予定义触发器的表所有者、sysadmin 固定服务器角色以及 db_owner 和 db_ddladmin 固定数据库角色的成员，并且不可转让。

对某个视图创建 INSTEAD OF 触发器，如果视图所有者不同时拥有视图和触发器所引用的基表的权限，所有权链将断开。对于不属于视图所有者的基表，表所有者必须将必要的权限单独授予读取或更新该视图的任何人。如果相同用户同时拥有视图和基础基表，他们必须只为其他用户授予视图的权限，而非授予个别基表的权限。

（4）创建 DML 触发器

方法一：使用 Transact-SQL 命令创建 DML 触发器。

可以使用 CREATE TRIGGER 命令创建 DML 或 DDL 触发器。触发器是数据库服务器中发生事件时自动执行的特种存储过程。如果用户要通过数据操作语言（DML）事件编辑数据，则执行 DML 触发器。DML 事件是针对表或视图的 INSERT、UPDATE 或 DELETE 语句。DDL 触发器用于响应各种数据定义语言（DDL）事件。这些主要是 CREATE、ALTER 和 DROP 语句。通过 Transact-SQL 语句或使用 Microsoft .NET Framework 公共语言运行时（CLR）创建的程序集的方法，可以在 SQL Server Database Engine 中直接创建 DML 和 DDL 触发器。SQL Server 允许为任何特定语句创建多个触发器。

CREATE TRIGGER 命令的语法格式如下。

```
CREATE TRIGGER [ schema_name.] trigger_name
ON { table | view }
[ WITH < ENCRYPTION > ]
{ FOR | AFTER | INSTEAD OF }
{ [ INSERT ] [,] [ UPDATE ] [,] [ DELETE ] }
AS { sql_statement [;] [,…,n] }
```

各选项含义如下。

① schema_name：DML 触发器所属架构的名称。DML 触发器的作用域是为其创建该触

发器的表或视图的架构。对于 DDL 触发器，无法指定 schema_name。

② trigger_name：触发器的名称。每个 trigger_name 必须遵循标识符规则，但 trigger_name 不能以 ♯ 或 ♯♯ 开头。

③ table | view：对其执行 DML 触发器的表或视图，有时称为触发器表或触发器视图。可以根据需要指定表或视图的完全限定名称。视图只能被 INSTEAD OF 触发器引用。

④ WITH ENCRYPTION：对 CREATE TRIGGER 语句的文本进行加密。使用 WITH ENCRYPTION 可以防止将触发器作为 SQL Server 复制的一部分进行发布。不能为 CLR 触发器指定 WITH ENCRYPTION。

⑤ AFTER：指定 DML 触发器仅在触发 Transact-SQL 语句中指定的所有操作都已成功执行时才被激发。所有的引用级联操作和约束检查也必须在激发此触发器之前成功完成。

如果仅指定 FOR 关键字，则 AFTER 为默认值。不能对视图定义 AFTER 触发器。

⑥ INSTEAD OF：指定 DML 触发器是"代替"SQL 语句执行的，因此其优先级高于触发语句的操作。不能为 DDL 触发器指定 INSTEAD OF。

对于表或视图，每个 INSERT、UPDATE 或 DELETE 语句最多可定义一个 INSTEAD OF 触发器。但是，可以为具有自己的 INSTEAD OF 触发器的多个视图定义视图。

INSTEAD OF 触发器不可以用于使用 WITH CHECK OPTION 的可更新视图。如果将 INSTEAD OF 触发器添加到指定了 WITH CHECK OPTION 的可更新视图中，则 SQL Server 将引发错误。用户必须用 ALTER VIEW 删除该选项后才能定义 INSTEAD OF 触发器。

⑦ { [DELETE] [,] [INSERT] [,] [UPDATE] }：指定数据更新操作的类型，这些语句可在 DML 触发器对此表或视图进行这些操作时激活该触发器。必须至少指定一个选项。在触发器定义中允许使用上述选项的任意顺序组合。

对于 INSTEAD OF 触发器，不允许对具有指定级联操作 ON DELETE 的引用关系的表使用 DELETE 选项。同样，也不允许对具有指定级联操作 ON UPDATE 的引用关系的表使用 UPDATE 选项。

⑧ sql_statement：触发条件和操作的 Transact-SQL 命令语句。触发器条件指定其他标准，用于确定尝试的 DML 或 DDL 语句是否导致执行触发器操作。

DML 或 DDL 操作时，将执行 Transact-SQL 语句中指定的触发器操作。

触发器可以包含任意数量和种类的 Transact-SQL 语句，但也有例外。触发器的用途是根据数据修改或定义语句来检查或更改数据；它不应向用户返回数据。触发器中的 Transact-SQL 语句常常包含控制流语言。

DML 触发器经常用于强制执行业务规则和数据完整性。SQL Server 通过 ALTER TABLE 和 CREATE TABLE 语句来提供声明性参照完整性（DRI）。但是，DRI 不提供跨数据库参照完整性。如果触发器表存在约束，则在 INSTEAD OF 触发器执行后和 AFTER 触发器执行前检查这些约束。如果违反了约束，则将回滚 INSTEAD OF 触发器操作，并且不激活 AFTER 触发器。

可以使用 sp_settriggerorder 来指定要对表执行的第一个和最后一个 AFTER 触发器。对于一个表，只能为每个 INSERT、UPDATE 和 DELETE 操作指定第一个和最后一个 AFTER 触发器。如果在同一个表上还有其他 AFTER 触发器，这些触发器将随机执行。

如果 ALTER TRIGGER 语句更改了第一个或最后一个触发器，将删除所修改触发器上设置的第一个或最后一个属性,并且必须使用 sp_settriggerorder 重置顺序值。

只有在成功执行触发 Transact-SQL 语句之后,才会执行 AFTER 触发器。判断执行成功的标准是:执行了所有与已更新对象或已删除对象相关联的引用级联操作和约束检查。

在触发器内可以指定任意的 SET 语句。选择的 SET 选项在触发器执行期间保持有效,然后恢复为原来的设置。

在 DML 触发器中不允许使用表 11.18 所示的 Transact-SQL 语句。

表 11.18　DML 触发器中不允许使用的 Transact-SQL 语句

语　句	语　句
ALTER DATABASE	CREATE DATABASE
LOAD DATABASE	LOAD LOG
RESTORE DATABASE	RESTORE LOG
ALTER DATABASE	CREATE DATABASE

另外,如果对作为触发操作目标的表或视图使用 DML 触发器,则不允许在该触发器的主体中使用表 11.19 所示的 Transact-SQL 语句。

表 11.19　对作为触发操作目标的表或视图使用 DML 触发器而不允许使用的 Transact-SQL 语句

语　句	语　句
CREATE INDEX	ALTER INDEX
DBCC DBREINDEX	ALTER PARTITION FUNCTION
CREATE INDEX	ALTER INDEX

用于执行以下操作的 ALTER TABLE:
- 添加、修改或删除列
- 切换分区
- 添加或删除 PRIMARY KEY 或 UNIQUE 约束

因为 SQL Server 不支持针对系统表的用户定义的触发器,不要为系统表创建用户定义触发器。

若要创建 DML 触发器,则需要对要创建触发器的表或视图具有 ALTER 权限。

【例 11.24】　使用包含提醒消息的 DML 触发器。

如果有用户试图在 MovieInfo 表中添加或更改数据,下列 DML 触发器将向客户端显示一条消息。

执行结果如图 11.19 所示。

```
消息
消息 50000, 级别 16, 状态 10, 过程 MovieInfotr1, 行 4 [批起始行 64]
Notify MovieInfo Relations

(1 行受影响)

完成时间: 2024-03-15T10:17:14.5200450+08:00
```

图 11.19　例 11.24 执行结果

方法二:使用图形工具创建 DML 触发器。

使用图形工具创建 DML 触发器的步骤如下。

① 连接到相应的 Microsoft SQL Server Database Engine 实例后,在"对象资源管理器"中单击服务器名称以展开服务器树。

② 展开"数据库",选择用户数据库,如 RedMovie。

③ 展开"表"节点，选择需建立触发器的表，如选择 MovieInfo 数据表，右击其中的"触发器"，然后选择"新建触发器"，如图 11.20 所示。

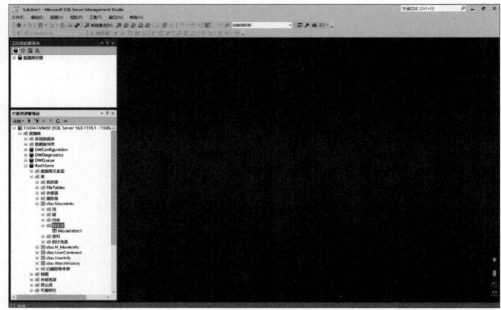

图 11.20　新建触发器

④ 在右侧出现的新建查询界面中输入创建触发器的 SQL 命令，单击【执行】按钮，如图 11.21 所示。

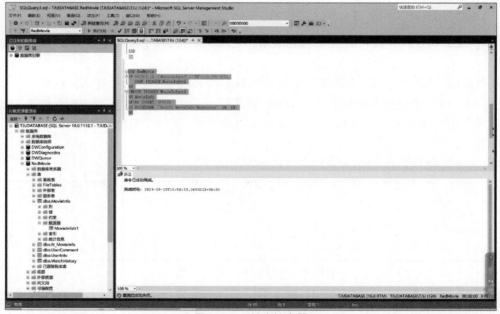

图 11.21　创建触发器

⑤ 刷新触发器节点可以看到创建的 MovieInfotr2 触发器。

（5）使用插入的表和删除的表

DML 触发器语句使用两种特殊的表：删除的表 deleted 和插入的表 inserted。SQL

Server 会自动创建和管理这两种表。deleted 和 inserted 表保存了可能会被用户更改的行的旧值或新值。可以使用这两种驻留内存的临时表来测试特定数据修改的影响,以及设置 DML 触发器操作条件。但不能直接修改表中的数据或者对表执行数据定义语言(DDL)操作,例如 CREATE INDEX。

在 DML 触发器中,插入的表和删除的表主要用于执行以下操作。

① 扩展表之间的参照完整性。

② 在以视图为基础的基表中插入或更新数据。

③ 检查错误并采取相应的措施。

④ 找出数据修改前后表的状态差异,并基于该差异采取相应的措施。

删除的表 deleted 用于存储 DELETE 和 UPDATE 语句所影响的行的副本。在执行 DELETE 或 UPDATE 语句的过程中,行从触发器表中删除,并传输到删除的表中。删除的表和触发器表通常没有相同的行。

插入的表 inserted 用于存储 INSERT 和 UPDATE 语句所影响的行的副本。在插入或更新事务期间,新行将同时被添加到插入的表和触发器表。插入的表中的行是触发器表中的新行的副本。

更新事务类似于在删除操作之后执行插入操作。首先旧行被复制到删除的表中,然后新行被复制到触发器表和插入的表中。

在设置触发器条件时,应使用激发触发器操作的相应的插入的表和删除的表。尽管在测试 INSERT 时引用删除的表或在测试 DELETE 时引用插入的表不会导致任何错误,但在这些情况下,触发器测试表将不包含任何行。

传递给为表定义的 INSTEAD OF 触发器的插入的表和删除的表与传递给 AFTER 触发器的插入的和删除的表遵守相同的规则。插入的表和删除的表的格式与在其上定义 INSTEAD OF 触发器的表的格式相同。插入的表和删除的表中的每一列都直接映射到基表中的列。

例如,若要检索 deleted 表中的所有值,则使用

```
SELECT * FROM deleted
```

(6) 修改 DML 触发器

方法一: 使用 Transact-SQL 命令修改 DML 触发器。

使用 ALTER TRIGGER 命令可以更改以前使用 CREATE TRIGGER 语句创建的 DML 或 DDL 触发器的定义,命令语法格式如下。

```
ALTER TRIGGER schema_name.trigger_name
ON ( table | view )
[ WITH < ENCRYPTION > ]
{ FOR | AFTER | INSTEAD OF }
{ [ DELETE ] [,] [ INSERT ] [,] [ UPDATE ] }
AS { sql_statement [;] [,…,n] }
```

参数同 CREATE TRIGGER 命令。

通过表和视图上的 INSTEAD OF 触发器,ALTER TRIGGER 支持可手动更新的视图。SQL Server 以相同的方式对所有类型的触发器应用 ALTER TRIGGER。

如果 ALTER TRIGGER 语句更改了第一个或最后一个触发器,将删除所修改触发器上

设置的第一个或最后一个属性,并且必须使用 sp_settriggerorder 重置顺序值。

如果一个子表或引用表上的 DELETE 操作是由于父表的 CASCADE DELETE 操作所引起的,并且子表上定义了 DELETE 的 INSTEAD OF 触发器,那么将忽略该触发器并执行 DELETE 操作。

若要更改 DML 触发器,需要对定义该触发器所在的表或视图具有 ALTER 权限。

【例 11.25】 创建一个 DML 触发器。当用户要在 MovieInfo 表中添加或更改数据时,该触发器将把用户定义的消息打印到客户端,然后使用 ALTER TRIGGER 对该触发器进行修改,以便只将其应用于 INSERT 操作。

```
USE RedMovie
GO
CREATE TRIGGER dml_reminder
ON MovieInfo
WITH ENCRYPTION
AFTER INSERT, UPDATE
AS RAISERROR ('Insert or Update Notify', 16, 10);
GO
-- 修改触发器
USE RedMovie
GO
ALTER TRIGGER dml_reminder
ON MovieInfo
AFTER INSERT
AS RAISERROR ('Insert Notify', 16, 10)
GO
```

方法二:使用图形工具修改 DML 触发器。

使用图形工具修改存储过程的步骤如下。

① 连接到相应的 Microsoft SQL Server Database Engine 实例后,在"对象资源管理器"中单击服务器名称以展开服务器树。

② 展开"数据库"节点,选择用户数据库,如 RedMovie。

③ 展开"表"节点,选择需建立触发器的表,如 MovieInfo 数据表,右击要修改的触发器,如 MovieInfotr1,然后选择"修改"菜单项,如图 11.22 所示。

④ 在右侧出现的查询界面修改触发器的 SQL 命令,单击【执行】按钮完成修改,如图 11.23 所示。

(7) 重命名 DML 触发器

使用系统过程 sp_rename 来重命名 DML 触发器。重命名触发器并不会更改它在触发器定义文本中的名称。要在定义中更改触发器的名称,应直接修改触发器。

(8) 禁用和启用 DML 触发器

当不再需要某个触发器时,可将其禁用或删除。禁用触发器不会删除该触发器,该触发器仍然作为对象存在于当前数据库中。但是,当执行任意 INSERT、UPDATE 或 DELETE 语句(在其上对触发器进行了编程)时,触发器将不会激发。已禁用的触发器可以被重新启用。启用触发器会以最初创建它时的方式将其激发。默认情况下,创建触发器后会启用触发器。

方法一:使用 Transact-SQL 命令禁用和启用 DML 触发器。

① 禁用 DML 触发器的语法格式如下。

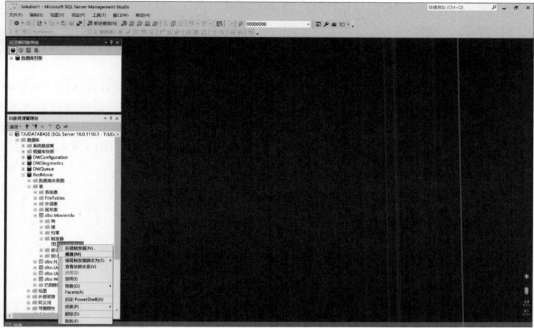

图 11.22　修改触发器

图 11.23　修改存储过程命令

```
DISABLE TRIGGER { [ schema . ] trigger_name [ ,…,n ] | ALL }
    ON { object_name | DATABASE | ALL SERVER } [ ; ]
```

各选项含义如下。

schema_name：触发器所属架构的名称。不能为 DDL 触发器指定 schema_name。

trigger_name：要禁用的触发器的名称。

ALL：指示禁用在 ON 子句作用域中定义的所有触发器。

object_name：要执行的 DML 触发器 trigger_name 的表或视图的名称。

DATABASE：对于 DDL 触发器，指示所创建或修改的 trigger_name 将在数据库作用域内执行。

ALL SERVER：对于 DDL 触发器，指示所创建或修改的 trigger_name 将在服务器作用域内执行。

若要禁用 DML 触发器，用户必须至少对为其创建触发器的表或视图具有 ALTER 权限。

若要禁用服务器作用域(ON ALL SERVER)中的 DDL 触发器，用户必须对该服务器具有 CONTROL SERVER 权限。若要禁用数据库作用域(ON DATABASE)中的 DDL 触发器，用户必须至少对当前数据库具有 ALTER ANY DATABASE DDL TRIGGER 权限。

【例 11.26】 禁用对表 MovieInfo 创建的触发器 MovieInfotr1。

```
USE RedMovie
GO
DISABLE TRIGGER MovieInfotr1ON MovieInfo
GO
```

② 启用 DML 触发器的语法格式如下。

```
ENABLE TRIGGER { [ schema_name . ] trigger_name [ ,…,n ] | ALL }
    ON { object_name | DATABASE | ALL SERVER } [ ; ]
```

启用触发器并不是要重新创建它。禁用的触发器仍以对象形式存在于当前数据库中，但并不激发。启用触发器将导致它在其最初编程所在的任何 Transact-SQL 语句执行时激发。

若要启用 DML 触发器，用户必须至少对创建触发器所在的表或视图拥有 ALTER 权限。

若要启用具有服务器作用域(ON ALL SERVER)的 DDL 触发器，用户必须在此服务器上拥有 CONTROL SERVER 权限。若要启用具有数据库作用域(ON DATABASE)的 DDL 触发器，用户至少应在当前数据库中具有 ALTER ANY DATABASE DDL TRIGGER 权限。

【例 11.27】 禁用在表 MovieInfo 中创建的触发器 MovieInfotr1，然后再启用它。

```
USE RedMovie
GO
DISABLE TRIGGER MovieInfotr1ON MovieInfo
GO
ENABLE Trigger MovieInfotr1ON MovieInfo
GO
```

方法二：使用图形工具禁用和启用 DML 触发器。

使用图形工具禁用和启用 DML 触发器的步骤如下。

① 连接到相应的 Microsoft SQL Server Database Engine 实例后，在"对象资源管理器"中单击服务器名称以展开服务器树。

② 展开"数据库"，选择用户数据库，如 RedMovie。

③ 展开"表"节点，选择需建立触发器的表，如选择 MovieInfo 数据表，右击要禁用或启用的触发器，如 MovieInfotr1，然后选择"禁用"或"启用"，如图 11.24 所示。

④ 出现禁用触发器成功窗口，如图 11.25 所示。

(9) 删除 DML 触发器

删除触发器后，它所基于的表和数据不会受到影响。删除表将自动删除其上的所有触发器。删除触发器的权限默认授予该触发器所在表的所有者。

① 使用 Transact-SQL 语句删除 DML 触发器。语法格式如下。

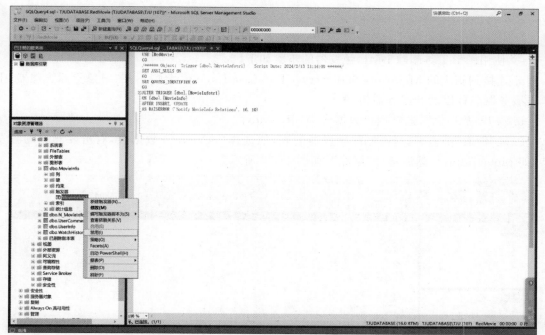

图 11.24　禁用触发器

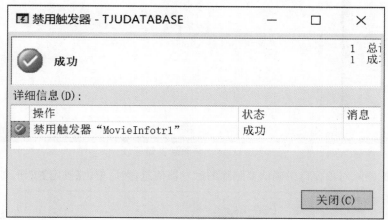

图 11.25　禁用触发器成功

```
DROP TRIGGER schema_name.trigger_name [,···,n] [ ; ]
```

通过删除 DML 触发器或删除触发器表来删除 DML 触发器。删除表时,将同时删除与表关联的所有触发器。

若要删除 DML 触发器,要求对要定义触发器的表或视图具有 ALTER 权限。

若要删除定义了服务器作用域(ON ALL SERVER)的 DDL 触发器,要求在服务器中具有 CONTROL SERVER 权限。若要删除定义了数据库作用域(ON DATABASE)的 DDL 触发器,要求在当前数据库中具有 ALTER ANY DATABASE DDL TRIGGER 权限。

【例 11.28】　删除 MovieInfotr1 触发器。

```
USE RedMovie
IF OBJECT_ID (' MovieInfotr1', 'TR') IS NOT NULL
```

```
    DROP TRIGGER MovieInfotr1
GO
```

② 使用图形工具删除 DML 触发器的步骤如下。

a. 连接到相应的 Microsoft SQL Server Database Engine 实例后，在"对象资源管理器"中单击服务器名称以展开服务器树。

b. 展开"数据库"，选择用户数据库，如 RedMovie。

c. 展开"表"节点，选择需删除触发器的表，如选择 MovieInfo 数据表，右击要删除的触发器，如 MovieInfotr1，然后选择"删除"，如图 11.26 所示。

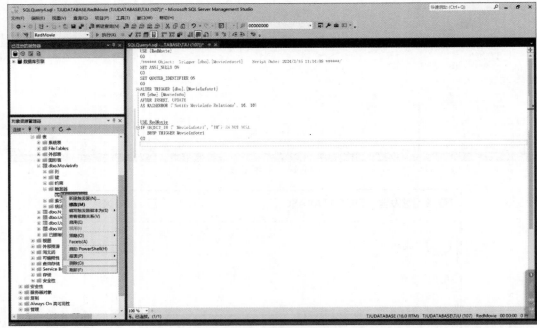

图 11.26　删除触发器一

d. 在出现的删除对象窗口中确认要删除的触发器信息，然后单击【确定】按钮，如图 11.27 所示。

图 11.27　"删除对象"窗口

e. 刷新触发器节点可以看到 MovieInfotr1 触发器被删除。

11.2.2　DDL 触发器

DDL 触发器是一种特殊的触发器,它在响应数据定义语言(DDL)语句时触发。它们可以用于在数据库中执行管理任务,例如审核和规范数据库操作。

像常规触发器一样,DDL 触发器将激发存储过程以响应事件。但与 DML 触发器不同的是,它们不会为响应针对表或视图的 UPDATE、INSERT 或 DELETE 语句而激发。相反,它们会为响应多种数据定义语言(DDL)语句而激发。这些语句主要是以 CREATE、ALTER 和 DROP 开头的语句。

如果要执行以下操作,可以使用 DDL 触发器。

① 要防止对数据库架构进行某些更改。

② 希望数据库中发生某种情况以响应数据库架构中的更改。

③ 要记录数据库架构中的更改或事件。

仅在运行 DDL 触发器的 DDL 语句后,DDL 触发器才会激发。DDL 触发器无法作为 INSTEAD OF 触发器使用。

【例 11.29】　使用 DDL 触发器防止数据库中的任一表被修改或删除。每当数据库中发生 DROP TABLE 事件或 ALTER TABLE 事件,都将触发 DDL 触发器 safety。

```
USE RedMovie
GO
CREATE TRIGGER safety
ON DATABASE
FOR DROP_TABLE, ALTER_TABLE
AS
    PRINT 'You must disable Trigger "safety" to drop or alter tables!'
    ROLLBACK
```

仅在要响应由 Transact-SQL DDL 语法指定的 DDL 事件时,DDL 触发器才会激发。不支持执行类似 DDL 操作的系统存储过程。

在响应当前数据库或服务器中处理的 Transact-SQL 事件时,可以激发 DDL 触发器。触发器的作用域取决于事件。

1. DML 触发器与 DDL 触发器的比较

DDL 触发器和 DML 触发器的用处不同。

DML 触发器在 INSERT、UPDATE 和 DELETE 语句上操作,并且有助于在表或视图中修改数据时强制业务规则,扩展数据完整性。

DDL 触发器在 CREATE、ALTER、DROP 和其他 DDL 语句上操作。它们用于执行管理任务,并强制影响数据库的业务规则。它们应用于数据库或服务器中某一类型的所有命令。

可以使用相似的 Transact-SQL 语法创建、修改和删除 DML 触发器和 DDL 触发器,它们还具有其他相似的行为。

与 DML 触发器相同,DDL 触发器可以运行在 Microsoft .NET Framework 中创建的代码,以及在 SQL Server 中上载的程序集中打包的托管代码。

与 DML 触发器相同,可以为同一个 Transact-SQL 命令创建多个 DDL 触发器。同时,DDL 触发器和激发它的命令运行在相同的事务中。可从触发器中回滚此事务。严重错误可能会导致整个事务自动回滚。从批处理中运行并显式包含 ROLLBACK TRANSACTION 语句的 DDL 触发器,将取消整个批处理。

设计 DDL 触发器时,请从以下两方面考虑与 DML 触发器的不同。

① 只有在完成 Transact-SQL 命令后才运行 DDL 触发器。DDL 触发器无法作为 INSTEAD OF 触发器使用。

② DDL 触发器不会创建插入的表和删除的表。

2. 设计 DDL 触发器

在设计 DDL 触发器之前,需确定如下事项。

① 确定 DDL 触发器的作用域。

② 指定触发 DDL 触发器的 Transact-SQL 语句或语句组。

(1) 确定触发器的作用域

在响应当前数据库或服务器中处理的 Transact-SQL 事件时,可以激发 DDL 触发器。触发器的作用域取决于事件。例如,每当数据库中发生 CREATE TABLE 事件时,都会触发为响应 CREATE TABLE 事件创建的 DDL 触发器。每当服务器中发生 CREATE LOGIN 事件时,都会触发为响应 CREATE LOGIN 事件创建的 DDL 触发器。

数据库范围内的 DDL 触发器都作为对象存储在创建它们的数据库中。可以在 master 数据库中创建 DDL 触发器,这些 DDL 触发器的行为与在用户设计的数据库中创建的 DDL 触发器一样。可以从创建 DDL 触发器的数据库上下文中的 sys.triggers 目录视图中,或通过指定数据库名称作为标识符(如 master.sys.triggers)来获取有关这些 DDL 触发器的信息。

服务器范围内的 DDL 触发器作为对象存储在 master 数据库中。不同的是,可以从任何数据库上下文中的 sys.server_triggers 目录视图中获取有关数据库范围内的 DDL 触发器的信息。

影响局部或全局临时表和存储过程的事件,不会触发 DDL 触发器。

(2) 指定触发 DDL 触发器的 Transact-SQL 语句或语句组

可以创建响应以下语句的 DDL 触发器。

① 一个或多个特定 DDL 语句。

② 预定义的一组 DDL 语句。

选择触发 DDL 触发器的特定 DDL 语句。可以安排在运行一个或多个特定 Transact-SQL 命令后触发 DDL 触发器。例如,在前面的示例中,在发生 DROP TABLE 事件或 ALTER TABLE 事件后触发触发器 safety。

并非所有的 DDL 事件都可用于 DDL 触发器。有些事件只适用于异步非事务语句。例如,CREATE DATABASE 事件不能用于 DDL 触发器。

选择触发 DDL 触发器的一组预定义的 DDL 语句。可以在执行属于一组预定义的相似事件的任何 Transact-SQL 事件后触发 DDL 触发器。如果希望在运行 CREATE TABLE、ALTER TABLE 或 DROP TABLE DDL 语句后触发 DDL 触发器,则可在 CREATE TRIGGER 语句中指定 FOR DDL_TABLE_EVENTS。运行 CREATE TRIGGER 后,事件组涵盖的事件都添加到 sys.trigger_events 目录视图中。

用于激发 DDL 触发器的事件组主题列出了可以触发 DDL 触发器的多组预定义的 DDL 语句、它们涵盖的特定语句以及这些事件组可以触发的作用域。

3. 实现 DDL 触发器

（1）创建 DDL 触发器

使用 Transact-SQL 语句创建 DDL 触发器。DDL 触发器是使用 Transact-SQL CREATE TRIGGER 语句创建的，其语法格式如下。

```
CREATE TRIGGER trigger_name
ON { ALL SERVER | DATABASE }
[ WITH < ENCRYPTION > ]
{ FOR | AFTER }
AS { sql_statement [;] [,…,n] }
```

各选项含义如下：

① DATABASE：将 DDL 触发器的作用域应用于当前数据库。如果指定了此参数，则只要当前数据库中出现 event_type 或 event_group，就会激发该触发器。

② ALL SERVER：将 DDL 触发器的作用域应用于当前服务器。如果指定了此参数，则只要当前服务器中的任何位置上出现 event_type 或 event_group，就会激发该触发器。

能够触发 DDL 触发器的数据定义语言（DDL）语句包括 CREATE、ALTER、DROP、GRANT、DENY、REVOKE 和 UPDATE STATISTICS 等。

与 DML 触发器不同，DDL 触发器的作用域不是架构。因此，不能将 OBJECT_ID、OBJECT_NAME、OBJECTPROPERTY 和 OBJECTPROPERTYEX 用于查询有关 DDL 触发器的元数据。

注意：服务器作用域的 DDL 触发器显示在 SQL Server Management Studio 对象资源管理器的“触发器”文件夹中。此文件夹位于“服务器对象”文件夹下。具有数据库作用域的 DDL 触发器位于 Database Triggers 文件夹中。此文件夹位于相应数据库的“可编程性”文件夹下。

（2）修改 DDL 触发器

使用 Transact-SQL 语句修改 DDL 触发器。如果必须修改 DDL 触发器的定义，只需一个操作即可删除并重新创建触发器，或重新定义现有触发器。

如果更改 DDL 触发器引用的对象的名称，则必须修改触发器，以使其文本反映该新名称。因此，在重命名对象之前，需要先显示该对象的依赖关系，以确定所建议的更改是否会影响任何触发器。

也可以重命名 DDL 触发器。新名称必须遵守标识符规则。只能重命名自己拥有的触发器，但数据库所有者可以更改任意用户的触发器名称。要重命名的触发器必须位于当前数据库中。也可将触发器修改为对定义进行加密。

修改 DDL 触发器的 ALTER TRIGGER 命令语法格式如下。

```
ALTER TRIGGER trigger_name
ON { DATABASE | ALL SERVER }
[ WITH < ENCRYPTION > ]
{ FOR | AFTER } { event_type [ ,…,n ] | event_group }
AS { sql_statement [;] }
```

若要更改定义了服务器范围（ON ALL SERVER）的 DDL 触发器，需要对服务器具有 CONTROL SERVER 权限。若要更改定义了数据库范围（ON DATABASE）的 DDL 触发器，需要对当前数据库具有 ALTER ANY DATABASE DDL TRIGGER 权限。

（3）禁用和启用 DDL 触发器

禁用 DDL 触发器不会将其删除。该触发器仍然作为对象存在于当前数据库中。但是，当编程触发器的任何 Transact-SQL 语句运行时，触发器将不会激发。可以重新启用被禁用的 DDL 触发器。启用 DDL 触发器会使该触发器像在最初创建时那样激发。创建 DDL 触发器后，这些触发器在默认情况下处于启用状态。

可以使用 Transact-SQL 语句禁用和启用 DDL 触发器，方法如下。

① 禁用 DDL 触发器。使用 DISABLE TRIGGER 语句可以禁用 DDL 触发器。

【例 11.30】 禁用已创建的数据库作用域的 DDL 触发器 safety。

```
USE RedMovie
GO
DISABLE TRIGGER safety ON DATABASE
GO
```

② 启用 DDL 触发器。使用 ENABLE TRIGGER 语句可以启用 DDL 触发器。

【例 11.31】 启用在数据库作用域已禁用的 DDL 触发器 safety。

```
USE RedMovie
GO
ENABLE TRIGGER safety ON DATABASE
GO
```

（4）删除 DDL 触发器

删除 DDL 触发器时，该触发器将从当前数据库中删除。DDL 触发器范围内的任何对象或数据均不受影响。

使用 Transact-SQL 语句删除 DDL 触发器的 Transact-SQL 语句语法格式如下。

```
DROP TRIGGER trigger_name [ ,…,n ]
ON { DATABASE | ALL SERVER }
[ ; ]
```

仅当所有触发器均使用相同的 ON 子句创建时，才能使用一个 DROP TRIGGER 语句删除多个 DDL 触发器。

【例 11.32】 删除 DDL 触发器 safety。

```
USE RedMovie
IF EXISTS (SELECT * FROM sys.triggers
    WHERE parent_class = 0 AND name = 'safety')
DROP TRIGGER safety ON DATABASE
GO
```

11.3 习题

一、选择题

1.（　　）允许使用编程语言(如 C 语言)创建自己的外部例程。

    A. CLR 存储过程　　　　　　　　　　B. Transact-SQL 存储过程

    C. 系统存储过程　　　　　　　　　　D. 扩展存储过程

2.（　　）存储过程返回当前环境中可查询的指定表或视图的列信息。
　　A. sp_tables　　　　B. sp_columns　　　　C. sp_helpdb　　　　D. sp_databases
3. 删除存储过程的 SQL 命令是（　　）。
　　A. CREATE PROCEDURE　　　　　　B. ALTER PROCEDURE
　　C. DROP PROCEDURE　　　　　　　D. EXEC PROCEDURE
4. 一个表中可以具有（　　）给定类型的 AFTER 触发器。
　　A. 一个　　　　　B. 两个　　　　　C. 三个　　　　　D. 多个
5. DDL 触发器由（　　）语句触发。
　　A. UPDATE　　　　B. CREATE　　　　C. INSERT　　　　D. DELETE
6. 扩展存储过程使用的前缀是（　　）。
　　A. sp_　　　　　B. xp_　　　　　C. ep_　　　　　D. up_
7. 不建议使用 sp_rename 系统存储过程重命名的对象是（　　）。
　　A. 表　　　　　B. 索引　　　　　C. 列　　　　　D. 存储过程
8. 执行 INSERT、UPDATE 或 DELETE 语句操作后执行的触发器是（　　）。
　　A. AFTER 触发器　　　　　　　　B. INSTEAD OF 触发器
　　C. CLR 触发器　　　　　　　　　D. DDL 触发器
9. 若要更改 DML 触发器，需要对定义该触发器所在的表或视图具有的权限是（　　）。
　　A. ALTER　　　　B. IUPDATE　　　　C. INSERT　　　　D. DELETE
10. 当数据库服务器中发生数据操作语言事件时，要执行的触发器是（　　）。
　　A. DDL 触发器　　　　　　　　　B. DML 触发器
　　C. DQL 触发器　　　　　　　　　D. DCL 触发器

二、填空题
1. _____是指保存的 Transact-SQL 语句集合，可以接受和返回用户提供的参数。
2. 系统存储过程的前缀是_____。
3. 创建存储过程时为参数指定默认值的关键字是_____。
4. SQL Server 包括_____和_____两类触发器。
5. 创建触发器的命令是_____。
6. 触发器是一种特殊类型的_____。
7. _____存储过程是指封装了可重用代码的模块或例程。
8. 报告有关指定数据库或所有数据库的信息的系统存储过程是_____。
9. 只能在_____数据库中创建存储过程。
10. CREATE TRIGGER 语句必须是批处理中的_____语句。

三、简答题
1. 存储过程有哪些类型？
2. 各常用系统存储过程的作用是什么？如何应用？
3. 如何创建、执行、修改和删除存储过程？
4. 创建 DML 触发器应考虑的问题有哪些？
5. 如何创建 DDL 触发器？

第 12 章　数据库安全管理

本章主要介绍 SQL Server 数据安全管理中的事务的概念、特性及类型,角色的概念、种类及作用,以及权限的层次结构。

12.1　事务

事务是作为单个逻辑工作单元执行的一系列操作。事务处理可以确保只有在事务性单元内的所有操作都成功完成的情况下,才会永久更新面向数据的资源。通过将一组相关操作组合为一个或者全部成功或者全部失败的单元,可以简化错误恢复并使应用程序更加可靠。

例如,网上购物的一次交易,其付款过程至少包括以下数据库操作步骤。

① 更新客户所购商品的库存信息。

② 保存客户付款信息,可能包括与银行系统的交互。

③ 生成订单并且保存到数据库中。

④ 更新用户相关信息,例如购物数量。

正常情况下,这些操作将顺利进行,最终交易成功,与交易相关的所有数据库信息也成功地更新。但是,如果在这一系列过程中任何一个环节出了差错(如在更新商品库存信息时发生异常、该顾客银行账户存款不足等),都将导致交易失败。一旦交易失败,数据库中所有信息都必须保持交易前的状态不变。例如,最后一步更新用户信息时失败而导致交易失败,那么必须保证这笔失败的交易不影响数据库原来的状态,即库存信息没有被更新,用户也没有付款,订单也没有生成。否则,数据库的信息将会一片混乱而不可预测。

数据库事务正是用来保证上述情况下交易的平稳性和可预测性的技术。

12.1.1　事务特性

每一个事务都具有原子性、一致性、隔离性和持久性,又称事务的 ACID 属性。

(1) 原子性

事务必须是原子工作单元,对其数据的修改,或者全都执行,或者全都不执行。

(2) 一致性

事务在完成时,必须使所有的数据都保持一致性状态。在相关数据库中,所有规则都必须应用于事务的修改,以保持所有数据的完整性。事务结束时,所有的内部数据结构(如 B 树索引或双向链表)都必须是正确的。

(3) 隔离性

由并发事务所做的修改必须与任何其他并发事务所做的修改隔离。事务识别数据时数据所处的状态,或者是另一并发事务修改它之前的状态,或者是第二个事务修改它之后的状态,事务不会识别中间状态的数据。这称为可串行性,因为它能够重新装载起始数据,并且重做一系列事务,以使数据结束时的状态与原始事务执行的状态相同。

（4）持久性

事务完成之后,它对于系统的影响是永久性的,该修改即使出现系统故障也将一直保持。

SQL 程序员要负责启动和结束事务,同时强制保持数据的逻辑一致性。程序员必须定义数据修改的顺序,使数据相对于其组织的业务规则保持一致。程序员将这些修改语句包括到一个事务中,使 SQL Server Database Engine 能够强制该事务的物理完整性。

数据库系统应提供一种机制,保证每个事务的物理完整性。数据库引擎提供：

① 锁定设备。使事务保持隔离。

② 记录设备。保证事务的持久性,即使服务器硬件、操作系统或数据库引擎实例自身出现故障,该实例也可在重新启动时使用事务日志,将所有未完成的事务自动地回滚到系统出现故障的点。

③ 事务管理特性,强制保持事务的原子性和一致性,事务启动之后,就必须成功完成,否则数据库引擎实例将撤销该事务启动后对数据所做的所有修改。

12.1.2　事务管理

应用程序主要通过指定事务启动和结束的时间来控制事务。可以使用 Transact-SQL 语句或数据库应用程序编程接口（API）函数来指定这些时间。系统还必须能够正确处理那些在事务完成之前便终止事务的错误。

1. 事务类型

在 SQL Server 中有三种事务类型：自动提交事务、显式事务、隐式事务,默认为自动提交。

（1）自动提交事务

自动提交事务是指对于用户发出的每条 Transact-SQL 语句,SQL Server 都会自动开始一个 SQL Server 事务,并且在执行后自动地提交操作来完成这个事务。也可以说在这种事务模式下,一个 Transact-SQL 语句就是一个事务。

（2）显式事务

显式事务是指在自动提交模式下以 BEGIN TRANSACTION 开始,以 COMMIT 或 ROLLBACK 结束一个 SQL Server 事务,以 COMMIT 结束事务是把 SQL Server 事务中的修改永久化,即使这时发生断电这样的故障。下面是 SQL Server 中的一个显式事务的例子。

```
BEGIN TRANSACTION
UPDATE UserInfo SET username='user66'WHERE userID='u06'
INSERT INTO UserInfo VALUES ('U09', 'user9', 'password9', 'u9@example.com', '钟爱英
雄传记类影视作品。')
COMMIT
```

（3）隐式事务

隐式事务是指在当前会话中用 SET IMPLICIT_TRANSACTIONS ON 命令设置的事务类型,这时任何 DML 语句（DELETE、UPDATE、INSERT）都会开始一个事务,而事务的结束也用 COMMIT 或 ROLLBACK 完成。

2. 启动和结束事务

使用 API 函数和 Transact-SQL 语句,可以在 SQL Server Database Engine 实例中将事务

作为显式事务、自动提交模式或隐式事务启动和结束。

（1）显式事务

显式事务就是可以显式地在其中定义事务的开始和结束的事务。

① 命令 BEGIN TRANSACTION：标记显式连接事务的起始点。

② 命令 COMMIT TRANSACTION 或 COMMIT WORK：如果没有遇到错误，可使用该语句成功地结束事务。该事务中的所有修改了的数据在数据库中都将永久有效。事务占用的资源将被释放。

③ 命令 ROLLBACK TRANSACTION 或 ROLLBACK WORK：用来清除遇到错误的事务。该事务修改的所有数据都返回到事务开始时的状态。事务占用的资源将被释放。

（2）自动提交模式

自动提交模式是 SQL Server Database Engine 的默认事务管理模式。每个 Transact-SQL 语句在完成时，都被提交或回滚。如果一个语句成功地完成，则提交该语句；如果遇到错误，则回滚该语句。只要没有显式事务或隐式事务覆盖自动提交模式，与数据库引擎实例的连接就以此默认模式操作。

在使用 BEGIN TRANSACTION 语句启动显式事务或隐式事务模式设置为开启之前，与数据库引擎实例的连接一直以自动提交模式操作。当提交或回滚显式事务，或当关闭隐式事务模式时，连接将返回到自动提交模式。

在自动提交模式下，有时看起来好像数据库引擎实例回滚了整个批处理，而不是仅仅一个 Transact-SQL 语句。当遇到的错误是编译错误而非运行错误时，会发生这种情况。编译错误会阻止数据库引擎生成执行计划，就使得批处理中的任何语句都不会执行。尽管看起来好像是回滚了产生错误的语句前的所有语句，但实际上该错误阻止了批处理中的所有语句的执行。

【例 12.1】 由于发生编译错误，第三个批处理中的 INSERT 语句并没有执行，但看起来好像是前两个 INSERT 语句没有执行便进行了回滚。

```
USE AdventureWorks2022
GO
CREATE TABLE TestBatch (Cola INT PRIMARY KEY, Colb CHAR(3))
GO
INSERT INTO TestBatch VALUES (1, 'aaa')
INSERT INTO TestBatch VALUES (2, 'bbb')
INSERT INTO TestBatch VALUSE (3, 'ccc')    -- 语法错误
GO
SELECT * FROM TestBatch                     -- 没有任何记录被插入并显示
GO
```

【例 12.2】 第三个 INSERT 语句产生运行时重复键错误。由于前两个 INSERT 语句成功地执行并且提交，因此它们在运行发生错误后被保留下来。

```
USE AdventureWorks2022
GO
CREATE TABLE TestBatch (Cola INT PRIMARY KEY, Colb CHAR(3))
GO
INSERT INTO TestBatch VALUES (1, 'aaa')
INSERT INTO TestBatch VALUES (2, 'bbb')
INSERT INTO TestBatch VALUES (1, 'ccc')    -- 发生重复键错误
GO
```

```
SELECT * FROM TestBatch                    -- 显示前两条记录
GO
```

【例 12.3】　执行并提交前两条 INSERT 语句,但第三条 INSERT 语句由于引用一个不存在的表而产生运行时错误,因此只有前两行仍然保留在 TestBatch 表中。

```
USE AdventureWorks2022
GO
CREATE TABLE TestBatch (Cola INT PRIMARY KEY, Colb CHAR(3))
GO
INSERT INTO TestBatch VALUES (1, 'aaa')
INSERT INTO TestBatch VALUES (2, 'bbb')
INSERT INTO TestBch VALUES (3, 'ccc')        -- 表名称出现错误
GO
SELECT * FROM TestBatch                      --显示前两条记录
GO
```

（3）隐式事务

当连接以隐式事务模式进行操作时,SQL Server Database Engine 实例将在提交或回滚当前事务后自动启动新事务。无须描述事务的开始,只须提交或回滚每个事务。隐式事务模式生成连续的事务链。

为连接将隐式事务模式设置为打开(SET IMPLICIT_TRANSACTIONS ON)之后,当数据库引擎实例首次执行如表 12.1 所示的任何语句时,都会自动启动一个事务。

表 12.1　能够启动事务的语句

语　句	语　句	语　句	语　句
ALTER TABLE	INSERT	DROP	SELECT
CREATE	OPEN	FETCH	TRUNCATE TABLE
DELETE	REVOKE	GRANT	UPDATE

在发出 COMMIT 或 ROLLBACK 语句之前,该事务将一直保持有效。在第一个事务被提交或回滚之后,下次当连接执行以上任何语句时,数据库引擎实例都将自动启动一个新事务。该实例将不断地生成隐性事务链,直到隐性事务模式关闭为止。

3. 事务处理过程中的错误

如果某个错误使事务无法成功完成,SQL Server 会自动回滚该事务,并释放该事务占用的所有资源。如果客户端与数据库引擎实例的网络连接中断,那么当网络向实例通知该中断后,该连接的所有未完成事务均会被回滚。如果客户端应用程序失败或客户机崩溃或重新启动,则也会中断连接,而且当网络向数据库引擎实例通知该中断后,该实例会回滚所有未完成的连接。如果客户端从该应用程序注销,所有未完成的事务也会被回滚。

12.2　SQL Server 的安全机制

SQL Server 的安全性是指保护数据库中的各种数据,以防止因非法使用而造成数据的泄密和破坏。SQL Server 的安全管理机制包括身份验证(authentication)和授权(authorization)两种类型。身份验证是指检验用户的身份标识,授权是指允许用户做些什么。验证过程在用户登录操作系统和 SQL Server 时出现,授权过程在用户试图访问数据或执行命令时出现。

12.2.1 安全机制级别

SQL Server 的安全机制分为 4 层，其中第一层操作系统的登录权限和第二层 SQL Server 的登录权限属于验证过程，第三层数据库的访问权限和第四层数据库对象的使用权限属于授权过程，如图 12.1 所示。

图 12.1　SQL Server 的安全机制

① 操作系统的安全防线：用户需要一个有效的登录账户，才能对网络系统进行访问。

② SQL Server 的身份验证防线：SQL Server 通过登录账户来创建附加安全层，一旦用户登录成功，将建立与 SQL Server 的一次连接。

③ SQL Server 数据库身份验证安全防线：当用户与 SQL Server 建立连接后，还必须成为数据库用户（用户 ID 必须在数据库系统表中），才有权访问数据库，即允许用户与一个特定的数据库相连接。

④ SQL Server 数据库对象的安全防线：用户登录到要访问的数据库后，要使用数据库内的对象就必须得到相应权限，即用户拥有对指定数据库中一个对象的访问权限。

四层安全防线中，第一层涉及网络操作系统安全技术，后三层综合起来便形成了 SQL Server 的安全管理。

12.2.2 主体

"主体"是指可以请求 SQL Server 资源的个体、组和过程。与 SQL Server 授权模型的其他组件一样，主体也可以按层次结构排列。主体的影响范围取决于主体定义的范围（Windows、服务器或数据库）以及主体是不可分主体还是集合主体。例如，Windows 登录名就是一个不可分主体，而 Windows 组则是一个集合主体。每个主体都有一个唯一的安全标识符（SID）。各级别的主体包含的内容如下。

① Windows 级别的主体包含 Windows 域登录名和 Windows 本地登录名。

② SQL Server 级别的主体包含 SQL Server 登录名。

③ 数据库级别的主体包含数据库用户、数据库角色和应用程序角色。

12.2.3 SQL Server 中的身份验证

访问 SQL Server 的第一步必须建立到 SQL Server 的连接，建立连接是通过登录 ID 实现的。登录 ID 是账户标识符，用于连接到 SQL Server 的账户都称为登录。其作用是用来控制对 SQL Server 的访问权限。SQL Server 只有在首先验证了指定的登录账号有效后,才完成连接。这种登录验证称为身份认证。但登录账号没有使用数据库的权力,即 SQL Server 登录成功并不意味着用户已经可以访问 SQL Server 上的数据库了。

1. 身份验证模式类型

SQL Server 支持两种身份验证模式:Windows 身份验证模式和混合身份验证模式。

(1) Windows 身份验证

Windows 身份验证是默认模式,使用 Windows 操作系统的内置安全机制,也就是使用 Windows 的用户或组账号控制用户对 SQL Server 的访问。

在这种模式下,用户只需通过 Windows 的认证,就可以连接到 SQL Server,而 SQL Server 本身不再需要管理一套登录数据。Windows 身份认证采用了 Windows 安全特性的许多优点,包括加密口令、口令期限、域范围的用户账号以及基于 Windows 的用户管理等,从而实现了 SQL Server 与 Windows 登录安全的紧密集成。使用 Windows 身份验证,已经登录到 Windows 的用户不必再单独登录到 SQL Server。

(2) 混合身份验证

在混合身份验证模式下,如果用户在登录时提供了 SQL Server 登录 ID,则系统将使用 SQL server 身份认证,如果没有提供 SQL Server 登录 ID 而提供的是请求 Windows 身份认证,则使用 Windows 身份验证。

SQL Server 2022 的默认登录账户为"sa"(系统管理员),在使用混合验证模式时有效。在安装 SQL Server 时,通常会为"sa"账户设置一个初始密码,这个密码需要在安装过程中设定或者安装完成后通过相应的权限进行修改。

2. 身份验证模式的设置

可以使用图形工具设置 SQL Server 2022 身份验证模式,但只能由系统管理员完成,有如下两种方法。

(1) 通过编辑服务器注册属性设置

① 连接到相应的 Microsoft SQL Server Database Engine 实例后,在"已注册的服务器"中,右击服务器名称,在弹出的快捷菜单中选择"属性",出现如图 12.2 所示的"编辑服务器注册属性"对话框。

② 在图 12.2 中,可以在"身份验证"下拉列表框中选择"Windows 身份验证"或"SQL Server 身份验证",也可以在"已注册的服务器"文本框中修改服务器名称。

③ 完成设置后,单击【保存】按钮。

(2) 通过编辑服务器属性设置

① 连接到相应的 Microsoft SQL Server Database Engine 实例后,在"对象资源管理器"中右击服务器名称,在弹出的快捷菜单中选择"属性",会出现如图 12.3 所示的"服务器属性"窗口。

② 在左侧"选择页"中选择"安全性"选项,在右侧的"服务器身份验证"选项下选择新的身份验证模式。

③ 完成选择后,单击【确定】按钮。

3. 创建登录账号

(1) Windows 用户或组创建 SQL Server 登录账号

首先在 Windows 中创建一个新的用户 Winuser,在 Windows 中创建的用户或组必须被

图 12.2 "编辑服务器注册属性"对话框

授予连接 SQL Server 的权限后才能访问数据库，其用户名称为"域名\计算机名\用户名"形式。可以使用图形工具将 Windows 用户映射到 SQL Server 中，以创建 SQL Server 登录账号。

① 连接到相应的 Microsoft SQL Server Database Engine 实例后，在"对象资源管理器"中展开服务器名称，在"安全性"下选择"登录名"。

② 右击"登录名"，在弹出的快捷菜单中选择"新建登录名"，出现如图 12.4 所示的"登录名-新建"窗口。

③ 在"登录名"下选择"Windows 身份验证"单选按钮，单击【搜索】按钮，出现如图 12.5 所示的"选择用户或组"对话框。

④ 在"输入要选择的对象名称"文本框中输入登录名，或单击【高级】按钮查找用户或组名称以完成输入（此用户已是 Windows 账户）。

⑤ 完成输入后，单击【确定】按钮，返回图 12.4 所示的"登录名-新建"窗口。

⑥ 在左侧"选择页"框中选择"服务器角色"，可将此用户加入某个服务器角色以具有某些权限。

⑦ 在左侧"选择页"框中选择"用户映射"，可选择映射到此登录名的数据库用户及相应的数据库角色。

⑧ 单击【确定】按钮，完成从 Windows 用户或组到 SQL Server 登录账号的映射。

（2）在 SQL Server 下创建 SQL Server 登录账号

如果使用混合验证模式或不通过 Windows 用户或组连接 SQL Server，则需要在 SQL Server 下创建用户登录权限，使用户得以连接使用 SQL Server 身份验证的 SQL Server 2022

图 12.3　"服务器属性"窗口

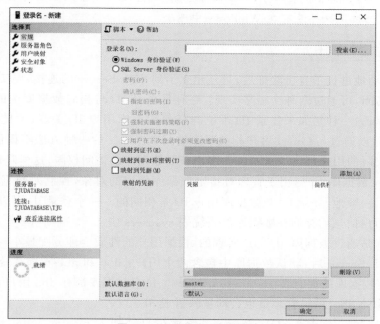

图 12.4　"登录名-新建"窗口

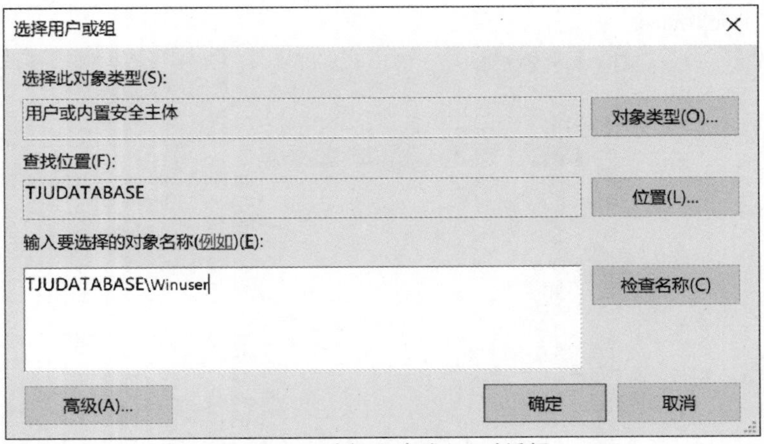

图 12.5　"选择用户或组"对话框

Database Engine 实例。

　　使用图形工具创建 SQL Server 登录账号的方法与将 Windows 用户或组映射到 SQL Server 登录账号的方法相同，只是在图 12.4 中选择"SQL Server 身份验证"，并设置登录名及密码。

　　4. 删除登录账号

　　当不再使用某一登录账号时应该将其删除，以保证数据库的安全性和保密性。可以使用图形工具删除登录账号。

　　① 连接到相应的 Microsoft SQL Server Database Engine 实例后，在"对象资源管理器"中展开服务器名称，在"安全性"下选择"登录名"。

　　② 右击要删除的登录名，在弹出的快捷菜单中选择"删除"，在出现的"删除对象"界面中单击【确定】按钮。

　　注意：删除 Windows 登录账号，只是删除了到 SQL Server 登录账号的映射，不能登录到 SQL Server 中，但该用户并没有在 Windows 中删除。

12.2.4　数据库用户

　　登录 ID 成功地进行了身份验证后，只是建立了到 SQL Server 的连接，要实现对数据库及数据库对象的访问，可通过两种途径来实现：一种是登录 ID 与相应数据库中的用户 ID 相关联来访问数据库；另一种是如果登录 ID 不能与任何数据库用户 ID 关联，但此数据库启用了 Guest 客户，则可以通过与 Guest 客户相关联来访问数据库。后一种方法不提倡采用，因为任何没有数据库权限的用户都可通过 Guest 客户获取数据库的访问权限，这样降低了安全性。

　　SQL Server 数据库用户，用于管理对指定数据库使用的对象，控制对数据库及数据库对象的访问权限。一般地，登录 ID 与数据库用户 ID 是相同的。一个登录 ID 可以与多个数据库用户相关联。用户信息均存储在数据库的系统表 sysusers 中。

　　权限的分配是通过数据库用户 ID 实现的，根据用户的性质合理分配最小权限。

　　在安装 SQL Server 后，默认数据库中包含两个用户：dbo 和 guest，即系统内置的数据库用户。dbo 代表数据库的拥有者（database owner）。每个数据库都有 dbo 用户，创建数据库的用户是该数据库的 dbo，系统管理员也自动被映射成 dbo。

　　guest 用户账号在安装完 SQL Server 系统后被自动加入 master、pubs、tempdb 数据库中，且不能被删除。用户自己创建的数据库在默认情况下不会自动加入 guest 账号，但可以手工创建。guest 用户也可以像其他用户一样设置权限。当一个数据库具有 guest 用户账号时，允许没有用户账号的登录者访问该数据库。所以 guest 账号的设立方便了用户的使用，但如使用不当也可能成为系统安全隐患。

可以使用图形工具将要求访问数据库的登录账户添加到数据库中成为数据库用户，并授予其相应的活动权限，以便访问数据库。

① 连接到相应的 Microsoft SQL Server Database Engine 实例后，在"对象资源管理器"中单击服务器名称以展开服务器树。

② 展开"数据库"，然后根据数据库的不同，选择用户数据库，如 RedMovie。

③ 展开"安全性"，右击其中的"新建"，然后选择"用户"，如图 12.6 所示。

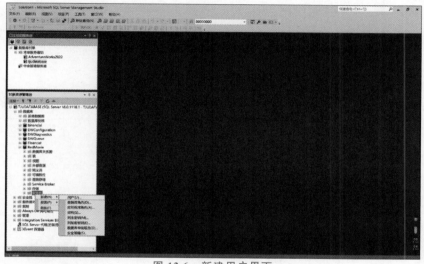

图 12.6　新建用户界面

④ 在出现的如图 12.7 所示的"数据库用户-新建"窗口中，可以设置用户名、架构及数据库角色成员身份。

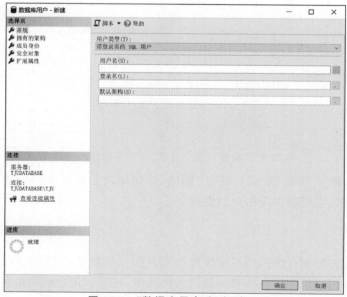

图 12.7　"数据库用户-新建"窗口

⑤ 单击"登录名"右侧的【浏览】按钮,会出现图 12.8 所示的"选择登录名"对话框,可以通过【浏览】按钮选择用户名,也可以直接输入用户名。用户名可以与登录账号名不同。设置用户名后,单击【确定】按钮,返回图 12.7"数据库用户-新建"窗口。

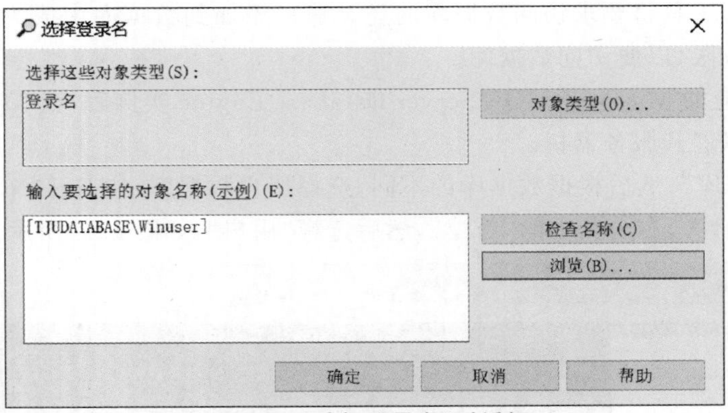

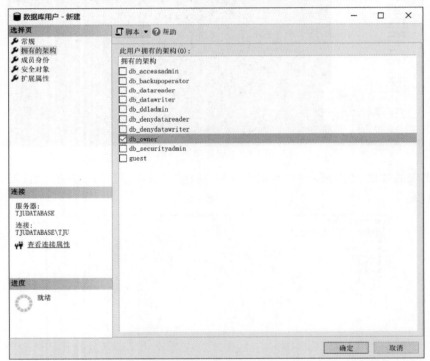

图 12.8 "选择登录名"对话框

⑥ 在左侧"选择页"中选择"拥有的架构"选项,选择相应的架构,如图 12.9 所示。

图 12.9 "数据库用户-新建"下选择相应的架构

⑦ 在左侧"选择页"中选择"成员身份"选项,选择相应的数据库角色成员,如图 12.10 所示,单击【确定】按钮,完成数据库用户的创建。

12.2.5 角色

角色是指为管理相同权限的用户而设置的用户组。也就是说,同一角色下的用户权限都是相同的。将一些用户添加到具体某种权限的角色中,权限在用户成为角色成员时自动生效。

图 12.10　在"数据库用户-新建"中选择成员身份

在 SQL Server 数据库中,把相同权限的一组用户设置为某一角色后,当对该角色进行权限设置时,这些用户就自动继承修改后的权限。这样,只要对角色进行权限管理,就可以实现对属于该角色的所有用户的权限管理,这极大地减少了工作量。

一个用户可以同时属于不同的角色。也就是说,一个用户可以同时拥有多个角色中的权限,但这些权限不能冲突,否则只能拥有最小的权限。

SQL Server 数据库的角色通常可以分为以下三类。前两种是系统预定义的。

1. 服务器角色

服务器角色具有一组固定的权限,作用域在服务器范围内,是独立于数据库的管理特权分组,主要实现系统管理员(SA)、数据库创建者及安全性管理员职能,且不能更改分配给他们的权限。具有服务器角色的用户必须绝对可靠,并且人员要少。SQL Server 中的服务器角色都是固定的,不允许改变。

固定服务器角色的作用域为服务器范围。固定服务器角色的每个成员都可以向其所属角色添加其他登录名。表 12.2 列出了固定服务器角色的名称及权限。

表 12.2　固定服务器角色的名称及权限

固定服务器角色	权　　　限
bulkadmin	可以运行 BULK INSERT 语句
dbcreator	数据库创建者,可以创建、更改、删除和还原任何数据库
diskadmin	用于管理磁盘文件
processadmin	进程管理员,可以终止 SQL Server 实例中运行的进程
securityadmin	安全管理员,管理登录名及其属性。可以用 GRANT、DENY 和 REVOKE 命令授予、禁止和回收服务器级权限,也可以用 GRANT、DENY 和 REVOKE 设置数据库级权限,还可以重置 SQL Server 登录名的密码

续表

固定服务器角色	权　　　限
serveradmin	服务器管理员，可以更改服务器范围的配置选项和关闭服务器
setupadmin	设置管理员，可以添加和删除链接服务器，并且也可以执行某些系统存储过程
sysadmin	系统管理员，可以在服务器中执行任何活动。默认情况下，Windows BUILTIN \ Administrators 组（本地管理员组）的所有成员都是 sysadmin 固定服务器角色的成员

不能添加、删除或修改固定服务器角色，只能将登录账户添加到固定服务器角色中。

使用图形工具添加登录账号到固定服务器角色的过程如下。

① 连接到相应的 Microsoft SQL Server Database Engine 实例后，在"对象资源管理器"中展开服务器名称，在"安全性"中选择"服务器角色"。

② 在右侧窗口中出现的当前服务器角色名中，右击要添加登录账号的角色，如dbcreator，在弹出的快捷菜单中选择"属性"，如图 12.11 所示。

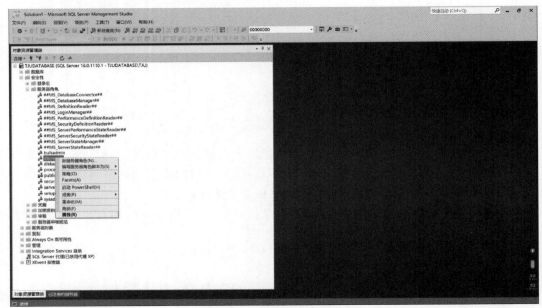

图 12.11　服务器角色界面

③ 在出现的图 12.12 所示的"服务器角色属性"窗口中，单击【添加】按钮，选择要添加的登录账号名，也可以选择【删除】按钮删除登录账号，设置后单击【添加】按钮完成添加。设置后单击【确定】按钮。

2. 数据库角色

数据库角色在数据库级别上定义，提供数据库层管理特权的分组，主要实现数据库的访问、备份与恢复以及安全性等职能。它也有一系列预定义的权限，可以直接给用户指派权限，但在大多数情况下，只要把用户放在正确的角色中就会给予它们所需要的权限。一个用户可以是多个角色中的成员，其权限等于多个角色权限的"和"，任何一个角色中的拒绝访问权限都会覆盖这个用户所有的其他权限。

数据库角色分为固定数据库角色和用户定义的数据库角色。固定数据库角色不允许改变。用户定义的数据库角色只适用于数据库级别，通过用户定义的角色可以轻松地管理数据库中的权限。

图 12.12　"服务器角色属性"窗口

固定数据库角色是在数据库级别定义的,并且存在于每个数据库中。db_owner 和 db_securityadmin 数据库角色的成员可以管理固定数据库角色成员身份,但只有 db_owner 数据库的成员可以向 db_owner 固定数据库角色中添加成员。

表 12.3 显示了固定数据库角色到权限的映射关系。

表 12.3　固定数据库角色到权限的映射关系

固定数据库角色	权　　限
db_accessadmin	数据库访问权限管理者,可以为 Windows 登录账户、Windows 组和 SQL Server 登录账户添加或删除访问权限
db_backupoperator	可以备份该数据库
db_datareader	可以读取所有用户表中的所有数据
db_datawriter	可以在所有用户表中添加、删除或更改数据
db_ddladmin	可以在数据库中运行任何数据定义语言命令
db_denydatareader	不能读取数据库内用户表中的任何数据
db_denydatawriter	不能添加、修改或删除数据库内用户表中的任何数据
db_owner	数据库所有者,可以执行数据库的所有配置和维护活动
db_securityadmin	可以修改角色成员身份和管理权限
public	每个数据库用户都属于 public 数据库角色。不能将用户、组或角色指派为 public 角色的成员,也不能删除 public 角色的成员

与固定服务器角色一样,对固定数据库角色也不能进行添加、删除或修改等操作,只能将数据库用户添加到固定数据库角色中。但对于数据库角色,用户可以创建及删除自定义的数据库角色。

可以使用图形工具创建用户自定义的数据库角色,操作过程如下。

① 连接到相应的 Microsoft SQL Server Database Engine 实例后,在对象资源管理器中单击服务器名称以展开服务器树。

② 展开"数据库"节点,然后根据数据库的不同选择用户数据库,如 RedMovie。

③ 展开"安全性"下面的"角色"节点,右击其中的"数据库角色",然后选择"新建数据库角

色"菜单项,如图 12.13 所示。

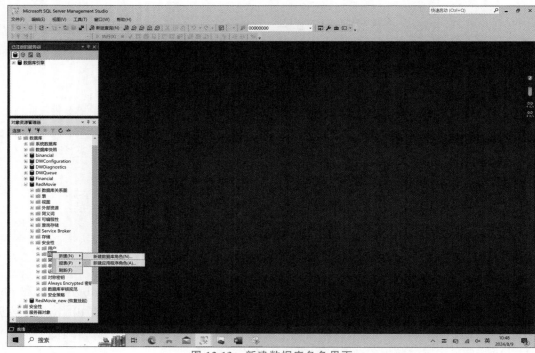

图 12.13 新建数据库角色界面

④ 在出现的如图 12.14 所示的"新服务器角色"窗口中,可以设置角色名,选择拥有的架构,以及添加和删除属于该数据库角色的成员,设置后单击【确定】按钮。

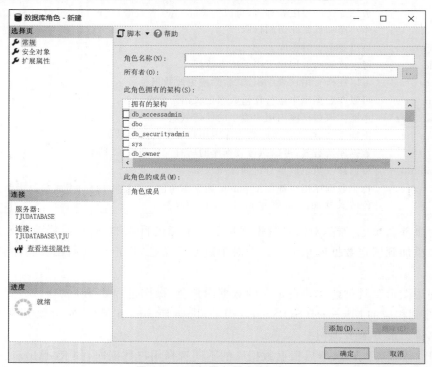

图 12.14 "新服务器角色"窗口

可以使用图形工具将数据库用户添加到某数据库角色中或删除。除了在创建数据库角色时可以添加或删除用户，也可以使用下面的过程完成添加和删除用户。

① 连接到相应的 Microsoft SQL Server Database Engine 实例后，在"对象资源管理器"中单击服务器名称以展开服务器树。

② 展开"数据库"，然后根据数据库的不同选择用户数据库，如 RedMovie。

③ 展开"安全性"下面的"角色"，选择"数据库角色"，在右侧出现的数据库角色名中右击要添加或删除用户的数据库角色，出现图 12.15 所示的"数据库角色属性"窗口，可以为选择的数据库角色添加或删除用户。

图 12.15　"数据库角色属性"窗口

3. 应用程序角色

应用程序角色是一个数据库主体，它使应用程序能够用其自身的、类似用户的特权来运行。使用应用程序角色，可以只允许通过特定应用程序连接的用户访问特定数据。与数据库角色不同的是，应用程序角色在默认情况下不包含任何成员，而且是非活动的。应用程序角色使用两种身份验证模式，可以使用 sp_setapprole 来激活，并且需要密码。因为应用程序角色是数据库级别的主体，所以它们只能通过其他数据库中授予 guest 用户账户的权限来访问这些数据库。因此，任何已禁用 guest 用户账户的数据库对其他数据库中的应用程序角色都不能访问。

登录、用户、角色是 SQL Server 安全机制的基础。三者联系如下。

① 服务器角色和登录名相对应。

② 数据库角色和用户相对应,数据库角色和用户都是数据库对象,定义和删除时必须选择所属的数据库。

③ 一个数据库角色中可以有多个用户,一个用户也可以属于多个数据库角色。

12.3　SQL Server 的权限管理

设置用户对数据库的操作权限称为授权,SQL Server 中未授权的用户将无法访问或存取数据库数据。SQL Server 通过权限管理指明哪些用户被批准使用哪些数据库对象和 Transact-SQL 语句。

SQL Server 中的权限可授予用户安全账户或用户安全账户所属的组或角色。SQL Server 中权限可识别以下 4 类用户,不同类型的用户形成不同层次。

① 系统管理员(SA):服务器层权限,在服务器所有数据库中对任何用户对象有全部权限。

② 数据库拥有者(DBO):数据库层权限,在其拥有的数据库中对任何用户对象有全部权限。

③ 数据库对象拥有者:数据库对象层。

④ 数据库对象的一般用户:数据库对象用户层。

12.3.1　权限类型

SQL Server 中的权限可以分为以下三种。

1. 对象权限

对象权限(SELECT、UPDATE、INSERT、DELETE、EXEC、DRI)管理由哪些数据库用户来使用哪些数据库对象,是处理数据或执行过程时需要的权限类别,由数据库对象拥有者授予、废除或撤销。用户必须只授予在其工作范围内的权限,而禁止其在工作范围外的所有活动(最小权限),以确保数据安全。

对象权限是指用户在数据库中执行与表、视图、存储过程等数据库对象有关的操作的权限。例如,是否可以查询表或视图,是否允许向表中插入记录或修改、删除记录,是否可以执行存储过程等。

对象权限的主要内容有:

① 对表和视图,是否可以执行 SELECT、INSERT、UPDATE、DELETE 语句。

② 对表和视图的列,是否可以执行 SELECT、UPDATE 语句的操作,以及在实施外键约束时是否可以作为 REFERENCES 参考的列。

③ 对存储过程,是否可以执行 EXECUTE。

2. 语句权限

语句权限是指用户创建数据库和数据库中对象(如表、视图、自定义函数、存储过程)的权限。例如,如果用户想要在数据库中创建表,则应该向该用户授予 CREATE TABLE 语句权限。语句权限适用于语句自身,而不是针对数据库中的特定对象。

语句权限实际上是授予用户使用某些创建数据库对象的 Transact-SQL 语句的权限。

只有系统管理员、安全管理员和数据库所有者才可以授予用户语句权限。

语句权限包括 CREATE DATABASE、CREATE DEFAULT、CREATE RULE、CREATE

TABLE、CREATE VIEW、CREATE PROCEDURE、CREATE FUNCTION、BACKUP DATABASE、BACKUP LOG 等操作。

3. 隐含权限

隐含权限是指系统自行预定义而不需要授权就有的权限,包括固定服务器角色、固定数据库角色和数据库对象所有者所拥有的权限。

12.3.2　设置权限

1. 使用图形工具设置用户或角色权限

（1）授予或拒绝语句权限

① 连接到相应的 Microsoft SQL Server Database Engine 实例后,在"对象资源管理器"中单击服务器名称以展开服务器树。

② 展开"数据库",右击用户数据库,如 RedMovie。

③ 在弹出的快捷菜单中选择"属性",出现"数据库属性-RedMovie"窗口。

④ 在左侧"选择页"中选择"权限",在右侧界面中选择需要为该用户授予或拒绝的语句权限,同时可以授予转授权限,如图 12.16 所示的。设置后,单击【确定】按钮。

图 12.16　"数据库属性-RedMovie"中选择权限

（2）授予或拒绝对象权限

① 连接到相应的 Microsoft SQL Server Database Engine 实例后,在"对象资源管理器"中单击服务器名称以展开服务器树。

② 展开"数据库",选择用户数据库,如 RedMovie。展开用户数据库及其下的"表"。

③ 右击要设置权限的表名,如"MovieInfo",出现"表属性-MovieInfo"窗口。

④ 在左侧"选择页"中选择"权限",在右侧界面中选择需要为该用户授予或拒绝的对象权限,同时可以授予转授权限,如图 12.17 所示。设置后,单击【确定】按钮。

图 12.17 在"表属性-MovieInfo"中选择权限

2. 使用 Transact-SQL 命令设置用户或角色权限

(1) 权限的授予

使用 Transact-SQL 命令 GRANT 将权限授予用户,其语法格式如下。

```
GRANT { ALL [ PRIVILEGES ] }
    | permission [ ( column [ ,…,n ] ) ] [ ,…,n ]
    [ ON securable ] TO security_account [ ,…,n ]
    [ WITH GRANT OPTION ]
```

各选项含义如下。

① ALL [PRIVILEGES]:授予 ALL 参数相当于授予以下权限。

如果安全对象为数据库,则 ALL 表示 BACKUP DATABASE、BACKUP LOG、CREATE DATABASE、CREATE DEFAULT、CREATE FUNCTION、CREATE PROCEDURE、CREATE RULE、CREATE TABLE 和 CREATE VIEW 权限。

如果安全对象是存储过程,则 ALL 表示 EXECUTE 权限。

如果安全对象为表或视图,则 ALL 表示 DELETE、INSERT、REFERENCES、SELECT 和 UPDATE 权限。

② permission:当前授予的权限名称,如 12.3.1 节所述。

③ (column [,…,n]):指定表中将授予其权限的列的名称。

④ securable:指定将授予其权限的安全对象,可以是表、视图、存储过程等。

⑤ TO security_account:指定权限将授予的对象或用户账户,如当前数据库的用户与角色、Windows 用户或组、SQL Server 角色。

⑥ WITH GRANT OPTION：指示被授权者在获得指定权限的同时还可以将指定权限授予其他用户账户。

【例 12.4】　将 CREATE TABLE 权限授予 Winuser 用户。

```
USE RedMovie
GO
GRANT CREATE TABLE TO Winuser
GO
```

【例 12.5】　将对 RedMovie 表的更新及插入权限授予 Winuser 用户。

```
USE RedMovie
GO
GRANT UPDATE, INSERT on MovieInfo TO Winuser
GO
```

【例 12.6】　将对 MovieInfo 表的作品编号和作品名列的查询权限授予 Winuser 用户。

```
USE RedMovie
GO
GRANT SELECT(movieID, title) ON MovieInfo TO Winuser
GO
```

（2）权限的禁止

禁止权限就是删除以前授予用户、组或角色的权限，禁止从其他角色继承的权限，且确保用户、组或角色将来不继承更高级别的组或角色的权限。

可以使用 Transact-SQL 命令 DENY 将权限禁止，其语法格式如下。

```
DENY { ALL [ PRIVILEGES ] }
     | permission [ ( column [ ,…,n ] ) ] [ ,…,n ]
     [ ON securable ] TO security_account [ ,…,n ]
     [ CASCADE]
```

其中，CASCADE 指定授予用户禁止权限，并撤销用户的 WITH GRANT OPTION 权限。

【例 12.7】　禁止 Winuser 用户的 CREATE VIEW 权限。

```
USE RedMovie
GO
DENY CREATE VIEW TO Winuser
GO
```

（3）权限的撤销

撤销权限用于删除用户的权限，但撤销权限是删除曾经授予或拒绝的权限，并不禁止用户、组或角色通过其他方式继承权限。撤销了用户的某一权限并不一定能够禁止用户使用该权限，因为用户可能通过其他角色继承这一权限。

可以使用 Transact-SQL 命令 REVOKE 将授予或拒绝的权限撤销，其语法格式如下。

```
REVOKE [ GRANT OPTION FOR ]
     { [ ALL [ PRIVILEGES ] ]
       | permission [ ( column [ ,…,n ] ) ] [ ,…,n ]
     }
     [ ON  securable ]
```

```
        { TO | FROM } security_account [ ,…,n ]
   [ CASCADE]
```

其中,GRANT OPTION FOR 将撤销授予指定权限的能力,即撤销转授权限。使用CASCADE 参数时,需要具备该功能。

【例 12.8】 将撤销 Winuser 用户的 CREATE TABLE 权限。

```
USE RedMovie
GO
REVOKE CREATE TABLE FROM Winuser
GO
```

【例 12.9】 撤销 Winuser 用户对 MovieInfo 表的作品编号和作品名列的查询权限。

```
USE RedMovie
GO
REVOKE SELECT(movieID, title) ON MovieInfo FROM Winuser
GO
```

12.4 习题

一、选择题

1. 通过发出 Transact-SQL BEGIN TRANSACTION 语句来启动的事务是(　　)。
   A. 自动提交事务　　　　　　　　　B. 隐式事务
   C. 批范围的事务　　　　　　　　　D. 显式事务

2. SQL Server 级别的主体是(　　)。
   A. Windows 域登录名　　　　　　　B. 应用程序角色
   C. SQL Server 登录名　　　　　　　D. 数据库用户

3. 默认情况下,数据库创建时包含的用户是(　　)。
   A. sa　　　　　　B. administrator　　　　C. guest　　　　　　D. dba

4. 在固定数据库角色中可以向自身角色添加成员的角色是(　　)。
   A. db_securityadmin　　　　　　　B. db_accessadmin
   C. db_datareader　　　　　　　　　D. db_owner

5. (　　)是一个数据库主体,它使应用程序能够用其自身的、类似用户的特权来运行。
   A. 数据库角色　　　B. 应用程序角色　　C. 服务器角色　　D. 数据库用户

6. SQL Server 2022 中的默认登录账户是(　　)。
   A. sa　　　　　　B. administrator　　　　C. guest　　　　　　D. dba

7. 事务结束时,所有的内部数据结构都必须是正确的,是事务的(　　)。
   A. 原子性　　　　B. 一致性　　　　　C. 隔离性　　　　　D. 永久性

8. 对表的查询权限属于(　　)。
   A. 语句权限　　　B. 对象权限　　　　C. 隐含权限　　　　D. 命令权限

9. (　　)固定服务器角色的成员可以添加和删除链接服务器。
   A. setupadmin　　　　　　　　　　B. serveradmin
   C. sysadmin　　　　　　　　　　　D. processadmin

10. 属于 Windows 级别的主体是（　　　）。

    A. Windows 本地登录名　　　　　　B. 应用程序角色

    C. 数据库用户　　　　　　　　　　D. SQL Server 登录名

二、填空题

1. 事务的_____是指或者全都执行或者全都不执行。

2. 事务正常提交的语句是_____。

3. _____是 SQL Server Database Engine 的默认事务管理模式。

4. _____是可以请求 SQL Server 资源的个体、组和过程。

5. 数据库用户是_____级别上的主体。

6. _____就是一组具有相同权限的用户的集合。

7. 应用程序主要通过指定事务_____的时间来控制事务。

8. _____模式是 SQL Server Database Engine 的默认事务管理模式。

9. 每个数据库用户都属于_____数据库角色。

10. _____可以使应用程序能够用其自身的、类似用户的特权来运行。

三、简答题

1. 什么是事务？事务具有哪些特性？

2. 事务有哪几种类型？每种类型的事务如何启动和结束？

3. 什么是 SQL Server 中的主体？主体有哪些级别？

4. SQL Server 中的安全级别有哪些？

5. SQL Server 中有哪些主要权限？

第 13 章 备份与还原数据库

本章主要介绍 SQL Server 中数据库的恢复模式、备份类型及备份方法,还原数据库的方法以及数据的导入导出。

Microsoft SQL Server 提供了高性能的备份和还原功能。SQL Server 备份和还原组件提供了重要的保护手段,以保护存储在 SQL Server 数据库中的关键数据。实施计划妥善的备份和还原策略可保护数据库,避免由于各种故障造成的损坏而丢失数据。

13.1 备份数据库

备份是数据的副本,用于在系统发生故障后还原和恢复数据。备份能够在发生故障后还原数据。通过适当的备份,可以从以下故障中恢复数据。

① 媒体故障。

② 用户错误(如误删除了某个表)。

③ 硬件故障(如磁盘驱动器损坏或服务器报废)。

④ 自然灾难。

13.1.1 备份与还原

1. 恢复模式

备份和还原操作是在"恢复模式"下进行的。恢复模式是一个数据库属性,它用于控制数据库备份和还原操作基本行为。例如,恢复模式控制了将事务记录在日志中的方式,以及事务日志是否需要备份和可用的还原操作。新的数据库可继承 model 数据库的恢复模式。

恢复模式有简单恢复模式、完整恢复模式和大容量日志恢复模式三种。

(1) 简单恢复模式

简单恢复模式简略地记录大多数事务,所记录的信息只是为了确保在系统崩溃或还原数据备份之后数据库的一致性。在简单恢复模式下,在每个数据备份后事务日志将自动截断,由于旧的事务已提交,已不再需要其日志,因而日志将被截断。也就是说,不活动的日志将被删除。因为经常会发生日志截断,所以没有事务日志备份,这就简化了备份和还原。但是,没有事务日志备份,便不可能恢复到失败的时间点,数据库只可恢复到最近的数据备份时间。

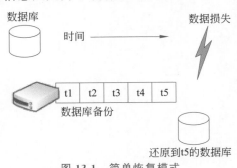

图 13.1 简单恢复模式

在图 13.1 中,进行了一些数据库备份。在最近的备份 t5 之后的一段时间,在此数据库中出现数据丢失。数据库管理员将使用 t5 备份来将数据库还原到备份完成的时间点。之后对数据库进行的更改都将丢失。此外,该模式不支持还原单个数据页。

（2）完整恢复模式

完整恢复模式完整地记录了所有的事务,并保留所有的事务日志记录,直到将它们备份。在 SQL Server Enterprise Edition 中,完整恢复模式能使数据库恢复到故障时间点（假定在故障发生之后备份了日志尾部）。完整恢复模式可在最大范围内防止出现故障时丢失数据,它包括数据库备份和事务日志备份,并提供全面保护,使数据库免受媒体故障影响。图 13.2 说明了完整恢复模式。

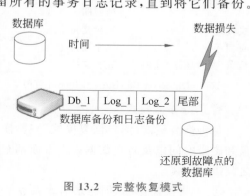

图 13.2　完整恢复模式

在图 13.2 中,执行了一个数据库备份（Db_1）和两个例行的日志备份（Log_1 和 Log_2）。有时在执行 Log_2 日志备份后,数据库中的数据会发生丢失。在还原这三个备份之前,数据库管理员必须先备份日志尾部,然后再还原 Db_1、Log_1 和 Log_2,而不恢复数据库。接着还原并恢复尾日志备份（Tail）。这将数据库恢复到故障点,从而恢复所有数据。

如果有一个或多个数据文件已经损坏,则恢复操作可以还原所有已提交的事务。正在进行的事务将回滚。在 Microsoft SQL Server 中,可以在数据备份或差异备份运行时备份日志。在 SQL Server 2022 Enterprise Edition 中,如果数据库处于完整恢复模式或大容量日志恢复模式,还可以在没有使数据库全部离线的情况下还原数据库。

完整恢复模式支持所有还原方案。

（3）大容量日志恢复模式

大容量日志恢复模式简略地记录大多数大容量操作（如索引创建和大容量加载）,完整地记录其他事务。大容量日志恢复提高了大容量操作的性能,常用作完整恢复模式的补充。大容量日志恢复模式支持所有的恢复形式,但是有一些限制。

与完整恢复模式（完全记录所有事务）相反,大容量日志恢复模式只对大容量操作进行最小记录（尽管会完全记录其他事务）。大容量日志恢复模式保护大容量操作不受媒体故障的危害,提供最佳性能并占用最小日志空间。但是,大容量日志恢复模式增加了这些大容量复制操作丢失数据的风险,因为最小日志记录大容量操作不会逐个事务重新捕获更改。只要日志备份包含大容量操作,数据库就只能恢复到日志备份的结尾,而不是恢复到某个时间点或日志备份中某个标记的事务。

此外,在大容量日志恢复模式下,备份包含大容量日志记录操作的日志需要访问包含大容量日志记录事务的数据文件。如果无法访问该数据文件,则不能备份事务日志。在这种情况下,必须重做大容量操作。

2. 恢复模式和支持的还原操作

可用于数据库的还原操作取决于所用的恢复模式。表 13.1 简要说明了每种恢复模式是否支持给定的还原方案以及适用范围。

表 13.1 恢复模式与还原方案

还原操作	完整恢复模式	大容量日志恢复模式	简单恢复模式
数据恢复	完整还原 (如果日志可用)	某些数据将丢失	自上次完整备份或差异备份后的任何数据将丢失
时间点还原	日志备份所涵盖的任何时间	日志备份包含任何大容量日志更改时不允许	不支持
文件还原*	完全支持	有时支持	仅对只读辅助文件可用
页面还原*	完全支持	有时支持	无
段落(文件组级)还原*	完全支持	有时支持	仅对只读辅助文件可用

* 仅在 SQL Server Enterprise Edition 中可用。

3. 选择恢复模式

每种恢复模式(简单恢复模式、完整恢复模式和大容量日志恢复模式)对可用性、性能、磁盘和磁带空间以及防止数据丢失方面都有特别要求。选择恢复模式时,必须在下列业务要求之间进行权衡。

① 大规模操作(如创建索引或大容量加载)的性能。

② 数据丢失情况(如已提交的事务丢失)。

③ 事务日志的空间占用情况。

④ 备份和恢复的简化。

根据所执行的操作,可能存在多个适合的模式。表 13.2 概述了三种恢复模式的优点和影响。

表 13.2 三种恢复模式的优点和影响

恢复模式	优点	数据丢失情况	能否恢复到时间点
简单	允许执行高性能大容量复制操作;回收日志空间以使空间要求较小	必须重做自最新数据库或差异备份后所做的更改	可以恢复到任何备份的结尾;随后必须重做更改
完全	数据文件丢失或损坏不会导致丢失工作;可以恢复到任意时间点(如应用程序或用户错误前)	正常情况下没有;如果日志损坏,则必须重做自最新日志备份后所做的更改	可以恢复到任何时间点
大容量日志	允许执行高性能大容量复制操作;大容量操作使用的最小日志空间	如果日志损坏或自最新日志备份后执行了大容量操作,则必须重做自上次备份后所做的更改;否则,不丢失任何工作	可以恢复到任何备份的结尾;随后必须重做更改

适用于数据库的恢复模式取决于数据库的可用性和恢复要求。

4. 指定数据库的恢复模式

数据库在创建时与 model 数据库的恢复模式相同。可以使用 ALTER DATABASE 或 Microsoft SQL Server Management Studio 更改恢复模式。

(1) 使用图形工具设置恢复模式

① 连接到相应的 Microsoft SQL Server Database Engine 实例后,在"对象资源管理器"中单击服务器名称以展开服务器树。

② 展开"数据库"节点,选择用户数据库,如选择 RedMovie 数据库。

③ 右击该数据库,再选择"属性"菜单项,打开如图 13.3 所示的"数据库属性-RedMovie"窗口。

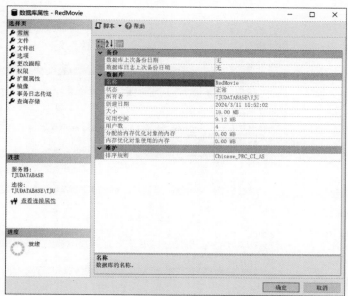

图 13.3　"数据库属性-RedMovie"窗口

④ 在"选择页"中,选择"选项",出现如图 13.4 所示的"选项"窗口。

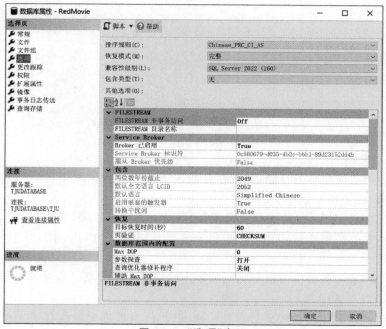

图 13.4　"选项"窗口

⑤ 当前恢复模式显示在"恢复模式"列表框中,如图 13.5 所示。

⑥ 也可以从列表中选择不同的模式来更改恢复模式。可以选择"完整""大容量日志""简单"三种恢复模式。

⑦ 设置完成后,单击【确定】按钮。

(2) 使用 Transact-SQL 语句设置恢复模式

设置恢复模式的 Transact-SQL 命令格式如下。

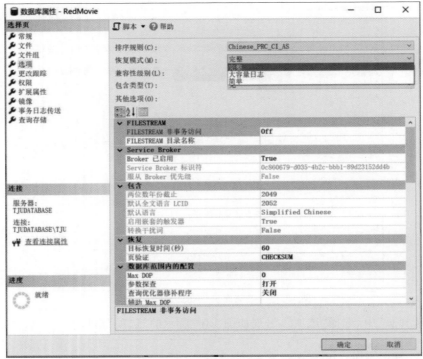

图 13.5 设置恢复方式

```
ALTER DATABASE database_name
{
    SET
    { RECOVERY { FULL | BULK_LOGGED | SIMPLE } }
}
[;]
```

各选项含义如下。

① FULL：通过使用事务日志备份，在介质发生故障后提供完整恢复。如果数据文件损坏，介质恢复可以还原所有已提交的事务。

② BULK_LOGGED：在某些大规模或大容量操作中，可以提供最佳性能，占用的日志空间也最少，因此，在介质发生故障后可以提供恢复。在 BULK_LOGGED 恢复模式下，这些操作的日志记录最少。

③ SIMPLE：系统将提供占用日志空间最小的简单备份策略。服务器故障恢复不再需要的日志空间可被自动重用。

简单恢复模式比其他两种模式更容易管理，但代价是数据文件损坏时丢失数据的风险也较大。最近的数据库备份或差异数据库备份之后的所有更改都将丢失，必须手动重新输入。

默认恢复模式由 model 数据库的恢复模式确定。

【例 13.1】 将数据库 RedMovie 的恢复模式设置为完全恢复模式。

```
ALTER DATABASE RedMovie SET RECOVERY FULL
```

13.1.2 备份概述

Microsoft SQL Server 备份创建在备份设备上，如磁盘或磁带介质。使用 SQL Server 可以决定如何在备份设备上创建备份。例如,可以覆盖过时的备份,也可将新备份追加到备份介质中。

注意:如果在进行备份操作时尝试创建或删除数据库文件,则创建或删除将失败。如果正创建或删除数据库文件时尝试启动备份操作,则备份操作将等待,直到创建或删除操作完成或者备份超时。

1. 备份类型

SQL Server 支持完整备份、差异备份、事务日志备份以及文件和文件组备份 4 种类型。

(1) 完整备份

完整备份是备份整个数据库,包括用户表、系统表、索引、视图和存储过程等所有数据库对象,适用于数据更新缓慢的数据库。

(2) 差异备份

差异备份只记录自上次数据库备份后发生更改的数据,差异备份一般会比完整备份占用更少的空间。

(3) 事务日志备份

事务日志是一个单独文件,它记录数据库的改变,备份时只复制自上次备份事务日志对数据库执行的所有事务的一系列记录。

(4) 文件和文件组备份

当数据库非常庞大时,可执行数据库文件和文件组备份。这种备份策略使用户只恢复已损坏的文件或文件组,而不用恢复数据库的其余部分,所以文件和文件组的备份和恢复是一种相对较完善的备份和恢复过程。

2. 备份操作的限制

在 Microsoft SQL Server 中,当数据库处于在线状态并正在使用时,可以进行备份,但有以下限制。

(1) 无法备份离线数据

隐式或显式引用离线数据的任何备份操作都会失败。

(2) 完整备份过程中的限制

在完整备份过程中,不允许执行下列操作。

① 创建或删除数据库文件。

② 在收缩操作过程中截断文件。

如果上述某个操作正在进行时开始备份,则备份将等待该操作完成,直到会话超时所设置的时间限制到期。如果在备份操作执行过程中试图执行上面任一操作,则该操作将失败,而备份操作继续进行。

13.1.3　创建备份

1. 备份设备

备份或还原操作中使用的磁带机或磁盘驱动器称为"备份设备"。在创建备份时,必须选择要将数据写入的备份设备。Microsoft SQL Server 可以将数据库、事务日志和文件备份到磁盘和磁带设备上。

(1) 磁盘备份设备

磁盘备份设备是硬盘或其他磁盘存储介质上的文件,与常规操作系统文件一样。引用磁盘备份设备与引用任何其他操作系统文件一样。可以在服务器的本地磁盘上或共享网络资源的远程磁盘上定义磁盘备份设备，磁盘备份设备根据需要可大可小。最大文件大小相当于磁盘上可用磁盘空间。

若要通过网络备份到远程计算机上的磁盘，需使用通用命名约定（UNC）名称（格式为：\\<Systemname>\<ShareName>\<Path>\<FileName>）来指定文件的位置。在将文件写入本地硬盘时，SQL Server 使用的用户账户必须具有读写远程磁盘上的文件所需的权限。

注意：备份到与数据库同在一个物理磁盘上的文件中会有一定的风险。如果包含数据库的磁盘设备发生故障，由于备份位于发生故障的同一磁盘上，因此无法恢复数据库。

（2）磁带设备

磁带备份设备的用法与磁盘设备相同，以下情况除外。

① 磁带设备必须物理连接到运行 SQL Server 实例的计算机上。不支持备份到远程磁带设备上。

② 如果磁带备份设备在备份操作过程中已满，但还需要写入一些数据，SQL Server 将提示更换新磁带并继续备份操作。

（3）物理备份和逻辑备份设备

SQL Server Database Engine 使用物理设备名称或逻辑设备名称标识备份设备。物理备份设备是操作系统用来标识备份设备的名称，如 C:\Backups\Accounting\Full.bak。逻辑备份设备是用户定义的别名，用来标识物理备份设备。逻辑设备名称永久性地存储在 SQL Server 内的系统表中。使用逻辑备份设备的优点是引用它比引用物理设备名称简单。例如，逻辑设备名称可以是 Accounting_Backup，而物理设备名称则可能是 E:\Backups\Accounting\Full.bak。备份或还原数据库时，物理备份设备名称和逻辑备份设备名称可以互换使用。

注意：备份可以使用 1～64 个备份设备。

2. 创建备份设备

① 连接到相应的 Microsoft SQL Server Database Engine 实例后，在"对象资源管理器"中单击服务器名称以展开服务器树。

② 展开"服务器对象"，然后右击"备份设备"。

③ 选择"新建备份设备"菜单项，打开"备份设备"窗口，如图 13.6 所示。

④ 在设备名称中输入设备的逻辑名称。

⑤ 若要确定目标位置，选中"目标"中的单选项"文件"，单击后面的【…】浏览按钮，指定该文件的完整路径，即物理设备名称。

⑥ 设置后，单击【确定】按钮。

3. 查看备份设备的属性和内容

① 连接到相应的 Microsoft SQL Server Database Engine 实例后，在"对象资源管理器"中单击服务器名称以展开服务器树。

② 展开"服务器对象"文件夹，再展开"备份设备"。

③ 选择设备并右击"属性"，打开"备份设备"窗口。

④ "常规"页将显示设备名称和目标，目标为磁带设备或文件路径，即逻辑备份设备名及物理备份设备名，如图 13.6 所示。

⑤ 在"选择页"窗格中，选择"介质内容"，如图 13.7 所示。

注意：未备份数据库时，介质内容会显示无法打开备份设备"备份设备 1"。

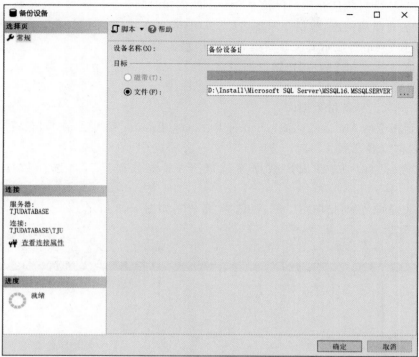

图 13.6 "备份设备"窗口

图 13.7 "备份设备-介质内容"属性窗口

⑥ 右侧窗口显示以下内容。

● 介质：介质信息包括介质顺序信息和介质的创建时间。

● 介质集：介质集信息，包括介质集名称、说明(若存在)以及集簇计数。

⑦ "备份集"网格将显示有关介质集内容的信息。

⑧ 查看信息后，单击【确定】按钮返回。

4. 创建备份

(1) 使用图形工具备份数据库

① 连接到相应的 Microsoft SQL Server Database Engine 实例后，在"对象资源管理器"中单击服务器名称以展开服务器树。

② 展开"数据库"，选择用户数据库或展开"系统数据库"，再选择数据库名称，如 RedMovie。

③ 右击数据库名称，指向"任务"，再选择"备份"，如图 13.8 所示。

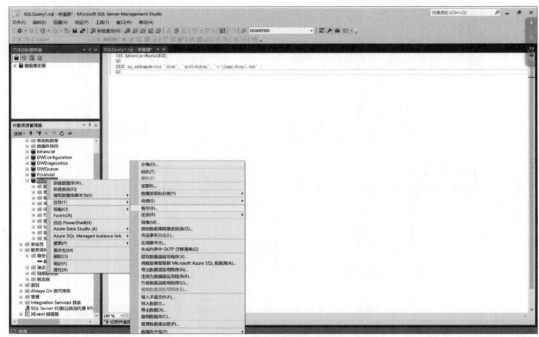

图 13.8　备份数据库界面

④ 在出现的如图 13.9 所示的"备份数据库"窗口中，在"数据库"列表框中验证数据库名称，也可以从列表中选择其他数据库。

⑤ 在"备份类型"列表框中，列出不同恢复模式(FULL、BULK_LOGGED 或 SIMPLE)下可以选择的备份类型，如选择"完整"。

注意：创建完整数据库备份之后，可以创建差异数据库备份。

⑥ 在"备份组件"中选择"数据库"。

⑦ 选择"磁盘"或"磁带"，以选择备份目标的类型。

● 若要选择包含单个介质集的多个磁盘或磁带机(最多为 64 个)的路径，单击【添加】按钮，选择的路径将显示在"备份到"列表框中，如图 13.10 所示。

● 若要删除备份目标，在图 13.9 中选择该备份目标并单击【删除】按钮。

图 13.9　"备份数据库"窗口

图 13.10　"选择备份目标"对话框

● 若要查看备份目标的内容,可以选择该备份目标并单击【内容】按钮。

⑧ 在图 13.9 中的"选择页"中选择"备份选项",出现如图 13.11 所示的"备份数据库"窗口,可以接受"备份集"中"名称"文本框中建议的默认备份集名称,也可以为备份集输入其他名称。

⑨ 在"说明"文本框中,输入备份集的说明。

⑩ 指定备份集何时过期以及何时可以覆盖备份集而不用显式跳过过期数据验证。

图 13.11　"备份数据库-备份选项"窗口

- 若要使备份集在特定天数后过期,选择"在以下天数后"（默认选项）,并输入备份集从创建到过期所需的天数。此值范围为 0～99999 天,0 天表示备份集将永不过期。
- 若要使备份集在特定日期过期,请选择"在"单选按钮,并输入备份集的过期日期。

⑪ 在"选择页"中选择"介质选项",如图 13.12 所示。

图 13.12　"备份数据库-介质选项"窗口

⑫ 通过选择下列选项之一来选择"覆盖介质"选项。

- 备份到现有介质集。可以选择"追加到现有备份集"或"覆盖所有现有备份集"。或者选中"检查介质集名称和备份集过期时间"复选框,并在"介质集名称"文本框中输入名称（可选）。如果没有指定名称,将使用空白名称创建介质集。如果指定了介质集名称,将检查介质（磁带或磁盘）,以确定实际名称是否与此处输入的名称匹配。

- 备份到新介质集并清除所有现有备份集。可以在"新介质集名称"文本框中输入名称，并在"新介质集说明"文本框中描述介质集（可选）。

⑬ 在"可靠性"部分根据需要选中下列任意选项。

- 完成后验证备份。
- "写入介质前检查校验和"和"出现校验和错误时继续"（可选）。

⑭ 如果备份到磁带机（如同"常规"页的"目标"部分指定的一样），则"备份后卸载磁带"选项处于活动状态。选择此选项可以激活"卸载前倒带"选项。

注意：除非备份的是事务日志（如同"常规"页的"备份类型"部分中指定的一样），否则"事务日志"部分中的选项处于不活动状态。此外，还可使用维护计划向导来创建数据库备份。

⑮ 设置后，单击【确定】按钮，如图 13.13 所示。

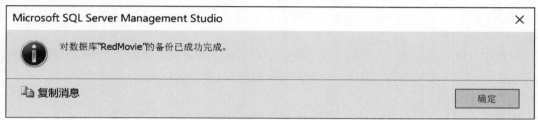

图 13.13　备份完成消息框

差异备份和日志备份的操作同上。

（2）使用 Transact-SQL 命令备份数据库

可以使用 BACKUP DATABASE 命令备份数据库，命令语法格式如下。

```
BACKUP DATABASE { database_name | @database_name_var }
        TO < backup_device > [ ,…,n ]
        [ WITH { DIFFERENTIAL | COPY_ONLY } ]
<backup_device> ::=
{
    { logical_backup_device_name | @logical_backup_device_name_var }
  | { DISK | TAPE }
    = { 'physical_backup_device_name' | @physical_backup_device_name_var }
}
```

各选项含义如下。

① DATABASE：指定一个完整数据库备份。如果指定了一个文件和文件组的列表，则仅备份该列表中的文件和文件组。

在进行完整数据库备份或差异备份时，Microsoft SQL Server 会备份足够的事务日志，确保还原数据库时生成一个一致的数据库。对于 master 数据库，只能采用完整数据库备份。

② { database_name | @database_name_var }：备份事务日志、部分数据库或完整的数据库时所用的源数据库。如果作为变量（@database_name_var）提供，则可将该名称指定为字符串常量（@database_name_var ＝ database name）或字符串数据类型（ntext 或 text 数据类型除外）的变量。

③ TO：表示伴随的备份设备组是一个非镜像介质集，或者镜像介质集中的镜像之一（如果声明一个或多个 MIRROR TO 子句）。

④ < backup_device >：指定用于备份操作的逻辑备份设备或物理备份设备。备份设备可以是下列一种或多种形式：

```
{ logical_backup_device_name | @logical_backup_device_name_var }
{DISK|TAPE} = {'physical_backup_device_name' | @physical_backup_device_name_var }
```

⑤ n：表示可以在给定的 TO 子句或 MIRROR TO 子句中最多指定 64 个备份设备的占位符。每个 MIRROR TO 子句中的设备数必须等于 TO 子句中的设备数。

⑥ logical_backup_device_name｜@logical_backup_device_name_var｝：数据库要备份到的备份设备的逻辑名称。逻辑名称必须遵守标识符规则。如果作为变量（@logical_backup_device_name_var）提供，则可以将该备份设备名称指定为字符串常量（@logical_backup_device_name_var ＝ logical backup device name）或任何字符串数据类型（ntext 或 text 数据类型除外）的变量。

⑦｛DISK｜TAPE｝＝｛'physical_backup_device_name'｜@physical_backup_device_name_var｝：允许在指定的磁盘或磁带设备上创建备份。在执行 BACKUP 语句前，指定的设备不必存在。

当指定 TO DISK 或 TO TAPE 时，需要输入完整的路径和文件名。例如，DISK ＝ 'C:\ Program Files\Microsoft SQL Server\MSSQL\BACKUP\Mybackup.bak'或 TAPE ＝ '\\.\ TAPE0'。

注意：对于备份到磁盘的情况，如果输入一个相对路径名，则备份文件将存储到默认的备份目录中。该目录在安装时被设置并且存储在 KEY_LOCAL_MACHINE\Software\ Microsoft\MSSQLServer\MSSQLServer 目录下的 BackupDirectory 注册表项中。

当指定多个文件时，可以混合逻辑文件名（或变量）和物理文件名（或变量）。但是，所有的设备都必须为同一类型（即磁盘或磁带）。

⑧ DIFFERENTIAL：只能与 BACKUP DATABASE 一起使用，指定数据库备份或文件备份应该只包含上次完整备份后更改的数据库或文件部分，差异备份一般会比完整备份占用更少的空间。对于上一次完整备份后执行的所有单个日志备份，使用该选项可以不必再进行备份。

⑨ COPY_ONLY：指定备份为"仅复制备份"，该备份不影响正常的备份顺序。仅复制备份是独立于定期计划的常规备份而创建的。仅复制备份不会影响数据库的总体备份和还原过程。

可以使用 BACKUP LOG 命令备份事务日志，命令语法格式如下。

```
BACKUP LOG { database_name | @database_name_var }
{
    WITH { NO_LOG | TRUNCATE_ONLY }
}
```

各选项含义如下。

① LOG：指定仅备份事务日志。该日志是从上一次成功执行的 LOG 备份到当前日志的末尾。备份日志后，可能会截断事务复制或活动事务不再需要的空间。

② NO_LOG｜TRUNCATE_ONLY：通过放弃活动日志以外的所有日志，无须备份复制日志即可删除不活动的日志部分并截断日志。该选项会释放空间。因为并不保存日志备份，所以没有必要指定备份设备。NO_LOG 和 TRUNCATE_ONLY 是同义的。

使用 NO_LOG 或 TRUNCATE_ONLY 截断日志后，记录在日志中的更改不可恢复。为了进行恢复，需要立即执行 BACKUP DATABASE，以执行完整备份或完整差异备份。

　　如果不想进行日志备份,可以将数据库设置为简单恢复模式。

　　BACKUP DATABASE 和 BACKUP LOG 权限默认授予 sysadmin 固定服务器角色和 db_owner 及 db_backupoperator 固定数据库角色的成员。

　　【例 13.2】　备份整个 RedMovie 数据库。

　　此示例将创建用于存放 RedMovie 数据库完整备份的逻辑备份设备 RedMovieData。

```
USE master
GO
EXEC sp_addumpdevice 'disk', 'RedMovieData',
'C:\ Program Files \Microsoft SQL Server\MSSQL16.MSSQLSERVER\MSSQL\Backup
\RedMovieData.bak'
GO
BACKUP DATABASE RedMovie TO RedMovieData
GO
```

　　【例 13.3】　备份数据库和日志。

　　此示例创建了完整数据库备份和日志备份。RedMovie 数据库使用简单恢复模式。若要创建 RedMovie 数据库的日志备份,必须在完整备份之前将该数据库改用完整恢复模式。将数据库备份到称为 RedMovieData 的逻辑备份设备上,在更新活动执行一段时间后,将日志备份到称为 RedMovieLog 的逻辑备份设备上。

　　注意:创建逻辑备份设备需要一次完成。

```
-- To permit log backups, before the full backup, alter the database
-- to use the full recovery model.
USE master
GO
ALTER DATABASE RedMovie SET RECOVERY FULL
GO
EXEC sp_addumpdevice 'disk', 'RedMovieData',
'C:\ Program Files \Microsoft SQL Server\MSSQL16.MSSQLSERVER\MSSQL\Backup
\RedMovieData.bak'
GO
EXEC sp_addumpdevice 'disk', 'RedMovieLog',
'C:\ Program Files \Microsoft SQL Server\MSSQL16.MSSQLSERVER\MSSQL\Backup
\RedMovieLog.bak'
GO
BACKUP DATABASE RedMovie TO RedMovieData
GO
BACKUP LOG RedMovie TO RedMovieLog
```

13.2　还原数据库

13.2.1　还原数据库方案

　　还原方案是从一个或多个备份中还原数据,并在还原最后一个备份后恢复数据库。支持的还原方案取决于恢复模式。通过还原方案,可在下列级别之一还原数据,每个级别的影响如下。

　　① 数据库级别。还原和恢复整个数据库,并且数据库在还原和恢复操作期间处于离线状态。

② 数据文件级别。还原和恢复一个数据文件或一组文件。在文件还原过程中,包含相应文件的文件组在还原过程中自动变为离线状态。访问离线文件组的任何尝试都会导致错误。

③ 数据页级别。可以对任何数据库进行页面还原,而不管文件组数为多少。完整恢复模式下可以还原到此级别。

1. 简单恢复模式下的还原方案

简单恢复模式支持如表 13.3 所述的基本还原方案。

表 13.3 简单恢复模式所支持的还原方案

方　　案	说　　明
数据库完整还原	这是基本的还原策略。在简单恢复模式下,数据库完整还原可能涉及简单还原和恢复完整备份。另外,数据库完整还原也可能涉及还原完整备份,并接着还原和恢复差异备份
文件还原	还原损坏的只读文件,但不还原整个数据库。仅在数据库至少有一个只读文件组时才可以进行文件还原
段落还原	按文件组级别并从主文件组和所有读写辅助文件组开始,分阶段还原和恢复数据库
仅恢复	适用于从备份复制的数据已经与数据库一致而只需使其可用的情况

注意:只有 Enterprise Edition 支持在线还原。

无论如何还原数据,数据库引擎都会保证整个数据库的逻辑一致性,以便可以使用数据库。例如,若要还原一个文件,则必须将该文件前滚足够长度,以便与数据库保持一致,才能恢复该文件并使其在线。

2. 完整恢复模式下的还原方案

完整恢复模式和大容量日志恢复模式支持如表 13.4 所述的基本还原方案。

表 13.4 完整恢复模式和大容量日志恢复模式所支持的还原方案

方　　案	说　　明
数据库完整还原	这是基本的还原策略。在完整/大容量日志恢复模式下,数据库完整还原涉及还原完整备份和(可选)差异备份(若存在),然后还原所有后续日志备份(按顺序)。通过恢复并还原上一次日志备份(RESTORE WITH RECOVERY)完成数据库完整还原
文件还原	还原一个或多个文件,而不还原整个数据库。可以在数据库处于离线状态或数据库保持在线状态(对于某些版本)时执行文件还原。在文件还原过程中,包含正在还原的文件的文件组一直处于离线状态;必须具有完整的日志备份链(包含当前日志文件),并且必须应用所有这些日志备份,以使文件与当前日志文件保持一致
页面还原	还原损坏的页面。可以在数据库处于离线状态或数据库保持在线状态(对于某些版本)时执行页面还原。在页面还原过程中,包含正在还原的页面的文件一直处于离线状态;必须具有完整的日志备份链(包含当前日志文件),并且必须应用所有这些日志备份,以使页面与当前日志文件保持一致
段落还原	按文件组级别并从主文件组开始,分阶段还原和恢复数据库

3. 在大容量日志恢复模式下进行还原

大容量日志恢复被作为对完整恢复模式的补充。通常,大容量日志恢复模式与完整恢复模式相似,针对完整恢复模式说明的信息对两者都适用。本节仅考虑特定于大容量日志恢复的还原注意事项。

在大容量日志恢复模式下进行在线还原和段落还原。大容量日志恢复模式有条件地支持在线文件还原、在线页面还原和段落还原方案。必须在损坏前对相关日志进行备份;如果数据库中存在大容量更改,那么所有文件必须在线或已失效(即不再属于数据库),而且必须在备份开始前对大容量更改进行备份。

13.2.2 实施还原方案

还原 Microsoft SQL Server 的完整备份，将使用备份完成时数据库中的所有文件重新创建数据库。

1. 使用图形工具还原完整备份

在完整恢复模式或大容量日志恢复模式下，必须先备份活动事务日志（即日志尾部），此操作将创建尾日志备份。然后才能在 Microsoft SQL Server Management Studio 中还原数据库。尾日志备份是使数据库处于还原状态的一种日志备份。通常会在失败后进行尾日志备份来备份日志尾部，以防丢失工作。

一般的还原过程需要在"还原数据库"对话框中同时选择日志备份以及数据和差异备份。

备份必须按照其创建顺序进行还原。在还原给定的事务日志之前，必须已经还原下列备份，但不用回滚未提交的事务。

① 事务日志备份之前的完整备份和差异备份（如果存在）。

② 在完整备份和现在要还原的事务日志之间所做的全部事务日志备份（如果存在）。

注意：上述还原必须使用下面的恢复状态选项——不对数据库执行任何操作、不回滚未提交的事务。

使用图形工具还原步骤如下。

① 连接到相应的 Microsoft SQL Server Database Engine 实例后，在"对象资源管理器"中单击服务器名称以展开服务器树。

② 展开"数据库"，选择用户数据库，如 RedMovie。

③ 右击数据库，指向"任务"，选择"还原"，选择"数据库"，如图 13.14 所示。

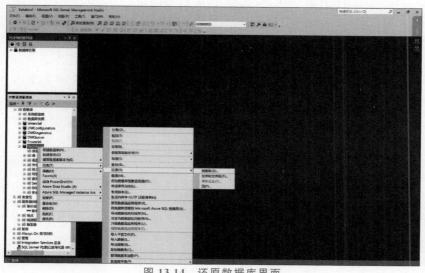

图 13.14 还原数据库界面

④ 打开的"还原数据库-RedMovie"窗口如图 13.15 所示。

⑤ 在"常规"选择页上，若要指定要还原的备份集的源和位置，可以选择以下选项之一。

● 源数据库。在列表框中选择或输入数据库名称。

● 源设备。单击【浏览】按钮，打开"指定备份"对话框。在"备份介质"列表框中，从列出的备份介质类型选择一种。若要为"备份位置"列表框选择一个或多个设备，可以单击【添

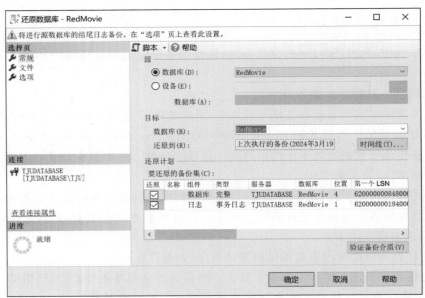

图 13.15 "还原数据库-RedMovie"窗口

加】按钮。

将所需设备添加到"备份位置"列表框后，单击【确定】按钮，返回到"常规"选择页。

⑥ 还原数据库的名称将显示在"目标数据库"列表框中。若要创建新数据库，可以在列表框中输入数据库名。

⑦ 在"目标时间点"文本框中，可以保留默认值（"上次执行的备份（XXXX 年 X 月 X 日 XX:XX:XX）"），也可以单击【时间线】按钮打开"备份时间线：RedMovie"对话框，以选择具体的日期和时间。

⑧ 在"要还原的备份集"表格中，选择用于还原的备份。此表格将显示对于指定位置可用的备份。默认情况下，系统会推荐一个恢复计划。若要覆盖建议的恢复计划，可更改网格中的选择。当取消选择某个早期备份时，将自动取消选择那些需要还原该早期备份才能进行的备份。

表 13.5 列出了"要还原的备份集"表格的列标题，并对列值进行了说明。

表 13.5 "要还原的备份集"表格中各列的说明

表　头	说　明
还原	如果复选框处于选中状态，则指示要还原相应的备份集
名称	备份集的名称
组件	已备份的组件："数据库""文件"或＜空白＞（表示事务日志）
类型	执行的备份类型："完整""差异""事务日志"
服务器	执行备份操作的数据库引擎实例的名称
数据库	备份操作中所涉及的数据库的名称
位置	备份集在卷中的位置
第一个 LSN	备份集中第一个事务的日志序列号。对于文件备份为空
最后一个 LSN	备份集中最后一个事务的日志序列号。对于文件备份为空
检查点 LSN	创建备份时最近一个检查点的日志序列号
完整 LSN	最新的完整备份的日志序列号

续表

表　　头	说　　明
开始日期	备份操作开始的日期和时间(按客户端的区域设置显示)
完成日期	备份操作完成的日期和时间(按客户端的区域设置显示)
大小	备份集的大小(字节)
用户名	执行备份操作的用户的名称
过期	备份集的过期日期和时间

⑨ 选择"选择页"窗格中的"文件",如图 13.16 所示。

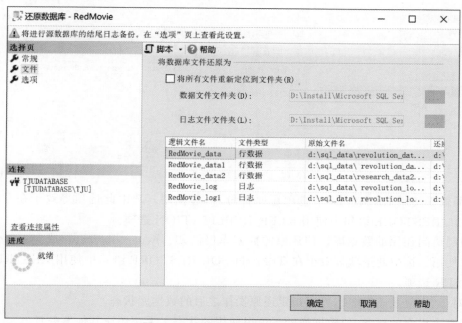

图 13.16 "还原数据库-文件"窗口

将数据库文件还原为以表格格式显示原始数据库文件名称。可以更改要还原到的任意文件的路径及名称。

表 13.6 列出了"将数据库文件还原为"表格的列标题,并对列值进行了说明。

表 13.6 "将数据库文件还原为"表格中各列的说明

表　　头	说　　明
原始文件名	源备份文件的完整路径
还原为	将来还原的数据库文件的完整路径。若要指定新的还原文件,请单击文本框,并编辑建议的路径和文件名。更改"还原为"列中的路径或文件名等效于在 Transact-SQL RESTORE 语句中使用 MOVE 选项

⑩ 选择"选择页"窗格中的"选项",如图 13.17 所示。

⑪ "还原选项"面板有下列选项:

* 覆盖现有数据库。还原操作应覆盖所有现有数据库及其相关文件,即使已存在同名的其他数据库或文件。选择此选项等效于在 Transact-SQL RESTORE 语句中使用 REPLACE 选项。

* 保留复制设置。将已发布的数据库还原到创建该数据库的服务器之外的服务器时,保留复制设置。此选项只能与"回滚未提交的事务,使数据库处于可以使用的状态"选项

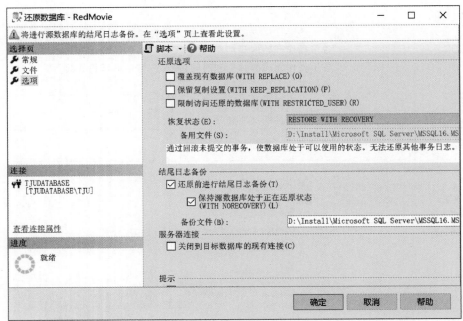

图 13.17 "还原数据库-选项"窗口

（等效于使用 RECOVERY 选项还原备份）一起使用。选中此选项等效于在 Transact-SQL RESTORE 语句中使用 KEEP_REPLICATION 选项。

- 限制访问还原的数据库。使还原的数据库仅供 db_owner、dbcreator 或 sysadmin 的成员使用。选中此选项等效于在 Transact-SQL RESTORE 语句中使用 RESTRICTED_USER 选项。

⑫ 对于"恢复状态"选项，可以指定还原操作之后的数据库状态。

- 回滚未提交的事务，使数据库处于可以使用的状态。无法还原其他事务日志。
  恢复数据库。此选项等效于 Transact-SQL RESTORE 语句中的 RECOVERY 选项。仅在没有要还原的日志文件时选择此选项。
- 不对数据库执行任何操作，不回滚未提交的事务。可以还原其他事务日志。
  使数据库处于未恢复状态。此选项等效于在 Transact-SQL RESTORE 语句中使用 NORECOVERY 选项。选择此选项时，"保留复制设置"选项将不可用。
- 使数据库处于只读模式。撤销未提交的事务，但将撤销操作保存在备用文件中，以便可使恢复效果还原。
- 使数据库处于备用状态。此选项等效于在 Transact-SQL RESTORE 语句中使用 STANDBY 选项。选择此选项需要指定一个备用文件。

⑬ 也可以在"备用文件"文本框中指定备用文件名。如果使数据库处于只读模式，则必须选中此选项。可以查找备份文件，也可以在文本框中输入其路径名。

⑭ 设置好后，单击【确定】按钮，系统开始还原，还原成功后出现如图 13.18 所示的消息框。

2. 使用 Transact-SQL 命令还原备份

（1）简单恢复模式下的数据库完整还原

可以使用 RESTORE DATABASE 命令还原数据库，其命令语法格式如下。

图 13.18　还原完成消息框

```
RESTORE DATABASE <database> FROM <full backup>
        [ WITH RECOVERY | NORECOVERY]
```

各选项含义如下。

① NORECOVERY：指定不发生回滚，从而使前滚按顺序在下一条语句中继续进行。在这种情况下，还原顺序可还原其他备份，并执行前滚。

② RECOVERY：默认值，应在完成当前备份前滚之后执行回滚。恢复数据库要求要还原的整个数据集（"前滚集"）必须与数据库一致。如果前滚集尚未前滚到与数据库保持一致的地步，并且指定了 RECOVERY，则数据库引擎将发出错误。

还原 Microsoft SQL Server 的完整备份将使用备份完成时数据库中的所有文件重新创建数据库。

在简单恢复模式下进行完整数据库还原只有一个或两个步骤，这取决于是否需要还原完整差异备份。

① 如果仅使用完整备份，则只需还原最近的完整备份（WITH RECOVERY）即可。

② 如果还使用了完整差异备份，那么还原最新的完整备份但不恢复数据库（WITH NORECOVERY），还原完整差异备份并恢复数据库（WITH RECOVERY）。

还原整个数据库时，应当使用单一还原顺序。下面的示例按照数据库完整还原方案的还原顺序说明了关键选项。还原顺序由通过一个或多个还原阶段来移动数据的一个或多个还原操作组成。该数据库还原为完整备份的状态。RECOVERY 是默认的。

【例 13.4】　还原完整备份和完整差异备份。在简单恢复模式下创建 RedMovie 数据库的完整备份和完整差异备份，按顺序还原它们。在完整差异备份还原后，在一个单独的步骤中还原数据库。

```
USE master
ALTER DATABASE RedMovie SET RECOVERY SIMPLE
GO
EXEC sp_addumpdevice 'disk', 'MyRedMovie',
'C:\ Program Files \Microsoft SQL Server\MSSQL16.MSSQLSERVER\
MSSQL\BACKUP\MyRedMovie.bak'
GO
BACKUP DATABASE RedMovie TO MyRedMovie WITH FORMAT
GO
BACKUP DATABASE RedMovie TO MyRedMovie WITH DIFFERENTIAL
GO
RESTORE DATABASE RedMovie FROM MyRedMovie WITH NORECOVERY
GO
```

```
RESTORE DATABASE RedMovie FROM MyRedMovie WITH FILE=2, RECOVERY
GO
```

(2) 完整恢复模式下的数据库完整还原

通常,将数据库恢复到故障点分为下列基本步骤。

① 备份活动事务日志(即日志尾部)。此操作将创建尾日志备份。如果活动事务日志不可用,则该日志部分的所有事务都将丢失。

在大容量日志恢复模式下,备份任何包含大容量日志操作的日志都需访问数据库中的所有数据文件。如果无法访问该数据文件,则不能备份事务日志。在这种情况下,需要手动重做自最近备份日志以来的所有更改。

② 还原最新的完整备份,但不恢复数据库(WITH NORECOVERY)。

③ 如果存在差异备份,则还原最新的差异备份,而不恢复数据库。

④ 从还原备份后创建的第一个事务日志备份开始,使用 NORECOVERY 依次还原日志。

⑤ 恢复数据库(RESTORE DATABASE <database_name> WITH RECOVERY)。此步骤也可以与还原上一次日志备份结合使用。

⑥ 数据库完整还原通常可以恢复到日志备份中的某一时间点或标记的事务。但是,在大容量日志恢复模式下,如果日志备份包含大容量更改,则不能进行时点恢复。

还原整个数据库时,应当使用单一还原顺序。下面的 Transact-SQL 命令序列,说明还原顺序中用于将数据库还原到故障点的数据库完整还原方案的关键选项。还原顺序由一个或多个还原操作组成,这些还原操作通过一个或多个还原阶段来移动数据。

数据库将还原并前滚。数据库差异用于减少前滚时间。此还原顺序用于避免丢失工作;上次还原的备份为尾日志备份。

Transact-SQL 命令序列:

```
RESTORE DATABASE <database> FROM <full backup> WITH NORECOVERY
RESTORE DATABASE <database> FROM <full_differential_backup> WITH NORECOVERY
RESTORE LOG <database> FROM <log_backup> WITH NORECOVERY
RESTORE LOG <database> FROM <log_backup> WITH NORECOVERY
RESTORE LOG <database> FROM <tail_log backup> WITH RECOVERY
```

【例 13.5】 创建 RedMovie 数据库的完整备份、纯日志备份和尾日志备份,以及按顺序还原这些备份。还原尾日志备份后,在单独的步骤中恢复数据库。在此示例中,RedMovie 数据库临时设置为使用完整恢复模式。

```
USE master
GO
ALTER DATABASE RedMovie SET RECOVERY FULL
GO
-- Create a logical backup device for the full RedMovies backup.
EXEC sp_addumpdevice 'disk', 'MyRedMovie'
'C:\ Program Files \Microsoft·SQL Server\MSSQL16.MSSQLSERVER\
MSSQL\BACKUP\MyRedMovie.bak'
GO
-- Back up the full RedMovie database:
BACKUP DATABASE RedMovie TO MyRedMovie WITH FORMAT
GO
--Create a pure log backup:
```

```
BACKUP LOG RedMovie TO MyRedMovie
GO
--Create tail-log backup:
BACKUP LOG RedMovie TO MyRedMovie WITH NORECOVERY
GO
--Restore the full backup (from backup set 1):
RESTORE DATABASE RedMovie FROM MyRedMovie WITH NORECOVERY
--Restore the pure log backup (from backup set 2):
RESTORE LOG RedMovie FROM MyRedMovie WITH FILE=2, NORECOVERY
--restore the tail-log backup (from backup set 3):
RESTORE LOG RedMovie FROM MyRedMovie WITH FILE=3, NORECOVERY
GO
--recover the database:
RESTORE DATABASE RedMovie WITH RECOVERY
GO
```

还原完整差异备份需要注意以下事项。

① 指定 NORECOVERY 子句后,执行 RESTORE DATABASE 语句以还原完整差异备份之前的完整备份。

② 指定下列项后,执行 RESTORE DATABASE 语句以还原完整差异备份:

• 将应用完整差异备份的数据库名称。

• 要从中还原完整差异备份的备份设备。

• NORECOVERY 子句,前提是还原了完整差异备份后,存在要应用的事务日志备份。否则应指定 RECOVERY 子句。

③ 使用完整恢复或大容量日志恢复模式,还原完整差异备份将把数据库还原到完整差异备份完成时的那一点。若要恢复到失败的那一点,则必须应用创建上一个完整差异备份后创建的所有事务日志备份。

【例 13.6】　还原数据库和完整差异备份。以下示例还原 RedMovie 数据库及其完整差异备份。

```
-- Assume the database is lost, and restore full database,
-- specifying the original full backup and NORECOVERY,
-- which allows subsequent restore operations to proceed.
RESTORE DATABASE MyRedMovie FROM MyRedMovie_1 WITH NORECOVERY
GO
-- Now restore the full differential backup, the second backup on
-- the MyRedMovie_1 backup device.
RESTORE DATABASE MyRedMovie FROM MyRedMovie_1
       WITH FILE = 2, RECOVERY
GO
```

【例 13.7】　还原数据库、差异数据库以及事务日志备份。以下示例还原 MyRedMovie 数据库及其差异数据库和事务日志备份。

```
-- Assume the database is lost at this point. Now restore the full database.
-- Specify the original full backup and NORECOVERY.
-- NORECOVERY allows subsequent restore operations to proceed.
RESTORE DATABASE MyRedMovie FROM MyRedMovie_1 WITH NORECOVERY
GO
-- Now restore the full differential backup, the second backup on
-- the MyRedMovie_1 backup device.
```

```
RESTORE DATABASE MyRedMovie FROM MyRedMovie_1
        WITH FILE = 2, NORECOVERY
GO
-- Now restore each transaction log backup created after
-- the full differential backup.
RESTORE LOG MyRedMovie FROM MyRedMovie_log1 WITH NORECOVERY
GO
RESTORE LOG MyRedMovie FROM MyRedMovie_log2 WITH RECOVERY
GO
```

13.3　导入导出大容量数据

在 Microsoft SQL Server 表和文件之间移动数据的功能是数据库管理的基本要求。SQL Server 允许用户大容量地导入和导出数据（大容量数据）。这是在 SQL Server 和异类数据源之间有效传输数据所必需的。大容量导出是指将数据从 SQL Server 表复制到数据文件。大容量导入是指将数据从数据文件加载到 SQL Server 表。

通过大容量导入和大容量导出操作可以在 Microsoft SQL Server 和异类数据源之间轻松移动数据。例如，可以将数据从 Microsoft Excel 应用程序导出到数据文件中，然后将数据大容量导入 SQL Server 表中。

13.3.1　导入导出向导

若要在 Microsoft SQL Server 数据库之间大容量传输数据，必须先将源数据库中的数据大容量导出到一个文件中。然后将此文件大容量导入目标数据库中。

在 SQL Server 数据库之间复制数据，可以使用 SQL Server 导入和导出向导。此向导可访问各种数据源。可以通过它在 SQL Server、Microsoft Access、Microsoft Excel 和其他 OLE DB 访问接口之间复制数据。

SQL Server 导入和导出向导，为创建从源向目标复制数据的 Microsoft SQL Server Integration Services（SSIS）包提供了最简便的方法。

SQL Server 导入和导出向导可以访问各种数据源。可以向下列源中复制数据或从其中复制数据：SQL Server、平面文件、Access、Excel、其他 OLE DB 访问接口。此外，还可以将 ADO.NET 用作源。

SQL Server 导入和导出向导提供了最低限度的转换功能。除了支持在新的目标表和目标文件中设置列的名称、数据类型和数据类型属性之外，SQL Server 导入和导出向导不支持任何列级转换。

【例 13.8】　将 RedMovie 数据库中的 MovieInfo、UserInfo、UserComment 和 WatchHistory 表导出到 Excel 工作表 RedMovie.xls 中。

使用 SQL Server 导入和导出向导步骤如下。

① 在 Microsoft SQL Server Management Studio 中，连接到数据库引擎服务器类型，展开"数据库"节点，右击要导入或导出的数据库，如 RedMovie，指向"任务"，再选择"导入数据"或"导出数据"菜单项，如图 13.19 所示。

② 出现"欢迎使用 SQL Server 导入和导出向导"窗口，如图 13.20 所示。在此窗口中单击【Next】按钮，出现"选择数据源"窗口，如图 13.21 所示。

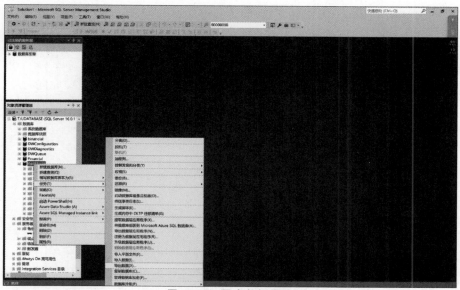

图 13.19　导出数据界面

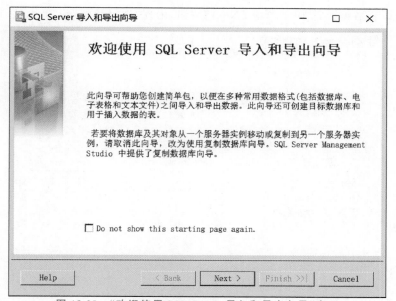

图 13.20　"欢迎使用 SQL Server 导入和导出向导"窗口

③ 在图 13.21 中可以选择数据源的类型、数据源所在服务器、身份验证方式以及源数据库名称。可用的数据源包括 OLE DB 访问接口、Access、Excel 和平面文件源。根据源的不同，需要设置身份验证模式、服务器名称、数据库名称和文件格式之类的选项。

注意：已从 SQL Server 2022（16.x）和 SQL Server Management Studio 19（SSMS）中删除 SQL Server Native Client（通常缩写为 SNAC）。不建议在新应用程序开发工作中使用 SQL Server Native Client（SQLNCLI 或 SQLNCLI11）和旧版 Microsoft OLE DB Provider for SQL Server（SQLOLEDB）。请在此后切换为使用新版 Microsoft OLE DB Driver（MSOLEDBSQL）for SQL Server 或最新版的 Microsoft OLE DB Driver for SQL Server。

本例选择"Microsoft OLE DB Provider for SQL Server（SQLOLEDB）"数据源，数据库选

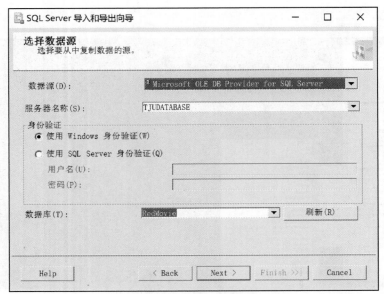

图 13.21 "选择数据源"窗口

择 RedMovie,设置数据源选项后,单击【Next】按钮,出现"选择目标"窗口,如图 13.22 所示。

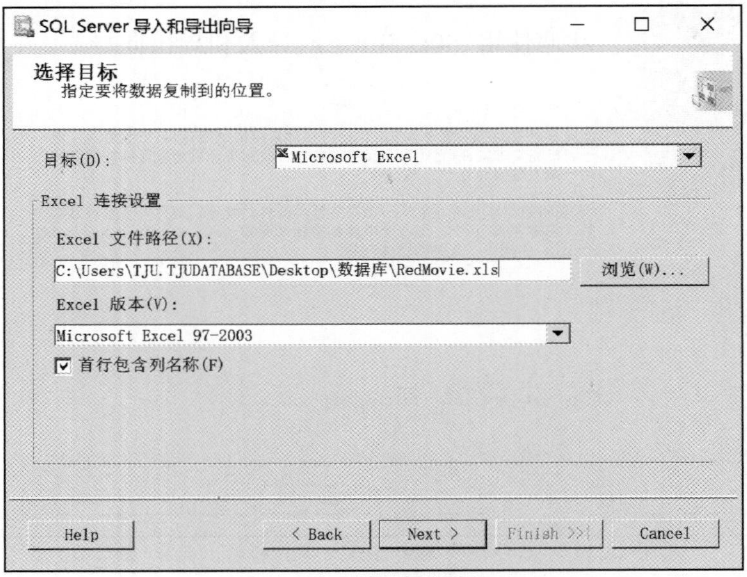

图 13.22 "选择目标"窗口

④ 在图 13.22 中可以选择目标数据的类型、目标数据连接设置。可用的目标包括 OLE DB 访问接口、Access、Excel 和平面文件目标。

如果目标为 SQL Server 数据库,则可以指定是否创建新的数据库,并设置数据库属性。下列属性无法配置,向导使用指定的默认值,如表 13.7 所示。

表 13.7 默认值

属 性	默 认 值	属 性	默 认 值
排序规则	Latin1_General_CI_AS	使用全文索引	True
恢复模式	Full		

本例选择目标数据类型为"Microsoft Excel",设置目标数据路径及版本后,单击【Next】按钮,出现"指定表复制或查询"窗口,如图 13.23 所示。

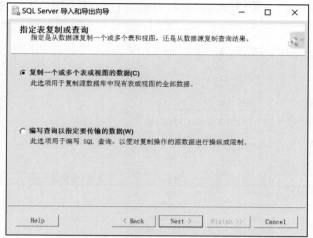

图 13.23 "指定表复制或查询"窗口

⑤ 在图 13.23 中可以选择是复制表或视图的数据,还是复制查询结果。

- 若复制一个或多个表或视图数据,则 SQL Server 导入和导出向导自动将该视图转换为目标中的表。
- 编写查询以指定要传输的数据,通过构造并执行 Transact-SQL 查询,可以查询源数据并复制结果。可以手动输入 Transact-SQL 查询,也可使用保存到文件的查询。向导包含用于查找文件的浏览功能,当选定文件后,向导会自动打开文件,并将其内容粘贴到向导页中。如果源是 ADO.NET 提供程序,则还可使用该选项复制查询结果,并提供 DBCommand 作为查询。

本例选择复制表或视图选项,设置复制选项后,单击【Next】按钮,出现"选择源表和源视图"窗口,如图 13.24 所示。

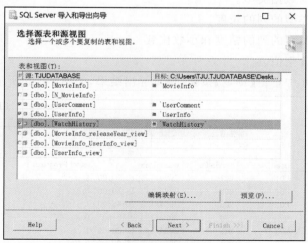

图 13.24 "选择源表和源视图"窗口

⑥ 在图 13.24 中选择要复制的源表和源视图,也可以设置目标表和视图的名称,默认与源表和源视图同名。如果目标是平面文件目标,则可以指定下列内容。

- 指定目标文件中的行分隔符。
- 指定目标文件中的列分隔符。

单击【编辑映射】按钮,进入"列映射"窗口对列进行编辑,如图 13.25 所示。

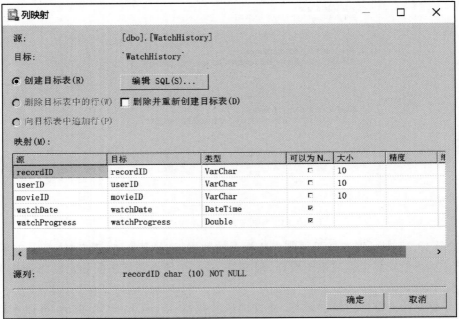

图 13.25 "列映射"窗口

在图 13.25 中,可以设置是否"删除然后重新创建目标表",以及选择在现有目标表中是删除行还是追加行。如果该表不存在,则 SQL Server 导入和导出向导会自动创建该表。

根据需要,还可以更改源列和目标列之间的映射,或更改目标列的元数据:

- 将源列映射到其他目标列。
- 更改目标列中的数据类型。
- 设置字符数据类型的列的长度。
- 设置数值数据类型的列的精度和小数位数
- 指定列是否包含空值。

也可以在图 13.24 中单击【预览】按钮,预览导出结果,如图 13.26 所示。

预览数据

源: SELECT * FROM [dbo].[WatchHistory]

recordID	userID	movieID	watchDate	watchProgress
R01	U01	M01	2024/1/1 10:00:00	1
R02	U01	M02	2024/1/2 15:30:00	0.5
R03	U02	M03	2024/1/3 20:45:00	1
R04	U02	M04	2024/1/4 9:15:00	0.2
R05	U03	M05	2024/1/5 12:30:00	1
R06	U03	M01	2023/1/6 18:00:00	0.9

确定

图 13.26 "预览数据"窗口

　　选择好源表和目标表后，单击【Next】按钮，会出现"查看数据类型映射"窗口，如图 13.27
所示。

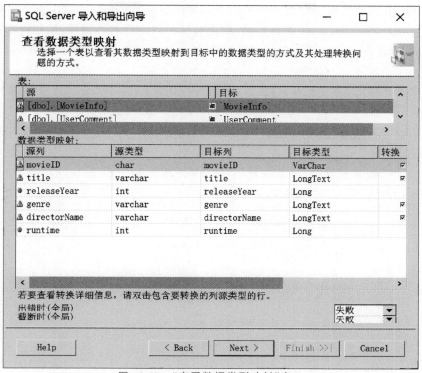

图 13.27　"查看数据类型映射"窗口

　　查看每个表数据类型映射到目标中的数据类型方式及其处理转换问题的方式，单击
【Next】按钮，会出现"保存并运行包"窗口，如图 13.28 所示。

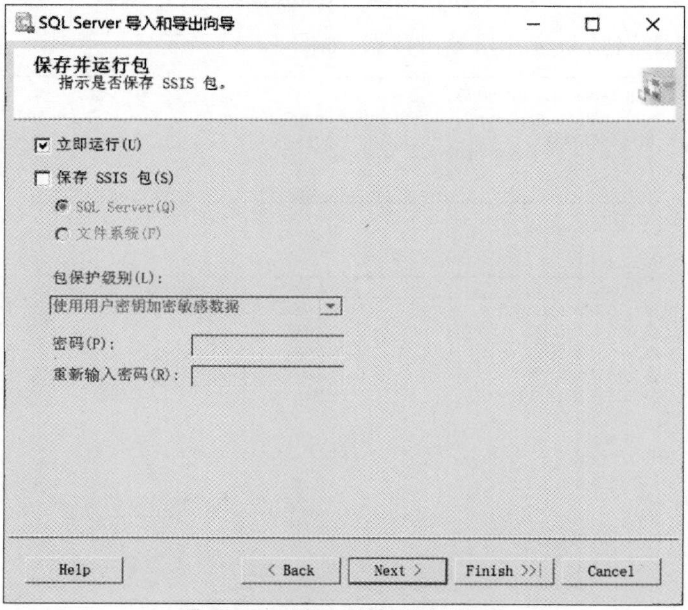

图 13.28　"保存并执行包"窗口

⑦ 在图 13.28 中可以选择"立即执行"或"保存 SSIS 包"复选框。如果向导从 Microsoft SQL Server Management Studio 或命令提示符启动,则包可以立即运行。可以将包保存到 SQL Server msdb 数据库或保存到文件系统。如果向导从 Business Intelligence Development Studio 中的 Integration Services 项目启动,则无法从向导运行包。相反,该包将添加到启动该向导的 Integration Services 项目中。然后可以在 Business Intelligence Development Studio 中运行包。

设置好执行选项后,单击【Next】按钮,出现 Complete the Wizard(完成该向导)窗口,如图 13.29 所示。

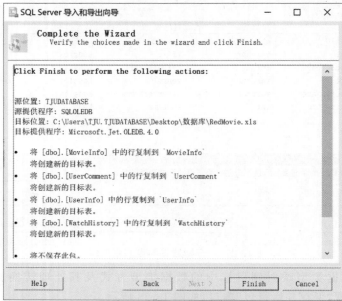

图 13.29　Complete the Wizard(完成该向导)窗口

⑧ 单击【Finish】按钮,系统开始导出数据,如图 13.30 所示。

图 13.30　"正在执行操作"窗口

数据导出完成后,出现如图 13.31 所示"执行成功"窗口,单击【关闭】按钮即结束向导。

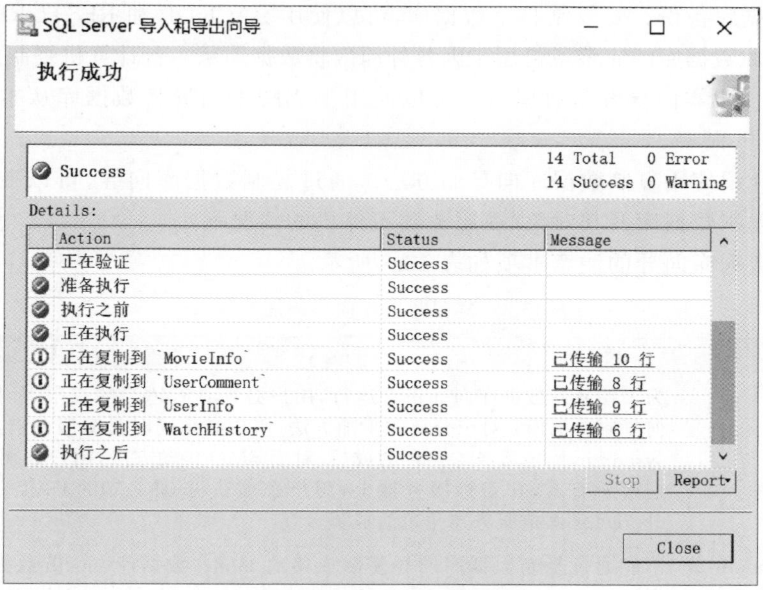

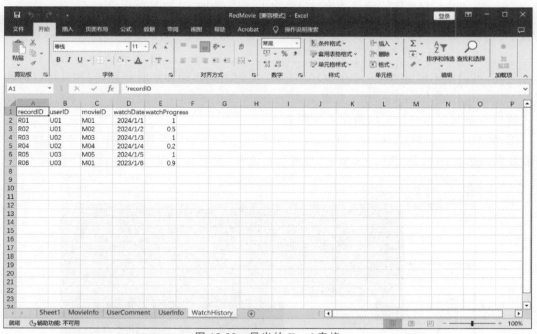

图 13.31　"执行成功"窗口

数据导出后会产生 RedMovie.xls 文件,如图 13.32 所示。

图 13.32　导出的 Excel 表格

13.3.2　复制数据库

可以将数据库从一台计算机复制到其他计算机。复制的数据库有很多用途,包括测试、检查一致性、开发软件、运行报表、创建镜像数据库或将数据库用于远程分支操作(如果可能)。在服务器之间复制数据库的方法如下。

① 使用复制数据库向导。可以使用复制数据库向导在服务器之间复制或移动数据库。

② 还原数据库备份。要复制整个数据库,可以使用 BACKUP 和 RESTORE Transact-SQL 语句。通常,还原数据库的完整备份用于因各种原因将数据库从一台计算机复制到其他计算机。

③ 使用生成脚本向导发布数据库。可以使用生成脚本向导将数据库从本地计算机传输到 Web 宿主提供程序。

本节主要介绍使用复制数据库向导的方法。通过复制数据库向导,可以在不同服务器之间轻松移动或复制数据库及其对象(在服务器不停机的情况下)。

使用复制数据库向导的注意事项如表 13.8 所示。

表 13.8　复制数据库向导的注意事项

范　　围	注　意　事　项
所需的权限	为了使复制数据库向导正常运行,用户必须具有适当的权限,具体情况取决于如何复制数据库:对于分离和附加方法,用户必须同时是源服务器和目标服务器上 sysadmin 固定服务器角色的成员;对于 SMO 传输方法,用户必须是源数据库的数据库所有者,在目标服务器上,用户必须获得 CREATE DATABASE 权限或是 dbcreator 固定服务器角色的成员
model 数据库、msdb 数据库和 master 数据库	不能通过复制数据库向导复制或移动 model 数据库、msdb 数据库和 master 数据库
全文目录	SQL 管理对象方法可移动全文目录。移动后,必须重新启动索引填充。如果使用的是分离和附加方法,则必须手动移动全文目录
源服务器上的数据库	如果选择“移动”选项,则移动数据库后,向导会自动删除源数据库。但复制数据库向导不会删除复制的源数据库。如果决定手动删除复制的源数据库,请先验证是否成功复制了该数据库

另外,可以在不同的 Microsoft SQL Server 实例之间移动和复制数据库,并且可以将数据库从 Microsoft SQL Server 2014 升级至 Microsoft SQL Server 2022。

使用复制数据库向导复制数据库步骤如下。

① 在 Microsoft SQL Server Management Studio 的对象资源管理器中,展开“数据库”,右击要复制的数据库如 RedMovie,指向“任务”,再选择“复制数据库”,如图 13.33 所示。

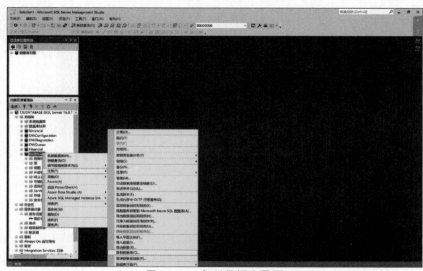

图 13.33　复制数据库界面

② 出现"欢迎使用复制数据库向导"界面,如图 13.34 所示。单击【下一步】按钮,出现"选择源服务器"窗口,如图 13.35 所示。

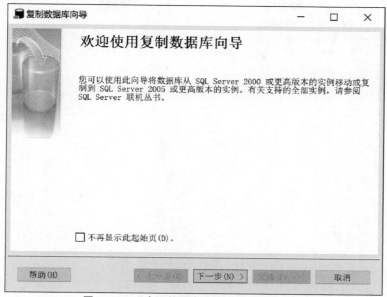

图 13.34　"欢迎使用复制数据库向导"窗口

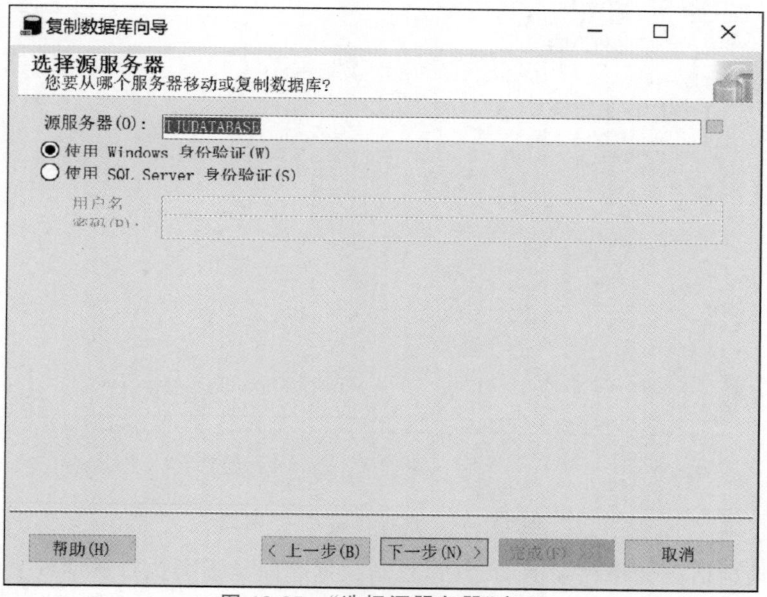

图 13.35　"选择源服务器"窗口

③ 在图 13.35 中选择要复制的数据库所在的源服务器以及验证方式,此处需要启动"SQL Server 代理(MSSQLSERVER)"服务,然后单击【下一步】按钮,出现"选择目标服务器"窗口,如图 13.36 所示。

④ 在图 13.36 中选择数据库要复制或移动到的目标服务器以及验证方式,然后单击【下一步】按钮,出现"选择传输方法"窗口,如图 13.37 所示。

⑤ 在图 13.37 中选择传输方法,有以下两种传输方法可供选择。

方法一:使用分离和附加方法。为了避免数据丢失或不一致,不能向正在移动或复制的

图 13.36 "选择目标服务器"界面

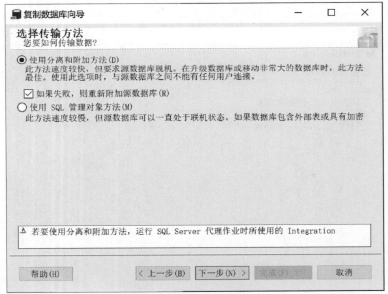

图 13.37 "选择传输方法"窗口

数据库附加活动会话。如果存在活动会话,复制数据库向导不会执行移动或复制操作。

方法二:使用 SMO 管理对象方法。允许有活动连接,适用于数据库不会进入离线状态的情况。

选择好传输方法后,单击【下一步】按钮,出现"选择数据库"窗口,如图 13.38 所示。当在不同的服务器或磁盘驱动器之间移动数据库时,复制数据库向导将把数据库复制到目标服务器,并验证其是否在线。当在同一台服务器上的两个实例之间移动数据库时,会执行文件系统移动操作。

⑥ 选择要移动或复制的数据库,单击【下一步】按钮,出现"配置目标数据库"窗口,如图 13.39 所示。

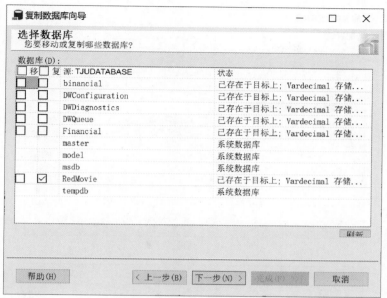

图 13.38　"选择数据库"窗口

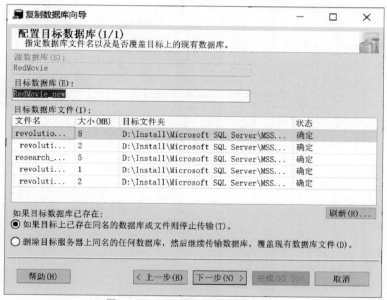

图 13.39　"配置目标数据库"窗口

⑦ 可以指定目标数据库的名称(如果与源数据库的名称不同)。只有在目标服务器上不存在名称冲突的情况下,才可以将源数据库名称用于复制或移动的数据库。如果目标服务器上存在名称冲突,在目标服务器上使用源数据库名称前必须先手动解决这些冲突。

设置好目标数据库名称后,单击【下一步】按钮,出现"配置包"窗口,如图 13.40 所示。

如果不是 sysadmin,则需要指定一个对 Integration Services(SSIS)包执行子系统具有访问权限的 SQL 代理的代理账户。

⑧ 设置好包选项后,单击【下一步】按钮,出现"安排运行包"窗口,如图 13.41 所示。

⑨ 可以选择"立即运行"单选按钮,也可以选择"计划"单选按钮,然后单击【更改计划】按钮,出现"新建作业计划"窗口,如图 13.42 所示,在图中可以设置复制数据库计划。

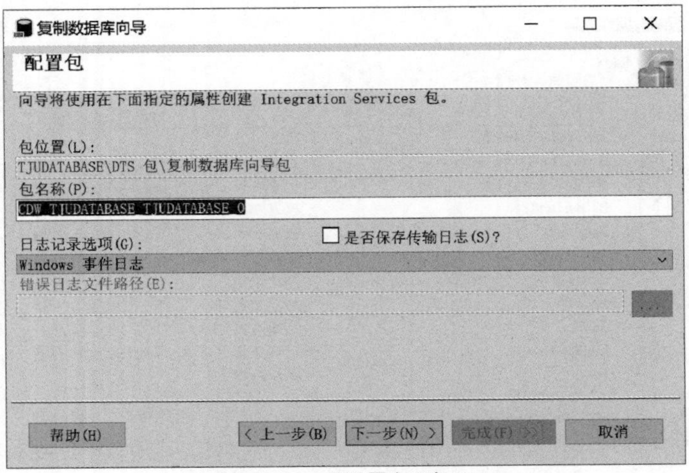

图 13.40 "配置包"窗口

图 13.41 "安排运行包"窗口

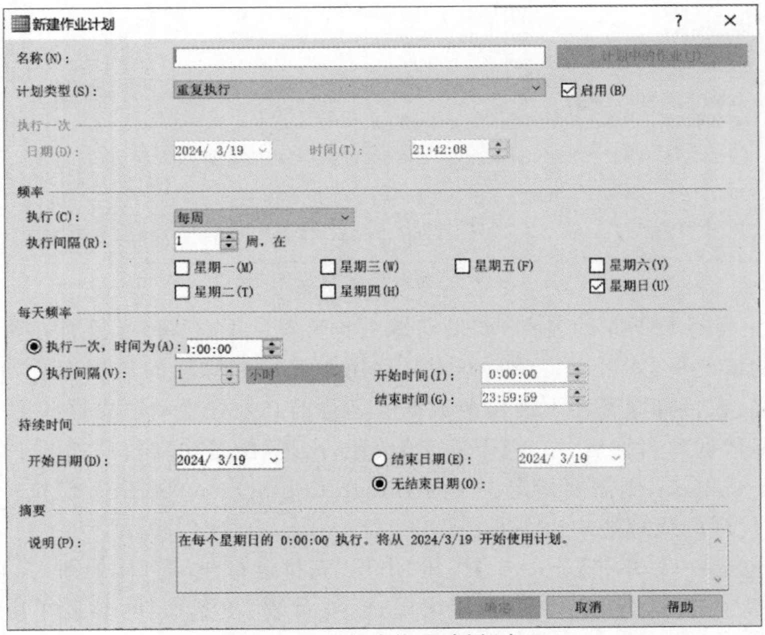

图 13.42 "新建作业计划"窗口

⑩ 选择好运行包时间(如"立即运行")后,单击【下一步】按钮,出现"完成向导"窗口,如图 13.43 所示。

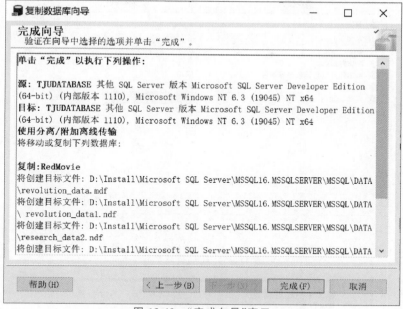

图 13.43　"完成向导"窗口

⑪ 单击【完成】按钮,出现"正在执行操作"窗口,系统开始复制数据库,如图 13.44 所示。

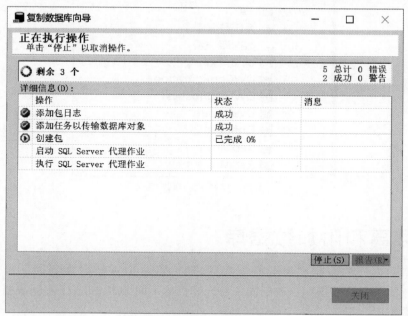

图 13.44　"正在执行操作"窗口

⑫ 复制数据库成功后,出现成功完成界面,如图 13.45 所示。

⑬ 单击【关闭】按钮,结束复制。进入对象管理器,右击"数据库"节点,选择"刷新",可以在"数据库"节点下看到 RedMovie_new 的复制数据库,如图 13.46 所示。

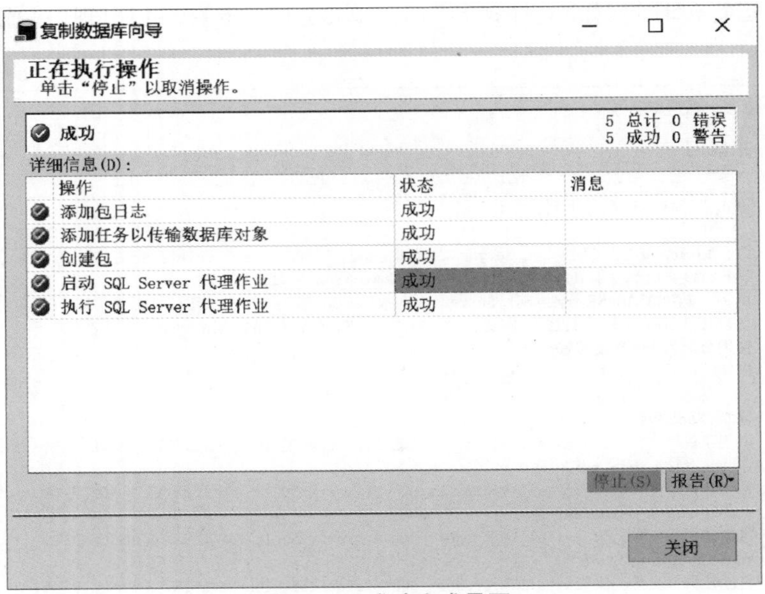

图 13.45　成功完成界面

图 13.46　已复制的数据库界面

13.4　分离和附加数据库

可以分离数据库的数据和事务日志文件,然后将它们重新附加到同一个或其他 SQL Server 实例。如果要将数据库更改到同一台计算机的不同 SQL Server 实例或要移动数据库,分离和附加数据库会很有用。

13.4.1　分离数据库

分离数据库是指将数据库从 SQL Server 实例中删除,但数据库在其数据文件和事务日志文件中保持不变。之后,就可以使用这些文件将数据库附加到任何 SQL Server 实例,包括分离该数据库的服务器。

如果存在下列任何情况,则不能分离数据库。

① 已复制并发布数据库。如果进行复制,则数据库必须是未发布的。必须通过运行 sp_replicationdboption 禁用发布后,才能分离数据库。

② 数据库中存在数据库快照。必须首先删除所有数据库快照,然后才能分离数据库。不能分离或附加数据库快照。

③ 数据库是 Always On 可用性组的一部分。在将数据库从可用性组中删除之前,无法分离该数据库。

④ 该数据库正在某个数据库镜像会话中进行镜像。除非终止该会话,否则无法分离该数据库。

⑤ 数据库处于可疑状态。无法分离可疑数据库,必须将数据库置入紧急模式才能对其进行分离。

⑥ 数据库为系统数据库。

分离数据库是将数据库从 Microsoft SQL Server Database Engine 实例中删除,但保留完整的数据库及其数据文件和事务日志文件。

【例 13.9】 将 RedMovie 数据库分离。

使用图形工具分离数据库的步骤如下。

① 在 Microsoft SQL Server Management Studio"对象资源管理器"中,先连接到 SQL Server Database Engine 的实例上,再展开该实例。

② 展开"数据库",右击要分离的用户数据库的名称,如 RedMovie。指向"任务",选择"分离",如图 13.47 所示。

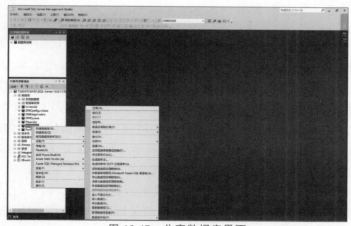

图 13.47 分离数据库界面

③ 出现"分离数据库"窗口,如图 13.48 所示。在"要分离的数据库"网格中显示要分离的"数据库名称"。

默认情况下,分离操作将在分离数据库时保留过期的优化统计信息;若要更新现有的优化统计信息,需要选中"更新统计信息"复选框。

默认情况下,分离操作保留所有与数据库关联的全文目录。若要删除全文目录,需取消选中"保留全文目录"复选框。"状态"列将显示当前数据库状态("就绪"或"未就绪")。如果状态是"未就绪",则"消息"列将显示有关数据库的超链接信息。当数据库涉及复制时,"消息"列将显示 Database replicated。数据库有一个或多个活动连接时,"消息"列将显示<活动连接数>

图 13.48 "分离数据库"窗口

个活动连接（如 1 个活动连接）。可以在分离数据列前，选中"删除连接"复选框，断开与所有活动连接的连接。

分离数据库准备就绪后，单击【确定】按钮。新分离的数据库将一直显示在对象资源管理器的"数据库"节点中，直到刷新该视图。可以随时刷新该视图，选择"对象资源管理器"窗格，从菜单栏中选择"视图"，再选择"刷新"。

13.4.2 附加数据库

可以附加复制的或分离的 SQL Server 数据库。在 SQL Server 中，数据库包含的全部文件随数据库一起附加。通常，附加数据库时会将数据库重置为它分离或复制时的状态。

附加数据库时，所有数据文件（mdf 文件和 ndf 文件）都必须可用。如果任何数据文件的路径不同于首次创建数据库或上次附加数据库时的路径，则必须指定该文件的当前路径。

注意：如果所附加的主数据文件为只读，则数据库引擎会假定数据库也是只读的。

附加日志文件的要求在某些方面取决于数据库是可读写的还是只读的。

① 对于可读写的数据库，通常可以附加新位置中的日志文件。但是，在某些情况下，重新附加数据库需要数据库的现有日志文件。因此，必须保留所有分离的日志文件，直到在不需要这些日志文件的情况下也成功附加了数据库。

如果可读写数据库具有单个日志文件，并且没有为该日志文件指定新位置，附加操作将在旧位置中查找该文件。如果找到了旧日志文件，则无论数据库上次是否完全关闭，都将使用该文件。但是，如果未找到旧文件日志，数据库上次是完全关闭且现在没有活动日志链，则附加操作将尝试为数据库创建新的日志文件。

② 如果所附加的主数据文件是只读的，则数据库引擎会假定数据库也是只读的。对于只读数据库，日志文件在数据库主文件中指定的位置上必须可用。因为 SQL Server 无法更新主文件中存储的日志位置，所以无法创建新的日志文件。

分离再重新附加只读数据库后，会丢失差异基准信息，这将导致 master 数据库与只读数据库不同步,之后所做的差异备份可能导致意外结果。因此,如果对只读数据库使用差异备份,在重新附加数据库后,应通过进行完整备份来建立当前差异基准。

【例 13.10】 附加 RedMovie 数据库。

使用图形工具附加数据库步骤如下。

① 在 Microsoft SQL Server Management Studio"对象资源管理器"中,连接到 Microsoft SQL Server 数据库引擎,然后展开该实例。

② 右击"数据库",然后选择"附加",如图 13.49 所示。

图 13.49 附加数据库界面

③ 出现的"附加数据库"窗口,如图 13.50 所示。

图 13.50 "附加数据库"窗口

单击【添加】按钮指定要附加的数据库,在"定位数据库文件"窗口中选择该数据库所在的磁盘驱动器,展开目录树以查找并选择该数据库的.mdf 文件,如图 13.51 所示。

图 13.51 "定位数据库文件"窗口

选择数据库文件后,单击【确定】按钮,返回"附加数据库"窗口的"常规"界面,如图 13.52 所示。

图 13.52 "常规"界面

若要指定以其他名称附加数据库,则在"附加数据库"窗口的"附加为"列中输入名称。也可通过在"所有者"列中选择其他项更改数据库的所有者。准备好附加数据库后,单击【确定】按钮。

新附加的数据库在视图刷新后才会显示在对象资源管理器的"数据库"节点中,如图 13.53 所示。

图 13.53　已附加的数据库界面

13.5　习题

一、选择题

1. 以下（　　）完整地记录了所有的事务，并保留所有的事务日志记录，直到将它们备份。

    A. 简单恢复模式　　　　　　　　　　　　B. 大容量日志模式

    C. 文件恢复模式　　　　　　　　　　　　D. 完整恢复模式

2. 操作系统用来表示备份设备的名称是（　　）。

    A. 逻辑设备名　　　　B. 物理设备名　　　　C. 磁盘设备名　　　　D. 磁带设备名

3. 以下还原方案中（　　）是完整恢复模式下支持的还原方案。

    A. 数据库完整还原　　　　　　　　　　　B. 文件还原

    C. 页面还原　　　　　　　　　　　　　　D. 段落还原

4. 以下不能分离的数据库是（　　）。

    A. 已复制并发布数据库　　　　　　　　　B. 数据库中存在数据库快照

    C. 数据库处于可疑状态　　　　　　　　　D. 数据库处于就绪状态

5. 能够通过复制数据库向导复制或移动的数据库是（　　）。

    A. master　　　　　　B. model　　　　　　C. AdventureWorks　　D. msdb

6. （　　）是备份整个数据库，包括事务日志部分。

    A. 完整备份　　　　　B. 部分备份　　　　　C. 文件备份　　　　　D. 差异备份

7. （　　）是还原损坏的只读文件，但不还原整个数据库。

    A. 文件还原　　　　　B. 数据库完整还原　　C. 段落还原　　　　　D. 仅恢复

8. SQL Server 导入和导出向导不能访问的数据源是（　　）。

    A. Access　　　　　　B. Excel　　　　　　　C. 可执行文件　　　　D. 文本文件

9. 完全恢复模式下( )中包括了在前一个日志备份中没有备份的所有日志记录。

    A. 完整备份   B. 差异备份   C. 事务日志备份   D. 文件备份

10. 简单恢复模式下没有( )。

     A. 完整备份   B. 事务日志备份   C. 差异备份   D. 文件备份

二、填空题

1. 备份和还原操作是在_____下进行的。

2. 完整恢复模式支持的日志备份有三种类型:_____、_____和_____。

3. 备份设备的名称包括_____和_____。

4. 简单恢复模式下的还原数据级别包括_____和_____。

5. _____是指将数据库从 SQL Server 实例中删除,但使数据库在其数据文件和事务日志文件中保持不变。

6. _____是数据的副本,用于在系统发生故障后还原和恢复数据。

7. 默认恢复模式由_____数据库的恢复模式确定。

8. 备份或还原操作中使用的磁带机或磁盘驱动器称为_____。

9. 备份数据库的 SQL 命令是_____。

10. _____是指将数据从 SQL Server 表复制到数据文件。

三、简答题

1. SQL Server 中的恢复模式有哪几种? 如何指定数据库的恢复模式?

2. 完整恢复模式下的备份类型有哪些? 各有什么特点?

3. 备份操作有哪些限制?

4. 如何实现还原操作?

5. 如何使用 SQL Server 导入或导出向导复制数据?

参考文献

[1] 萨师煊,王珊. 数据库系统概论[M]. 5 版. 北京：高等教育出版社,2014.

[2] 丁宝康. 数据库原理[M]. 北京：经济科学出版社,2000.

[3] 徐守祥. 数据库应用技术：SQL Server 2005 篇[M]. 2 版. 北京：人民邮电出版社,2012.

[4] 何玉洁. 数据库基础及应用技术[M]. 北京：清华大学出版社,2004.

[5] KLINE K,KLINE D.SQL 技术手册[M]. 黄占涛,译. 北京：中国电力出版社,2002.

[6] HENDERSON K. Transact-SQL 权威指南[M]. 健莲科技,译. 北京：中国电力出版社,2007.

[7] 贾铁军,刘建准. 数据库原理及应用——SQL Server 2022[M]. 北京：机械工业出版社,2024.

[8] SQL Server 2022 documentation. https://learn.microsoft.com/zh-cn/sql/sql-server/what-s-new-in-sql-server-2022? view＝sql-server-ver16.

图书资源支持

感谢您一直以来对清华版图书的支持和爱护。为了配合本书的使用，本书提供配套的资源，有需求的读者请扫描下方的"书圈"微信公众号二维码，在图书专区下载，也可以拨打电话或发送电子邮件咨询。

如果您在使用本书的过程中遇到了什么问题，或者有相关图书出版计划，也请您发邮件告诉我们，以便我们更好地为您服务。

我们的联系方式：

清华大学出版社计算机与信息分社网站：https://www.shuimushuhui.com/

地　　址：北京市海淀区双清路学研大厦 A 座 714

邮　　编：100084

电　　话：010-83470236　010-83470237

客服邮箱：2301891038@qq.com

QQ：2301891038（请写明您的单位和姓名）

资源下载：关注公众号"书圈"下载配套资源。

资源下载、样书申请

书　圈

图书案例

清华计算机学堂

观看课程直播